Research into Molecular Genetics

遺傳學
（分子探索）

何世屏 著

五南圖書出版公司 印行

自序

　　本書與拙作《遺傳機制研究》[1]在內容上，幾乎沒有重疊之處。《遺傳機制研究》主要研究各種遺傳現象、遺傳模式、遺傳規律、基因作用及相互作用、基因分析等，各種機制的問題，而本書主要研究生物遺傳與變異的分子原理。因此，本書的內容涵蓋遺傳物質及其分子基礎、遺傳物質的突變原理及其修復機制、分子疾病的遺傳基礎、人類常見基因突變、生理作用及病理基礎、基因的功能研究（包括基因的複製、轉錄及蛋白質的轉譯等遺傳控制問題）、人類基因多態性的研究、轉座子及其誘導突變、基因的克隆、操作、人工突變（誘變）以及 DNA 分型在親子關係、凶殺案件的偵破、分子病的治療、商業與農業等方面的應用。本書的內容正如其名一樣，是在分子水平上研究及探索生物的遺傳與變異的種種問題。

　　筆者最早所進行的分子遺傳學研究[2]，除了推想可能利用分子遺傳學方法培育出新品種外[3]，對分子遺傳學其他的研究目的、研究方法、結果檢驗等，都處於一無所知的狀態下進行的。當時由於中國大陸長年的閉關鎖國，我們這些所謂的研究者們並不很清楚，國外的分子遺傳學研究到底進行到了什麼程度；所有國外的研究刊物由於不是原刊，而是至少晚六至八個月之久的盜印刊物。那一次的實驗研究，完全只是因為我到了那間實驗室而開始了那項實驗。這需要從 1979 年在華南熱帶植物大學畢業的那一年談起。

　　那是 1979 年的冬天，中國在經歷了文革之後，一個世界人口最大的民族突然間發現，自己長期以來高枕於衛星升空、氫彈、原子彈、反坦克、反衛星、多彈頭導彈等的種種先進技術大夢之下[4]，其實基礎研究水平落後於西方已經太

---

[1]　中山大學出版社（2008 年）。

[2]　第一次展開分子遺傳學研究是 1979 年 11 月至次年 2 月，在中科院華南植物所分子遺傳室所進行的高等植物基因組 DNA 的純化及轉化工作。

[3]　遺傳學作為育種學的理論基礎在當時是根深蒂固的，所以許多大學與華南植物大學一樣，具有「遺傳育種教研室」，而像北京農業大學的遺傳學與育種學教研室分開，倒是比較少見的。

[4]　憑心而論，這些成就也應當是一個大民族所應當具備的威懾力量，落後挨打是「鴉片戰爭」以來的基本定律。

遠了，於是在整個中國內地，刮起了一股所謂的中國科學技術的春風[5]。記得那時的前不久，在結束文革後的一次科學大會上，由當時的中科院院長、文字學考古專家郭沫若先生發表了《科學的春天》，似乎預示著科學就要降臨中國這塊古老的土地上，那種由中央人民廣播電臺及中央電視臺播音員高亢入雲的聲調，朗讀過的郭氏大作雖然經過了近三十年的光陰，仍然如雷貫耳。經歷了一場史無前例的文化大革命，人們已經習以爲常地認眞閱讀中央文件及《人民日報》中的每一字，企圖從中領悟中央的精神[6]。當時，不僅每一位在大學中工作的教書匠們，都小心翼翼地聽從著上級的每一個指令；一般的工作人員，也誠惶誠恐地過著那種過一天好像少了一天的日子。但幾乎沒有例外的是，每人都將外國文字當成有別於他人的唯一出路，猶如著魔一般書不離手。更令人感到不可思議的是，全國上下不分婦孺殘弱、大江南北不分陰晴圓缺、男女老少不分程度高低，大家的嘴中都似乎像啃著一塊骨頭一樣，好像英語等外國文字學好了，不需要從事艱苦的基礎研究，中國的科學技術自然也就上去了[7]。可以舉出一個小例子說明當時對英語的瘋狂行徑。那是 1980 年 1 月筆者仍在廣州，有一天聽說新華書店進了一批英語書籍，第二天要出售。筆者當天凌晨 4 時趕到中山五路的新華書店時，前面已有數百人排隊，當天書店所要出售的英語書不用說，便是一掃而空。

1950-1970 年代近三十年來，西方的分子遺傳學研究中一連串的巨大成就，包括 1953 年的 DNA 雙螺旋結構（double helix）、1954 年的半保守複製（semiconservative replication）概念、1957 年的煙草花葉病毒（tobacco mosaic virus）遺傳物質的重組實驗及體外 DNA 的複製（*in vitro* DNA replication）、1961 年的三聯體密碼（triplet codon）實驗、1964 年的搖擺假說（wobble hypothesis）、1966 年的遺傳密碼（genetic codon）、1970 年代的限制性內切酶（restriction enzymes）的發現及應用，以及 1978 年的 DNA 序列分析（DNA sequencing）等成就，正是中國被迫閉關自守的三十年。國門的突然打開使得全國上下大爲振奮，但也使得中國的遺傳學界

---

[5] 把科學（science）與技術（technology）合併爲「科技」這個名詞，也許就是那個時候所正式投入使用的。

[6] 根據考究，這種習慣始於文革開始的 1966 年紅衛兵盛行之時。毛澤東逝世（1976 年）後的數年內，仍可見到這種現象。

[7] 當時有一個十分通行的理論認爲，學好英語可以直接地從英文書中獲取新的科技知識，因此，不需要從漢語書籍中獲取知識，凡與科技界有關的各級單位，均以學習英語作爲「振興中華」的基本任務之一。

感到恐慌，無從著手趕超國外。振奮的是，遺傳學經過一個世紀的發展，「基因」總算「看見」了，也可以把玩在手中；然而恐慌的是，中國已經落後得很遠了。西方一連串的科學成就震撼了整個中國的遺傳學界，大家都意識到光憑孟德爾—摩爾根式的研究，加上馬克思列寧主義的米丘林學派的辯證唯物論分析方法，不僅難以解決許多現實問題，更難對付一日千里的科學發展[8]。

一日，時任華南植物大學植物系黨總支書記[9]潘老師手拿一本圖書館剛上架，有關天然橡膠栽培及加工工業化的英文專著放在筆者的面前，我還以為他要我翻譯那本書。原來這是潘老師的特點，他喜歡手拿一本書到各個教研室看一看，遇到任何老師即停下來說說話。他想讓筆者到中科院華南植物所（廣州）學習從事分子遺傳學研究。「一天從早到晚學英語對科學研究未必就有用，還不如親身所為。」我點頭稱是，於是在那一年的十月，是筆者第一次接觸分子遺傳學的實驗研究。當時，中國的分子遺傳學研究從根本上講還很薄弱，限制性內切酶（restriction enzymes）、質粒（plasmids）等遺傳學研究的分子工具之應用，還沒有出現在實驗室內[10]。因此，當時筆者所進行的所謂分子遺傳學研究，無非是利用南方廣泛生長的一種中藥材鴨蹠草（*Commelina communis L.*）為研究材料（始載於《本草拾遺》，具抗菌、抗炎、止咳等藥效），提取其基因組 DNA 後與正在組織培養中生長的其他植物幼苗，包括南方可以較大面積種植的中藥材天麻（*Gastrodia elata Bl.*）[11]及三七（*Panax notoginseng Burk F.H. Chen*）[12]等共培養，以期獲得轉化的癒傷組織或小苗（以鴨蹠草所特有的紫色為鑑定標準）。此等實驗當然不會獲得任何轉化現象的發生，姑且不講鴨蹠草紫色素的形成需要多少催化酶（即多少基因的作用）等在當時還是一筆糊塗帳，基因在哪裡也一無所知。次年年初（1980 年）筆者與孔德遷老師[13]在華南熱帶植物大學圖書館的北面借了一間冷氣房，大張旗鼓地進行高等植物 DNA 的純化、轉化等研究。雖

---

[8] 1950-1962 年期間，中國的遺傳學界可以簡單的分為從事孟德爾—摩爾根學派的研究，以及從事米丘林學派的研究。兩派都對遺傳理論的討論十分認真，因而也十分投入，但有時也避免不了相互摩擦的現象。

[9] 文化革命（1966-1976年）開始之後，黨的權力在政府之上，因此總支書記的權力在系主任之上，但要負的責任也比系主任大。

[10] 即使在英美等西方國家，高等植物的轉化及轉化體（transformants）的培育，最早起源於 1980 年代中期，可見我們當時是因為落後得昏了頭了。

[11] 始載於《神農本草經》，列為上品。

[12] 亦稱田七，始載於《本草綱目》，古今品種完全相同。

[13] 孔德遷老師當年是廣東省遺傳學會海南分會的理事長。

然我們獲得了高純度、高分子量的 DNA 樣品，但這樣的研究與筆者在廣州所進行的實驗一樣，難以獲得有意義的遺傳學結果。不過，卻是筆者一生最早接觸分子遺傳學[14]的實驗研究，也是第一次真正投入所謂的科學研究之氛圍，期望很大，但失望也不小。

回顧當時的研究及其方法，至少存在著急進的毛病。當時即使包括英、美等科學研究較為前瞻的西方國家，利用高等植物遺傳物質對另一種高等植物直接地進行轉化等這種研究，還沒有先驅性的經驗可以借鏡。其次是，即使事過多年的今天，也不可能直接地利用一種高等植物的 DNA 去轉化另一種高等植物而獲得成功者。其三是，任何一個基因在異體中的表達必須具備調控系統，我們所用的 DNA 片段未必具有這個條件。其四是，當時的基因表達檢驗系統並沒有建立起來，即使某些基因表達了也得不到表達的信息。最後是研究條件不具備，一旦出現問題無從透過各種研究技術或方法加以解決。

不過，當時的研究結果至少告誡了我們，不能在條件不允許的情況下，進行沒有希望的工作。於是我們改做紅花蒜（一種可與溫補品共用的溫、熱帶植物）染色體結構的分析，很快地獲得成功並將結果發表於第一卷第一期的《熱帶作物學報》上。也由於這個原因，1980 年夏天我選擇報考北京農業大學遺傳教研室吳蘭佩教授的碩士研究生[15]，並於當年九月北上第二度當學生。那一年也是中國第一次將研究生的招生納入教委（即教育部）的規劃內，並規定「政治」與「英語」兩個單科試題由教委出題，並規定單科的分數線，採「寧缺勿濫」的招生原則。因此，一所擁有十幾名科學院院士的北京農業大學，在當年只招收三十名學生，可見競爭之激烈。關於大陸的學位問題說來話長。自從 1949 年建政到 1980 年代前整整三十餘年間，大學畢業生及研究生只發畢業證書沒有學位證書[16]，因此當 1983 年夏天筆者第一次同時獲得由中國國務院所發的學位證書（碩士），以及北京農業大學所發的畢業證書時，著實地高興了幾分鐘。

碩士畢業時仍是國家分配的年代，因為當時人才奇缺，全班三十人大約有五人留校，可見國家對這批人才的重視。不過，留校後的日子沒那麼輕鬆。

---

[14] 其實大部分屬於生化及組織培養的研究，如 DNA 的純化、癒傷組織的培養等。

[15] 研究方向為細胞遺傳學。報考研究生時，是學生根據教委的統一考試指南選擇老師，需在報考前擇定。當時的北京農業大學在植物遺傳學方面有各方面的人才，是與外界進行經常性科技交流的窗口之一。

[16] 雖然當年沒有學位證書，但在畢業證書上寫明大學本科或專科。

1984 年在北京農業大學遺傳教研室轉爲講師之後，日子就過得很辛苦[17]。一方面需要建立實驗室，另一方面還有論文的壓力，因而還要自己親自做實驗。日子在不知不覺中過去，就像一根接著一根的香菸被燒掉一般，浪費了許多寶貴的時光。猶如人在仙境，一覺醒來已是人間千年。1985 年筆者參加了教委的出國人員考試，取得教委的出國名額，但可惜的是在北醫三院體檢時，因三酸甘油脂過高而延誤了第一次的國家公派機會[18]。然而在 1988 年的夏天，當時的系主任戴景瑞老師親臨寒舍告知筆者第二天有一次出國念博士的資格考試，可以爭取全國農業系統僅兩位直攻博士之一的「中英友好獎學金」名額時，我知道這在當時來説，已經找不到更好的選擇了，於是 1989 年 10 月終於參與了公派生的出國行列。在細胞遺傳學及分子生物學的面前，我選擇了劍橋大學的分子生物學。不過，在那個年代、在沒有人指引的情況下，走出像筆者所邁出的這一條充滿曲折、不確定之路的人比比皆是。如果按當時全中國有兩萬像筆者那樣的人物計算，恐有一萬九千五百人是在曲折中走過來的。從最終的結果看，也不一定就是一條不可嘗試的路徑。

如果説博士畢業以後轉入分子免疫學研究，正好符合自己的性格特點的話，之後到伯明罕大學醫學院進行分子醫學研究，對於迅速獲取大量個人資本方面而言，就不是一個聰明的選擇，還居然在那兒一待就是六年的光景。雖然一路走來都有不明智的選擇，但也使自己在許多科學領域上有較深的體會。也許，因爲個人的經歷造就了具備多學科的特點，即從遺傳學到免疫學，從分子生物學到分子醫學等等，均成了個人經常閱讀的内容及思考的方向。經過多年的研究及教學實踐，積累了相當數量的研究與教學素材，以及個人對這些學科的觀點，尤其是在教育部鼓勵卓越教學的情況下，筆者才開始認眞思考，形成了將這些内容整理成書的想法。

的確，2008 年 2 月在 2007 年度教學卓越計畫（大約七萬新臺幣）的幫助下，寫成了《遺傳機制研究》一書，相信對於各階段的學子們有一定的幫助。本書是在另一個教學卓越計畫（2008 年，八萬八千新臺幣）的資助下寫成的。雖然目前大學的種種風氣對於寫書人而言極爲不利，各種升等規定及相關政策

---

[17] 此後的幾年由張文緒師兄擔任主任。他認為一個系應當有一間前瞻性的實驗室，從事教學與研究。於是由本人出任這個實驗室的主任，並負責找資金建立。

[18] 這本來不算什麼病，但北醫三院拒絕寫出國健康證明，還把我當成肝炎患者。自那以後，我沒有再到北醫三院看過病。

上也不鼓勵，但對於著作而言正如我自己的人生一樣，並不想只選擇對自己有利的事情才會做。因此，無論學術上的氣候有什麼樣的變化，一旦筆者決定從事某種工作時絕少半途而廢；對於認定的目標而言，只會一如既往、義無反顧。事實上，著作一本數十萬字的專著，著作的過程需要許多心力，反覆推敲的目的在於能夠推陳出新，並對整個歷史沿革有準確的拿捏及論述。有時為了論述一個歷史研究結果，對於遺傳學及其他生物學科所產生的深遠影響，或對於後人研究的指導性作用，需要回顧許多歷史細節，因此寫作的進度常因此而受到一定的影響。表面上，本書是在 2008 年的一項教學卓越計畫之幫助下寫成的，但實際情況是從開始規劃本書的詳細章節到寫這篇「自序」時，已過了五個春秋。

本書的重點在於基因的功能研究，因此本書從研究邏輯及科學家們尋找遺傳物質的過程與種種實驗作為開篇語，尤其在遺傳物質的結構研究中，盡量還原當年的歷史場景。這樣從細節描述當年的研究狀況，有助於人們理解一條真理：即所有的成功者也是常人（如 James Watson 等），所有的失敗者也有其過人之處（如 Rosalind Franklin 等）。接下來的許多章節都圍繞著基因的功能而展開。首先基因具有自我複製的能力，這對於基因可以從上一代傳遞到下一代而不變的遺傳現象奠定了物質基礎，也是所有生物物質中唯一具有此等功能的分子；其次是遺傳物質的穩定性，就在於染色體端粒對於遺傳物質的保護作用；其三是遺傳物質可以將自身的信息，以另一種形式進行傳遞，即以轉錄的方式形成 RNA，從而將遺傳信息儲存於 RNA 分子之中；其四是遺傳物質經由信使RNA（又稱信息 RNA）轉譯成蛋白質，從而表現出原來基因的遺傳信息；其五是遺傳物質可以發生突變，成了生物進化的重要源泉，但也是人類遺傳疾病的基本來源；其六是遺傳物質不能隨時在變化，即使發生了某些變化（突變）也會經由修復的過程變為正常的基因，否則後果不堪設想；其七是基因可能在某種情況下被另一些特殊的基因所誘變。圍繞著基因的七大功能，筆者利用了相當大的篇幅描述了基因的作用，尤其是其中的研究歷程及歷史性解說。

筆者曾經在《遺傳機制研究》中花了許多章節，描述基因分析的研究結果，包括複等位基因體系、多基因體系、基因互作、高等動／植物的基因分析、特殊生物的基因分析、原核生物的基因分析及噬菌體的基因分析等內容。但作為基因分析研究的發展，從 1990-2007 年是基因組學（genomics）研究的主要年代，本書必須反映基因組研究的某些進展，因此，將分為原核生物基因組、

真核低等生物基因組以及人類基因組等方面分別探討。這對於理解基因以何種形式存在於細胞或細胞核中，又以何種方式進行表達等，具有相當重要的遺傳學意義。

最後，筆者將利用一定的篇幅介紹基因的操作技術，這雖然經常被稱爲生物技術的主體內容，但現代基因的功能研究往往是透過生物技術作爲手段進行研究的。例如：要研究某基因的作用，往往需要將基因克隆（或稱轉殖）出來之後再進行異體表達，這涉及到基因克隆技術與基因表達技術。又如要研究基因所決定的蛋白質中某些氨基酸的功能，必須進行基因的體外定點突變，這不僅涉及到基因的突變技術，也涉及到表達技術等。因此對於基因操作技術，將分爲互補 DNA 文庫的建立、基因組 DNA 文庫的建立，以及染色體基因組文庫的建立等方面進行介紹。這對於基因功能的研究已在 1980-2000 年期間發揮了重要的作用，還將在今後的研究中占有重要的席位。

多聚酶鏈反應（polymerase chain reactions, PCR）在現代基因擴增及克隆中，發揮十分重要的作用，因此在本書中也有所反映。PCR 技術發展到今天，已由原來單純的基因擴增到現在的多種目的，這其中包括定點突變 PCR（site-directed mutagenesis by PCR）、特異性等位基因 PCR（allele specific PCR）、Alu 重複序列 PCR（Alu PCR）、分化演示 PCR（differential display PCR）、熱起始 PCR（hot start PCR）、反向 PCR（inverse PCR）、巢穴引物 PCR（nested primer PCR）、定量 PCR〔quantitative PCR，也稱實時 PCR（real time PCR）〕、反轉錄 PCR（reverse-transcription PCR）等等。本書將對這些技術做適當的介紹。

透過以上的介紹，相信讀者已了解本書正是《遺傳機制研究》的繼續。筆者也相信本書可以爲讀者提供充實的研究史料，爲讀者進一步進行遺傳學研究，建構了一條通往目的地的路徑。雖然這條路徑仍需讀者自己體會、開拓及發展，但本書應當可以作爲重要的參考指標，爲讀者找到一條適合於自己的康莊大道。

行文至此，筆者還想談一談有關學科分界的問題。自從筆者在國立中山大學開設「分子遺傳學概論」以來，被學生問的最多的問題是「分子遺傳學」與「分子生物學」的區別。我們且看一看牛津大學出版社 2006 年出版的《遺傳學辭典》，是如何定義分子遺傳學及分子生物學的。在分子遺傳學（molecular genetics）詞條下只有一句話：「指在分子水平上，研究基因結構與功能的遺傳學的分支」，因此「分子遺傳學」作爲一個學科的分支而存在。但在分子生物學

（molecular biology）的詞條下是這樣描述的：「用分子的術語解釋生物學現象的生物學中的一個現代分支。分子生物學家經常利用生化及物理方法，研究遺傳問題」。可見「分子生物學」也作為一個科學分支而存在，但其研究的內涵卻與「分子遺傳學」發生某種重疊的現象。嚴格說來，在現代生物科學的各個分支中，不僅「分子生物學」研究遺傳學問題，其他分支的研究內涵也不會讓遺傳學問題缺席。因此，本書按傳統的方式在分子水平上，研究基因的結構與功能等內容，也是筆者開設「分子遺傳學概論」的主要內容。然而，當「分子遺傳學」主要以基因的分子結構、基因突變及修復的分子機制、基因表達及突變與分子疾病的關係（主要講述分子疾病的遺傳學原理），以及基因操作技術為主線時，任何學科若講授到這方面的內容時，均不可避免地出現某些重複的現象。這些問題正是經典遺傳學中「基因論」在分子水平上的體現。因此，「分子遺傳學」作為一門相對獨立的生物學分支時，不可能不面對基因的相關問題[19]。

　　然而，即使學科分支之間出現某些個別的重複內容，也應當視之為常理，

---

[19] 為了讓讀者了解「分子遺傳學」所討論的實質內涵，以下是 2008 年 11 月 18 日的「分子遺傳學概論」期中試題：(1)轉換突變、顛換突變、無義突變、中性突變、默化突變及框架漂移突變，各有何特點及後果？(2)在轉譯過程中有兩個小循環，分別是 EF-Tu-Ts 及 EF-G，請詳述這兩個小循環及其作用。(3)我們是如何知道在蛋白轉譯過程中，23S 核糖體 RNA 可能是催化肽鍵形成的關鍵物質？(4)在遺傳密碼的研究過程中，共用過四種不同的研究方法，其中核糖體結合測定法（ribosome-binding assays）確定了 51 個密碼子。請介紹這個方法的原理及過程。(5)何謂營養缺陷型突變？請舉出生活中或與你相處的同學、朋友、親戚或動、植物中，舉出有關營養缺陷型突變的例子。(6)在直接逆向修復（direct reversal repair）機制中，錯配修復（mismatch repair）機制、紫外線誘導的嘧啶二聚體（pyrimidine dimmer）的修復機制，以及烷基化（alkylation）損害的修復機制有何異同？(7)為什麼修飾型化合物的誘變作用可以發生於細胞分裂的任何時期，而代換型誘變劑的誘變作用只能發生於 S 期？(8)Ames 測驗的主要目的在於確認某種突變的突變率，請介紹該實驗（步驟）及其原理。(9)McClintock 發現玉米中的 Ac、Ds 及 C 基因之間有一定的互作關係，請介紹它們之間有何關係，是如何作用的。(10)基因的啟動子（promoter）在基因表達過程產生重要的作用，請敘述原核細胞啟動子的特點及作用。又如「分子遺傳學概論」的期末試題（13 January, 2009）如下：(1)請介紹反轉錄 PCR（RT-PCR）及實時 PCR（real-time PCR）的基本原理，有何特殊的應用？(2)請以第 7 號染色體為例，詳細敘述人類基因組序列分析的具體過程。(3)如何建造細胞遺傳學圖譜（cytogenetic mapping）、原位雜交螢光圖譜（fluorescent in situ hybridization mapping）、放射雜交圖譜（radiation mapping），以及內切酶限制圖譜（restriction enzyme mapping）？(4)請比較含尿嘧啶的單鏈 DNA 定點突變（site-directed mutagenesis）與 PCR 定點突變的異同。(5)何謂單核苷酸多態性（single nucleotide polymorphism）、短片段串聯重複多態性（polymorphism of short tandom repeats），以及可變性片段的串聯式重複多態性（polymorphism of variable number of tandom repeats）？如何進行這些多態性的研究？(6)請比較遺傳測定（genetic testing）、遺傳篩選（genetic screening）及遺傳檢定（genetic diagnostic testing）的異同及其應用。(7)請比較原核生物及真核生物基因組（genome）的異同。(8)請介紹如何利用部分二倍性（partial diploid）證明：(a)*Plac*是*lac O*及*lac Z*、*lac Y*、*lac A*的順式顯性。(b)*lac I*是*lac O*及*lac Z*、*lac Y*、*lac A*的反式顯性。

我們從國民中學「自然與生活科技」中，「刺激與反應、神經系統、內分泌系統、行為與感應」等，到高級中學「生物」中的「神經系統與行為、內分泌系統及神經內分泌」等，不也是相同命題下的逐步深入嗎？況且這些科目到大學一年級的「生物學」及高年級的「神經學導論」還要分別講授，逐年深入。知識的傳授無論哪一個學科或學科的分支，都是反覆多次、一點一滴地由淺入深，逐步達到進入實驗室猶如居家一般的熟悉程度。顯然「分子生物學」與「分子遺傳學」也是相同的道理，只要能為學生提供足夠的知識性，以及保持其相對的獨立性，少數所論及內容的重複性並不妨礙各個學科分支的獨立發展。因此，「分子生物學」與「分子遺傳學」按其定義及實際內涵，應屬於兩個有一定相互關聯的獨立學科分支，學生也可以先修《分子生物學》再修《分子遺傳學》，也可以同時進行。

雖然，「分子遺傳學」及「分子生物學」在基因學的研究方面有一定重疊之處，但僅從學科的研究方法及思維方向而言，兩者的區別是不言而喻的。如「分子遺傳學」總少不了基因突變的研究，因此講究的是遺傳證據，但「分子生物學」則不然。因為「分子生物學」所採用的是生化及物理方面的方法學，因此也自然形成了「分子生物學」與「分子遺傳學」的分水嶺。

寫到這裡，筆者想談一談有關兩岸在「遺傳學」用語上的區別。有些區別可以顧名思義，能猜出八九不離十，但有些區別還是很大。甚至大陸出版的字典在臺灣重新出版時，也被改成臺灣的用語，如中國科學院出版社名詞研究室編輯出版的《生物學詞彙》（第三版）在臺灣重新出版時，也多被改成臺灣讀者所能接受的譯法。筆者在寫作時也常感受到其中的區別，下表只是其中常見的不同用法，僅供讀者參考。

兩岸遺傳學某些名詞的不同譯法表

英文名詞	大陸譯法	臺灣譯法
Allele	等位基因	等偶基因
Autosome	常染色體	體染色體
Autotrophs	自養	自營
Base	鹼基	氮鹼基
Base deletion	鹼基缺失	氮鹼基刪除

（續）

英文名詞	大陸譯法	臺灣譯法
Centromere	著絲粒	中心節
Centromere constriction	主縊痕	原縊痕
Chromatids	染色單體	染色子體
Codominance	等顯性	共顯性
Competent cells	競爭細胞	勝任細胞
Diploidy	二倍體	雙套數
DNA libraries	DNA 文庫	DNA 圖書館
Down syndrome	蒙古痴呆症	Down 症候群、蒙古白痴
Enhancer	加強子	加強區
Exon	外含子	表現序列
Fertility factor	致育因子	稔性因子
Gel electrophoresis	凝膠電泳	膠體電泳
Gene cloning	基因克隆	基因轉殖
Gene library	基因文庫	基因圖書館
Genome	基因組	基因體
Genome project	基因組計畫	基因體計畫
Genetic drift	基因漂移	基因浮動
Glutamic acid	穀氨酸	麩胺酸
Guanine	鳥嘌呤	鳥糞嘌呤
Haemoglobin	血紅蛋白	血紅素
Haploidy	單倍體	單套數
Heme	血紅素	原血紅素
Heterotrophs	異養	異營
Heterozygous	雜合的	異質的
Histidine	組氨酸	組織胺酸
Homozygous	純合的	同質的

（續）

英文名詞	大陸譯法	臺灣譯法
Inherited trait	遺傳性狀	遺傳形質
Intron	內含子	插入序列
Invasion	倒位	倒置
Law of independent assortment	自由組合規律	獨立分配規律
Leucine	亮氨酸	白胺酸
Lysine	賴氨酸	離胺酸
Messenger RNA	信使 RNA	傳信 RNA／信息 RNA
Minimal medium	基本培養基	最低培養基
Mitochondria	線粒體	粒線體
Multiple alleles	複等位基因	多偶同位基因
Natural selection	自然選擇	自然淘汰／天然選擇／天擇
Negative control system	反控系統	抑制性調控系統
Operator	操縱基因	操作區
Operon	操縱子	操縱組
Parental plants	親本植物	親體植物
Phenotype	表現型	外表型
Polymerase chain reactions	多聚酶鏈反應	連鎖反應
Polymorphism	多態性	多性狀
Polypeptide chain	多肽鏈	多胜鏈
Population genetics	群體遺傳學	族群遺傳學
Positive control system	正控系統	活化性調控系統
Primers	引物	引子
Promoter	啓動子	啓動區
Reciprocal cross	互交	反交
Repressor	阻遏蛋白	抑制子
Reverse copy	反向拷貝	翻鑄體

（續）

英文名詞	大陸譯法	臺灣譯法
Ribosomal RNA	核糖體 RNA	核糖 RNA
Sex-linkage inheritance	性連（鎖）遺傳	性聯遺傳
Sex-linked trait	性連（鎖）性狀	性聯形質
Substrate	底物	受質
Syndrome	綜合徵	症候群
Test cross	測交	檢定雜交
Threonine	蘇氨酸	羥丁胺酸
Tobacco mosaic virus	煙草花葉病毒	煙草鑲嵌病毒
Transcript	轉錄本	轉錄物／轉錄體
Triplet codon	三聯體密碼	三重小組密碼
Tyrosine	酪氨酸	酥胺酸
X-ray diffraction	X-光衍射	X-光繞射

　　以上只是隨手所得，而非全部，但卻可窺兩岸用語上的某些差異。雖然這些差異不會構成妨礙交流的程度，但有時還是要多加注意，如很難想像臺灣的血紅素、血紅原素與大陸的血紅蛋白及血紅素，原來如此相像卻又如此不同，這些很可能會造成理解上的重大差異，不得不察。另外，專有名詞在臺灣的譯法呈現多樣性，幾乎每一位教授都有自己的一套成熟譯法，而大陸學者們的譯法比較固定，全國上下一致性相對較高。另外，在某些特別的字上，如「糖」及「氨」等字的利用，在兩岸的出版物中存在著根本的區別，大陸的「脫氧核糖」在臺灣為「脫（去）氧核醣」；大陸的「蛋白質糖基化」在臺灣為「蛋白質醣基化」；大陸的「氨基酸」在臺灣為「胺基酸」。「遺傳學」中「經典遺傳學」部分的用語相對一致，但在「分子遺傳學」中有一定的差異，不過也不至於造成重大的誤解。本書在用語上大多沿用大陸的用法，這是因為習以為常之故。但在個別用語上，如筆者以為大陸的「蛋白質翻譯」一詞不如臺灣的「蛋白質轉譯」合理，故本書沿用後者。

　　筆者感謝國立（臺灣）中山大學從其教育部的教學卓越計畫中，資助筆者八萬八千新臺幣作為編寫本書的繪圖費用。如果沒有這個機會，筆者不會特地

花這麼多的時間，系統性地整理「分子遺傳學」的講稿，也不可能想到將自己的研究結果作爲基因功能研究的一部分寫進本書，因爲這些理應成爲人生另一個階段的規劃。雖然因爲一系列的寫書計畫，而花掉了筆者近六年來大部分的業餘時間，但如果從整個人生的角度回眸此舉，若干年之後，也可能認爲這種費力不討好的事情是值得的。

最後，筆者感謝遺傳研究室所有的研究生，其中有多位學生幫助將本書的後半部手寫稿輸入電腦。他們是林恆旭（第十二、十三、十四及十五章）、楊明昌（第十六及十七章）、羅安茹及趙德芳（第十八章）。他們在筆者十分繁忙時伸出援手，因此特地附此鳴謝。最後需要指出的是，全書除了某些圖片、某些章節請學生打字外，基本上只憑借個人的力量所爲。雖然這些年來，盡可能利用週末的時間爲本書添磚加瓦，但因爲寫作期間不斷地受到各種干擾及難免有傷風感冒之時，時間上永遠感覺不足。因此書中的錯誤在所難免，懇請各位讀者予以批評指出，便於再版時修正。

目錄

第六章 ｜ 染色體末端的形成 *127*

第七章 ｜ 代謝酶的遺傳缺失 *141*

第一章　基因研究邏輯及方法

本章摘要

　　基因功能研究的邏輯思維方法，可以歸結為一個簡單的模式，即從整體到個別基因，再從個別基因到個別蛋白質，又從個別基因回歸整體。從整體到個別基因，是為了更好地了解這個基因的結構，包括其決定蛋白序列的一級結構與組織性的一級結構。從基因到蛋白質，是為了檢驗這個基因序列在轉錄及轉譯過程中的正確性；更重要的是，深入研究這個基因的功能。從個別基因回歸整體有多種回歸方法，一是讓某種生物的某個基因在另一種生物中表達，形成所謂的重組蛋白質。如果重組蛋白質的功能與野生型蛋白質的功能相同或相似，不僅說明所得的蛋白質是正確的，也說明所得的該基因是正確的。二是經由突變或工程改造過程，讓基因在異體中表達以便純化突變的蛋白質。這是研究蛋白質功能的組成部分，當然其目的也是要研究該基因的功能或基因內各個功能區。三是利用缺失的方法鈍化該基因之後，再送入某個體（即轉基因動、植物）的基因組替代野生型基因等，以研究這個基因的缺失對整個生物體各個方面的影響。這些思維模式無非是讓我們更深入研究基因的功能。其中的研究方法包括基因的轉殖（或稱克隆）、基因的表達、定點突變、體外轉錄及轉譯（或稱翻譯），以及轉基因動、植物的產生等。基因的轉殖即是從整體到個別基因的過程；基因的表達是檢驗基因功能的方法；定點突變是在更為微觀的條件下，對基因功能的研究；體外偶聯式轉錄與轉譯是檢驗所轉殖的基因，是否具備功能的第一線方法。轉基因動、植物的研究具有多重目的，一可讓動、植物產生目標蛋白質；二是研究該蛋白質在轉基因動、植物整體情況下的作用；三是產生（或製造）基因缺失的剔除基因個體。這些方法對於基因功能研究是不可或缺的，是現代遺傳學研究中首先採用的基本邏輯思維及方法。

前言

　　在《遺傳機制研究》一書的第二章中，筆者曾寫過類似的題目，但內容卻完全不同。在那一章中，筆者主要介紹以研究遺傳機制為主要內容的思維邏輯及方法，其中包括性狀的觀察研究、研究材料的選擇、雜交（包括自交）、性狀的分離研究、測交或回

交，以及統計學方法的應用等等。在人類遺傳性狀的研究中，還可以利用同卵雙生、異卵雙生、兄弟姐妹、夫妻、父子等關係，進行相關等方面的研究，得出性狀與基因之間的關係是否緊密的結論。這些研究的邏輯思維及方法在整個遺傳學發展史中，曾經發揮過極其重要的作用，並在未來的研究中仍然是基本的思維出發點。

　　本章的研究邏輯與方法，指的是在基因功能研究的範圍而言，故其思維模式必須建立起分子及整體的觀念，以微觀及宏觀相結合的思維方式探討基因的功能。這包括了遺傳物質的結構研究、基因組的構成、基因的體外操作、基因產物的研究、重組 DNA 技術、生物個體的重新創造等方面的研究方法。在1970 年代以前遺傳機制研究的漫長歲月中，我們無法將生物體化整為零之後，再重新組合成新的個體（圖 1 - 1），但隨著 1970年中期核酸內切酶的發現，之後重組 DNA 技術的發展、 DNA 核苷酸序列分析技術的問世、轉基因動、植物技術的發生、發展，到 1997 年克隆羊 Dolly 的問世，宣告了基因功能的研究進入了一個嶄新的思維階段，使得過去認為不可能的事情成為可能（如體細胞的全能性問題）、物種之間阻隔基因交流的所謂自然屏障一再被打破（如轉基因動、植物的產生等）。因此，基因功能的研究正在改造著自然界。許多新的基因產品正在投入

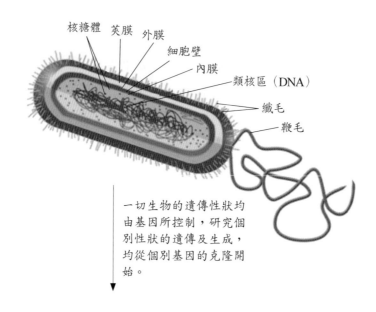

核糖體　莢膜　外膜
　　　　　　　細胞壁
　　　　　　　　內膜
　　　　　　　　　　類核區（DNA）
　　　　　　　　　　　　纖毛
　　　　　　　　　　　　鞭毛

一切生物的遺傳性狀均由基因所控制，研究個別性狀的遺傳及生成，均從個別基因的克隆開始。

獲得個別基因之後，可研究基因及其產物蛋白質的關係；也可經由基因突變而獲得突變體，再比較突變體及野生型性狀的改變。

圖 1 - 1　如果一切遺傳性狀均由基因所控制，那麼從個體（如圖中單細胞生物的大腸桿菌，即可視之為一個簡單的個體）到基因，又從基因的操作回歸個體的方式，可從中了解個別基因的作用。

科學研究及醫療應用，但醫療應用中更完美的要求，也給基因功能的研究提出了新的要求；因此可以說，自然世界反過來也對基因功能的研究提出了更高的要求。

　　在《遺傳機制研究》一書中，筆者以相當大的篇幅介紹了基因分析的各種研究方法及成就，包括複等位基因的發現、等顯性及不完全顯性基因的分析、互作基因及致死基因的分析、可雜交高等動、植物基因的分析、特殊生物（不可以進行控制性雜交）的基因分析、原核生物的基因分析及噬菌體的基因分析等。在本書中，我們將繼續基因分析這一主題，但以全新的角度在基因組 DNA 的核苷酸組成／序列分析的分子水平上進行討論，因此本章在其他分子研究方法的基礎上，進一步介紹兩種主要基因組的分析方法：一是適合於原核生物環形基因組的拼接方法；二是適合於高等動、植物的綜合性基因組分析方法。

第一節　互補 DNA 的選殖

　　基因選殖也稱基因克隆，後者直譯於 gene cloning，是指在數萬種基因或其產物中，找到並純化出我們所需要的目標基因，並達到有效的保存及增殖。這在 1970 年代，內切

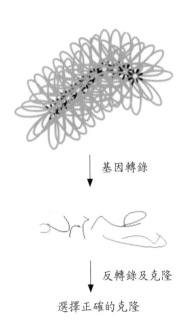

基因轉錄

反轉錄及克隆

選擇正確的克隆

圖 1-2　互補 DNA（cDNA）克隆示意圖。首先基因經由轉錄（transcription）方式形成其相應的信使 RNA（mRNA）。然後利用信使 RNA 作為模板，在反轉錄酶（reverse transcriptase）的催化條件下，將信使 RNA 反轉錄形成互補 DNA。最後經由一定的選擇流程，將目標 cDNA 選擇出來。

酶的發現及質粒（plasmids）的投入應用之前，是無法想像的。人類能夠有效地利用核酸內切酶（restriction enzymes）及分子載體（molecular vector）轉殖基因，主要發生於 1980 年代，那時 Sanger 的雙脫氧核苷酸序列分析方法已經問世，所轉殖下來的全基因或基因的某些片段，很容易利用該分析方法加以確定。

一般的基因轉殖分為四種基本方法，一是互補 DNA（complementary DNA，cDNA）方法（圖 1 - 2）；二是基因組 DNA（genomic DNA）方法（圖 1 - 3）；三是雙雜交（two hybridization）方法；四是染色體 DNA 轉殖法（chromosomal DNA cloning）（圖 1 - 4）。互補 DNA 是指將細胞內的信使 RNA（messenger RNA，也稱信息 RNA），經由反轉錄的方式轉為 DNA，因此 DNA 與 mRNA 的序列完全互補，即如果 mRNA 的序列為 UACGUUCC，那麼轉為 cDNA 即成為 ATGCAAGG，後者與前者在序列上完全互補，故稱為互補 DNA。也有人說，這是因為反轉錄酶所形成的 DNA 序列與雙鏈 DNA 中的非轉錄模板鏈完全相同，而與轉錄的模板鏈完全互補之故。兩種說法都有根據，但據筆者所知雖然後者的說法沒有錯誤，但難以採信。

基因組 DNA 的提取及利用限制性內切酶水解基因組 DNA

基因組 DNA 片段

基因組 DNA 片段的分子克隆

選擇正確的克隆

圖 1 - 3　基因組 DNA 的分子克隆。首先選用適當的生物組織、器官或細胞體系作為研究材料，提取並純化基因組 DNA。其次便是利用限制性內切酶對 DNA 樣品進行完全或部分的水解。其三是將水解的 DNA 片段克隆到分子載體上，最後選擇出目標 DNA 分子。

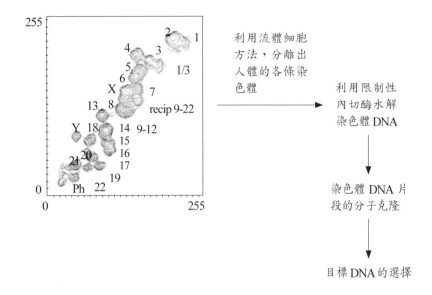

圖 1-4　染色體 DNA（或基因）的分子克隆。首先在細胞培養條件下，讓染色體處於同一分裂時期（如中期），再利用流體細胞儀將各條染色體分離。其次是將分離的染色體各自進行內切酶的水解（部分或完全水解）。其三是將染色體的 DNA 片段克隆到分子載體上，最後便是將目標 DNA（基因）選擇出來。

　　將 mRNA 以反轉錄的方式轉為 cDNA，是在反轉錄酶的催化作用下進行的。反轉錄酶最早是在反轉錄病毒中發現的，這包括了人類免疫缺陷病毒等。在 1970 年代發現反轉錄酶時，還引起了一陣不小的騷動：一方面它的發現，增加了遺傳信息流的中心法則（central dogma）之內涵，從 RNA 分子到 DNA 分子的過程，找到了科學根據；其次是它的發現，為進化論增添了新的內容，即生物遺傳分子的起源可能先有 RNA 而後有 DNA；其三是某些病毒的形成歷史，可能比我們想像的還早，如反轉錄病毒的起源可能較其他病毒更早。

　　反轉錄病毒在形成病毒顆粒時，便已在其病毒殼內存有反轉錄酶。當病毒感染細胞之後，細胞內的酸性蛋白水解酶（acidic proteases）將病毒的外殼蛋白水解掉，暴露出了病毒的遺傳物質，即其基因組 RNA。當基因組 RNA 暴露後，病毒立即利用其反轉錄酶形成其第一條鏈的 DNA，此時新合成的 DNA 鏈與原來的 RNA 鏈仍形成 DNA／RNA 的雜交分子，但病毒進而利用 RNA 酶 H（RNase H）將雜交分子中的 mRNA 鏈水解掉，留下某些抗 RNase H 的片段，作為第二條 DNA 鏈合成時的引物分子（primers），以 DNA 聚合酶（DNA polymerase）合成第二條 DNA 鏈。雙鏈 DNA 合成完畢後，該病毒便開始啟動細胞週期，並在細胞的核膜破裂之時，其 DNA 進入了核的基因組內，並利用自身所存在的

同源序列經由交換（crossover）等方式，插入細胞的基因組中。反轉錄酶便是 cDNA 製備時所不可或缺的工具酶。

然而反轉錄酶並沒有特異性，所以利用反轉錄酶可以將從細胞內純化出來的所有的、數量上成千上萬種的 mRNA，經由反轉錄的方式全部形成互補 DNA（即 cDNA），其中可能包含了我們所需要的目標 DNA（targeted DNA）。此時，可以將所有的 cDNA 轉殖到分子載體上，並將所有的建構分子轉化到大腸桿菌中，這就是我們所說的 cDNA 文庫（cDNA library）。互補 DNA 轉殖工作的下一個目標，便是從千萬個基因中，選出我們所需要的那個基因。挑選目標基因有幾種常用的方法：一是放射自顯影法，即利用已知的 DNA 序列片段，用同位素（如 ^{32}P 等）加以標記。標記的 DNA 片段與 cDNA 進行分子雜交（molecular hybridization），可選出帶有放射性的菌落（圖 1 - 5）；二是基因產物法，即利用已有的抗體尋找目標蛋白質。在 cDNA 轉殖時，先將 DNA 轉殖到具有啟動子的表達載體上，將各個菌落進行分別的培養並誘導基因的表達。蛋白質經由聚丙烯醯胺凝膠

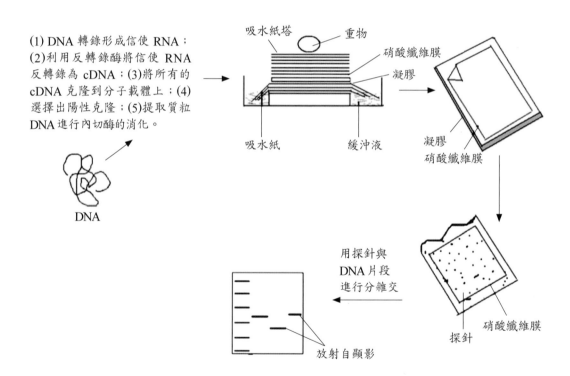

(1) DNA 轉錄形成信使 RNA；(2)利用反轉錄酶將信使 RNA 反轉錄為 cDNA；(3)將所有的 cDNA 克隆到分子載體上；(4)選擇出陽性克隆；(5)提取質粒 DNA 進行內切酶的消化。

DNA

吸水紙塔　重物
硝酸纖維膜
凝膠
吸水紙　緩沖液
凝膠
硝酸纖維膜

用探針與
DNA 片段
進行分雜交

硝酸纖維膜
探針

放射自顯影

圖 1 - 5　互補 DNA 印跡法圖解。(1) DNA 轉錄形成信使 RNA；(2)利用反轉錄酶將信使 RNA 反轉錄為 cDNA；(3)將所有的 cDNA 克隆到分子載體上；(4)選擇出陽性克隆；(5)提取質粒 DNA 進行內切酶的消化；(6)利用凝膠將消化的 DNA 片段進行分離；(7)將凝膠中的 DNA 片段轉移到硝酸纖維膜上；(8)利用帶有同位素（如 ^{32}P 等）的探針與在硝酸纖維膜上的 DNA 進行分子雜交；(9)放射自顯影。

分離後，轉到硝酸纖維膜上再與抗體相結合，這種方法較容易得到具有功能的全基因；三是雙雜交法，即利用一個已知的蛋白質與某基因產物互作的特點，將基因挑選出來。

　　首先我們談放射自顯影法。這種方法建立在已知一小部分核苷酸片段序列的基礎上，哪怕只知道 15 個核苷酸便可以利用這種方法。然而，這畢竟只是整個基因中的一小部分，但我們的目標卻是找到完整的基因序列。首先，如果有可能的話，將這個 DNA 片段轉殖到分子載體上，再利用一小段寡聚核苷酸作為引物，在 DNA 聚合酶 I 存在的條件下，可以合成小片段的 DNA 分子。如果在聚合反應前加入 ^{32}P-dNTP，在新合成的小片段 DNA 中，便帶有放射性同位素 ^{32}P，這就是俗稱的探針（probes）的製備。如果已知的寡聚核苷酸太短、如只有 15 個核苷酸時，也可以採取另一種標記法，即利用磷酸酶將 ^{32}P 轉移到寡聚核苷酸的 5' 末端（即利用同位素 ^{32}P 置換 5' 末端上原有的磷酸分子）。但這種標記法的放射性強度比前者弱，因此在後續的自顯影時可以延長時間（圖 1-6）。

　　探針製備之後，便可以進行分子雜交。利用「散彈打鳥法」所克隆的 cDNA，是整個細胞提取的 mRNA 經由反轉錄的方式所轉成，含有 cDNA 的普通分子載體經由轉化方式保存於大腸桿菌中，此時可以將轉化的大腸桿菌放在平面（H-plates）上生長，平面的表面放上硝酸纖維膜（nitrocellulose membrane）並做上記號。經過 6-12 小時後，將硝酸纖維膜取出、洗淨，然後在較高的溫度（如 55-60℃）條件下與探針相接合，這就是俗稱的「分子雜交」。經過分子雜交後，探針可與質粒中具有相同或高度相似序列的 DNA，形成三股 DNA 的雜交鏈，此時硝酸纖維膜上便帶有放射性同位素 ^{32}P。硝酸纖維膜經過洗滌、乾燥之後，便可進行放射自顯影。如果放射自顯影顯示互補序列，則說明生長於平面培養基上相應位置上的某個菌落，可能含有我們所需要的目標基因。

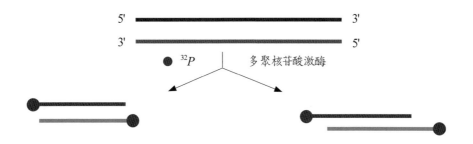

圖 1-6　利用末端標記法製備探針示意圖。寡聚核苷酸在多聚核苷酸激酶的催化條件下，反應液內的 ^{32}P 可被激酶轉到寡聚核苷酸的 5' 末端，形成具有放射性的探針分子。

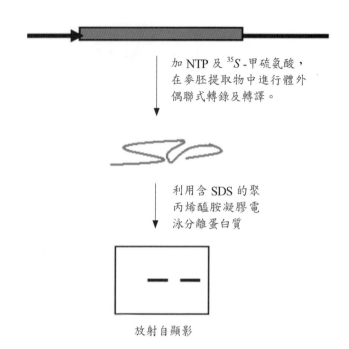

加 NTP 及 ^{35}S-甲硫氨酸，
在麥胚提取物中進行體外
偶聯式轉錄及轉譯。

利用含 SDS 的聚
丙烯醯胺凝膠電
泳分離蛋白質

放射自顯影

圖 1-7　偶聯式的體外轉錄及轉譯實驗示意圖。上圖的長方框代表所克隆的基因，箭
頭代表 SP6 啟動子。這種分子結構在圖示的條件下，便可以進行偶聯式的體外轉錄及
轉譯過程。如果所得的蛋白質分子量與預期相符，則說明可利用此 DNA 進一步進行
其他目的研究。

　　如果尋找目標 DNA 時沒有已知序列的核苷酸片段，或者研究單位對於放射性物質的
購買及使用，設置種種的限制條件等原因，可利用抗體幫助尋找目標 DNA。如果決定
採用抗體流程，則在 cDNA 的克隆時就必須使用表達載體。一般可以選用克隆位點的上
下游均含有啟動子的表達載體，因此無論基因以哪一方向被克隆到載體上都可以得到表
達。此時又可分為兩種不同的檢測方法，第一種是將提取的質粒分子加入含有 ^{35}S-甲硫
氨酸（^{35}S - Met）及其他氨基酸的麥胚（germ-line extracts）提取物中，在體外進行偶聯式的
轉錄及轉譯（coupled *in vitro* transcription and translation）。反應的產物（蛋白質）經由含有
SDS 的聚丙烯醯胺凝膠電泳（polyacrylamide electrophoresis）分離後，再進行放射自顯影鑑
定（圖 1-7）。如果西方點墨法的結果證明，所轉譯的蛋白質分子量與預估的分子量相
同，則說明所克隆的 cDNA 是全序列的，否則可能只是部分片段。
　　利用抗體尋找目標基因的第二種做法，是先將所有的 cDNA 克隆到表達載體上，然
後轉到大腸桿菌中。可挑選五十至一百個分離明顯的菌落（每一個菌落也可以標上相應
的記號，以便於實驗後擴增特定菌落之用），生長於液體培養基中並誘導其表達。在一
般情況下，表達的蛋白質最有可能是存在於細胞內、膜間質或在培養基中（細胞外）。

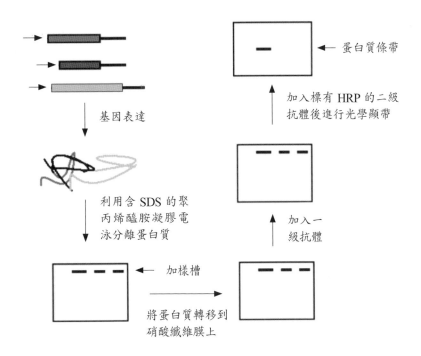

圖 1-8 利用抗體進行基因表達的 DNA 篩選法。左上方的三個長方框代表不同的基因，分別克隆在表達載體上，箭頭代表啟動子。不同的菌落分別培養、誘導基因表達。蛋白質樣品（提取物）經聚丙烯醯胺凝膠電泳之後，轉到硝酸纖維膜上與一級抗體相結合。之後加進偶合有 HRP 的二級抗體與一級抗體相結合，最後根據 HRP 的活性進行光化學顯帶。

將細胞內外的提取物放到酶標盤上進行 ELISA 測定（enzyme-labeled immunoassays），測定的結果如果是陽性，則可進一步做 DNA 印跡法鑑定，以確定其基因產物（蛋白質）的分子量。如果所有的測定都指向於正確的基因產物，則說明我們已經得到了特定的基因。這時可以利用預先的菌落記號回到平面培養基，尋找原來的菌落並將其擴增、保存（圖 1-8）。

第三種基因克隆方法是雙雜交法（two hybridization）。這種方法設計的基本原則，是根據已知蛋白質（Known protein, KP）與目標蛋白質（target protein, TP）可以形成複合體，或兩種蛋白質經由某種方式進行相互作用的特點。現在的目標是要克隆控制目標蛋白質 TP 形成的基因（*Tetpro*+）。具體的做法是，首先將可能含有 *Tetpro*+ 基因的表達質粒，轉化到可以產生已知蛋白質（KP）的細菌或真菌中進行表達（如每一次實驗可以選取五十至一百個經過轉化的不同菌落），只要尋找已知的蛋白質 KP 便可找到蛋白質 TP。如果蛋白質 TP 存在於某個菌落中，說明它的基因也就成功地找到了。進一步地說，不僅目標基因找到了，也同時得到了具有功能的全序列基因。一般而言，兩者的互作越緊密，越容易成功地選出目標基因 *Tetpro*+。但選擇表達基因 *Tetpro*+ 的大腸桿菌或真菌，不能具有產生 TP 的能力。

第二節　基因組 DNA 的選殖

　　如果我們的研究目的是基因的結構，尤其是真核生物的基因結構，對於我們理解某些生物學重大過程及機制而言，是不二法門。這包括：(1)基因組 DNA 的一級結構，對於理解或揭示基因表達狀況、基因表達的時機，以及基因表達的遺傳控制等在內的基因功能研究，提供重要的第一手資料；(2)基因組結構對於研究某些特殊基因，在漫長的歷史長河中的結構變異或稱進化過程，是不可或缺的生物信息；(3)基因組基因的克隆是目前仍在進行中的基因組研究的基礎。事實上，在人類基因組計畫宣布進行時已有大約 60% 的基因組基因，被成功地克隆了下來並進行相當程度的研究。因此，基因組基因克隆的生物學意義是多方面的，也是值得繼續進行的研究。

　　一般而言，基因組 DNA（genomic DNA）的選殖工作量遠比互補 DNA 克隆大，尤其是人類的基因組 DNA 選殖猶如大海撈針一般。其困難度主要包括：(1)基因組 DNA（或稱基因組基因，舊的遺傳學書籍中稱為染色體組基因）遠比互補 DNA 大，有時一個基因組基因比它相應的 cDNA 大 10 倍甚至 100 倍。(2)基因組基因克隆到分子載體上時，常常被分成幾個片段，被克隆到不同的分子載體上。因此尋找基因組基因時，必須同時找到多個陽性反應（見本章上面曾經敘述過的涵義）的菌落。(3)因為基因比較大也增加了基因序列分析的工作量。因此以往克隆基因組基因的研究，常是小組進行的研究。

　　然而可喜的是，一般進行基因組基因選殖者往往已經具備其 cDNA，可以將 cDNA 的不同片段克隆到不同的分子載體上，以便製備不同節段的分子探針。擁有不同節段的分子探針，猶如具備了基因組基因全序列的目標區段（除了內含子以外）一樣，可以利用其分別探測出基因組基因（全序列）或基因片段在某個菌落中的存在。

　　進行基因組 DNA 的選殖不像互補 DNA（cDNA）那樣，首先要確認某組織或某種細胞株是否產生了目標蛋白質。如果目標蛋白質確實存在，這表明了這個細胞株必然存在其相應的 mRNA 分子。因此，如果將這個細胞株的 mRNA 全部純化出來，也不太容易遺漏目標 mRNA。但基因組 DNA 的克隆則不然，因為所有細胞的基因組 DNA 都是相同的。因此具體的操作過程可描述如下：

1. 首先純化出高分子量的基因組 DNA。所謂的高分子量基因組 DNA，指的是用溫和的純化方法，得到極少發生斷裂的 DNA 分子。

2. 製備具有放射性元素（如 $^{32}P\text{-}dATP$）的核苷酸探針，主要從 cDNA 中獲得。最好的探針是能夠分別覆蓋不包括內含子在內的基因組基因全序列。因此，常將一個完整的 cDNA 切成幾個片段，分別克隆到不同的載體上。利用這些分子所製備的

探針，一般能夠涵蓋整個基因組基因的序列。

3. 利用不同的內切酶對基因組 DNA 分別進行完全消化（水解）。一般利用幾個不同的常用內切酶，分別對基因組 DNA 進行消化或也有人進行部分消化，這個步驟主要創造可以克隆的大小，因為基因組基因一般過大而不能同時克隆在一個普通的分子載體上，除非利用 YAC（yeast artificial chromosome）或者 BAC（bacterial artificial chromosome）系統的載體。

4. 採用瓊脂糖凝膠電泳對消化的 DNA 片段進行分離。 DNA 按照其片段的大小進行分離，有利於區分陽性及陰性反應，也有利於推知片段的分子量範圍。如果兩片凝膠同時進行，則可以根據其中之一的最終結果（即陽性反應的位置），可以比較容易地找出另一片凝膠中相同 DNA 片段的位置。

5. 將 DNA 片段從瓊脂糖凝膠中轉移至硝酸纖維膜上，以便於分子雜交。硝酸纖維膜可以相當緊密地吸附 DNA 分子，因此有利於後續的實驗操作。

6. 分子雜交（請參閱本章上面所述）。這個步驟主要讓探針與 DNA 經由鹼基配對的方式形成三股 DNA，以便於尋找陽性反應的 DNA 條帶。

7. 確認陽性反應的菌落。主要經由放射自顯影的方式，顯現出相同於探針序列的 DNA 條帶，便於鑑別。

　　基因組 DNA 純化最重要的，要防止大分子 DNA 在提取過程中的降解，主要防止 DNA 酶（DNase）的水解作用，盡量採用溫和的方法可將大分子 DNA 從細胞中提取出來。由於基因組 DNA 的分子量很大，純化後的 DNA 分子絕大部分都可以纏繞在玻璃棒上，說明提取過程極少發生降解。為了方便許多實驗室的使用，現在商業上已有許多不同品牌的基因組 DNA 純化試劑盒出售，使用起來也很方便，甚至少到一萬個細胞以下都可以得到滿意的 DNA 產量。

　　放射性核苷酸探針的製備與第一節的描述基本相同。所不同的是，這一次探針製作的模板分子是 cDNA。如上所述，可將 cDNA 的不同節段分別克隆到不同的分子載體上，在具備 $^{32}P\text{-}dATP$ 及其他的脫氧核苷酸的緩衝液中，由 DNA 聚合酶 I 催化形成探針。應當指出的是， DNA 聚合酶 I 可以催化產生小片段 DNA 的聚合反應，但不能像 DNA 聚合酶 III 那樣進行大規模的 DNA 聚合作用。這種探針具有與 cDNA 相同的核苷酸序列。

　　由於基因組 DNA 的分子量極大，目前常用的凝膠系統（如聚丙烯醯胺凝膠或瓊脂糖凝膠等）無法分離其 DNA 分子。即使將來發明了可以分離一整條染色體 DNA 的系統，或目前所採用的流式細胞分離器（flow cytometry）可以將染色體彼此分開，對於克隆個別基因而言，也沒有太大的實際意義。因而平均一條染色體含有數千基因，所以基因組 DNA 必須經過限制性內切酶的消化，形成較小片段之後才能置於凝膠系統中進行分離。

限制性內切酶所識別的核苷酸數目越多，其所產生的寡聚核苷酸片段的分子量越大，因此可選用不同的限制性內切酶進行消化，形成不同長度片段的消化物，以便於凝膠系統的分離。

用於分離 DNA 片段的瓊脂糖凝膠，可分離小到 100 個核苷酸以下的片段，大到 20,000bp（20kbp）的片段。因此，如果一個基因組 DNA 的分子量大於這個範圍，則很可能被克隆到幾個不同的分子載體上。不幸的是，幾乎所有高等動、植物的每一條染色體的基因組 DNA 都大於這個範圍。DNA 片段的分離可用 20×20cm 以上的較大型凝膠進行分離。如上所述，一般的做法是在同一凝膠中同時分離兩組 DNA 的限制酶水解物，電泳結束後將兩組分離膠分開，一組將繼續進行下面的實驗；另一組凝膠則保存於 4°C 以下，等待第一組結果以後再做處理。

DNA 片段分離後可將片段轉移到硝酸纖維膜上，以便於後續的研究操作。傳統上，將凝膠上的 DNA 片段轉移到硝酸纖維膜上，主要依賴緩衝液的轉移過程帶動 DNA 片段的轉移。但 DNA 片段接觸到硝酸纖維膜時，便被吸附於膜上而不再移動。帶動緩衝液移動的是，置於硝酸纖維膜上方的吸水紙。吸水紙不斷地吸收底層的緩衝液，緩衝液經由凝膠時便帶動 DNA 片段往紙的方向移動，但 DNA 片段一經接觸硝酸纖維膜時便停止在膜的表面。這種 DNA 的轉移過程一般需要 14 個小時才能完成。

DNA 片段轉移到硝酸纖維膜上之後，可將高濃度的離子洗淨，然後放回分子雜交筒中，加進少許含有 $^{32}P\text{-}dATP$ 所標記的寡聚核苷酸探針，在 55-60°C 下進行分子雜交。主要原理是在分子雜交的條件下，探針的互補 DNA 序列經由鹼基配對的原則，在基因組 DNA 片段的局部區域上形成三股鏈。一旦探針分子插入成功，該片段的 DNA 便帶上了放射性物質 $^{32}P\text{-}dATP$。換言之，探針在特定的 DNA 條帶上與具有相同序列的基因組 DNA 片段相結合，使得基因組 DNA 片段具有放射性，而被放射自顯影等方式顯現出來。

涼乾的硝酸纖維膜置於不透光的「暴光夾」內，在暗室內放上 X-光片（X-ray film）之後，可以置於 −80°C 下曝光 8-14 小時（視分子雜交後的放射性強度而定，可用放射性檢測儀測出強度範圍）。曝光後沖洗出 X-光片，便可知是否得到了目標 DNA 片段。如果在一次凝膠分離中得到了三條 DNA 帶，說明這些條帶可能含有相應的核苷酸序列。此時將放置在 4°C 下的另一半凝膠取出，在相同的位置上將凝膠帶切下。從凝膠中純化出 DNA 片段後，便可克隆到分子載體上做進一步的鑑定。

如果研究的目的是建立基因組 DNA 文庫，那麼應當在限制性內切酶處理之後，便可將 DNA 片段直接連接到分子載體上，如用 *Eco*RI 消化的基因組 DNA 片段，可以克隆到先用 *Eco*RI 消化過的分子載體上；如用 *Not*I 消化的基因組 DNA 片段，可以克隆到先用 *Not*I 消化過的分子載體上等等。如此所建立起來的 DNA 文庫，稱為 *Eco*RI 文庫或 *Not*I 文庫等。

第三節　基因在原核細胞中的表達

　　基因的選殖只是將目標基因從成千上萬個基因中挑選出來，只是基因功能研究中材料準備的第一步。雖然這一步是不可或缺的，但畢竟還不是基因功能研究的主體工程。基因表達是了解基因性質的重要一環，是基因功能研究的、最直接的表現方式。一個基因無非可以形成多肽鏈（polypeptides chain，蛋白質），或直接形成核糖體 RNA（rRNA）或轉運 RNA（tRNA），但絕大部分的基因是經由控制蛋白質的形成，進而表現其自身（性狀的表現）。因此研究基因的表達，主要是如何讓基因有效地形成蛋白質的過程、如何控制基因表達的時機，或者如何以適當的量在適當的組織細胞中表達某個基因。

　　基因的表達必須在一定的條件下方能進行或有效地進行，一個結構基因或一個完整的片段，必須在啟動子的作用下才能表達，但真核細胞的啟動子不能作用於原核細胞，反之亦然。因此，若將高等動、植物的基因放在大腸桿菌這類原核細胞中表達，所要表達的基因必須克隆在相應的啟動子之下。常用的原核細胞基因表達的啟動子，有 T7 啟動子、乳糖操縱子啟動子（galactose operon promoter）、精氨酸合成酶啟動子、色氨酸合成酶啟動子等等，其中 T7 及乳糖操縱子啟動子是一類可調控的啟動子，因此其應用範圍十分廣泛。

　　第二個值得注意的問題是，所要表達的基因不應當含有內含子（intron）。在原核生物中表達的動、植物基因，必須是互補 DNA 或不具有內含子的基因組 DNA，因為原核細胞不具備清除前體 mRNA（pre-mRNA）中內含子的系統。清除內含子是真核細胞所特有的功能，原核細胞的轉錄及轉譯是同時進行的，因此不需要首先清除內含子，原核細胞的基因中也不含有內含子。

　　第三個需要注意的問題是 cDNA 中轉譯時的起始密碼（ATG），不應離啟動子 3' 最末端的核苷酸太遠，一般應當在 15 個核苷酸以內。這體現了原核細胞 RNA 聚合酶與真核細胞的不同。有時真核細胞轉錄起始位點距啟動子 3' 最末端的核苷酸，可達 60 個核苷酸之遙，可見真核細胞 RNA 聚合酶與模板鏈 DNA 結合的範圍，可能比原核的酶大。因此，在原核細胞中表達時，需注意啟動子與結構基因的距離。

　　其四是應當在表達載體的多重克隆位點的下游（即 3' 端），組裝多重轉錄終止信號（termination signal），阻止 RNA 聚合酶在完成結構基因轉錄之後繼續向 3' 末端移動，以免浪費細胞資源，也能使得脫離模板鏈的 RNA 聚合酶繼續下一次的轉錄，從而增加轉錄的水平，或者說增加轉錄本（transcript）的數目。一般而言，一個 RNA 聚合酶分子移動一次只能合成一個 mRNA 分子，因此越多的 RNA 聚合酶分子參與 RNA 聚合反應，便能產

生越多的 mRNA 分子；也就是說，有更多的轉錄本分子參與蛋白質的轉譯過程。在大腸桿菌中表達的某些基因產物的純化量，列於表 1-1。

1960 年初期，當 Monod 及 Jacob 研究乳糖操縱子時，發現在啟動子與結構基因之間還有一小節核苷酸，受到阻遏物蛋白的控制。當阻遏物蛋白與這段核苷酸相結合時，整個操縱子中數個結構基因均不能表達。後來的研究說明阻遏物蛋白是可以調控的，如果在細菌培養物中加入阻遏物蛋白的抑制劑（如 IPTG 等），阻遏物蛋白即可從所結合的核苷酸序列上（稱為調節基因，regulator）游離出來，使得下游的結構基因得以表達。所以，在組裝原核細胞表達載體時，往往需要組裝上調節基因，以便於控制基因表達的時機及產量。

研究說明，不是所有真核細胞的基因都適合於原核細胞的表達體系，某些在真核細胞中有大量糖基化（polysaccharides）的蛋白質（如人體細胞的第一補體抑制蛋白，C1-inhibitor 等）在細菌中產生後，由於缺少糖基化而產生有別於原來的構象，容易被降解為各種較小分子量的片段。因此，人們創造了某些細胞質蛋白酶缺失的細胞株，如大腸桿菌的 BL21（DE3）便是其中之一。大部分的外源基因均可利用這種細胞株進行表達，但仍有某些蛋白不盡如意。

另外，由於重組蛋白質的構象可能由於細胞環境的改變而改變，可能產生大量的聚合物（如 inclusion bodies）而沉澱。此時如用低離子濃度的緩衝液提取，則可能提取不到重組蛋白質；但若用高離子濃度的緩衝液，如 8M 尿素等，則可能完全改變了原來的蛋白質構象，失去了功能研究的目的，因此蛋白質的複性研究變得極為必要。但在多數情況下，蛋白質複性研究的結果並不如意，因此相當多的真核細胞基因不能直接在原核細胞中表達出與在真核細胞中，完全一樣的構象及功能的產物。

表 1-1　在大腸桿菌中表達的某些基因產物的純化量

蛋白質	純化後的產量	純化條件
HSV 蛋白酶	8-10g/L	從可溶性蛋白質提取物中純化
真菌 DNA 聚合酶	25g/L	從內涵體（inclusion bodies）複性後純化
馬兜鈴鹼合成酶	20g/L	從可溶性蛋白質提取物中純化
T7 DNA 連接酶	60-70g/L	從可溶性蛋白質提取物中純化
RuvC 解旋酶	3g/L	從可溶性蛋白質提取物中純化

第四節　基因在真核細胞中的表達

一個真核細胞的基因，在同一種或另一種真核細胞中表達時，基本上不會出現第三節中所描述的重組蛋白質的構象改變等問題；因此絕大多數真核細胞的基因，可以考慮在真核細胞中表達。真核細胞的表達系統已發展出了多種方式，包括目前最常用的真菌表達系統、哺乳類動物細胞，以及昆蟲細胞等表達方法。真菌表達之所以成為系統，是因為已發展出了比較完善的表達體系，包括外源基因插入真菌染色體的質粒及重組基因的創造、基因表達的檢測系統，以及重組蛋白質的純化系統等等，是比較成熟也比較便宜的一種表達方法。真菌中的表達載體已有多種組裝，適合各種不同基因的表達，pAO815 是其中的一種（圖 1 - 9）。

高等動、植物基因在真菌中的表達，無論從化學組成還是蛋白質的功能等方面判斷，均與高等動、植物細胞中表達沒有兩樣，因此常成了真核細胞基因表達系統的首選。一方面所有的轉錄後修飾都是相似的，前體 mRNA 的剪接過程十分準確，因此幾乎適合於任何真核細胞基因的表達。如果從重組蛋白質的產量考察，真菌表達體系堪比大腸桿菌的表達體系，其生長速度之快兩者並無二致。因此，真菌表達體系適合於以產生大量重組蛋白質為目的、或以結構與功能關係為主的某些研究。在大腸桿菌的表達體系

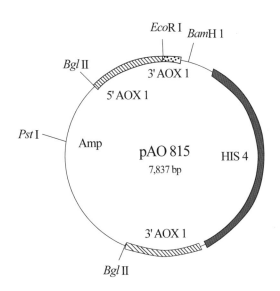

圖 1 - 9　pAO815 表達載體的基本結構。基因可以克隆在 *Eco*RI 及 *Bam*H1 之間，利用 *Bgl* II 將含有目標基因的載體線性化，然後轉化到真菌中。由於載體中克隆基因的兩端含有真菌的 DNA 序列，當線性 DNA 轉化到真菌細胞之後，可以經由重組的方式插入真菌的基因組中，成為基因組永久性的一部分。

中，所送進細胞內的重組基因不會插入其基因組 DNA 中，質粒只能作為一種基因組以外的遺傳物質而存在。但在真菌表達體系中，重組基因可以經由某種方式插入細胞的基因組中，成為真菌基因組中的一部分，因此可以創造出穩定遺傳的重組細胞體系。真菌表達體系還有一個優點，那就是其培養基很容易配製，所要求的條件極容易得到滿足。

在組裝重組基因時，可將基因克隆到 SV40 啟動子的下游，有時為了方便重組蛋白質的純化，也可以在啟動子的 3' 末端克隆進 18 個核苷酸，在重組蛋白質的 N-末端產生 6 個組氨酸（histidine），以便於利用二價金屬離子進行純化，因為組氨酸的亞氨基可與 Co^{2+} 等金屬離子相結合。因此，真菌的表達體系不僅適合於基礎科學研究，也適合於生物技術等應用科學研究。如現在許多生產胰島素（insulins）、生長因子（growth factors）或一般性蛋白質的藥廠等，不少利用真菌作為合成這些蛋白質的細胞，除了容易培養、可以產生大量的重組蛋白質之外，也容易處理真菌培養物，不會造成環境汙染。

真核細胞表達體系中，還有人體或其他動物的癌化細胞，這類癌化細胞可以無限地培養下去，如果所表達的蛋白質可以分泌到細胞之外，則可以定期蒐集培養物的上清液（supernatants），即可蒐集到重組蛋白質。如果所表達的重組蛋白儲存於細胞質內，則需要蒐集細胞、破碎細胞等才能提取到重組蛋白質。這種系統的缺點是培養基的費用過高、重組蛋白質的產量過低。因此，比較適合於理論科學研究，而不適合於大規模生物技術的生產。

單細胞表達系統中，還有一種是融合細胞體系。如果某種細胞可以產生某種我們需要的蛋白質（如產生某種特異性抗體的人體 B 細胞等），但這種細胞卻不能長期培養，一般經過十餘次的有絲分裂之後便開始走向凋亡。但我們可以利用鼠類的一種癌化細胞與人體的 B 細胞相互融合，使得 B 細胞繼續產生這種特異性的抗體，同時也可使得這種融合細胞得以長期培養。許多單克隆抗體（monoclonal antibodies）就是利用這種體系產生而來的。

第五節 轉基因動、植物的研究

轉基因植物的研究始於 1980 年代的中後期，當時主要以煙草為基因表達的寄主植物，這是因為煙草的葉片較容易誘導為植株，消除了從葉片的一小部分（通常是直徑為 1～2cm 的小圓片）培養為整棵植株的困難，是這個系統之所以成功的關鍵之一。其次是成功地利用農桿菌作為基因轉移的媒介，當農桿菌感染煙草葉的小圓片時，可將其所攜帶的質粒釋放到煙草的細胞內。當含有質粒的細胞被誘導成為完整的植株時，此時抗菌素的抗性基因、進行基因表達的目標基因；以及質粒中與煙草基因組具有同源的 DNA 序

列，可隨之插入煙草的基因組中（見本章第六節所述）。

　　轉基因植物的培育相對於其他的基因表達體系而言比較便宜，因此如有必要的話，也可以大規模種植。煙草的葉片大，適合於在葉片等組織表達蛋白質，但其缺點是所需的時間較長。植物生長相對於真菌、細菌甚至小鼠等動物而言較緩慢，不符合快速及大規模的雙重要求。但轉基因植株一旦培育成功，目標基因插入了煙草的基因組，便成了一種新的品系。目標基因雖然在轉基因植物中表達緩慢，但卻持續不斷地進行，不需要特別照料。

　　轉基因動物的研究與轉基因植物有某些相似之處，也有相似的研究目的，在科學研究中發揮特別重要的作用，尤其是轉人類基因一直是我們最感興趣的主題。轉基因動物的一般操作方法是，首先將目標基因克隆到表達載體中，在受精卵或胚胎發育的早期，將質粒注射到受精卵細胞中，讓受精卵繼續發育為小動物。如果表達載體中含有可插入動物基因組的同源序列，注射進受精卵的質粒便可與基因組的基因序列發生鹼基配對。DNA 經由交換的過程進入基因組中，成為基因組中的永久性基因。

　　轉基因動物是某些基礎研究所不可缺少的一部分，有利於研究某些基因在個體行為、生理代謝、生化及神經等方面的作用，但不利於以大規模生產某種蛋白質為宗旨的生物技術的研究。一方面是由於不容易大規模培養這些轉基因動物，另一方面是這些動物生產重組蛋白質的能力偏低，不易大量獲得重組蛋白質。但如果蛋白質到達微量，便可達到某種「醫療目的」，也可以考慮動物系統進行生產，如可以將能夠產生某種珍貴的單克隆抗體的融合細胞，注射到小鼠的腹腔中產生大量的抗體，並在一定的時間內取出腹水進行抗體的純化，便可得到大量的單克隆抗體。此外，如果需要重組人體蛋白質的構象與人體細胞所產生的一樣，如人類的肝細胞生長因子（human hepatocyte growth factor）等，可以利用轉基因動物幫助生產。

第六節　基因的定點突變

　　無論動、植物及昆蟲，我們常可根據遺傳性狀的改變，從而推知基因是否已經發生過突變，如果蠅的白眼基因突變、殘翅基因突變、人類的白化基因突變、血友病基因突變、色盲基因突變等。經由這些研究，使我們放棄了「基因是遺傳最小單位」的舊思維、「基因像念珠一樣不可分割」的錯誤觀念。根據噬菌體 *rII* 基因的研究，使我們認識到基因是可分的、是可以分成許多更小單位的實體；基因也是可變的，一個基因可以變成許多等位基因，如果蠅的眼色基因、人類的血型基因及毛髮的結構基因等等，有時基因的改變是致命的，即所謂的致死突變。然而對於這些突變的研究，無論發生於自然突

變還是人工誘變、無論是物理突變還是化學誘變，我們在二十年前都還未能做到有效地控制突變的確切位點，充其量我們只能經由某種有效的選擇程序得到我們希望得到的突變種。

定點突變則是在完全人工控制條件下的誘變，目前這種誘變可以做到隨心所欲。尤其有了有效的表達系統之後，這類研究成了基因功能常規研究中的常用方法。基因定點突變由於所用的方法不同，而有不同的誘變原理及過程，但都與 DNA 的聚合作用密切相關。從原理上分，則可分為兩大類誘變系統：一是單鏈 RNA 或雙鏈 DNA 的誘變系統，另一種是多聚酶鏈反應系統。

單鏈 RNA 與雙鏈 DNA 誘變系統的原理相似，筆者只需描述單鏈 RNA 的誘變系統及其方法，讀者自然便可理解雙鏈 DNA 的誘變系統。首先，將目標基因克隆到一種噬菌體 M13 中。這種噬菌體可感染大腸桿菌，雖然不會形成嚴重的溶菌週期，但也在一定的範圍內允許大腸桿菌的生長。感染該噬菌體的大腸桿菌相對地生長緩慢，因此可觀察到明顯的噬菌斑。當噬菌體形成病毒顆粒時，其外殼蛋白促使雙鏈 DNA 變成單鏈，所以在噬菌體的頭部只有單鏈 DNA 作為該噬菌體的遺傳物質。但如果讓噬菌體在一種 RNase 缺失的大腸桿菌品系中生長，並在培養液中加進適量的尿苷三磷酸（dUTP），此時所有的 DNA 分子均含有尿嘧啶。換言之，雖然 DNA 是雙鏈結構，但就化學組成而言，這些 DNA 應屬於 RNA 的組成。所以當 M13 這種噬菌體在 RNase 缺失型細胞中生長，並形成新一代噬菌體時，其頭部的單鏈 DNA 其實就是單鏈 RNA。

將 M13 的單鏈 DNA 純化後，可以作為模板在體外合成新的 DNA。如果所用的引物中含有改變的核苷酸（序列），所用的核苷三磷酸是脫氧三磷酸腺苷（dATP）、脫氧三磷酸鳥苷（dGTP）、脫氧三磷酸胞苷（dCTP）及脫氧三磷酸胸腺苷（dTTP），則新合成鏈的化學組成是 DNA，其中可能含有改變了的突變位點。此時，M13 基因組是一個 RNA 鏈與一條 DNA 鏈所組成的雙鏈嵌合體分子。利用這種分子經由轉化的途徑，轉入含有正常 RNase 的大腸桿菌品系時，大腸桿菌細胞內的 RNase 便可將嵌合體分子中的 RNA 部分水解，留下突變的單鏈 DNA 分子，此時單鏈 DNA 分子在細胞內以自身為模板合成另一條新的 DNA 鏈，形成雙鏈突變 DNA。

這個突變體系在理論上可以達到 100% 的誘變率，但在實際研究中，還需對每一個噬菌體的 DNA 進行序列分析以確認：(1)突變位點是否已經創造出來；(2)其他未誘導的位點是否保持著野生型的序列。如果這兩個條件已經達成，則可將突變的 DNA 轉移到表達載體進行表達，由此製造出突變的蛋白質。比較野生型與突變型蛋白質的區別，可推論出所誘變的突變型蛋白質是否具有正常的活性，進而推論出所誘變的氨基酸在整個蛋白質分子中的作用。

　　然而筆者親身經驗說明,利用這種誘變體系的最高誘變率約 40% 左右。因此,對於每一個噬菌體的 DNA,必須經過 DNA 的序列分析以確認突變位點的存在。另外,最好只利用基因的一小部分參與誘變,以便於一個序列分析的反應即可涵蓋整個片段。誘變之後再將基因片段克隆回到原來的基因,代替原來的野生型片段成為整個基因中唯一的突變位點。然後整個基因轉入表達載體進行表達,即可得到突變的蛋白質(圖 1 - 10)。

　　突變還可以直接利用雙鏈的質粒 DNA,作為模板進行體外的定點突變。體外誘變方法與單鏈 RNA 作為模板的方法基本相同,但這個方法不需要製備單鏈 RNA 模板分子,也不需要 RNase 的缺陷品系,即直接純化含有目標基因的雙鏈質粒 DNA 作為模板,利用含突變位點的核苷酸為引物, DNA 聚合酶 I(DNA polymerase I)為 DNA 合成酶〔(有時還需要加入 T4 連接酶(T4 ligase)〕。體外反應結束後,可利用反應產物轉化大腸桿菌。理論上這種誘變方法最高可達 50% 的誘變率,但實際經驗說明大多數低於 8% 的誘變率。所以,每個菌落的質粒必須經過 DNA 的序列分析,確認突變位點及其他位點是否保持野生型。

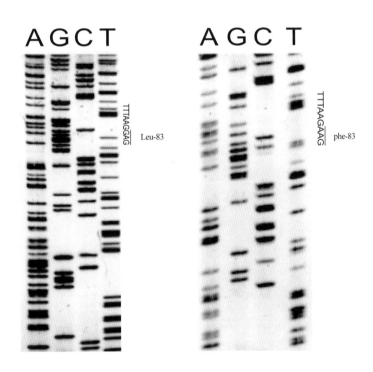

圖 1 - 10　利用質體藍素基因為模板所誘導的亮氨酸 83(左圖)(野生型是酪氨酸 83),以及苯丙氨酸 83 的 DNA 序列(右圖)分析結果。這也是筆者第一次誘導的基因突變(1990 年)。

　　基因的定點突變還可以利用多聚酶鏈反應（polymerase chain reactions, PCR）的方法誘變。如果誘變的位置在基因的兩端，可採用一次性 PCR 進行擴增反應（amplification reactions）。如 PCR 引物中含有突點的核苷酸序列，PCR 反應之後可先克隆到 TA 載體上進行 DNA 的序列分析，以確認突變位點是否已經創造出來。如果所需要的誘變位點在基因的中間位置，此時必須經過兩次或兩次以上的 PCR，才能順利完成基因的突點及擴增過程。關於 PCR 技術的理論及應用，筆者將另開闢園地論述之。

思考題

1. 基因功能研究與遺傳機制研究的邏輯思維有何異同？
2. 本章介紹了六個方面的基因功能研究方法，它們各有什麼特點？
3. 如果在某一個細胞系（cell line）中，經過反轉錄可以得到八百個不同的 cDNA 分子，從基因表達的角度而言，這說明了什麼？
4. 互補 DNA 的轉殖與基因組基因的轉殖有何異同？從遺傳及遺傳信息的角度而言，兩者各代表了什麼？
5. 在基因轉殖中，雙雜交法有何特點？相較於 cDNA 的選殖而言，雙雜交法有何優、缺點？
6. 在互補 DNA 的選殖過程中，為什麼首先要將所有的 cDNA 轉入分子載體中，才開始特殊基因的選擇過程？
7. 基因組 DNA 的選殖相對於 cDNA 的選殖而言，有何特別的意義？
8. 為什麼說基因的表達是基因功能研究中最重要的一環？為什麼說缺少了基因，基因的功能研究如同缺少了主心骨一樣，缺乏了中心思想？
9. 為什麼在基因表達研究設計中，必須考慮表達的細胞體系及其啟動子的應用？如在大腸桿菌中表達，必須利用原核基因或噬菌體基因的啟動子？在動物或動物細胞中表達，必須利用類似於 SV40 病毒的啟動子？
10. 請敘述阻遏物及其結合位點在原核細胞中，進行基因表達的應用及其意義。
11. 在原核細胞中表達高等動、植物的基因時，可以迅速地得到大量的重組蛋白質且花費較低，但也常出現構象變化等問題。請問應如何解決有關構象變化等問題？
12. 我們知道融合細胞既可以利用來表達目標基因、產生特殊的蛋白質，還可以進行基因分析等方面的研究，請敘述其中的原理。
13. 轉基因動、植物在遺傳學基礎研究及生物技術方面有何意義？

14. 請敘述基因表達在現代生物製藥工業中所發揮的作用。

15. 在基因的定點突變中，單鏈 RNA 模板的突變原理是什麼？

16. 在基因的定點突變中，雙鏈 DNA 模板的突變原理是什麼？

17. 如何利用 PCR 技術進行基因的定點突變？

18. 轉基因植物的創造包含哪些關鍵的步驟？這些步驟的原理是什麼？

19. 轉基因動物是如何培育的？在遺傳學研究中有何意義？

第二章 基因物質基礎

本章摘要

　　本章從歷史的角度，論述了什麼是遺傳物質及其證明過程，這既是一種歷史的審視、知識的積累，也是科學邏輯學的具體表現。自從孟德爾的遺傳規律被重新發現以來，人們一直沒有間斷地探索基因的物質基礎。就當時人們認識自然的知識水準而言，蛋白質、脂肪（酸）、纖維素、核酸等，均可成為遺傳基因物質基礎的選擇，其中最為複雜的分子構成莫過於蛋白質分子；但在一次又一次的研究過程中，人們認識到蛋白質極容易變性，存在細胞的所有地方，並不符合作為遺傳物質的基本條件。然而，當時對於核酸的認識也只流於化學組成的表面知識，因此多數生物化學家們不敢相信核酸是否具有足夠的複雜性，是否能夠代表數目如此之眾、性質如此之複雜的遺傳因子。這是人們認識自然過程中不可避免的問題，本章重溫遺傳物質的認識過程，旨在更有利於將來更大的發現，以便獲取更大的發展。在遺傳物質尋找過程中，1928 年 Griffith 的轉化實驗，奠定了研究轉化主導因子的物質基礎；Avery 等人（1944）的轉化實驗，具體指出了轉化主導因子是 DNA 。1953 年 Hershey 及 Martha 的噬菌體實驗進一步證明了 Griffith（1928）及 Avery 等人（1944）的研究，以不可辯駁的事實證明了 DNA 作為遺傳基因的物質基礎。1956 年 Gierer 等人及 1957 年 Fraenkel-Conrat 等人，在煙草花葉病毒的研究工作可說是錦上添花，證明了 RNA 也是遺傳物質。至此，基因的物質基礎之研究，終於在漫長的尋找過程中，畫上了歷史性的句號。

前言

　　遺傳學經過孟德爾及其規律的重新發現，又經過了三十年的廣泛證明，以及連鎖遺傳及其基因突變的研究；多數人認為，控制遺傳性狀的所謂基因必定在染色體上，因為染色體的一切行為與基因的作用密切相關。雖然染色體作為基因的具體位置，已經比以往更進了一步，但染色體的組成還是相當複雜的實體，由 DNA 、 RNA 及蛋白質組成，但 RNA 在高等生物的染色體中，因為提取方法的不斷改進而逐步減少其含量，因此作為遺傳物質缺少了其穩定性。蛋白質在細胞核內的含量穩定，其組成除了組（織）蛋白

（histones）外，還有其他的蛋白質，因此也一時成為遺傳物質的選項之一。DNA 也因其提取方法的改進，使人們相信 DNA 才是生物界最大的生物分子；因此，DNA 自始至終也沒有離開過作為遺傳物質可能性的選項。

圖 2 - 1　前蘇聯科學院院士李森科（Trofim Denisovich Lysenko, 1898-1976）。

蛋白質在化學上由 20 種氨基酸所組成，而 DNA 只有 4 種核苷酸，從複雜性看蛋白質表面上，更適合於作為遺傳物質的條件，但蛋白質極易變性，不符合遺傳物質可以代代相傳而不變的特點。關於遺傳物質的爭論，在某些地區延續了長達十年時間，如 1953-1962 年的中國，曾受到了前蘇聯科學院院士李森科（Trofim Denisovich Lysenko, 1898-1976）的影響（圖 2 - 1），對生物的基因（遺傳物質）基本上採取了否定的態度，認為生物體所有的物質都是遺傳物質，包括蛋白質及脂肪等。這些物質從上一代到下一代之間基本上沒有什麼變化，即使有所變化也大都由於測定誤差所致。如上、下代的種子同時播種，長成植株，其蛋白質的含量、種類等的變化，均在個體差異的範圍。又如同樣的小麥品種，冬小麥必須在前一年九月播種，經過一個寒冬後到次年才能正常開花結實，但如果在春天播種，小麥可以生長但不能正常開花結實。由於當時對許多遺傳學問題還沒有答案，對於基因與環境之間的關係，尤其是遺傳物質的研究還沒有明確的、令人信服的實驗證據，許多爭論在所難免。

遺傳物質的尋找終結於四大實驗：(1)轉化物質的分離、純化及成功的轉化實驗，提供了只有 DNA 才是遺傳物質的證據；(2)利用同位素 ^{32}P 標記噬菌體 DNA，以及 ^{35}S 標記噬菌體蛋白質的研究，證明了噬菌體利用 DNA 作為遺傳物質而不是蛋白質的實驗證據；(3)1956 年發現，部分純化了大腸桿菌的 DNA 聚合酶（DNA 聚合酶 I），並利用 DNA 作為模板在體外成功地利用該酶催化 DNA 的複製。(4)1957-1958 年期間，煙草花葉病毒遺傳物質 RNA 的發現，以及不同遺傳型 RNA 與外殼蛋白的重新組裝實驗，證明了有什麼樣的 RNA 便有什麼樣的蛋白質；反之則不成立的事實。這一系列的成果，終於使半個世紀的爭論畫上句號，是人們認識自然的典範之作，也是科學史上最精彩的「科學證明」之一。

第一節　遺傳物質所具備的條件

　　早在 1901 年減數分裂發現之時，人們認識到了減數分裂時的染色體的行為，與孟德爾的遺傳因子及其分離理論完全吻合。首先，孟德爾（圖 2 - 2）認為遺傳因子在個體中成雙存在，形成配子時彼此分離，在配子中成單存在；減數分裂證明，一個二倍體細胞具有成雙存在的同源染色體，減數分裂之後染色體的數目減半，在配子中染色體成單存在。其次，孟德爾的獨立分配之遺傳因子可以隨機組合形成新配子，減數分裂證明配對的同源染色體在中期 I 時的排列方向是隨機的，形成自由組合的機制。其三，孟德爾的遺傳理論認為，遺傳因子在配子受精後恢復成雙存在的狀態，減數分裂證明染色體減半的配子（單倍體）受精之後，形成與原來減數分裂前相同的染色體條數（二倍體）。這充分說明了孟德爾遺傳因子的遺傳傳遞與染色體的行為是一致的。

　　於是，1902 年 W. S. Sutton 發展了染色體的遺傳理論，他認為：「遺傳因子的自由組合，來源於減數分裂時聯會染色體的行為。既然對於任何特定的二價體而言，同源染色體的分離方向對於另一個二價體而言是完全隨機的，那麼在染色體上『等位』基因的分離，也是完全獨立的。」這就是著名的基因載體理論，認為基因就是染色體的一部分，染色體便是基因的載體。染色體的基因載體理論，成功地解釋了孟德爾遺傳因子在體內成雙存在，配子成單存在，受精後恢復成雙存在的遺傳現象。基因載體理論也提供了生物體（二倍體）內的遺傳因子，為什麼成雙存在、在配子中為什麼成單存在的細胞學基礎。不過，當時不少科學家仍然相信蛋白質是遺傳物質的說法，認為只有蛋白質才能解釋如此眾多的基因種類。

　　作為遺傳物質的第一個條件，應當具備複製（replication）的能力。複製是細胞有絲分裂及減數分裂的基礎，沒有複製就沒有細胞的有絲分裂及減數分裂。如果說染色體就是基因的載體，那麼染色體能夠複製，基因也應當能夠複製。從一個受精卵到一個完整個體的整個發育過程，都需要一次又一次的細胞分裂，而細胞分裂是生長的基礎，但如果沒有複製就沒有生物的生長。複製是遺傳的基礎，複製過程必須具有高度的精確性，因為生物的「龍生龍，鳳生鳳，老鼠生兒會打洞」已成為生物的法則之一，這就是遺傳。

圖 2 - 2　孟德爾（Gregor J Mendel, 1822-1884）。身為神父，卻創立了遺傳學的基因學說，這與達爾文（1809-1882）身為神學專業的畢業生，卻創立了生物進化學說一樣，令人稱奇。

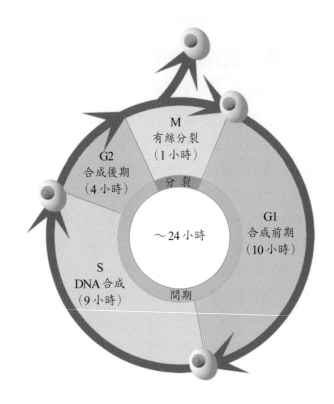

圖 2-3 細胞分裂週期示意圖。有絲分裂只占細胞週期的二十四分之一，其餘的時間
長短，依次是 G1、S 及 G2 期。

　　細胞週期是由 G1（第一個生長期）、S（DNA 合成期）、G2（第二個生長期）及 M
（有絲分裂期）等時期所組成。如果細胞經過 G1 期之後停留在 S 期之前，則細胞較長時
間進入 G0 期（如某些神經細胞等）或死亡。可見，S 期是推動細胞週期繼續運轉的基本
動力；缺少了 S 期，細胞的生長即停頓甚至死亡（圖 2-3）。

　　作為遺傳物質的第二個條件是其多樣性（varieties）。遺傳研究說明，生物的遺傳性
狀是由基因所控制的，大部分結構性性狀都有特定的相應基因所控制，有些數量性狀
是多基因控制下的產物，有些基因則影響著多個性狀。可見，雖然一個基因不完全等於
一個性狀，但可以推測生物應當有許多不同的基因，因此也有許多不同的性狀。如據估
計，人類大約有 30,000-50,000 個基因，作為遺傳物質必須能夠承載這麼多個基因數量。
另外，染色體是公認的基因載體，但生物染色體的數目是固定的、有限的；基因的數目
遠大於染色體的數目，因此可知一條染色體應當有許多基因的位點，即一條染色體應當
存在著許多個基因。

　　我們從一個側面便可了解生物的基因數目其實是很龐大的，如糖酵解是葡萄糖逐步水解形成丙酮酸的過程，共有十個反應步驟，由十個酶催化而成。這十個酶分別是己糖激酶（hexokinase）或葡萄糖激酶（glucokinase）（圖 2 - 4）、磷酸葡萄糖異構酶（phosphofructokinase）（圖 2 - 5）、磷酸果糖激酶（phosphofructokinse）（圖 2 - 6）、二磷酸果糖醛縮酶（fructose bisphosphate aldolase）（圖 2 - 7）、丙糖磷酸異構酶（triose phosphate isomerase）（圖 2 - 8）、3-磷酸甘油醛脫氫酶（glyceraldehydes-3-P-dehydrogenase）（圖 2 - 9）、磷酸甘油酸激酶（phosphoglycerate kinase）（圖 2 - 10）、磷酸甘油酸變位酶（phosphoglycerate mutase）（圖 2 - 11）、磷酸丙酮酸水合酶（enolase）（圖 2 - 12），以及丙酮酸激酶（pyruvate kinase）（圖 2 - 13）。如果每一個酶都是一個基因所控制的，那麼整個糖酵解過程需要十個基因所控制。

　　作為遺傳物質的第三個條件是其遺傳性（inheritance）。從 1866-1950 年的近百年間，人們已經證明了基因可以從上一代傳遞至下一代而不變，只有極少數個體的個別性狀發生改變，可見遺傳物質是一種十分穩定代代相傳的物質。為了保持物種的穩定性，生物基因或遺傳物質必須維持其遺傳性，形成了所謂的萬變不離其宗的基本規律。由於作為遺傳物質的這個特點，使得許多早期的科學家們一度誤以為遺傳物質是剛性的、不可變的、每一個基因就是最小的遺傳單位等等，直到大量複等位基因的發現後，才逐漸糾正原來的觀點。但如果作為遺傳物質不具備一定的穩定性，基因在代代相傳時勢必以變異為主，那麼就不會有物種之間的區別了。

　　作為遺傳物質的第四個條件是其突變性（mutation）。世界上的生物多種多樣，從海洋的浮游生物到鯊魚及鯨魚；從陸地的螞蟻到大象；從無所不在的古細菌到人體的致病性細菌等等可謂大觀，研究發現突變是形成蔚為大觀的生物世界的源泉。因此，突變是物種進化的基礎。雖然遺傳物質必須維持一定的穩定性，但遺傳物質也必須能夠突變，不僅可形成性狀的多樣性，也可進而形成物種的多樣性。另外，某一特定物種之間的不同也是因為突變所造成的結果，如野生型和突變體的由來，是因為野生型是基因的原始狀態，而突變體是野生型基因經由突變而來的，如果蠅的紅眼性狀為野生型，白眼為突變體等等。

　　雖然一般認為，基因的突變是物種進化的基礎，但在實驗條件下的基因突變，不會像文學作品那樣可以從人類變為果蠅，過於激烈的突變也會出現我們在遺傳機制研究中所談過的致死突變那樣，導致個體的毀滅。但突變是經常發生的，如有些大腸癌患者是因為基因 P^{53} 的過低水平表達，而無法有效抑制其他基因突變的累積而造成癌化等。所以，在早期的遺傳學刊物或書籍中，常有「遺傳是相對的，突變是絕對的」等說法。

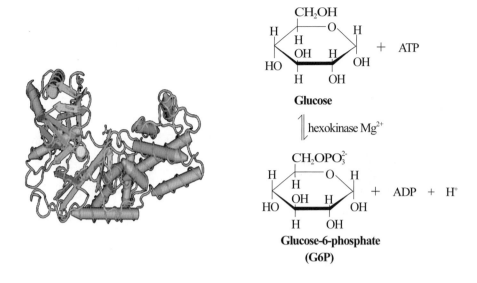

圖 2 - 4　己糖激酶（hexokinase）也稱葡萄糖激酶（glucokinase）的分子結構（左圖），以及其所催化的葡萄糖轉化為 6-磷酸葡萄糖的反應（右圖）。

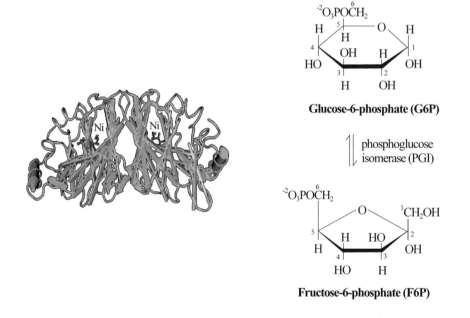

圖 2 - 5　磷酸葡萄糖異構酶（phosphoglucose isomerase）的分子結構（左圖），以及其所催化的 6-磷酸葡萄糖轉化為 6-磷酸果糖的反應（右圖）。

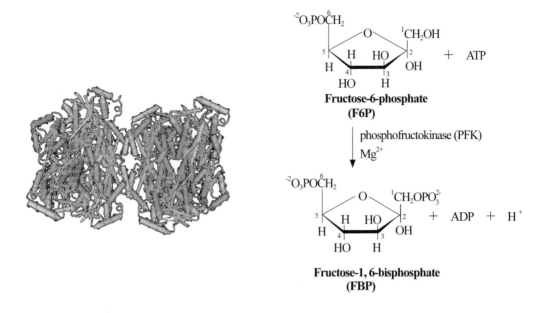

圖 2 - 6　磷酸果糖激酶（phosphofructokinse）的分子結構（左圖），以及其所催化的 6-磷酸果糖轉化為 1,6-二磷酸果糖的反應（右圖）。

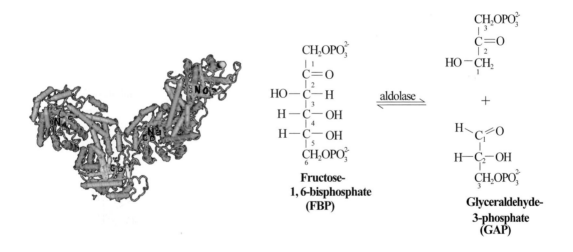

圖 2 - 7　二磷酸果糖醛縮酶（fructose bisphosphate aldolase）的分子結構（左圖），以及其所催化的 1,6-二磷酸果糖轉化為磷酸二氫丙酮（右上圖）與三磷酸甘油醛（右下圖）的反應。

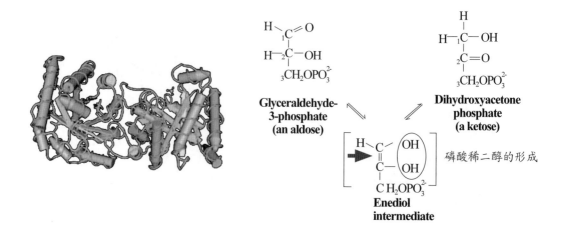

圖 2 - 8　丙糖磷酸異構酶（triose phosphate isomerase）的分子結構（左圖），以及其所催化的磷酸二氫丙酮（右—右圖）及三磷酸甘油醛（右—左圖）經由磷酸烯二醇（右下圖）相互轉化的反應。

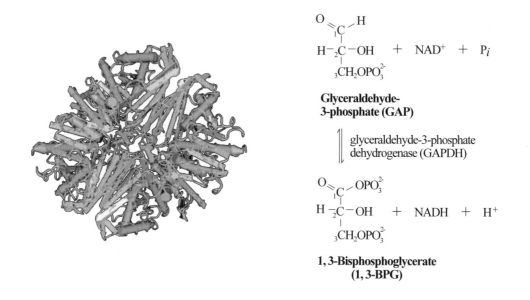

圖 2 - 9　3-磷酸甘油醛脫氫酶（glyceraldehydes-3-P-dehydrogenase）的分子結構（左圖），以及其所催化的三磷酸甘油醛（右上圖）轉化為 1, 3-二磷酸甘油酸（右下圖）的反應。

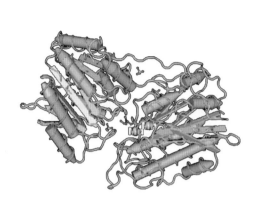

$$O=\underset{1}{C}-OPO_3^{2-}$$
$$H-\underset{2}{C}-OH \quad + \quad ADP$$
$$_3CH_2OPO_3^{2-}$$

1, 3-Bisphosphoglycerate (1, 3-BPG)

$$Mg^{2+} \Big\Updownarrow \begin{array}{l} \text{phosphoglycerate} \\ \text{kinase (PGK)} \end{array}$$

$$^-O-\underset{1}{C}=O$$
$$H-\underset{2}{C}-OH \quad + \quad ATP$$
$$_3CH_2OPO_3^{2-}$$

3-Phosphoglycerate (3PG)

圖 2 - 10　磷酸甘油酸激酶（phosphoglycerate kinase）的分子結構（左圖），以及其所催化的 1, 3-二磷酸甘油酸轉化為 3-磷酸甘油的反應（右圖）。

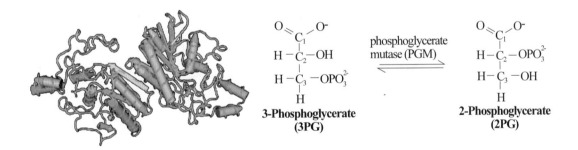

$$O=\underset{1}{C}-O^-$$
$$H-\underset{2}{C}-OH$$
$$H-\underset{3}{C}-OPO_3^{2-}$$
$$H$$

3-Phosphoglycerate (3PG)

$$\xrightleftharpoons{\begin{array}{c}\text{phosphoglycerate} \\ \text{mutase (PGM)}\end{array}}$$

$$O=\underset{1}{C}-O^-$$
$$H-\underset{2}{C}-OPO_3^{2-}$$
$$H-\underset{3}{C}-OH$$
$$H$$

2-Phosphoglycerate (2PG)

圖 2 - 11　磷酸甘油酸變位酶（phosphoglycerate mutase）的分子結構（左圖），以及其所催化的 3-磷酸甘油轉化為 2-磷酸甘油的反應（右圖）。

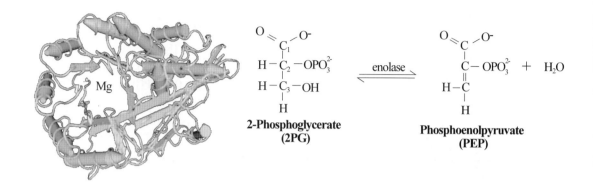

圖 2 - 12　磷酸丙酮酸水合酶（enolase）（也稱烯醇酶）的分子結構（左圖），以及其所催化的 2-磷酸甘油轉化為磷酸烯醇丙酮酸的反應（右圖）。

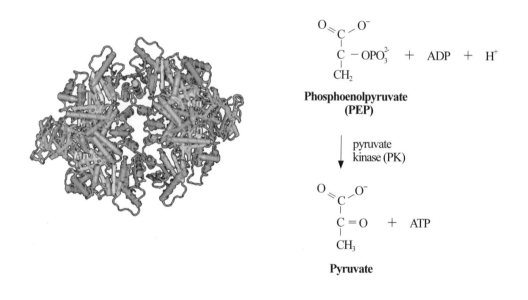

圖 2 - 13　丙酮酸激酶（pyruvate kinase）的分子結構（左圖），以及其所催化的磷酸烯醇丙酮酸轉化為丙酮酸的反應（右圖）。

　　作為遺傳物質的第五個條件，是其指導蛋白質合成（protein synthesis）的能力。我們知道一切生物性狀的最終形成，都與特定蛋白質及其相關物質的生成有關；換言之，特殊的性狀是因為特殊的蛋白質，或相關物質的之形成而形成的（如特殊的角蛋白及特殊的毛髮等）。我們在《遺傳機制研究》中，曾談過孟德爾在 1865 年發表了七對遺傳性狀，包括紫花與白花、高桿與矮桿、圓粒與皺粒等。形成紫花與白花的基本原理，在於白花基因是一種突變基因，產生沒有活性的催化酶，無法將基本顏色（白色）轉化為紫色，但紫花基因則可以將基本色轉化為紫色；豌豆中的高桿植株與矮桿植株的生成原理，在於矮桿植株中缺少一種酶將前驅物轉化為細胞生長激素，因此植株的生長受到了限制。相反的，高桿植株中存在著這種酶形成細胞生長激素，使細胞在分裂後迅速生長變大，形成高桿植株。圓粒與皺粒豌豆的不同，在於澱粉的含量不同。在圓粒豌豆中，因為圓粒基因可以產生澱粉合成酶，使得種子形成過程中許多單醣形成了澱粉，因此這類種子乾燥之後仍然保持飽滿的形狀。相反的，由於皺縮基因是一種突變，不能產生具有活性的澱粉合成酶，因此不能將單醣分子轉化為高分子的澱粉，使得種子中含有大量的單醣分子及水分，乾燥之後形成皺縮的形狀。因此，有什麼樣的基因便有什麼樣的蛋白質（酶），便有什麼樣的遺傳性狀。

　　現在我們已經知道蛋白質的一級結構，來自於基因的核苷酸序列，這就是「有什麼樣的基因，便會產生什麼樣的蛋白質」的理由。在本書的後面章節中，我們將看到基因是如何指導蛋白質合成的整個過程。一般而論，基因指導蛋白質的合成是透過轉錄的過程，先形成信使 RNA，再由信使 RNA 轉譯成為蛋白質。

　　作為遺傳物質的第六個條件，應當滿足位於真核生物細胞核中的要求。無論是豌豆還是果蠅，無論是玉米還是人類，只要是真核生物其主要的遺傳基因，應當位於細胞核內。這裡所說的「主要」，指的是細胞核的基因，不包括線粒體 DNA（mitochondrial DNA）及葉綠體 DNA（chloroplast DNA）。這已為大量的細胞學之研究所證明，因為染色體就在細胞核內，如所有細胞分裂的研究均證明染色體的複製發生於細胞核內，因而真核生物細胞的遺傳物質也應當在細胞核中。在原核生物中細胞沒有明確的細胞核，遺傳物質沒有任何的細胞結構將其與細胞質隔開，因此，遺傳物質完全裸露在細胞質中。

　　經由上面的討論可知，蛋白質不能作為遺傳物質不在於它的多樣性、它與性狀的直接關係，也不在於它在進化中的作用。蛋白質不可能作為遺傳物質在於：(1)蛋白質不能複製其自身；(2)蛋白質容易變性，是一類不夠穩定的生物大分子；(3)蛋白質不具備從上一代遺傳到下一代的功能；(4)蛋白質無處不在，不符合遺傳物質定位的要求。

第二節 核酸的早期研究

核酸，顧名思義是細胞核中的酸性物質，由一位法國科學家（Friedrich Miescher）發現於 1869 年。他當時是一位在德國進行化學研究的瑞士科學家，他從當地醫院所提供的外科繃帶膿血中的白血球（leukocyte）細胞核中分離出核酸分子（他當時命名為核素，即 nuclein），並分析其化學成分，發現細胞核中的這種酸性物質是蛋白質和核酸的複合物。之後，Friedrich Miescher 花了很多時間，也從其他的細胞中分離到了核酸；更重要的是，他從染色體中得到相同的物質，並對核酸進行了化學組成的研究，發現其組成相對比較簡單：由磷酸、核糖及鹼基所組成。由於核酸的化學組成較簡單，當時無人認為核酸與遺傳有什麼關係，Friedrich Miescher 也不例外，況且當時對於遺傳問題還沒有那麼重視，更沒有幾人曾經讀過孟德爾的豌豆雜交論文。1889 年，Friedrich Miescher 認識到了核酸的重要性，他認為遺傳保證了代代相傳的連續性，這是化學分子更進一步的涵義。他進一步解釋道：「遺傳性就在於原子結構之間，對於這一點，我就是化學遺傳理論的支持者。」

對於核酸更進一步的化學組成，Phoebous Levene 在 1900 年代曾進行過深入的研究，但核酸的化學組成及其核苷酸的種類等，一直到 1930 年代才完全研究清楚，即核酸分為脫氧核糖核酸（deoxyribose nucleic acid）及核糖核酸（ribose nucleic acid）（圖 2 - 14）兩大類，其中脫氧核糖核酸（DNA）由四種脫氧核苷酸（圖 2-4 右）所組成，每種核苷酸都含有磷酸和脫氧核糖及四種鹼基中的一種，即構成所謂的核苷酸分子單元：分別是腺苷酸（由腺嘌呤、磷酸及脫氧核糖所組成）、鳥苷酸（由鳥嘌呤、磷酸及脫氧核糖所組成）、胞苷酸（由胞嘧啶、磷酸及脫氧核糖所組成）及胸腺苷酸（由胸腺嘧啶、磷酸及脫氧核糖所組成）。其組成如此簡單，更重要的是當時對於核酸的結構一無所知，所以當時眾多的研究者堅信，蛋白質才能符合作為遺傳物質的基本要求。

從 1920-1940 年代的三十餘年間，流傳最廣的核酸結構是四核苷酸理論，即核酸是由四種核苷酸以某種形式，如經由磷酸等結合而成，這是人們否定核酸作為遺傳物質的主要根據：因為這種結構無論如何，也無法解釋生物體中如此眾多的基因數目。然而這種結構理論經常受到實驗證據的挑戰，如用溫和等方式提取的核酸分子，其分子量之大以至於可以將所有的脫氧核糖核酸捲到玻璃棒上。因此，儘管有四核苷酸理論的存在，人們還是繼續尋找更直接的途徑，以便試圖解開核酸的結構之謎。

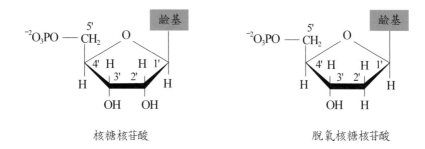

核糖核苷酸　　　　　　　　　脫氧核糖核苷酸

圖 2 - 14　核糖核苷酸及脫氧核糖核苷酸的基本結構示意圖。請注意，除了核糖第2號碳原子上的羥基不同之外，鹼基中以尿嘧啶（核糖核酸）代替胸腺嘧啶（脫氧核糖核酸）。核糖核苷酸（左圖）是核糖核酸（RNA）的組成單元，而脫氧核糖核苷酸（右圖）是脫氧核糖核酸（DNA）的組成單元。

　　儘管對於核酸的生物學功能，尤其是核酸遺傳傳遞方面所發揮作用的了解有限，但對於脫氧核糖核酸（deoxyribose nucleic acid, DNA）及核糖核酸（ribose nucleic acid, RNA）組成的研究，也沒有因為其功能未詳而停止過。具體地說，脫氧核糖核酸是一種多聚物，比蛋白質的分子量大上百倍乃至上萬倍。1947 年蘇格蘭科學家 Alexander Todd 在劍橋大學的研究發現，脫氧核糖核酸主要由四種核苷酸（nucleotides）所組成的，每個核苷酸含有三個部分：脫氧核糖（deoxyribose）、含氮的鹼基（nitrogenous base）和磷酸（phosphate group）。四種鹼基分別是腺嘌呤（adenine）、鳥嘌呤（guanine）、胞嘧啶（cytosine）及胸腺嘧啶（thymine）。在脫氧核糖的第 1 號碳原子上，連接鹼基者可稱為核苷（nucleoside）；在核苷分子的脫氧核糖第 5 號碳原子上，連接磷酸者稱為核苷酸（nucleotide）（表 2 - 1）。

　　RNA 的分子量比 DNA 小，常存在於細胞質中，稱之為核糖核酸是因為其組成與DNA 十分類似，並非因為它也存在於細胞核之故。RNA 也由核苷酸所組成，每個核苷酸也有三個部分：核糖（ribose）、含氮的鹼基和磷酸。四種鹼基與 DNA 相似，但不完全相同，分別是腺嘌呤、鳥嘌呤、胞嘧啶及尿嘧啶（uricil）。在核糖的第 1 號碳原子上，連接鹼基者也可以稱為核苷；在核苷分子的核糖第 5 號碳原子上，連接磷酸者也稱為核苷酸（表 2-1）。在高等真核生物中，RNA 主要存在於細胞質。與 DNA 相似的是，兩者均可稱為多聚物（polymers），雖然 DNA 的分子量遠比 RNA 大。

表 2 - 1　DNA 與 RNA 的鹼基、核苷及核苷酸的組成

		嘌　呤		嘧　啶		
		腺嘌呤 （A）	鳥嘌呤 （G）	胞嘧啶 （C）	胸腺嘧啶 （T）	尿嘧啶 （U）
DNA	核苷：脫氧 核糖+鹼基	脫氧腺苷 （dA）	脫氧鳥苷 （dG）	脫氧胞苷 （dC）	脫氧胸腺苷 （dT）	脫氧尿苷 （dU）
	核苷酸：脫 氧核糖+ 鹼基+磷酸	脫氧腺苷 單磷酸 （dAMP）	脫氧鳥苷 單磷酸 （dGMP）	脫氧胞苷 單磷酸 （dCMP）	脫氧胸腺 單磷酸 （dTMP）	脫氧尿 單磷酸 （dAMP）
RNA	核苷：核糖 +鹼基	腺苷（A）	鳥苷（G）	胞苷（C）		尿苷（U）
	核苷酸：核 糖+鹼基+ 磷酸	腺苷單磷酸 （AMP）	鳥苷單磷酸 （GMP）	胞苷單磷酸 （CMP）		尿苷單磷酸 （AMP）

　　DNA 與 RNA 都屬於多聚核苷酸（polynucleotides），但人們到 1940 年代對此概念還不是很清楚，尤其對其所隱含的生物遺傳之意義基本上還沒有形成，即使那些致力於核酸研究的初始研究團隊，也難以找到其功能研究的突破。1940 年中期，許多溫和的分離方法先後問世，發現核酸，尤其是脫氧核酸的分子量大的超乎想像，於是多聚物的概念成立。研究發現，無論是 DNA 或 RNA 都由許多核苷酸所組成，兩個核苷酸之間經由磷酸二酯鍵（phosphodiester bonds）形成二核苷酸，再由第二個磷酸二酯鍵形成三核苷酸、四核苷酸、五核苷酸，乃至於多核苷酸等等，從而打破了原有的四核苷酸之理論。一般而言，磷酸二酯鍵相當穩定，可以借以形成長鏈分子。

　　核酸組成的研究也揭示了在細胞環境中，鹼基可以在酮式鹼基及烯醇式鹼基之間變化，這對於鹼基之間的配對具有一定的化學意義。一般而言，鳥嘌呤及胸腺嘧啶均以酮式與胞嘧啶及腺嘌呤形成配對（圖 2 - 15）。

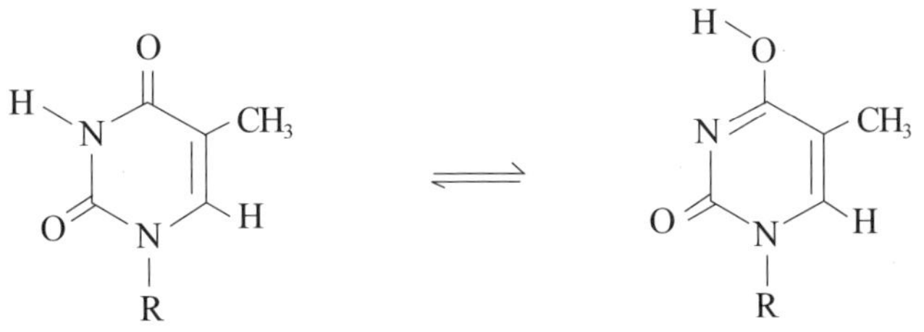

酮式胸腺嘧啶　　烯醇式胸腺嘧啶

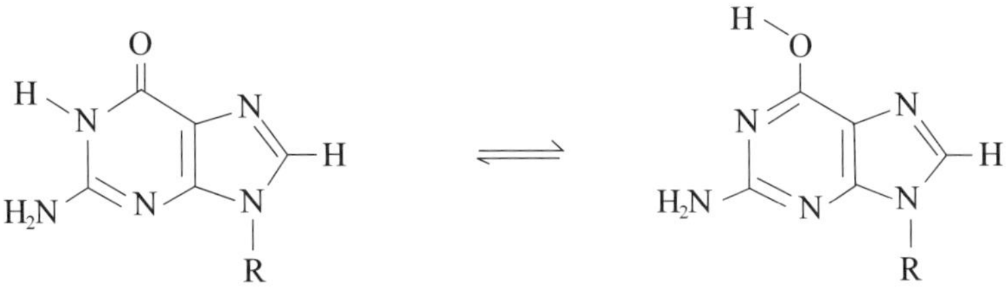

酮式鳥嘌呤　　烯醇式胸腺嘧啶

圖 2 - 15　酮式胸腺嘧啶與烯醇式胸腺嘧啶，以及酮式鳥嘌呤與烯醇式鳥嘌呤的變化示意圖。

第三節　核酸鹼基的定量研究

1950 年代是遺傳物質研究最豐碩的年代。1951 年劍橋大學的 Alexander Todd 經過許多生物材料的研究發現，所有的 DNA 都有相同的鹼基組成，說明了 DNA 分子在所有生物中可能具有相同的結構。這是繼 Avery（1944）利用純化的 DNA、RNA、蛋白質及脂肪的分部轉化實驗之後，再一次證明了 DNA 遺傳轉化上的普遍意義，DNA 成了世界性遺傳物質研究的公共目標。

紙層析（paper chromatography）是一種簡單的技術，但在戰後的 1948-1951 年卻是各個實驗室利用率相當高的分離裝置。只要將分離物（如 DNA 的水解物等）點在濾紙的一定位置上，然後將紙插入一定的溶液中（溶液的高度不能沒過點樣的位置），溶液隨著濾紙的吸收而逐漸上升。在溶液上升的過程中，連帶樣品物質往上運動，但運動的速度卻決定於兩個因素：一是分子量的大小；二是電荷數目的多寡。因此，像 DNA 這種大分子的水解物可以用這樣方法將其分離。然後根據單分子（如核苷酸等）「點」的大小，可以得出各種組成成分的相對含量，Erwin Chargaff 就是這樣分析了許多物種 DNA 的核苷酸組成，得出了很有意義的結果。

Chargaff（圖 2 - 16）分析了人的精子（human sperm）、玉米（*Zea mays*）、果蠅（*Drosophila*）、眼蟲細胞核（Euglena nucleus）及大腸桿菌（*Escherichia coli*），發現了 DNA 具有幾個重要的特點：(1) DNA 鹼基的組成不因材料的年齡不同而異，即同一材料無論年齡如何，均具有相同的鹼基組成；(2) DNA 鹼基的組成不因材料的組織不同而異，即同一材料無論在哪一個部位或組織，均具有相同的鹼基組成；(3)不同材料 DNA 的鹼基組成各不相同，即鹼基的組成可作為物種的特異性指標；(4)同一材料經過不同條件的處理（如不同的溫度等）後，其 DNA 的鹼基組成相同。Chargaff 的部分結果列於

圖 2 - 16　Erwin Chargaff

表 2 - 2，從中可以看出 DNA 的鹼基組成，的確具有物種的特異性。

　　Chargaff 的 DNA 鹼基組成研究的最重要結果，是在於他得到了一個重要的規律，即在所有不同來源的 DNA 分子中，均有以下的規律：(1)腺嘌呤的含量永遠等於胸腺嘧啶，它們之間的比永遠接近於 1；(2)鳥嘌呤的含量永遠等於胞嘧啶；同理，它們之間的比也永遠接近於 1；(3)腺嘌呤不一定等於鳥嘌呤，胸腺嘧啶不一定等於胞嘧啶。如（A+T）/（G+C）之比在人類細胞中為 1.67，而玉米和大腸桿菌接近於 1，眼蟲細胞核則小於 1，可見（A+T）/（G+C）之比與物種的特異性有關（表 2 - 2）。只要有雙鏈 DNA 的存在便有此結果；換言之，這是放之四海而皆準的結果，因此我們可以作為「鹼基等價規律」或「Chargaff 規律」看待。不過許多回憶錄的文章，似乎不太重視這一結果，主要的論點是 Chargaff 本人生前並不十分強調這一成果的意義，因此許多人認為這不是一個重要的結果。筆者以為正是基於 Chargaff 這一結果，才有了華特生與克里克的鹼基配對理論，因此才有進一步的 DNA 雙螺旋結構，科學上應當正視這一結果。

表 2 - 2　不同生物材料 DNA 鹼基組成及其比例

DNA 的來源	DNA 分子中鹼基的百分數				比　例		
	A	T	G	C	A/T	G/C	(A+T)/(G+C)
人的精子（human sperm）	31.0	31.5	19.1	18.4	0.98	1.03	1.67
玉米（*Zea mays*）	25.6	25.3	24.5	24.6	1.01	1.00	1.04
果蠅（*Drosophila*）	27.3	27.6	22.5	22.5	0.99	1.00	1.22
眼蟲細胞核（Euglena nucleus）	22.6	24.4	27.7	25.8	0.93	1.07	0.88
大腸桿菌（*Escherichia coli*）	26.1	23.9	24.9	25.1	1.09	0.99	1.00

第四節　Griffith 的轉化實驗

　　1928 年英國的一位在醫學研究部門擔任技術員（medical officer）的 Griffith，以肺炎鏈球菌（*Streptococcus pneumoniae*）為研究材料，對老鼠進行致病性研究。顧名思義，這是一種可以導致被感染個體產生肺炎的細菌，有時甚至因感染而喪命。Griffith 用兩種品系進行實驗，一種是 S 型，即可以產生比較大而光滑型的菌落，但具有高度的致病性。因此，如果用 S 型肺炎鏈球菌給小鼠注射，容易導致小鼠的死亡；另一種是 R 型，其菌落較小，表面沒有光澤（即粗糙而得名）。如果用 R 型菌落給小鼠注射，不會產生致病性的毒害作用。至於其中的致病性原理，當時還沒有明確的研究結論。現在我們知道 S 型品系的細胞表面有一種多聚糖類的物質，形成細菌的「外衣」，微生物學上稱為莢膜（capsule），是形成光滑型菌落的主要物質，也是引起小鼠死亡的主要物質。R 型品系是 S 型的突變體，不產生莢膜多聚糖，因而不會引起小鼠的病理現象。

　　肺炎鏈球菌的 S 型品系有好幾個變種（variants），所形成的多聚糖的化學成分各異，Griffith 所用的變種為二型（IIS）及三型（IIIS）變種。在研究過程中，常可觀察到 S 型細胞可以突變形成 R 型細胞；反之亦可。一般這類突變的位點是特異性的，即如果二型的 IIS 細胞發生突變只產生 IIR 型突變體，但不會產生三型 S（IIIS）或三型 R（IIIR）的菌株。換言之，IIR 型是 IIS 型的正突變體；IIS 是 IIR 的反突變體，II 型與 III 型之間不會產生相互突變。

　　Griffith 用不同的肺炎鏈球菌分別給小鼠注射，並觀察小鼠的病理發生過程。當他用活的 IIR 型細菌（從 IIS 突變所形成）給小鼠注射時，小鼠並沒有發生病理反應，因此小鼠沒有生存等問題。當他用活的 IIIS 型品系給小鼠注射時，小鼠即因病而死，IIIS 型的活菌可從死亡的小鼠體內分離出來。但是如果將 IIIS 型細菌先行用高溫滅活後，再注射到小鼠體內，小鼠可以生存。這組試驗說明細菌必須具備活菌及多聚糖莢膜兩個條件，才能使小鼠致病而亡。

　　Griffith 將 IIR 型活菌與加熱滅活的 IIIS 型菌混合之後給小鼠體內注射，意外的是小鼠死亡了。他從死亡的小鼠體內分離得到了活的 S 型細菌，菌種鑑定證明全部都是 IIIS 型，因此不可能是由於 R 型突變所造成的結果，因為突變只能產生 IIS 型菌落。Griffith 認為，IIIS 型細菌的產生很可能是因為 IIS 的活菌被滅活的 IIIS 型菌所轉化，他相信由於遺傳改變而造成小鼠死亡的物質，應當是一種蛋白質，並將這種蛋白質命名為轉化的主導因子（transforming principle）（圖 2 - 17）。

　　既然 Griffith 實驗中所用的 IIR、IIS、IIIR、IIIS 等基因型的品系，是 S 型肺炎鏈球菌

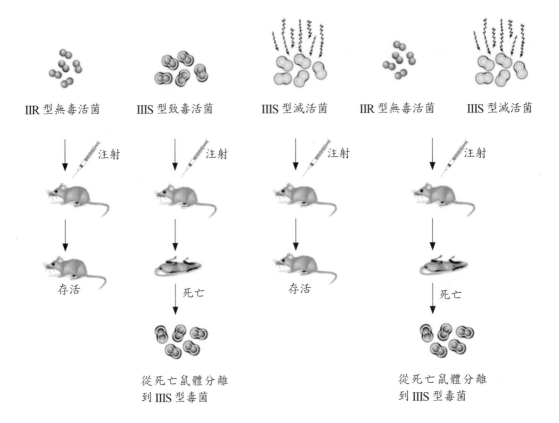

IIR 型無毒活菌　　　IIIS 型致毒活菌　　　IIIS 型滅活菌　　　IIR 型無毒活菌　　　IIIS 型滅活菌

注射　　　　　　注射　　　　　　注射　　　　　　注射

存活　　　　　　死亡　　　　　　存活　　　　　　死亡

從死亡鼠體分離　　　　　從死亡鼠體分離
到 IIIS 型毒菌　　　　　　到 IIIS 型毒菌

圖 2 - 17　Griffish 的小鼠轉化實驗示意圖。用 IIIS 型的肺炎鏈球菌注射小鼠而導致死亡，但用 IIR 型或滅活的 IIIS 型分別注射，均不會導致小鼠的死亡。如果用活的 IIR 與滅活過的 IIIS 混合後再給小鼠注射，即可導致小鼠的死亡。

品系因突變而形成的不同基因型，我們不妨將這些基因看成是原核生物中的「複等位基因」體系。與高等生物複等位基因所不同的是，原核生物的複等位基因成單存在，高等生物體的複等位基因成雙存在。不同細菌品系中存在著不同組成的多醣分子，正是不同基因型的反映，也是導致小鼠感染之後是否會因病而亡的關鍵分子。Griffith 實驗的關鍵可能在於，滅活的 IIIS 型菌與活菌 IIR 型在混合的過程中，至少發生了三個重要的事件：(1)IIIS 型細菌的染色體 DNA 在滅活的過程中斷裂了，IIIS 型的基因片段從染色體中分離了出來；(2)滅活的 IIIS 型細菌細胞破裂了，造成 IIIS 型的基因片段被釋放了出來；(3)IIIS 型基因片段在細菌的混合液中進入了 IIR 型活菌細胞內，並經由同源序列交換等方式進入了 IIR 型的染色體中，使 IIR 型轉化為 IIIS 型。

第五節　Avery **的轉化實驗**

　　Griffith 的結果發表之後，並沒有引起太大的回響，主要原因在於轉化的主導因子並沒有給予詳細的定義。現在我們知道引起小鼠死亡的關鍵分子，在於莢膜中的多醣分子，但當時人們對於如何從遺傳物質到多醣分子這樣的漫長過程還未有任何的概念，於是 Griffith 的研究除非有人繼續努力探索其分子機制，否則只能成為一種歷史資料。

　　1940 年代當時在美國 Rockefeller 研究所工作的 Oswald T. Avery、Colin M. MacLeod 及 MacLyn McCarty（圖 2 - 18），對肺炎鏈球菌莢膜多醣產生濃厚的興趣。他們首先重複了 Griffith 的研究結果，然後透過一系列的實驗，從 S 型菌種中純化出某些物質進行轉化實驗，借以鑑定轉化的主導因子。其三是他們用去汙劑等將 IIIS 型細胞溶解，用離心等方法將細胞的組分提取出來。其四是用 IIIS 型不同的細胞組分與活的 IIR 型細菌混合後，塗抹到平面培養基上，如果是 IIR 型，則長成粗糙型菌落；如果是 IIIS 型，則長成光滑型菌落。實驗前他們預估這種轉化因子應當是多醣（polysaccharides），但他們也將注意力放在蛋白質、 RNA 及 DNA 上。他們的研究結果說明混合 DNA 之後，IIIS 型菌落出現在平面培養基上。

　　為了進一步確定轉化的主要因子，Avery 等人對 IIIS 型細菌的分離物，進行一系列的酶解處理，然後利用酶解的產物進行轉化實驗，獲得了一系列的結果。他們首次在 1944 年所發表的結果中，至少包括了以下的結論：(1)將 IIIS 型提取物中的多醣降解之後，仍然可使 IIR 型細菌轉化為 IIIS 型；(2)將 IIIS 型提取物的蛋白質降解之後，仍然可使 IIR 型細菌轉化為 IIIS 型；(3)用特異性的核糖核酸酶（RNase）水解 IIIS 型提取物之後，仍可使 IIR 型轉化為 IIIS 型；(4)用脫氧核糖核酸酶（DNase）水解 IIIS 型提取物之後，IIR 型便不

圖 2 - 18　繼續 Griffith 小鼠實驗的三位科學家。左起為 Oswald T. Avery、Colin M. MacLeod 及 MacLyn McCarty。

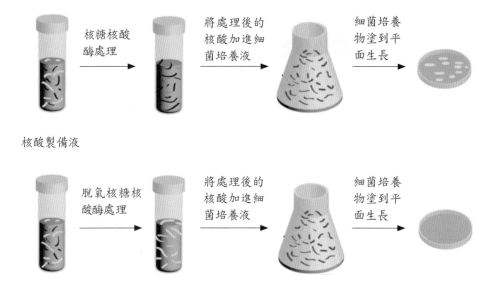

核酸製備液

圖 2 - 19　Avery 等人從 IIIS 型肺炎鏈球菌中，分離出蛋白質、脂肪、核糖核酸及脫氧核糖核酸等物質，發現只有脫氧核糖核酸具有轉化的功能。但如果用脫氧核糖核酸酶（DNase）消化脫氧核糖核酸之後，便失去轉化的功能。

能轉化為 IIIS 型。這些結果有力地說明了 DNA 就是 Griffith 所指稱的轉化主導因子（圖 2 - 19）。

雖然 Avery 等人的研究很重要，也證明了轉化的主導因子，但當時多數生物化學家們都懷疑 DNA 是否具有足夠的複雜性，作為遺傳基因的代表。他們繼續相信蛋白質或染色體的其他組成成分才是遺傳物質。顯然利用 20 種氨基酸解釋複雜的遺傳信息，比用四種核苷酸更為有利，也更容易。其中反對 DNA 作為遺傳物質最為突出的代表人物正是 Avery 在 Rockefeller 研究所的同事、蛋白質化學家 Alfred Mirsky。根據 Watson 的回憶（AND, Alfred A. knopf 出版社，2004），當時反對該項結論最為激烈的，還包括瑞典的物理化學家 Einar Hammarsten。他曾經得到過高純度的 DNA 樣品，但他一直到 1950 年代的後期仍然相信，遺傳物質應當是蛋白質而不是 DNA，因此他堅持認為 Avery 不應當得到諾貝爾獎。Avery 死於 1955 年，生前沒有任何機會進一步深化他的研究，因為 Rockefeller 研究所在他 65 歲時不再讓他繼續工作。

值得特別指出的是，不是所有的研究材料都像肺炎鏈球菌那樣容易被轉化。如果換成大腸桿菌就可能沒那麼幸運，對此需要採用某些化學處理過程，使受體細胞變成有反應能力（competence）的細胞，才能接納外源 DNA。高等生物的轉化更為複雜，需要一定的活體媒介（如農桿菌等）才能獲得較高的轉化率，而這種轉化方法直到 1980 年代中後期至 1990 年代初才逐漸地成熟起來。記得在 1979 年，筆者曾到中國科學院華南植物研

究所生化遺傳學實驗室學習純化鴨蹠草（*Commelina communis L.*）的 DNA 及轉化實驗。當時的條件可以較為容易地得到大分子的純化物，但採用各種方法（包括 X-光處理、超聲波、酶解等）處理 DNA，均未能獲得細菌的轉化產物。顯然當時我們並不知道高等真核生物的基因（尤其是直接來源於基因組的基因），必須要有相應的啟動子及細胞體系才能表達的道理，這種轉化自然不會成功。

第六節　Hershey-Chase 的噬菌體實驗

　　繼 Griffith（1928）及 Avery（1944）之後，另一個證明 DNA 是遺傳物質的實驗是 1953 年 Alfred D Hershey 和 Martha Chase（圖 2 - 20）的噬菌體研究。他們以噬菌體 T2 為研究材料，對大腸桿菌進行感染研究，T2 在感染細菌細胞後可利用細胞內的各種成分，複製更多的病毒顆粒，當噬菌體的數目在一個細胞內達到一百至二百顆時，即可將細菌溶解，噬菌體從破裂的細胞中釋放出來，這個過程稱為溶菌週期。

　　T2 噬菌體的結構很簡單，由 DNA 和蛋白質組成。雖然當時已經有了 Avery 的研究證明 DNA 是遺傳物質，但很多人仍不能接受 DNA 作為遺傳物質的結論，因此，Hershey 和 Chase 決定用其他的方法證明之。他們首先讓感染了 T2 的大腸桿菌，在含有 ^{32}P 或 ^{35}S 的放射性同位素中生長。因為 DNA 中只含有 P 元素，不含有 S 元素，故在含有 ^{32}P 的培養基中生長時，只有 DNA 分子被 ^{32}P 所標誌。相對地，蛋白質中有幾種氨基酸含有 S 元素，但沒有任何氨基酸含有 P 元素，故在含有 ^{35}S 的培養基中生長時，只有蛋白質被 ^{35}S 所標誌（圖 2 - 21）。

　　他們從含有 ^{32}P 或 ^{35}S 的大腸桿菌培養物中，純化出噬菌體 T2，分別用以感染未曾感染過噬菌體的大腸桿菌細胞。經過數小時的培養之後，採用離心等方法將細菌與液體培

圖 2 - 20　進行噬菌體轉化實驗的 Hershey（左）及 Chase（右）。他們的研究以不可辯駁的事實，證明了 DNA 才是遺傳物質而不是蛋白質。

養基分離，並分別測定其放射性強度。他們得到了某些很有說服力的結果：(1)用 ^{32}P 標誌的噬菌體所感染的細胞，放射性保留在細胞內，液體培養基（即培養物離心後的上清液）中基本上不含有放射性；(2)用 ^{35}S 標誌的噬菌體所感染的細胞，放射性在培養基中，細胞沉澱物不含有放射性（圖 2 - 22）。

如何解釋上述的結果呢？我們知道當噬菌體感染細菌細胞時，僅有 DNA 部分進入細胞內，然後利用細胞內的各種建構分子（building blocks）複製更多拷貝的噬菌體 DNA 分子，其蛋白質的外殼留在細菌的外面。當用 ^{32}P 標記時只有 DNA 分子被標記上 ^{32}P，這種 DNA 進入細胞後經過短暫時間的複製，所有新複製的 DNA 分子拷貝仍然留在細胞內，所以細胞具有放射性。另一組實驗標記的元素是 ^{35}S，只有蛋白質分子被標記上，但噬菌體的蛋白質外殼在感染細胞時並沒有進入細胞之內，因此經過短暫的生長之後，培養液（即經離心後的上清液）中應含有 ^{35}S 標記的蛋白質，故上清液具有放射性。這個實驗有力地證明了 DNA 才是遺傳物質。由於這項研究緣故，他們在 1969 年獲得諾貝爾生理醫學獎。

第七節　煙草花葉病毒的重組實驗

生物界絕大部分的生物，均以 DNA 作為遺傳物質，從古細菌、細菌、單細胞原生生物、低等真核生物、質體（線粒體及葉綠體）到高等動、植物等，凡有細胞系統的生物均以 DNA 為遺傳物質。但有些寄生性的生物，如病毒等可用 RNA 作為遺傳物質，這包括細菌的病毒（如 Qβ 病毒）、動物病毒（如人類免疫缺失病毒，HIV），以及某些植物病毒（如煙草花葉病毒，tobacco mosaic virus）等。煙草花葉病毒（TMV）的重組實驗是另一組強有力的證據，說明了 RNA 作為遺傳物質可以指導蛋白質的生成。

TMV 也有相當簡單的結構，外殼是蛋白質，病毒的內部含有 RNA 分子，以螺旋形排列。蛋白質圍繞著 RNA 分子而排列，保護著 RNA 免受核酸酶的攻擊，還擔負著感染煙草葉片的作用。煙草花葉病毒在電子顯微鏡下，呈現螺旋條狀結構。研究證明煙草花葉病毒有許多種類型，因煙草的種類而異。因為「煙草花葉病毒」是濾過性的物質，因此煙草葉片的提取物經離心後，其上清液再經過小孔膜的過濾即得病毒的提取物。利用這種提取物噴灑到健康的煙葉上面，可導致煙草花葉病毒的感染。

1956 年，A. Gierer 及 G. Schramm 的實驗證明，當用煙草花葉病毒的 RNA 純化物感染健康的煙葉時，煙草產生典型的病毒斑。但是如果所純化的 RNA 首先經過核糖核酸酶（RNase）的水解之後，再用以感染煙葉，則不會產生病毒斑。這一實驗充分說明了 RNA 就是煙草花葉病毒的遺傳物質。1957 年，Heiz Fraenkel-Conrat 和 B. Singer 證實了上述的結果，並用兩種不同遺傳型的煙草花葉病毒進行實驗。他們首先在體外用 A 的蛋白質組

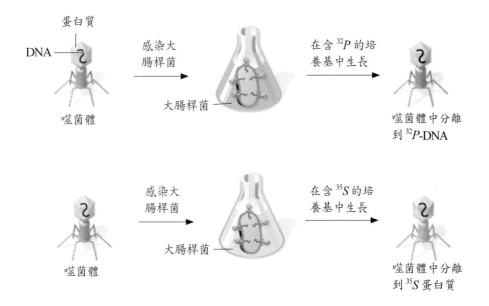

圖 2-21　Hershey 及 Chase 的 DNA 及蛋白質之標記實驗。因 DNA 不含有硫原子，故他們用 ^{35}S 標記蛋白質。又因為蛋白質中不含有磷酸原子，故他們用 ^{32}P 標記 DNA。

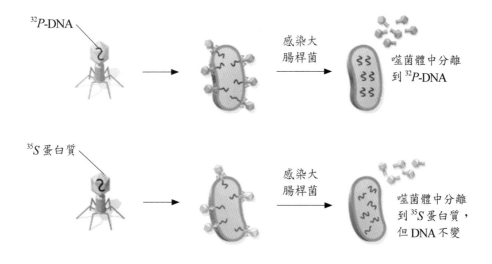

圖 2-22　Hershey 及 Chase 利用含有 ^{32}P-DNA 及 ^{35}S-蛋白質的噬菌體，分別進行細菌轉導實驗。結果說明具有什麼樣的 DNA，便產生什麼樣的蛋白質，這說明 DNA 指導了蛋白的形成而不是相反。

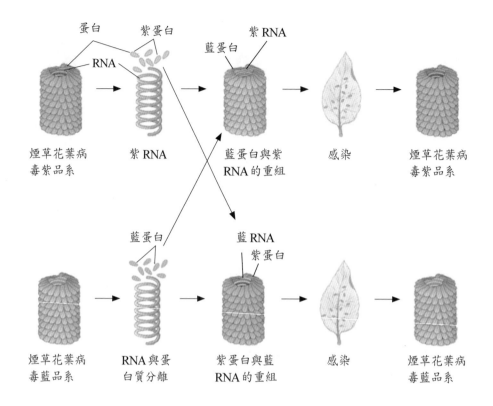

圖 2 - 23　Heiz Fraenkel-Conrat 和 B. Singer 的煙草重組實驗。他們分別將煙草花葉病毒品系 A 及 B 的 RNA 和外殼蛋白質彼此分開，然後用品系 A 的 RNA 與品系 B 的外殼蛋白相混，再以品系 B 的 RNA 與品系 A 的外殼蛋白相混，進行病毒的重組。重組後的病毒分別感染煙草的葉片，並從發病的葉片中分離出病毒顆粒。分析結果發現，A 品系的 RNA 仍然產生 A 品系的蛋白質，而 B 品系的 RNA 產生 B 品系的蛋白質。

裝到 B 的 RNA 上，然後用 B 的蛋白質組裝到 A 的 RNA 上，最後用新組裝的病毒顆粒感染煙葉，並從感染的葉片中純化出病毒。他們的研究證明，A 的 RNA 仍然產生 A 的蛋白質，B 的 RNA 產生 B 的蛋白質。他們的結果再一次證明了有什麼樣的遺傳物質，便有什麼樣的蛋白質這樣的結論（圖 2 - 23）。

思考題

1. 在早期的遺傳學研究中，人們根據什麼理由認為基因位於染色體上？

2. 為什麼一直到 DNA／RNA 被證明為生物的遺傳物質之前，多數科學家認為蛋白質才是遺傳物質？

3. 在歷史上有哪幾個重要的實驗，證明了 DNA / RNA 才是生物的遺傳物質，而不是蛋白質及其他生物大分子？

4. 為什麼說遺傳物質應當存在於細胞核中？

5. 為什麼說遺傳物質一定要具備複製的能力？

6. 為什麼說遺傳物質一定要具備多樣性的特點？

7. 為什麼說遺傳物質一定要具備從上一代傳到下一代而不變的穩定性？

8. 為什麼說遺傳物質一定要具備其可變性的特點？

9. 為什麼說遺傳物質應具備指導蛋白質合成的能力？

10. Friedrich Miescher 在 1889 年所提出的化學遺傳理論是什麼？

11. 1924-1940 年間廣泛流傳的四核苷酸理論是什麼？

12. Alexander Todd 在 1951 年間的脫氧核糖核酸的研究，得到了什麼重要的結果？

13. Chargaff（1948-1951）的 DNA 鹼基定量研究，得到什麼重要的研究結果？說明了什麼？

14. 紙層析技術的特點是什麼？如何利用這種簡單的技術進行定量研究？

15. 請敘述 Griffith 在 1928 年的實驗設計及結果，並說明其意義。

16. 請敘述 Avery 在 1944 年的實驗設計及結果，並說明其意義。

17. 請敘述 Alfred D Hershey 和 Martha Chase 在 1953 年的實驗設計及結果，並說明其意義。

18. 請敘述 A. Giever 及 G. Schramm 在 1956 年和 Heiz Fraenkle-Conrat 及 B. Singer 在 1957 年的實驗設計及結果，並說明其意義。

第三章 基因分子結構

本章摘要

    DNA 結構的研究被第二次世界大戰分為兩個時期。大戰前夕，英國 Leeds 大學的 Astbury 利用 X-光衍射技術對 DNA 纖維的研究，獲得了 DNA 分子中鹼基呈現疊加狀態、鹼基與鹼基之間的距離為 3.4Å 的結果。戰後的 1950 年，首先在英國倫敦的國王學院恢復了 DNA 結構的研究。1951 年 Rosalind 發現了 DNA 纖維可在濕度為 92% 以上時的 B-DNA，轉化為濕度在 72-75% 時的 A-DNA。1952 年 4 月 Rosalind 進一步獲得了高解析度的 B-DNA 纖維的 X-光衍射圖。1952 年 11 月中旬，國王學院的 Fraser 建構了第一個 DNA 分子模型（假說）：磷酸位於 DNA 分子的外側，鹼基在分子的內部，整個分子含有三條主鏈（該結構納入其博士論文中，應屬於正式發表）。同年同月的 21 日，Crick 和 Watson 在劍橋建構了第二個 DNA 分子模型（假說）：磷酸在 DNA 分子的中心，鹼基在分子的外側，整個分子含有三條主鏈（沒有正式發表）。1953 年 2 月美國的 Pauling 及 Corey 在美國科學院院刊《*Proc. Natl, Acad. Sci.*》上，發表了第三個 DNA 分子模型（假說），同月在《自然》雜誌上發表了一篇短文。該假說與 Crick 和 Watson 在此兩個多月前所建構的模型假說大同小異，只是進一步說明了磷酸在 DNA 分子中，沒有離子化的更為錯誤的結論。1953 年 3 月中旬，Watson 和 Crick 建構了 DNA 的第四個假說模型，即雙螺旋結構模型，並隨後發表於 1953 年 4 月 25 日的《自然》雜誌。同期發表 DNA 研究結果的，還有 Rosalind 關於 X-光對 DNA 纖維衍射的分析結果，以及 Wilkins 的 B-DNA 研究結果。1953 年 7 月 Rosalind 在《自然》上再次發表文章，用她的實驗研究結果支持 DNA 兩條鏈的假說。儘管如此，在 DNA 的雙螺旋結構假說發表二十五年之後，才第一次用 DNA 的晶體加以證明。晶體結構也指出了，真正的 DNA 結構（晶體結構）與理想的 DNA 結構（Watson-Crick 的雙螺旋結構）具有諸多不同之處。除了 B-DNA 外，生物體中還含有被認為具有抗拒誘變作用的 A-DNA，以及具有基因調節作用的 Z-DNA。生物體中的核酸除了 DNA 外，還有相當數量的單鏈 RNA，在 RNA 分子內部也形成局部的雙螺旋結構，是核糖體（ribosomes）的重要組成成分（核糖體 RNA），以及遺傳信息的信使分子（信使 RNA）。RNA 也是某些病毒，如原核細胞的 Q（病毒、植物的煙草花葉病毒及動物的反轉錄病毒等的遺傳物質）。1956-1957 年期間，Rosalind 等人在《自然》雜誌

上發表了煙草花葉病毒的結構，解開了蛋白質與 RNA 形成病毒顆粒的物理結構。因此，可以說在遺傳物質的研究方面，1950 年代是成果最為豐碩的年代。

前言

經過多年在所謂科學界中的探索，彷彿得到了一條雖然很不情願說出，卻好像也是真理的結論：即科學是一種勝利者和失敗者的遊戲，只有第一個首先到達終點者才會讓人們所記憶，其餘的大多數參與者猶如大海的沉沙一樣，雖千萬年不會重現於人們的視線。科學又像是一種賽跑運動，時而像馬拉松、時而像百米賽跑，場上的運動員只要因某些原因而鬆懈，那怕是短暫的時間，均可能被他人所超越。整體而言，DNA 結構的研究雖然是人類智慧的共同結晶，卻也是一場信息戰，其中扮演著重要信息傳遞者的是 Wilkins；信息的創造者是 Rosalind；將信息歸納而最終形成雙螺旋結構者是 Crick 與 Watson。

DNA 雙螺旋結構假說的提出過程，是許多科學家不斷探索的結果，有些人工作於實驗的第一線，以獲取第一手資料為主要的研究目的；有些則偏於理論研究，即擅長於計算；有些則偏重於模型的研究，但必須建立在實驗和理論的基礎之上。模型的建立也經歷過了多次的失敗，如 1952 年 11 月 Fraser、Crick 和 Watson 等人，先後提出了 DNA 的分子結構具有三股鏈、磷酸位於分子的中間、鹼基在分子外圍的模型假說。雖然，這些模型無法解答 DNA 含有大量水分的問題，但卻被蛋白質多肽鏈的發現者 Pauling，於 1953 年搶先發表於美國科學院雜誌上，成為科學笑話。然而 1938 年由 Astbury 計算所得的鹼基之間的間距為 3.14Å 的結論，卻一次又一次地出現在 Rosalind 的實驗結果中。DNA 含有螺旋結構最強有力的證據，來源於 1952 年 4 月 Rosalind 所獲得的 B 型 DNA 纖維的 X-光衍射圖，這是一張 DNA 結構研究中的歷史性結果，也是雙螺旋結構最終得以建構成功的重要參考資料。因此，DNA 雙螺旋結構的建成，有 Rosalind 的 B 型 DNA 纖維 X-光衍射圖的縮影、有 Astbury 關於鹼基計算的結果（1938）、有 Chargaff 鹼基等價的研究結果（1950）、有 Stokes 關於螺旋結構計算的數學模型（1951）、也有 Wilkins 充當信使作用的功勞，當然也有建構者 Crick 和 Watson 的才智。

DNA 有三種形式，當 DNA 的含水量高達 92% 時為 B 型 DNA，其雙螺旋結構由 Watson 及 Crick 發表於 1953 年；當含水量降低到 75% 時，即由 B 型 DNA 轉變為 A 型 DNA；Z 型 DNA 是由於 DNA 分子中的鹼基，主要由 GC 所組成的一種結構。遺傳物質中還有 RNA，無論是原核生物的噬菌體、動物病毒或是植物病毒，都有以 RNA 為遺傳物質者。RNA 分子結構中也含有局部雙螺旋結構的成分，主要由於單鏈的摺疊所形成的

區域性雙螺旋結構，其他部分為單鏈結構。

第一節　DNA 結構的研究歷程

　　也許 20 世紀的前半葉科學基本上屬於物理學的天下，其中最為輝煌的，莫過於相對論、量子力學及核裂變等。進入 50 年代之後的科學成了生物學的天下，尤其是基因的祕密，即遺傳性狀是如何地從上一代傳遞到下一代的問題。然而，雖然 Avery 等人在 1944年便證明了 Griffith 於 1928 年所提出的「轉化主導因子」，但蛋白質作為遺傳物質的陰雲，一直籠罩在人們的頭上。儘管如此，人們對於生物大分子結構的研究，一直視之為理解生物奧祕的核心問題。

　　二次世界大戰前夕，當時在劍橋大學的 J. D. Bernal 及在 Leeds 大學的 William Astbury，開始利用 X-光射線研究結晶體的分子結構。對生物大分子感興趣的 Astbury，利用 DNA 纖維獲得了許多 X-光衍射圖譜，並依此進行結構研究。他認為 DNA 中的鹼基應當是扁平的排列方式，呈疊加性質，鹼基之間的距離為 3.4Å。他將結果發表於 1938 年的《自然》雜誌，是所有後繼者參考的重要文章。但 Astbury 的工作僅屬一種探索性的研究，更重要的是，他對於該研究的深入沒有任何的規劃，當時也無人知道基因就是 DNA，就是我們常說的遺傳物質，因此沒有將這項研究的重要性列入基本考量（圖 3 - 1）。

　　二次大戰期間，整個科學研究處於停滯狀態，直到 1950 年許多實驗設備才逐漸地恢復了運行。1951 年 5 月英國醫學研究委員會（MRC）在拿普拉斯（Naples）的水生生物實驗站，舉辦生物大分子國際會議，Maurice H. F. Wilkins（圖 3 - 2）在會上介紹了他們在倫敦國王學院研究團隊的研究結果，包括 DNA 纖維的 X-光衍射圖。同年，Sven Furberg 在 Birkbeck 的博士論文問世，認為 DNA 的結構應是一條螺旋結構，並說「螺旋結構可能是

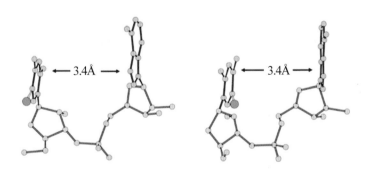

圖 3 - 1　Astbury 在 1938 年所發表的關於 DNA 鹼基之間距離的計算結果為 3.4Å，這為後來 DNA 雙螺旋結構中有關鹼基間距，提供了直接的實驗證據。

生物大分子的一種自然結構」。至此，人們認識到了 DNA 中的脫氧核糖與鹼基的排列，呈現不平行狀態，但應形成一定的角度等概念逐漸地建立了起來，加上鹼基之間的距離為 3.4Å 等概念，成了研究 DNA 結構的後繼者必須參考的重要參數。

當時在 DNA 結構研究中無法獲得長足進步的關鍵原因，在於無法獲得高解析度的 DNA 纖維 X-光衍射圖譜，有些 DNA 甚至無法結晶。此時一位傑出的實驗科學家 Rosalind Franklin（圖 3 - 3）已在倫敦國王學院 Randall 的實驗室，對 DNA 纖維的衍射等工作了一年多，並獲得了許多進展。1951 年 7 月，Wilkins 在劍橋大學的 Cavendish 實驗室所舉辦的會議上，談到 DNA 纖維衍射出現十字交叉的結果便出自於 Rosalind 之手。Wilkins 表示，所有的 DNA 樣品都得到相同的特點，顯然是一種扭曲的結構。同年 8 月，Wilkins 將 Stokes 計算的螺旋結構的數學模式，送給了劍橋大學的 Crick，並認為 DNA 的確含有螺旋結構。雖然 Crick 給 Wilkins 的回信中說浪費了他的時間，因為他的研究目標是蛋白質，但 Crick 後來還是將 Stokes 的數學模型發表了。因為 Stokes 本人對此不感興趣，因此沒有在該文上署上自己的名字。

1951 年 9 月，Rosalind 獲得了進一步的結果：DNA 有兩種形式。當含水量較高時（如達到 92% 以上），DNA 纖維變得較細、較長，即 B 型 DNA；當 DNA 纖維放在乾燥劑的環境下時（如達到 72% 以下），即可變得較短、較粗，即 A 型 DNA。這說明了不同形式的 DNA 在不同環境條件下可以相互轉變，也說明了較細、較長的形式，可能在細胞中較有利於基因的表達。她同時也獲得了解析度很高的 X-光衍射圖，並設想 DNA 的結構「可能是一個大的螺旋結構，或者是具有多個分支的較小的螺旋結構。磷酸可能位於分子的外部，但應當在螺旋鏈之間，這種鍵可被水分子所打斷。」

1951 年 11 月，當時在國王學院做博士學位的 Fraser，組裝了一個 DNA 的分子模型：

圖 3 - 2 Maurice H. F. Wilkins 站在 Crick 及 Watson 所建造的 DNA 雙螺旋結構模型之前，多少感覺難以置信。

圖 3 - 3 Rosalind Franklin 的遺像。根據《*Rosalind Franklin-The dark lady of DNA*》（2003）一書的作者 Brenda Maddox 的介紹，這是在 1954 年所拍的相片，可見 1953 年 DNA 結構研究所帶給她的陰影，仍然可以從其臉上閱讀出來。

(1) DNA 分子具有螺旋形狀；(2)磷酸基團位於 DNA 分子的外側；(3)鹼基的堆積就像英國的硬幣那樣，它們之間相距 3.4Å。Rosalind 見到模型時說：「這看起來很不錯，但您如何去證明這是唯一的模型？」同年同月的 21 日，在劍橋大學的 Crick 及 Watson 也製作了一個 DNA 分子模型：(1)分子具有三條鏈；(2)磷酸在分子的內部；(3)鹼基在分子的外部。當時 Watson 的指導老師堅持認為，應當邀請國王學院的 Wilkins、Rosalind、Seeds、Gosling 及 Fraser 到劍橋討論這個模型。Rosalind 見到這個模型後問：「水分子在哪裡？」她指出 DNA 分子是一個很飢渴的分子，可以吸收許多水分子，磷酸應當在分子的外部，與水分子相互作用。如果 DNA 正如 Crick 和 Watson 所設想的那樣，它們之間又如何能夠組成一個分子？顯然這不是 DNA 的真正模型。但當時所有的研究人員都相信，DNA 含有螺旋結構，以至於 1952 年 3 月 14 日 Randall 在倫敦的 MRC 會議上曾言：「從 X-光衍射的證據看來，核酸應當含有螺旋結構。」

　　1953 年 1 月，Pauling（圖 3 - 4）和 Corey 投給 PNAS（美國科學院院刊）的論文被接受了，那是一篇關於 DNA 分子模型的論文，含有三條螺旋分子鏈，磷酸位於分子的中央，這些結構與 Crick 和 Watson 在 1951 年 11 月所建構的模型基本相同。Pauling 認為，磷酸並沒有離子化，這不僅不符合 B 型與 A 型 DNA 含水量的研究結果，也不符合 X-光衍射的結果，更不符合 DNA 化學的基本常識，在生物大分子化學構成上也是十分錯誤的。當然這對於 發現了蛋白質多肽鏈、曾經獲得總統科學獎的 Pauling 而言，也成了終生的遺憾之作。同時 Watson 到了倫敦，Wilkins 把 Rosalind 編號為 5I 的 DNA 纖維 X-光衍射圖給他看。「一看到那張圖片，我整個下巴再也合不攏，脈搏開始奔騰」（Watson，《雙螺旋結構》，1968）。Watson 見到該圖之後，確信 DNA 具有非常典型的螺旋結構。

　　由於 Pauling 與 Corey 在 DNA 結構上的錯誤，Cavendish 實驗室主任 Bragg 同意 Watson 和 Crick 重新研究 DNA 的結構。從 1953 年 2 月 4 日開始訂購建構分子模型的材料到 10 日，Crick 便提出了 DNA 的兩條鏈應當以反向平行的方式排列的構想。同日，Rosalind 也開始建構 DNA 的分子模型，她寫道：「結構 B，有證據證明具有兩條鏈（或一條鏈）的螺旋結構。」然而由於她有兩篇長篇論文要發表在《晶體學學報》，她將 DNA 結構的研究一放就是兩週時間。此時，Pauling 在 PNAS 的文章發表了，雖然關於 DNA 結構的模型是完全錯誤的，但文章中關於 DNA 重要性的描述還是很中肯

圖 3 - 4　Paulin 在他發現的多肽鏈模型之前的照片。這是一位傑出的科學家，他在沒有任何科學實驗證據的情況下，先後提出了多肽鏈的分子模型及 DNA 的三股鏈模型。

的。文章說：「作為活體組成的核酸，其重要性堪比蛋白質。研究說明它與細胞分裂、個體的生長等有關。核酸還參與了遺傳性狀的傳遞，也是病毒的重要組成成分。對於核酸分子結構的理解，應當等同於對生命基本現象的理解。」

第二節　DNA 結構模型的誕生過程

　　經過以上的討論，我們已經明確了 DNA 的結構，必須具備以下幾個條件：(1)分子中含有螺旋結構，這是 1951 年 Furberg 首先提出的理論，以及同年 Rosalind 的 B-DNA 纖維 X-光衍射實驗結果證明的事實；(2)鹼基的間距為 3.4Å，這是 1938 年 Astbury 曾經得到的結論，也是 Rosalind 的實驗中一再得到的結果；(3)鹼基中腺嘌呤的含量等於胸腺嘧啶的含量，鳥嘌呤等於胞嘧啶，這是 1950 年 Chargaff 在相當廣泛的生物材料中所得的結果；(4) DNA 分子量很大，用溫和的方法提取 DNA 分子可獲得高分子量的 DNA 分子，甚至 DNA 的純化物可以被纏到玻璃棒等物品上；(5) DNA 分子的直徑為 20Å，這是 DNA 纖維的 X-光衍射所顯示的結果；(6)螺旋的每一個重複數據為 34Å。任何 DNA 分子模型的假說，都應符合這六種基本條件。

　　雖然，Pauling 繼 PNAS 接受他的文章之後，又送了一道短文給《自然》在 1953 年 2 月下旬發表，但他的文章不再引起 DNA 研究人員的重視。相反地，這更激發了劍橋與倫敦研究小組對 DNA 結構研究的興趣。1953 年 2 月 22 日當 Rosalind 完成了她的兩篇論文後，重新檢視 5I 的衍射圖時，她寫道：「B 型 DNA 含有兩條鏈，A 型也含有兩條鏈。」同時，劍橋的研究小組也加快了模型的研究，取得了重要的進展，重點包括：(1) DNA 是由兩條鏈所組成的分子，鏈的排列方向為反向平行，即一條鏈為 5'→3'，另一條鏈為 3'→5'；(2)主鏈是由磷酸及脫氧核糖所組成。當時還有一些問題還沒有完全解決，即兩條鏈是以何種力量結合在一起的；鹼基以何種方式排列等等。

　　如果設想鹼基的排列是結合兩條鏈的主要力量，那麼鹼基之間必須能夠相互結合；如果嘌呤對嘌呤排列，則 DNA 的直徑超過 Rosalind 的計算結果；如果嘧啶對嘧啶排列，則 DNA 分子的直徑小於計算的結果。因此，如果鹼基之間形成一定力量以維持兩條主鏈的穩定性，且符合 DNA 分子的 X-光衍射結果，那麼兩條主鏈所形成的鹼基側鏈之間的相互排列，必須是嘌呤對嘧啶。根據 Chargaff 的研究結果，只有腺嘌呤對胸腺嘧啶、鳥嘌呤對胞嘧啶才是解決鹼基等價的唯一選擇，就這樣一條雙螺旋結構模型終於誕生了。Watson 和 Crick 將他們的結構模型送給了《自然》雜誌發表，同時也結束了長達十五年 DNA 結構研究的競賽。Watson 和 Crick 的 DNA 結構模型符合當時已知的所有要求，這就是著名的雙螺旋結構模型。它誕生於 1953 年 3 月 7 日，發表於 4 月 25 日，全面地改變了

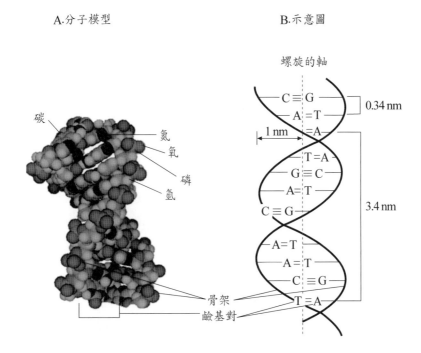

A.分子模型　　　　　　　　　　　B.示意圖

圖 3 - 5　Crick-Watson 的 DNA 雙螺旋結構模型。鹼基之間的間距為 0.34nm，每十個鹼基形成一個完整的螺旋（3.4nm），兩條鏈互為反向平行，DNA 纖維的直徑為 2nm。

生物學的研究內容及方向，其影響面之大，堪與十年後所發現的遺傳密碼相提並論（圖 3 - 5）。

第三節　DNA 雙螺旋結構假說

　　如上所述，Watson 和 Crick 的 DNA 雙螺旋結構模型，符合了所有的限制條件及當時所知的一切結果，是劃時代的科學假說。它的問世開闢了分子遺傳學及分子生物學的研究先河，因此具有深遠的科學意義。然而 Watson 及 Crick 的結構模型，具有以下幾個方面的特點：

　　一、DNA 分子由兩條多聚核苷酸鏈所組成，相互之間形成右手螺旋形狀。如果從末端觀看 DNA 分子，兩條鏈所形成的螺旋型正如順時針的方向相互盤旋。兩條多核苷酸鏈以右手螺旋的方式相互纏繞形成雙螺旋結構，雙螺旋結構的形成使 DNA 在細胞核中相對穩定，符合遺傳物質穩定地一代傳一代的基本要求。因此，一個 DNA 分子中含有兩條多核苷酸鏈作為 DNA 的主幹部分，就像一個梯子的兩條主幹一樣或像傳統鐵道中的兩條主幹線一般，構成了 DNA 分子的外部骨架。

　　二、DNA 兩條主鏈的排列方向為反向平行（antiparallel），即鏈的極性相反，即 DNA 中的兩條多核苷酸鏈以反向平行的方式相互纏繞，形成一種特有的分子結構。在兩條多核苷酸鏈中，其中一條的起始方向是脫氧核糖第 5 號碳原子，以磷酸酯鍵的方式與磷酸結合，即所謂的 5' 磷酸末端。在同一部位一條鏈的方向是 5' 到 3'，那麼另一條鏈的方向則為 3' 到 5'。如果以 5' 末端代表一條鏈的頭，3' 末端代表其尾，那麼反向平行指的是一條鏈的頭部與另一條鏈的尾部，呈相反方向的平行排列。

　　三、DNA 分子中明顯可分為主鏈、中軸、鹼基與主鏈分子的垂直結構，以及鹼基本身的扁平結構。主鏈是由脫氧核糖及磷酸組成的，位於雙螺旋分子的外面，是 DNA 分子的主鏈部分。中軸是由兩條主鏈上所連接的鹼基所組成。鹼基成對地或相互地向中軸接近。鹼基與主鏈之間基本上形成垂直結構或呈垂直方向，就像兩條鐵軌之間的枕木一般。在分子靠近中央部位的鹼基呈扁平結構排列，就像現代硬幣一樣排列在雙螺旋結構的中軸外側。

　　四、DNA 的第四個特點是氫鍵、鹼基的配對及鹼基的互補（圖 3 - 6）。在生物大分

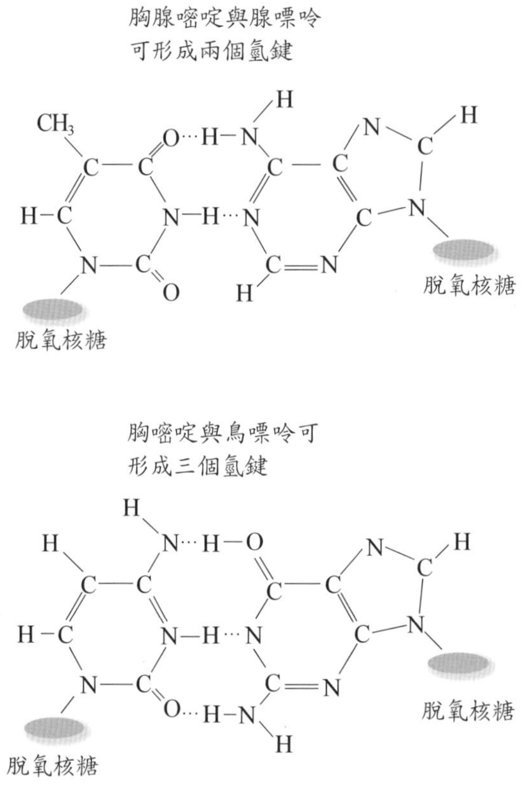

圖 3 - 6　DNA 分子中，鹼基之間相互配對示意圖。鳥嘌呤（G）與胞嘧啶（C）配對形成三個氫鍵（下圖），腺嘌呤（A）與胸腺嘧啶（T）配對形成兩個氫鍵（上圖）。

子（如蛋白質、DNA 及 RNA 等）結構中，常出現氫鍵這樣比較微弱力量的化學鍵。這類化學鍵中常涉及到氫原子，可與另一種原子（如氮原子、氧原子等）形成相互吸引的力量，氫原子與另一種原子之間的距離一般為 0.22-0.28nm。在少數氫鍵時，其力量微不足道；但如果數目很大，則是維持某種分子結構穩定性的重要力量。DNA 中存在著大量這種化學鍵，是構成穩定 DNA 分子的主要力量。另外，DNA 分子中一個非常重要的特點是鹼基配對。兩條主鏈中的鹼基所構成的側鏈均指向分子的中軸方向，最終以形成氫鍵的方式相互配對。根據 Chargaff 的研究結果，在任何種類的 DNA 分子組成中，A＝T、G＝C，因此，在雙螺旋結構中 A 與 T 配對、G 與 C 配對。其三是互補鹼基配對。在 DNA 雙螺旋結構中，相互配對的鹼基（如 A-T、G-C）稱為互補鹼基配對。如果一條鏈的序列為 5'-AATAGCGA-3'，則相對的反向平行鏈的序列應為：3'-TTATCGCT-5'。

　　五、DNA 分子的第五個特點，是分子的直徑、鹼基的間距及 DNA 螺旋的長度。雙螺旋的 DNA 分子直徑為 2nm，這包括了兩條主鏈（兩倍的脫氧核糖／磷酸的大小），以及相互配對的兩個鹼基及其配對間距（即鹼基之間的距離）等。根據 Rosalind Franklin 的計算，DNA 分子中有一種明確的規律變化為 0.34nm，因此，Watson 和 Crick 將此確定為鹼基的間距。由此算來，一個完整螺旋的長度指螺旋經過了 360 度的轉彎。又根據 Rosalind Franklin 的計算，DNA 分子中另一明確的變化規律為 3.4nm；因此，Watson 和 Crick 將此確定為一個完整螺旋的長度，即每十個鹼基組成一個完整的螺旋。

　　六、DNA 雙螺旋結構模型的第六個特點，是分子內形成不等空間，因此產生主溝（major groove）及次溝（minor groove）等結構。由於鹼基相互之間鍵結關係，使得雙螺旋結構的糖－磷酸主鏈上原子的分布不均等，形成了所謂的不等空間。由於雙螺旋的糖－磷酸主鏈上原子的不均等分布，雙螺旋形成時會構成較大、較深的大溝結構，或較小、較淺的小溝結構，兩種結構都有相當大的空間可供與蛋白質結合，因此相應的蛋白質可與鹼基直接發生相互作用（圖 3-7）。

　　因為 Watson 和 Crick 的 DNA 分子模型假說，使基因從原來的無形之物變得有形，使基因的複製有了堅實的分子基礎，使得遺傳信息從上一代傳遞到下一代的物質基礎更加具體化，因此，諾貝爾獎委員會於 1962 年以「核酸的分子結構及其生物遺傳信息傳

圖 3-7　DNA 反向平行的雙螺旋結構示意圖

達之意義」為名，授予 Crick、Watson 及 Wilkins 生理或醫學獎。在其中產生關鍵作用的 Rosalind Franklin 在授予該項諾貝爾獎前逝世（終年 38 歲），按照慣例，諾貝爾獎不會授予一位逝世者。

第四節　B-DNA 晶體結構

　　1953 年 Watson 與 Crick（圖 3 - 8）所發表的 DNA 結構模型（圖 3 - 9），只是根據 Rosalind 的 B-DNA 纖維 X-光衍射所得的結果建構起來的一種假說，雖然符合了當時所有的需求條件，但由於沒有晶體作為證明，DNA 的真正結構直到 1978 年才首次問世。經過 Rosalind 及後來的晶體結構之研究，現在人們廣泛接受的一種理論是，B-DNA 是活體細胞存在的主要類型的 DNA 分子，含有右手螺旋結構，兩條反向平行的糖—磷酸的主鏈形成雙螺旋結構。其芳香族的鹼基（A、T、G 及 C）占據了螺旋分子的中心部位，形成互補的 A 對 T 和 G 對 C 的所謂 Watson-Crick 鹼基對。由鹼基形成的橫軸與 DNA 纖維的縱軸，幾乎形成垂直狀態。鹼基對在主鏈上的距離為 3.4Å，由範德瓦爾斯力所牽引，每一對鹼基經過 DNA 纖維的中心。B-DNA 纖維的直徑大約為 20Å，在糖和磷酸鏈之間形成兩種溝狀結構；淺的條溝暴露出鹼基對的某一端邊緣，即暴露的區域是從糖苷鍵開始延伸到鹼基對，深的條溝暴露鹼基對的另一端邊緣。每一個螺旋含有 10 個鹼基對，長度為 34Å（表 3 - 1）。

　　Rosalind 在 1951-1952 年期間所進行的 DNA 結構研究之樣品，是直接從細胞提取而來的大分子，她的 5I X-光衍射圖正是基於這種 DNA 樣品，也就是 Watson-Crick 1953 年 DNA 結構模型的根據。但這種長的 DNA 分子在當時是無法結晶的，充其量只能說是 DNA 的纖維樣品。雖然長條的絲狀物 DNA 樣品中，DNA 的螺旋軸與纖維軸基本上接近於平行，但兩者之間並不能完全吻合。因此，X-光對這種纖維的衍射，只能提供一個粗略的、（比晶體）較低解析度的圖譜，尤其對於鹼基對的電子密度而言，只是一個平均的密度值。

圖 3 - 8　Crick 晚年的照片。他的一生提出過許多假說，包括 1953 年的 DNA 雙螺旋模型、1954 年的半保守複製模型、1956 年的中心法則、1961 年的三聯體密碼，以及 1964 年的搖擺假說等，體現這位科學家在年輕時的天才智慧。

表 3 - 1　DNA 的結構特徵

結構特徵	A-DNA	B-DNA	Z-DNA
螺旋的方向	右手螺旋	右手螺旋	左手螺旋
DNA 纖維的直徑	~26Å	~20Å	~18Å
每一螺旋的鹼基對數目	11.6	10	12
每個鹼基對在 DNA 螺旋中的旋轉度數	31°	36°	9°（嘧啶-嘌呤） 51°（嘌呤-嘧啶）
一個完整螺旋的長度	34Å	34Å	44Å
鹼基對之間的螺旋高度	2.9Å	3.4Å	7.4Å
鹼基對在雙螺旋中相對應於縱軸的傾斜度數	20°	6°	7°
主溝	窄而淺	寬而深	扁平
次溝	寬而淺	窄而深	窄而深

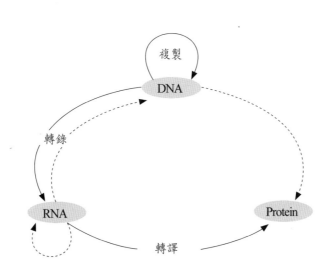

圖 3 - 9　Crick 於 1956 年所提出的中心法則概念。後來經過補充形成目前的概念：DNA 可以自我複製，可以經轉錄的過程形成 RNA，但 RNA 也可以經由反轉錄形成 DNA，RNA 也可以自我複製。以 RNA 為模板可以轉譯形成蛋白質，而蛋白質可以控制 DNA 及 RNA 的複製。中心法則提出後許多年，人們才純化到了信使 RNA、核糖體 RNA 及轉運 RNA。

表 3 - 2　鹼基之間的結合常數

	鹼基對	$K(M^{-1})$
自我配對	A-A	3.1
	U-U	6.1
	C-C	28
	G-G	10^3-10^5
Watson-Crick配對	A-U	100
	G-C	10^4-10^5

　　1970 年代末期，由於核酸化學研究的進展，使得長鏈核苷酸的合成及結晶成為可能。因此在 Watson-Crick 的結構發表二十五年之後，由 Richard Dickerson 和 Horace Drew 所確定的真正的 B-DNA 晶體結構問世了。這是一節由 12 個核苷酸所組成的、可以自我形成互補的核苷酸 d（CGCGAATTCGCG），解析度達 1.9Å。這個結構後來又被 Loren William 進一步解析到 1.4Å：(1)平均每個鹼基的高度為 3.3Å；(2)每個完整的螺旋為 10.1 鹼基對；(3)每個鹼基對的螺旋旋轉度數為 35.5°，但這不是一個固定不變的數字，可從 26° - 43° 不等。由此可見，真實的 B-DNA（晶體結構）與理想的 B-DNA（Watson-Crick 結構）有一定的差距。

　　Watson-Crick 的鹼基對無論取之何種方向，都可以相互轉變，如 A-T 對可以轉變為 T-A 對；G-C 對可以轉變為 C-G 對。這對整個雙螺旋結構不會造成糖—磷酸主鏈上的變形問題。但是任何其他的配對形式，均可導致雙螺旋結構的變形。因此，Watson-Crick 以外的配對雖然在理論上是可行的，但在結構上卻是不可行的。如果以 A-U 的配對作為對照 $[100K(M^{-1})]$，其他鹼基之間在理論上也是可以配對的，但它們之間的結合率（K）常數有明顯的區別（表 3 - 2）。且不說嘌呤與嘌呤造成分子直徑過大，而嘧啶與嘧啶造成分子直徑過小；鹼基之間的結合率，也是造成必須以正常的嘌呤—嘧啶結合的原因之一。

第五節　A-DNA 與 Z-DNA

　　在 1940 年代中葉，人們利用 X-光對 DNA 纖維的研究中，早已發現了核酸是一種在構象上可變的分子。1951-1952 年期間，又發現了 B-DNA 到 A-DNA 轉變的直接證據，即當濕度降到 72-25% 以下時，B-DNA 可轉變為 A-DNA。X-光衍射證明：(1)A-DNA 具有比 B-DNA 較寬、較平坦的右手螺旋結構；(2)A-DNA 的纖維直徑大約為 26Å，比 B-DNA

大約 6Å；(3)A-DNA 的每個螺旋所含有的鹼基對數比 B-DNA 多 1.6；(4)由於 A-DNA 的每個螺旋中鹼基的數目較 B-DNA 多，因而每個鹼基對的螺旋旋轉度數只有 31°，比 B-DNA 小 5°；(5)每個鹼基對之間的螺旋高度只有 29Å；(6)鹼基對螺旋縱軸的傾斜度達 20°。此外，主溝與次溝的形成也與 B-DNA 區別顯著（表 3 - 1）。

前面我們曾提到活體細胞體系中主要存在著 B-DNA，A-DNA 只存在於某種特殊的環境中，如在 DNA 聚合酶的活性中心曾發現一種短的 A-DNA 片段。還有一種格蘭氏陽性細菌在不利的環境條件下，常進行孢子形成（sporulation）過程，最終形成孢子（spores），此時有一種小分子量的酸溶性孢子蛋白質（small acid-soluble spore proteins, SASPs）產生，可誘導 B-DNA 轉化為 A-DNA。如果孢子中缺少 SASPs，孢子則容易受紫外線（UV）的影響而形成突變，這說明了 B-DNA 到 A-DNA 的轉變，有利於孢子抵抗紫外線的破壞。研究證明，紫外線容易誘導 DNA 上相鄰的兩個胸腺嘧啶形成二聚體，因此在下一次的 DNA 複製中，易出現其中一個胸腺嘧啶的缺失，因而產生突變。研究者認為，B-DNA 到 A-DNA 的轉變，使嘧啶之間的距離變大，因而紫外線不易誘導胸腺嘧啶二聚體（thymine dimmer）的形成。

在 Watson-Crick 的 B-DNA 模型發表二十五年之後，一個可以自我形成互補的六核苷酸 d（CGCGCG）的晶體結構問世，這是 Andrew Wang 及 Alexander Rich 的傑作，另一個具有相似結構的八核苷酸 d（CGCATGCG）晶體結構也同時被解出。出乎意外的是，這些核苷酸形成左手雙螺旋結構。結構分析說明，這種 DNA 的每一節螺旋含有十二個 Watson-Crick 的鹼基對，每一節螺旋的長度為 44Å。與 A-DNA 相比，這種 DNA 具有較深的次溝結構，但沒有明顯可辨的主溝。由於結構上類似 Z 型（zigzag），故名為 Z-DNA。

Z-DNA 的生物學功能，一直是研究者試圖解答的問題之一。Rich 曾經提出在某種情況下，某些 DNA 片段可從 B-DNA 轉化為 Z-DNA，這種轉化是可逆性的，因而也許 Z-DNA 有著基因表達的開關之作用。有些研究表明，在 RNA 聚合酶活躍地轉錄 RNA 之後，可以從 B-DNA 轉變為 Z-DNA；但是許多研究也表明，很難在細胞體系中找到 Z-DNA 存在的證據。如果能夠獲得抗 Z-DNA 的特異性抗體，則可能較為容易地證明 Z-DNA 是否存在於基因組等問題；可惜迄今為止，研究也表明這種特殊的抗體不易產生。不過 Rich 等人也報導過一種 Z-DNA 的結合蛋白之區段（*Za*），它的存在有力地說明了 Z-DNA 可能存在於細胞體系中。更重要的是，81-氨基酸的 *Za* 區段與核苷酸 d（TCGCGCG）組成複合物的 X-光衍射結構已經解出。研究表明，六核苷酸 CGCGCG 可以自我形成 Z-DNA 構象的互補鏈，每個的單體單位可與一條 DNA 鏈相結合。蛋白質與 DNA 的結合，主要經由極性和鹼性蛋白質的側鏈和 Z-DNA 的糖-磷酸主鏈之間所形成的氫鍵和鹽橋所維持，其中沒有任何鹼基參與結合的過程。蛋白質中與 DNA 互補的 DNA

結合表面基本上呈正電荷，可與 DNA 的負電荷磷酸基團結合。可見 *Za* 主要將 B-DNA 轉化為 Z-DNA，從而終止 RNA 的轉錄。

雖然有些研究證據說明 Z-DNA 可能存在於某些細胞體系中，它的生理學作用也指向了基因表達控制，但許多研究者對於它真正的生理作用仍持觀望的態度，因為初步的證據證明，Z-DNA 並非廣泛存在於細胞體系中，因此 B-DNA 到 Z-DNA 的轉變過程，不易得到廣泛的證明。

由於 RNA 中的核糖含有 *C_2-OH* 基團，因此即使 RNA 分子中含有局部的雙螺旋結構，也不會形成 B-DNA，在構型上更接近於 A-DNA 結構，因此這種 RNA 常被稱為 A-RNA 或 RNA-11，這是因為 RNA 的局部雙螺旋結構中每一個螺旋含有 11 個鹼基對，一個完整的螺旋高度具有 30.9Å，鹼基對與螺旋的縱軸傾斜角度為 16.7°。轉運 RNA（tRNA）及核糖體 RNA（rRNA）都含有可形成雙螺旋結構節段的互補序列，它們在蛋白質的合成中有著重要的作用。

單鏈 DNA 與 RNA 所形成的雜交分子中含有雙螺旋結構，與 A-RNA 有相似的構象。Barry Finzel 曾用 DNA 的寡聚核苷酸 d（GGCGCCCGAA）和互補的 RNA 寡聚核苷酸 r（UUCGGGCGCC）組成 10 個鹼基對的雜交分子；X-光衍射分析發現，這個雜交分子具有 A-RNA 的雙螺旋結構：(1)每個螺旋含有 10.9 個鹼基對，高度為 31.3Å；(2)鹼基對與螺旋的縱軸傾斜角為 13.9°。但這個雜交分子也具有 B-DNA 的某些特徵，即：(3)其次溝結構的寬度為 9.5Å，介於 B-DNA（7.4Å）和 A-DNA（11Å）之間；(4)雜交分子中 DNA 鏈中的核糖環具有 B-DNA 的某些特徵，分子的其他地方在結構上近似於 A-DNA 的構象。

DNA-RNA 的雜交分子常出現於以 DNA 為模板的轉錄區段，以及 DNA 複製的起始位點（如 RNA 引物與 DNA 結合的區段等），因此具有重要的生理學意義。DNA-RNA 的雜交分子也是 RNase H 的底物分子，該酶可將雜交分子中的 RNA 部分水解，留下新形成的反轉錄 DNA 鏈。當反轉錄病毒（如 B 型及 C 型肝炎病毒和 HIV 病毒）感染細胞後，即以本身的 RNA 為模板形成 cDNA，此時 RNase H 即將其中的 RNA 水解之後，DNA 聚合酶再以第一條 cDNA 鏈為模板形成第二條 DNA 鏈；因此，RNase H 也是基因轉殖（克隆）技術中不可或缺的工具酶。

思考題

1. 有人說理論與實踐在科學上同等重要。透過本章的學習，您認為哪些例子說明了這個重要性？

2. 在遺傳學上哪些未經科學證明或無需科學證明即獲頒諾貝爾獎的假說？這些假說具有什麼科學意義？

3. Rosalind 在 DNA 的結構研究上有哪些貢獻？她分別於 1953 年 4 月及 7 月在《自然》所發表的文章，對 DNA 結構的研究有著什麼作用？

4. Wilkins 在 1962 年與 Crick、Watson 共同獲得當年的生理學或醫學諾貝爾獎，請問 Wilkins 在 DNA 結構的研究上有哪些貢獻？

5. 在沒有科學實驗基礎的情況下，Pauling 憑借其聰明才智發現了蛋白質的多肽鏈結構。同樣他本來沒有 DNA 的實驗研究基礎，卻搶先發表了曾經被否定過的三鏈 DNA 結構，請問如何解釋這種科學現象？

6. 為什麼說細胞體系主要以 B-DNA 的形式存在，而 DNA-RNA 的雜交分子主要以 A-DNA 的形式存在？

7. 研究者認為，A-DNA 的抗紫外線功能來自於 A-DNA 中胸腺嘧啶的距離，較 B-DNA 中的距離長的緣故，請問這有何證據？

8. Rosalind 在 1952 年發現當濕度在 92% 以上時，DNA 主要形成 B-DNA，在 72% 以下時主要形成 A-DNA。這似乎說明任何 B-DNA 均可在適當的條件下，轉化成 A-DNA。但為什麼 A-DNA 的晶體研究中，只有特定的鹼基序列才形成 A-DNA？

9. Watson-Crick 的 DNA 雙螺旋結構具有哪些特點？這些特點的證據分別來自何種實驗結果？

10. 為什麼說雙螺旋的 DNA 分子中，鹼基配對的原始數據來自於 Chargaff 的實驗結果，但也是 Watson-Crick 的創造發明？

11. 請簡述 Astbury、Sven Furberg、Rosalind、Fraser、Wilkins、Stokes、Watson 和 Crick 各自在 DNA 結構研究中的貢獻。

12. Watson 自己說他一見到 Rosalind 的 5I X-光衍射照片時，就認定 DNA 肯定含有螺旋結構，而 Rosalind 本人得到這張 B-DNA 纖維的 X-光衍射圖之後幾個月，才明白 DNA 含有螺旋結構，這種現象說明了什麼？

13. 有人認為 Z-DNA 結構的問世，揭示了基因表達的一種新的分子機制，有人卻持保留態度。若請您繼續研究這個主題，您如何著手研究？

14. 請問 DNA-RNA 的雜交分子具有哪些結構特徵？

15. 請舉例說明 DNA-RNA 雜交分子的生理學意義。

16. 為什麼有些 RNA（如 tRNA 及 rRNA）也常被稱為 A-RNA 或 RNA-11，其根據是什麼？

第四章　染色體的分子結構

本章摘要

　　本章主要論述生物基因組的化學組成、基因組各級結構的組裝，以及基因組在不同細胞週期中的結構變化等。傳統的染色體（chromosome）概念，指的是真核細胞的細胞核（nucleus）中具有明確染色的實體，因此一般不包括病毒或噬菌體及原核細胞（細菌及古細菌）的基因組（genome），但近年來這個傳統的概念正在修正當中。在某種程度上，近年來在英、美所出版的生物學相關的刊物中，似乎已將染色體與基因組等同看待。因此，病毒、噬菌體、細菌、古細菌與低等真核細胞（如真菌及單細胞的藍綠藻等），以及高等真核細胞的基因組結構統稱為染色體。組成染色體的 DNA 分子量（以鹼基對表示）在不同生物中差別很大，如噬菌體僅有 48,502 個鹼基對（較小的如 M13 等只有七千多個），但單細胞的阿米巴卻有 190,000,000,000 個鹼基對，兩者相差近 600 萬倍。在真核細胞染色體中，DNA 纏繞在由組蛋白所組成的八聚體（由組蛋白 H2A、H2B、H3 及 H4 各有兩個亞基所組成）表面上形成核小體（nucleosome）。長鏈 DNA 所組成的一個個猶如串珠一般的核小體，便是直徑為 10nm 的核小體纖維。核小體纖維再由組蛋白 H1 的作用，即可形成直徑為 30nm 的核小體纖維。這種纖維經由一定的螺旋化，可形成較大直徑的染色質。真核細胞的染色質具有兩種型態，一是高度螺旋化的異染色質（heterochromatin），二是螺旋化程度較低的常染色質（euchromatin）。研究說明前者不利於基因的表達，而後者是基因的場所，但無論哪一種染色質，其結構均隨細胞週期的變化而變化。染色體端粒結構是染色體穩定性的保障，是由具有反轉錄酶活性的端粒合成酶（telomerase，也有文章中稱為端粒酶或端粒反轉錄酶；然而端粒酶的稱謂只顧及英文單字的翻譯，並未考慮到其功能；事實上它也是一種聚合酶，而不是水解酶）所形成的，但不同生物染色體的端粒重複序列區別顯著，從二十次重複到數百次重複不等（有些可達上千次）。重複序列還存在於著絲點區域，是構成真核細胞染色體的主要部位。染色體還存在著其他類型的重複序列，是研究真核細胞染色體特異性及生物進化的重要對象。

前言

　　染色體這個名詞的原意是細胞核內某些染色較濃的實體，主要指高等生物細胞中的染色實體，含有 DNA、蛋白質及少量其他的物質。原核生物沒有細胞核膜將遺傳物質與細胞質分開，故遺傳物質直接暴露在細胞質中，因此不與高等生物染色體等同看待。但染色體這個概念後來不僅推廣到原核生物，還將所有病毒的遺傳物質（無論是 DNA，還是 RNA病毒）統稱為染色體。雖然這樣看待染色體多少有些過於勉強，但習以為常便成為常理。因此，所有多細胞生物、單細胞生物以及非細胞生物的遺傳物質，均可稱為染色體。

　　習慣上，一個單倍體細胞的所有 DNA 組成或所有的染色體，可稱為一個基因組（genome）。大多數的原核生物中，每一個細胞只有一個 DNA 分子，呈環狀結構，因此每一個細胞的主要遺傳物質僅為一個基因組。真核生物的染色體常有多條，位於細胞核內，但習慣上也將細胞質中線粒體（mitochondria）和植物細胞質中葉綠體（chloroplasts）的遺傳物質稱為染色體，因此在動物細胞中有細胞核的基因組及線粒體基因組；在植物細胞中有細胞核基因組、線粒體基因組及葉綠體基因組。

　　染色體的組裝遵循一定的規律性，在細胞週期中其結構隨著 DNA 分子超螺旋結構的變化，而有規律地變化著。這些變化反映了染色體中基因的活動狀況：如當 DNA 的超螺旋高度鬆散時，說明正在進行基因的表達等重要的細胞生理過程；當 DNA 高度螺旋化時，說明基因的表達大部分處於停滯狀態。可見，細胞生理的基本狀況與染色體的組裝及去組裝的週期，有相當緊密的關係。因此，本章著重討論 DNA 分子是如何組裝成為染色體的過程。因為病毒、原核細胞及高等生物染色體不僅其分子組成上千差萬別，其染色體的結構也完全不同，因此將分開討論之。

第一節　病毒染色體

　　病毒的結構相對簡單，但要對病毒給予一個比較科學的定義，卻是一件頗費腦筋的事情。如病毒是由蛋白質包圍著遺傳物質的結構；或病毒是感染所有細胞類型生物體的亞細胞單位；或病毒是一種只能活動於細胞體系的亞細胞單位；或可以在細胞內進行複製、轉錄及轉譯等過程的亞細胞單位等等，都可以算是對病毒的定義，即病毒只能是「亞細胞單位」，不能脫離細胞系統進行複製、轉錄及轉譯等過程。習慣上，將感染原核細胞的病毒稱為噬菌體；感染高等動、植物細胞等稱為病毒。根據其遺傳物質是否為 DNA 或 RNA，單鏈或雙鏈等可分為單、雙鏈 DNA（或 RNA）病毒等。有時還可根據遺傳物質的形狀，進一步細分為環狀或線狀核酸病毒等。有些病毒的基因組僅含有單一核

酸分子所組成的單一染色體，有些病毒卻具有幾個核酸分子所組成的數條染色體。由於病毒的遺傳物質較小，相當多的病毒基因組已有詳細的核苷酸序列，因此研究病毒染色體結構及基因的排列，可作為細胞體系染色體結構研究的借鏡。

T-偶數噬菌體（如 T2、T4 和 T6 等）的基因組，含有一條雙鏈 DNA 分子。T4 噬菌體的基因組含有 168,900 鹼基對（base pair, bp）或簡寫為 168.9kb 或 169kb。這些烈性噬菌體都具有相似的結構，內含一條線狀 DNA 染色體，外殼由蛋白質所組成。病毒的結構可分為三個主要部分，一是頭部（head），內含 DNA 染色體，外殼由病毒的外殼蛋白所組成，是一種二十面體的結構。頭部的直徑約為 65nm，長約 100nm；二是鞘部（sheath），由病毒的鞘部蛋白所組成，長約 100nm，內有通道，具有一定的收縮作用。三是尾部纖維，由病毒的纖維蛋白所組成，具有使病毒附著於細菌細胞表面的作用（圖 4 - 1）。

噬菌體的 DNA 染色體基本上是裸露的結構，即不含有其他的物質，因此當 T- 偶數噬菌體 DNA 進入細胞之後，必須有能力利用細胞內的資源迅速複製自己，形成許多噬菌體 DNA 染色體的拷貝，這是烈性噬菌體侵略性的一面，也是一種自身保護性措施。DNA 染色體為雙螺旋結構，在頭部的染色體具有進一步螺旋化的特點，也是病毒保護自身遺傳物質的方式之一。

*ΦX*174 是一種烈性 DNA 噬菌體，可以感染大腸桿菌，含有單一染色體，由 5,386 個核苷酸所組成，僅相當於 T4 噬菌體遺傳物質的 3.23%。與 T-偶數噬菌體所不同的是，*ΦX*174 噬菌體只是一個由蛋白質包圍著遺傳物質的結構，沒有收縮性的鞘部，基部也沒有尾部纖維。1959 年 Robert Sinsheimer 發現，*ΦX*174 DNA 的鹼基比例是 25A：33T：

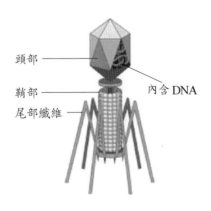

圖 4 - 1　一個典型的病毒結構。上部為頭部，外面由頭部蛋白所組成，內部有遺傳物質，有些是 DNA（如本圖），有些是 RNA。有些是一個分子，有些是多個分子。頭部以下的圓桶狀者為鞘部，由鞘部蛋白所組成。鞘部的下方是尾部纖維，由纖維蛋白所組成。

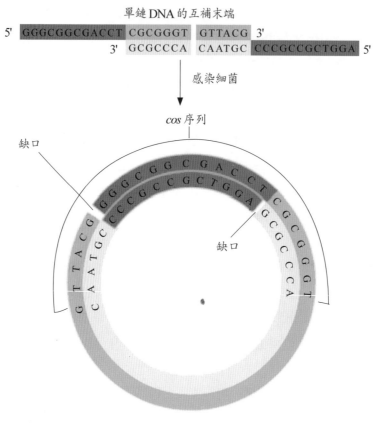

由單鏈 DNA 形成環狀單鏈 DNA 之後，複製
為雙鏈 DNA，並有連接將缺口連接

圖 4 - 2 　λ 噬菌體遺傳物質形狀改變示意圖。線狀噬菌體遺傳物質的兩端含有互補序
列（上圖），在 λ 噬菌體遺傳物質進入細胞之後，可以立即形成環狀 DNA 分子（下
圖），從而有效地抵抗細胞內核酸對其所產生的水解作用。

24G：18C。這個比例並不符合 A ＝ T、G ＝ C 的 Chargaff 比例，其主要原因在於噬菌體頭
部的 DNA 是單鏈的。此外，*ΦX*174 的染色體具有抗核酸外切酶的能力。核酸外切酶主要
從 DNA 的末端開始水解，直到整個 DNA 被水解成核苷酸為止。*ΦX*174 的染色體抗核酸
外切酶的主要原因，在於當 *ΦX*174 噬菌體進入細胞之後迅速形成環形 DNA，所以外切
酶找不到相應的缺口。

　　λ 噬菌體在結構上與 T-偶數噬菌體相似。兩者所不同的是，λ 噬菌體的染色體可在環
狀與線狀之間變化。在噬菌體顆粒的內部，λ 染色體是線狀的、雙鏈的 DNA。DNA 分子
的兩個末端各含有 12 個單鏈的核苷酸，具有互補序列。當 λ 噬菌體感染細胞之後，線狀
染色體可由分子的互補末端轉化為環狀染色體。當噬菌體顆粒重新形成時，環狀 DNA 又
轉化為線狀 DNA（圖 4 - 2）。噬菌體 DNA 這種由線狀到環狀的變化，再由環狀到線狀

的變化，有效地抵抗著各細胞環境（如核酸酶等）對其遺傳物質的破壞作用。

第二節　原核細胞染色體

多數原核細胞含有單一的、雙鏈的 DNA 染色體。因為原核細胞沒有細胞核，所以其 DNA 染色體直接暴露在細胞質中。少數原核細胞含有幾個 DNA 分子，形成環狀或線狀染色體，如農桿菌（*Agrobacterium*）中便含有多條線狀及環狀染色體。在多條染色體的原核細胞中，常含有一條主要的染色體及一至多條小型染色體。當較小的染色體，對於細胞的生命過程變得可有可無時，一般較為正確的稱法應是質粒（plasmid）而不是染色體。不同細菌的染色體，無論在大小或數量上都有相當大的區別（表 4 - 1）。

在細菌和古細菌中，染色體常位於染色較深的區域內，稱為擬核區，但這個區域不像真核細胞那樣被細胞核膜所隔開，原核細胞的染色體基本上與細胞質直接接觸。如果用較為溫和的方法提取大腸桿菌的染色體，可以得到一條完整的、含有 4.6Mb 的環狀染色體，長度為 1,100μm，約相當於大腸桿菌細胞的 1,000 倍。DNA 能夠被組裝在細胞內核區的狹小空間內，是因為染色體 DNA 處於超螺旋狀態，即在雙螺旋結構的基礎上，進一步摺疊所形成的染色體狀態。

超螺旋結構的形成，可能與環狀 DNA 的雙螺旋結構進一步螺旋化有關，為了證明這種假說，讓我們做一個小型實驗加以證明。假定有一段 208 個鹼基對的雙螺旋 DNA 分子，形成二十個完整的螺旋（每 10.4 個鹼基構成一個螺旋），具有兩個游離的末端。如果我們將這兩個末端簡單地連結起來形成環狀結構，此時的螺旋結構必然是鬆散的

表 4 - 1　某些細菌的染色體結構（1Mb ＝百萬鹼基對）

拉丁文名稱	中文名稱	致病性	染色體結構		條數
Borrelia burgdorferi	螺旋菌	淋病	0.91Mb	線狀	1
			0.53Mb	環狀	17
Agrobacterium tumefaciens	農桿菌	細菌性根瘤病	3.0Mb	環狀	1
			2.1Mb	線狀	1
Methanococcus jannaschii	沼氣菌（一種古細菌）	未知	1.66Mb	環狀	1
			58Kb	環狀	1
			16Kb	環狀	1
Archaeoglobus fulgidus	古細菌	未知	2.2Mb	環狀	1

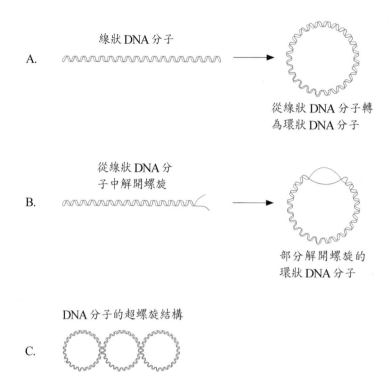

線狀 DNA 分子

A.

從線狀 DNA 分子轉
為環狀 DNA 分子

從線狀 DNA 分
子中解開螺旋

B.

部分解開螺旋的
環狀 DNA 分子

DNA 分子的超螺旋結構

C.

圖 4-3　DNA 超螺旋結構形成示意圖。由線狀 DNA 分子形成環狀時，分子的螺旋性
比線狀時更為緊密（A 圖）；當部分解開螺旋的 DNA 分子形成環狀時，分子的螺旋較
為鬆散（B 圖）。環狀 DNA 分子可以進一步螺旋化形成超螺旋結構（C 圖）。

（relaxed），但應有十個螺旋。如果我們先在某一端解開一個螺旋之後，再將兩個末端接
成環狀結構，此時我們得到具有九個螺旋和相當於一個螺旋長度的非摺疊區。從能量的
分布角度看，這種結構不可能穩定，必然會進一步形成十個螺旋和一個超螺旋的旋轉，
這個超螺旋的旋轉區便是所謂的超螺旋區（supercoiled）（圖 4-3）。

　　在 DNA 純化過程中，尤其是利用重鹽氯化銫（CsCl）純化質粒 DNA 分子時，常可
在氯化銫濃度梯度上觀察到幾條 DNA 帶：(1)密度較高的、接近於管底一方的條帶；(2)密
度中等的、具有鬆散型螺旋結構的條帶，位於中間；(3)密度較小的螺旋結構，位於管底
的遠方。位於中間的條帶，一般是因為 DNA 分子形成缺口（nick）所導致的，這種缺口
常在一定的壓力或是因為摩擦力過大而導致雙鏈 DNA 中，某一條磷酸—脫氧核糖的主鏈
斷裂所致，此時分子局部地解開螺旋形成鬆散結構。在氯化銫梯度中遠離管底的 DNA 條
帶，應是斷裂型 DNA 分子，線性結構，但在溫和的提取過程所得到的樣品中，極少見到
這條 DNA 條帶。環狀 DNA 超螺旋結構的形成可以用實驗加以證明，但對於直鏈 DNA 分
子的超螺旋結構，因為分子很長，相信也是經由相似的原理形成的。如一條不太長的繩

一般平均具
有 40kb 的
DNA 迴環

DNA 迴環的基
部，以特定的
形式被連接

圖 4-4　超螺旋 DNA 形成大迴環結構示意圖。DNA 形成迴環結構的基部，由某些特
定的形式連接，平均每一迴環可有 40kb 的長度，這在真核細胞中相當於一個基因的長
度，是一種理想的 DNA 濃縮形式。但在原核生物中，每個迴環可有多個基因，甚至
相當於一個操縱子的結構。

子，兩端均不固定在某物體上，但在某一端不斷旋轉使其增加螺旋數目時，這條繩子的
另一端將不斷地解開螺旋，因此仍然處於鬆散狀態。但如果這條繩子很長，不斷地在某
一端旋轉而增加其螺旋化，必然會在某一區域形成高度螺旋化。真核細胞及某些原核細
胞的染色體都很長，雖然為線性結構，但也可以經由相似的方式形成超螺旋結構。

　　DNA 超螺旋結構的形成，並不是 DNA 從鬆散結構形成高度螺旋結構的唯一濃縮過
程，DNA 分子還可以進一步從超螺旋的形式形成迴旋式結構，即迴環（loop）結構。研究
說明，超螺旋結構有兩種情形：(1)反向超螺旋結構；(2)正向超螺旋結構。有人用螺旋形樓
梯比喻正、反向超螺旋結構，認為對於一個螺旋結構而言，如果按順時針方向放鬆一個螺
旋，此時梯子的階數還是相同的，但上樓時則會少轉 360 度，這就是所謂的反向螺旋；如
果增加一個螺旋，梯子的階數仍然是相同的，但上樓時的轉向則會增加 360 度，此時便是
正向螺旋。無論哪一種情形的發生，均可增加 DNA 的超螺旋化。在所有的細胞體系中，
DNA 超螺旋結構的形成是在拓撲異構酶（topoisomerase）的作用下進行的（圖 4-4）。

　　當 DNA 分子呈迴環形結構排列時，其排列密度比超螺旋結構更大。在大腸桿菌中，
每個迴環結構大約含有 40kb 的反向螺旋 DNA，因此整個基因組大約有一百個這種迴環
形結構。研究說明每個迴環結構區的末端都與蛋白質相結合，因此迴環結構之間很少相
互干擾。據估計，從超螺旋結構到迴環形結構的形成，DNA 可達 10 倍的濃縮程度。

第三節　真核細胞染色體 DNA 分子組成

　　真核生物與原核生物的 DNA 有諸多不同，首先真核生物細胞 DNA 分子的總鹼基對大於原核生物細胞，如大腸桿菌染色體 DNA 約 4.2×10^6 鹼基對，但人類細胞的染色體 DNA 約 30 億鹼基對，後者是前者的 1,000 倍。其次是染色體的組成相差甚大。雖然原核細胞染色體中也曾發現類似組蛋白的蛋白質，但卻不像真核細胞組蛋白那樣，無論其組成還是比例都比較固定。其三是真核細胞 DNA 與組蛋白形成一系列的結構，如從核小體到染色質纖維等，但原核細胞染色體卻無此結構。其四是原核細胞的染色體直接暴露於細胞質中，而真核細胞染色體有細胞核膜將其與細胞質隔離。其五是原核生物的基因常見以操縱子（operon）的方式排列，但真核細胞除了個別類型的基因外，很少見到組成操縱子的排列方式等等。

　　關於一條染色體中有多少個 DNA 分子的問題，一直到 1950 年代末都曾經有過認真的爭論，如已知果蠅唾腺染色體（也稱多線染色體，polytene）中含有許多股染色單體，便是其中爭論最多的焦點，後來人們才逐漸認識唾腺染色體只是一種特例（圖 4-5）。人們認識到一條染色體是由單股（uninemic）DNA，即一條雙螺旋 DNA 所組成的答案來自

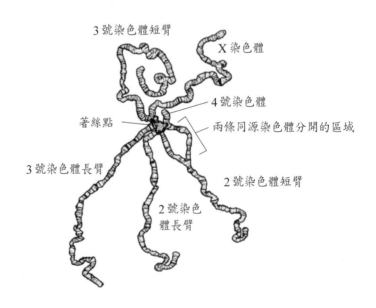

圖 4-5　果蠅的唾腺染色體。同源染色體猶如減數分裂的偶線期一樣，在嚴格意義下進行配對，因此可以研究染色體的配對方式。另由於唾腺染色體不斷地進行 DNA 的複製，但沒有細胞分裂的進行，造成了每條染色體中含有大量 DNA 分子，也形成了巨型染色體的特點，可以直接觀察染色體的結構變異。

於幾個不同的實驗，其中最有說服力的是 J. Taylor 及其合作者在 1957 年所進行的同位素標記實驗。首先讓細胞在氚標記的胸腺嘧啶中進行 DNA 的複製，此時每一條姐妹染色單體含有一條雙螺旋 DNA，其中一條是模板鏈，因此沒有標記上氚－胸腺嘧啶，但雙螺旋 DNA 中的另一條新合成的鏈，含有氚－胸腺嘧啶。

　　另一種證明染色體的 DNA 組成方法是活體 DNA 標記法，主要利用小鼠作為動物模型。給藥方法包括多次注射法、皮下埋植法、活性碳吸附一次注射法等。三種方法都可用 5-嗅脫氧尿苷（BrdUrd）或 5-碘脫氧尿苷（IdUrd）進行標記，這兩種藥物對於染色單體的標記效果相同。如用多次注射法，則供試小鼠腹腔內注射 IdUrd 10-15 次，每次 0.2 毫升，每隔一小時注射一次。總用量約 0.75 克／公斤體重。也可以將實驗動物分為對照組、受檢藥物低劑量組、中劑量組和陽性對照組。低劑量約為臨床劑量的 5 倍，中劑量為 20 倍，高劑量為 100 倍。給藥途徑一般採用該藥臨床給藥方法（如注射法等）。用藥時間視該藥在所檢測的器官中，達到最高濃度所需時間而定。一般的陽性藥物對照，可採用環磷醯胺（cyclophosphamide）、絲裂黴素 C（mitomycin C）或甲基磺酸甲酯（methyl methanesulphonate）。它們的劑量分別可用到 10-30 微克／克體重、0.5 微克／克體重、5-10 微克／克體重，給藥方法均為腹腔內注射。實驗動物選用 6-8 週齡的純系小鼠，體重為 20 克左右。用藥之後可將實驗動物放回飼養籠，26 小時後，腹腔注入秋水仙素（劑量為 4 毫克／公斤體重）處理 2 小時，殺死動物，取下股骨，用紗布將腿骨外的肌肉剔除乾淨，浸入盛有生理鹽水的燒杯中。用骨鉗將大腿骨充分壓碎，用生理食鹽水洗出骨髓細胞，自然沉降後吸出細胞懸浮液，1,000 轉／分離心 7 分鐘，棄上清液，留下骨髓細胞。再用 0.5% KCl 低滲液 7 毫升加入盛有骨髓細胞的離心管中，用吸管緩慢沖打均勻，放入 37°C 保溫箱低滲 20 分鐘，然後取出離心管，以每分鐘 1,000 轉離心 7 分鐘。細胞經甲醇、冰醋酸（3：1）配製的固定液固定 15 分鐘後離心，換一次固定液，在室溫中擱置 15 分鐘，離心，蒐集細胞，製備細胞懸浮液之後將其滴在清潔的載玻片上，放在 37°C 保溫箱中過夜。染色體標本放在 45-48°C 恆溫水浴鍋的平面上，玻片上滴加一層 $2 \times SSC$ 溶液，用 15W 紫外燈照射 30 分鐘，然後用磷酸緩衝液慢慢地洗去標本上的 $2 \times SSC$，用 Giemsa 染色，製成標本即可用來觀察染色單體在複製時，所形成的兩種明暗不同的染色單體，有時還可以觀察到染色單體交換後的圖像。

第四節　真核細胞週期的染色體變化

　　一般情況下真核細胞具有數條染色體，每一種物種都具有自己特定的染色體種類及數目，如人類的二倍體細胞（2N）中有 46 條染色體、性細胞單倍體（N，如精子或卵

子）的染色體為 23 條，構成了人類特有的染色體結構及數目。在物種進化上與人類很相近的其他靈長類動物，如猿等具有 48 條染色體，但染色體的結構及基因組成大部分與人類相同。因此有一種說法，認為猿與人在進化上可能來源於同一祖先，但由於某一條染色體裂解為二，形成了猿的 48 條染色體。在比較了兩者基因連鎖群的基因排列之後，筆者也傾向於同意這種論點。

一個物種單倍體基因組中的 DNA 含量，可用 C 值表示。經過研究人員不斷的努力，雖然還有一部分物種的 DNA 含量仍處於估計值，但已有相當多物種的單倍體基因組含量，已有明確的答案。一般說來，病毒或噬菌體的 C 值，只相當於原核細胞的 1/100，如大腸桿菌的 C 值比 λ 噬菌體高 97 倍，相當於 T4 噬菌體的 27.5 倍，但相當於 SV 病毒的 885 倍（表 4 - 2）。

病毒的基因組比較小，其生物代謝也不完備，不能合成其必須的基本物質，使得病毒只能依賴寄生在細胞中才能夠複製其自身。病毒一旦離開細胞體系，它必須尋覓到下一個感染的目標，否則很容易被生存環境中的蛋白酶或核酸水解酶所水解。然而研究證明，病毒的基因組雖小，但其核酸在轉錄及轉譯方面的利用率，卻比任何細胞體系的 DNA 高。它不僅可以重疊使用（如一條 mRNA 中可以從不同的 AUG 位點開始轉譯，形成不同的蛋白質），還可以利用另一個方向的 DNA 鏈（如 5'→3'）作為轉錄的模板鏈，轉錄形成 mRNA。一般情況下，所有原核細胞及真核細胞的基因轉錄，只利用 3'→5' 的互補鏈作為轉錄模板形成信使 RNA，但病毒及真核細胞質中的線粒體等卻不受這個限制，是基因轉錄研究中所發現的一個特例。

原核細胞包括一般的細菌和古細菌，其基因組 DNA 的含量因不同的細菌，而有很大的區別，其中大腸桿菌（*Escherichia coli*）具有 4,639,221 個鹼基對，是細菌中較大的基因組。枯草桿菌（*Bacillus subtilis*）也是一種有較大基因組（4,218,814 鹼基對）的細菌。古細

表 4 - 2　某些病毒、噬菌體的 DNA 含量

病毒或噬菌體	C 值（鹼基對）
λ 噬菌體	48,502
T4 噬菌體	168,900
貓科（feline）白血病病毒	8,448
猴（simian）病毒 40（SV40）	5,243
人類免疫缺陷病毒 1（HIV-1）	9,750
人類的麻疹（measles）病毒	15,894

表 4 - 3　某些細菌及古細菌的 DNA 含量

細菌及古細菌	C 值（鹼基對）
枯草桿菌（*Bacillus subtilis*）	4,214,814
淋病菌（*Borrelia burgdorferi*）	910,724
大腸桿菌（*Escherichia coli*）	4,639,221
胃潰瘍菌（*Heliobacter pylori*）	1,667,867
腦炎桿菌（*Neisseria meningitis*）	2,272,351
沼氣菌（*Methanococcus jannaschii*）	1,664,970

菌雖然在分類上與細菌相互獨立，但其基因組的 DNA 含量在細菌基因組的範圍之內。如沼氣菌（*Methanococcus jannaschii*）的基因組相當於大腸桿菌的 36%，但相當於導致人類淋病菌（*Borrelia burgdorferi*）基因組的 1.8 倍（表 4 - 3）。

　　如上所述，真核細胞染色體（單倍體）DNA 鹼基對的數目，遠比病毒、噬菌體、細菌及古細菌的基因組等大，通常由多條染色體所組成。從生物進化的角度看，隨著生物複雜性的增高，其 DNA 的含量也有相對增加的趨勢。如病毒不能離開細胞體系而生存，因而其遺傳物質也相對簡單。原核生物為單細胞生物，其遺傳物質也比病毒及噬菌體更複雜，通常是病毒的數百倍。真核生物的基因組更為複雜，如阿米巴原生物（*Amoeba proteus*）的基因組，可相當於大腸桿菌的 62,510 倍。

　　那麼，是否這意味著生物進化越複雜，其基因組的 DNA 含量越高呢？研究結果顯示，生物的基因組遠比我們想像的簡單結論或推論要複雜許多。簡單地說，這種趨勢在一定的程度上可能是存在的，但肯定不是絕對的。換言之，基因組 DNA 含量的變化與生物進化有一定的關係，但這並非意味著生物進化的程度越高，其基因組的鹼基對越多。如阿米巴是一種原生生物，在真核細胞生物中比較簡單，但阿米巴的基因組是目前所發現的真核細胞基因組中最大的，其 C 值相當於人類的 85.3 倍。其次是百合科植物（*Lilium formosanum*），相當於人類的 10.6 倍（表 4 - 4）。

　　一般而言，表 4 - 2、4 - 3 及 4 - 4 所列的生物細胞單倍體 DNA 的鹼基對數（C 值），說明了生物體中 DNA 含量存在著廣泛的變異性。但在相關的生物中，這種變異相對較小，而進化關係較遠的生物，其差別相對較大。細心的讀者也許已經發現，相關生物的定義其實很難用數學關係來描述的。因此，相關生物只能理解為在整個進化的歷程中，其分歧時間較晚的哪些生物。雖然相關生物在 DNA 含量上有一定的變異範圍，有時在統計學上可能沒有任何的意義，有時也會達到統計學上的顯著標準。如哺乳類動物、鳥類

表 4-4 某些真核生物單倍體細胞的 DNA 含量

真核細胞生物	C 值（鹼基對）
紅色麵包黴（*Saccharomyces cerevisiae*）	13,105,020
裂殖酵母（*Schizosaccharomyces pombe*）	14,000,000
百合科植物（*Lilium formosanum*）	36,000,000,000
玉米（*Zea mays*）	5,000,000,000
阿米巴（*Amoeba proteus*）	290,000,000,000
果蠅（*Drosophila melonogaster*）	180,000,000
線蟲（*Caenorhabditis elegans*）	97,000,000
斑魚（*Danio rerio*）	1,900,000,000
蟾蜍（*Xenopus laevis*）	3,100,000,000
小鼠（*Mus musculus*）	3,454,200,000
大鼠（*Rattus rattus*）	3,093,900,000
狗（*Canis familiaris*）	3,355,500,000
馬（*Equus caballus*）	3,311,000,000
人（*Homo sapiens*）	3,400,000,000

及爬蟲類動物中，它們的 DNA 含量之變異相對較小，有時未能達到顯著水準，但兩棲類、昆蟲及植物的變異較大，經常在 10 倍以上的變異均能見到。

我們知道，細胞週期可明顯地分為第一次間隙期（G1）、DNA 合成期（S）、第二次間隙期（G2）及有絲分裂期（M）。在 G1 期，由於染色體的高級結構已不存在，DNA 處於高度分散狀態。因此，此時的染色體只存在著一種結構。在 S 期，DNA 正處於複製階段，因而染色體 DNA 處於極度分散狀態。DNA 的複製使得每一條染色體含有兩條姐妹染色單體，但在染色體的著絲點處仍然將兩條染色單體結合在一起。這種狀況一直保持到 G2 之後的有絲分裂中期。

高等動、植物的有絲分裂期在整個細胞週期中比較短，前期時連接兩條染色體的著絲點還沒有分開，甚至在中期所有的染色體都排列在赤道面上時，著絲點仍然連接著兩條染色單體。但細胞分裂一旦進入後期時，兩條染色單體由於著絲點的分開，而形成了兩條完整的染色體。由於末期染色體的螺旋化逐漸被解開，於是染色體呈高度分散的結構而進入了 G1 期。

　　由此可見，真核生物細胞週期的不同階段，完全可以利用染色體的結構變化加以說明。如從 DNA 含量的角度切入細胞週期時，我們可以發現 G1 期為二倍體 DNA 的含量。週期進入 S 期後，由於 DNA 的複製而形成四倍體的含量，這種狀態一直保持到 G2、前期及中期階段。後期時由於姐妹染色單體的分離， DNA 的含量即從四倍體回復到二倍體，這又一直保持到 G1 期。染色體在這種有規律性的變化過程中產生了一定的結構，如組蛋白與 DNA 結合形成染色質，由染色質再進一步摺疊形成染色質纖維，然後由染色質纖維進一步摺疊而形成染色體等等。幾乎所有真核細胞染色體的變化過程，具有相當高度的相似性，這說明了生物染色體結構的形成過程，具有其通用的規律性。關於細胞分裂染色體的規律性變化、機制及控制等問題，讀者可參閱拙作《遺傳機制研究》第五章的有關內容。

第五節　真核細胞的染色質及染色體

　　原核細胞染色體的基因分布較真核細胞均勻，極少出現一大段的重複序列，因此區分不同染色質結構在原核細胞中的意義並不十分突出。但真核細胞染色體中染色質的分布，決定了基因表達的基本模式。如某些研究曾發現，果蠅中控制紅眼的基因由於易位等作用，從常染色質區轉移到靠近著絲點的異染色質區，使得這個野生型基因的表達發生異常，形成紅—白相間的眼色。這說明了異染色質區 DNA 的高度螺旋化，影響了基因的正常表達，即使結構基因連同其啟動子等調控系列同時轉移，也避免不了異染色質區可以部分關閉基因表達的作用。很顯然這需要將 DNA 進行一定的組裝，而形成不利於基因表達的特定結構，如形成核小體纖維（nucleosome fiber）等（圖 4 - 6）。

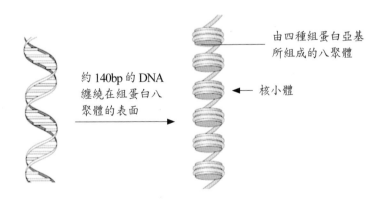

約 140bp 的 DNA 纏繞在組蛋白八聚體的表面

由四種組蛋白亞基所組成的八聚體

核小體

圖 4 - 6　核小體纖維形成示意圖。首先由四種組蛋白亞基（H2A、H2B、H3 和 H4），每一種由兩個組分組成八聚體的組蛋白中心，然後由 140-147bp 的 DNA 纏繞在其表面形成一個核小體，一系列的核小體所形成的纖維（直徑為 10nm）便是核小體纖維。

那麼，染色質是什麼呢？簡言之，染色質是細胞核中可以著色的實體（或物質），其構成是 DNA 與蛋白質。染色質一詞在過去幾十年乃至於現代的研究論文中，常用以表示染色體的功能。值得指出的是，所有真核細胞染色質的結構幾乎是一樣的。這說明：(1)生物的進化過程中，保持了染色質的原始性及穩定性。換言之，生物的進化極少帶動染色質結構的改變；(2)染色質的結構對於物種的維持十分重要，輕易改變可能導致物種的滅亡；(3)形成染色質的組蛋白基因屬於持家基因（house-keeping gene），它們的大規模改變只能帶來家族的滅亡。由於這是牽一髮而動全身的重要部位，因而不得輕易改變。

組成染色質結構的物質是 DNA 及組蛋白（histones），雖然在分析染色體成分時，還可以發現有少量的非組蛋白，但非組蛋白在形成染色質時並不構成主要的組成成分。儘管如此，仍有不少研究者認為，非組蛋白在決定染色質物理結構時也有著決定性的作用。原因很簡單，無論哪一種生物的染色體都含有非組蛋白的成分。筆者以為這個爭論可分為兩個層次，一是染色體結構形成的必需組成成分，二是染色體解螺旋化以利於基因表達的必須條件。如指的是前者，則非組蛋白不產生主要的作用。如指的是後者，則基因的表達必須有非組蛋白的參與才能實現。因此兩者都在一定的程度上，與染色質結構的變化有關。

在染色質中，組蛋白的含量十分豐富。有人估計染色質中的組蛋白與 DNA 的含量基本相等。組蛋白是一類分子量較小的鹼性蛋白質，含有大量的精氨酸（arginine）及賴氨酸（lysine），其淨電荷為正電，有利於與負電荷的 DNA 相結合。有人從小牛胸腺、人胚細胞、植物細胞等材料中，提取出中期染色體物質，成分分析說明這些生物的組蛋白主要有五種，即 H1、H2A、H2B、H3 和 H4。多種生物組蛋白的定量研究說明，組蛋白 H2A、H2B、H3 及 H4 在染色質中的含量相等，推測在整個細胞核內的含量也應當相等。這些研究結果說明了，這些基因的表達具有調控上的一致性。

以往的研究曾經認為，組蛋白基因在細胞週期的不同階段有不同的表達控制，如在間期（G1、S 及 G2 期）及有絲分裂期組蛋白產生的量不同，以至於 G1 期染色體極其分散，因此染色質也極少形成，而 S 期基本上不形成染色質等等。但近年來的研究結果似乎並不支持這個結論。定量分析證明，多種真核生物細胞的組蛋白在所有細胞週期中，均有相對固定的含量，與 DNA 的比例也相對穩定。另外，多種真核生物組蛋白基因序列的比較證明，這是一族高度保守的蛋白質，從單核的原生細胞到高等真核細胞（如人類等）均有高度的相似性。這不僅說明了所有細胞染色質的相似性，也說明了組蛋白在所有真核細胞中形成染色體的必要性。這些基因序列上的保守性強烈地說明，組蛋白在真核細胞中不可或缺的作用，尤其是在形成染色質方面有著相同的作用。

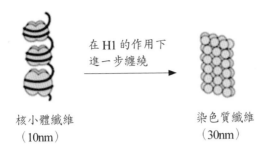

在 H1 的作用下
進一步纏繞 →

核小體纖維
（10nm）

染色質纖維
（30nm）

圖 4 - 7　染色質纖維形成示意圖。核小體纖維（直徑為 10nm）必須在 H1 亞基的作用下進一步纏繞濃縮，形成直徑為 30nm 的較粗纖維。

　　經由上述的討論，我們知道染色質其實便是核小體纖維的進一步纏繞，而形成更粗直徑（30nm）的核酸蛋白纖維，它的形成需要另一個組蛋白亞基（H1）的作用，將相鄰的三個核小體進一步纏繞，形成直徑為 30nm 的較粗纖維。這種變化的過程代表了核酸與組蛋白在電荷上的相引性，也進一步不利於基因的表達（圖 4 - 7）。

　　如此說來，組蛋白在染色質的組裝及染色體的形成過程，發揮著不可或缺的作用。如上所述，一個人體細胞的 C-值相當於大腸桿菌的 733 倍。如果這 68 億核苷酸對（二倍體，相當於大腸桿菌的 1,466 倍）的 DNA 沒有經過適當的組裝過程，一個細胞核內絕不可能組裝下 4 公尺（m）長的遺傳物質。如果以一個人 10 億細胞計算，其遺傳物質可排列成光速大於 5 秒的距離。那麼，染色質是如何組裝的呢？研究說明，整個組裝過程可分為幾個不同的步驟，最終使 DNA 組裝成幾毫米（mm）甚至幾厘米（cm）的染色體長度，以適合於只有幾個微米（*μm*）直徑的細胞核內。

　　在繼續討論染色質的組裝過程之前，筆者想再一次澄清非組蛋白在染色質組裝過程中的作用。非組蛋白無論在含量上或穩定性方面，都不能與組蛋白相提並論，這也間接說明了非組蛋白不是結構性蛋白質。但是，非組蛋白主宰著細胞內重要的生物生命現象，包括 DNA 的複製、DNA 的修復、基因的轉錄及轉錄的調節和重組等過程。許多非組蛋白是酸性蛋白質，其淨電荷往往為負值，因此很可能與組蛋白或在 DNA 的主溝（major gloves）及副溝（minor gloves）中，部分暴露的鹼基相結合。雖然從單細胞的原生生物到高等動物（如人類等）細胞中，非組蛋白的種類極其龐大，但無論從種類及每一種非組蛋白的數量上著眼，它們在細胞週期的各個階段均不穩定。其次是這些非組蛋白在不同類型的細胞中，其種類及含量也相差甚大。其三是非組蛋白在不同物種中有相當大的區別。這些研究結果至少說明了以下幾個重要的生物學意義：(1)非組蛋白不是結構性蛋白，它們與染色質的組裝可能沒有直接的關係；(2)非組蛋白是一大類調節性蛋白質，主宰著細胞內許多生命現象及過程；(3)部分的非組蛋白在進化上可能不具有重要的意義。

　　嚴格說來，染色質的組裝過程目前還沒有技術可以直接觀察到，不像有絲分裂及減數分裂過程那樣具有豐富的直觀性。但我們也可經由電子顯微鏡觀察到不同階段染色質的靜態結構。這對於細胞週期不同階段染色質變化的研究，提供直觀的圖像。經過許多生物材料及許多不同角度的研究，目前基本達成了一個相對統一的見解，即染色質可畫分為不同的結構階段，直徑最小的染色質是 10nm 的染色質纖維，其中的蛋白質核心是組蛋白，然後組成直徑為 30nm 的染色質，其中有另一組蛋白亞基的參與。由此又進一步形成 30-90kb（其中 k 表示 1,000，b 表示鹼基對；在沒有 k 時，一般寫成 bp）長的 DNA 所組成的圈。這種結構進一步與其他的非組蛋白相結合，往往便是我們在光學顯微鏡下所見到的染色體結構。從 DNA 到核小體，從核小體到 10nm 進而 30nm 的染色質，從 30nm 的染色質到有絲分裂中期的染色體，其濃縮程度超過 10,000 倍。

　　首先，我們觀察一個核小體（nucleosome）是如何產生的（圖 4 - 8）。核小體的中心是由四種組蛋白亞基（H2A、H2B、H3 及 H4），每一種亞基有兩個成員組成八聚體。在八聚體中，H3 與 H4 交叉排列，H2A 與 H2B 也呈交叉排列之狀，共同組成組蛋白中心（histone core）。每一個組蛋白中心由大約 147 個鹼基對的雙鏈 DNA 纏繞在其表面，纏繞的圈數大約為 1.65 次，形成直徑為 11nm 的核小體。這樣由許多核小體所組成的線狀物，稱為串珠型染色質（beads-on-a-string chromatin），也就是俗稱的 10nm 染色質。理論上，由 147 個鹼基對（5,000nm）纏繞形成只有 11nm 長度的核小體，相當於濃縮了 4.7 倍，但由於核小體與核小體之間有連接 DNA（linker DNA）的存在（相當於 72 個鹼基對），所以一般濃縮倍數計算為 7 倍。但人體材料的研究說明，核小體纖維中的連接 DNA 只有 38-52 個鹼基對，因此每一個核小體僅有 185-200 個鹼基對，而不像一般計算的 219 個鹼基對。

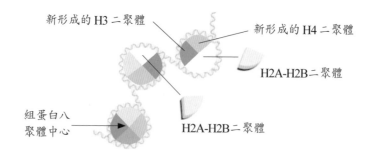

圖 4 - 8　組蛋白八聚體中心的形成示意圖。首先由 H3 及 H4 各有兩個亞基形成四聚體，然後由 H2A 及 H2B 形成二聚體與 H3-H4 的四聚體結合，形成六聚體。最後再結合一個 H2A-H2B 的二聚體，而形成組蛋白中心的八聚體。

　　組蛋白中還有一個亞基（H1）並沒有參與組蛋白中心的形成，但卻可以將核小體與核小體連接成直徑為 30nm 的核小體纖維。H1 一方面與纏繞在組蛋白中心上面的 DNA 相結合，另一方面又與連接 DNA 相結合，這樣每四個核小體形成長度約為 22nm 的纖維。換言之，共有 876 個鹼基對（297.84nm）形成了直徑為 11nm、長度為 22nm 的纖維。所以總濃縮倍數為 13.5，即在上述 7 倍的基礎上又增加了 6 倍的濃縮程度。30nm 的纖維形成之後，一般認為會形成螺旋管（solenoid）結構（直徑為 30-50nm），以維持纖維的穩定性。螺旋管結構是在 30nm 的染色質纖維的基礎上形成螺旋纖維，每六個核小體的長度形成一匝。在螺旋纖維中，與核小體表面 DNA 及連接 DNA 相結合的 H1 亞基，此時位於螺旋纖維的中心，產生對螺旋纖維聚集、螺旋化形成及穩定性等作用。

　　螺旋管在整個基因組中的形成，不像 DNA 的雙螺旋結構那樣均勻，有些地方較緊密一些，有些則較疏鬆。螺旋管的表面具有許多「分支」現象，即在螺旋管的表面常可見到由 30-90kb 的 DNA 所組成的迴環結構（loops）。如果沒有除掉組蛋白，則迴環結構顯得較粗，反之較細。染色體的迴環〔也稱迴環區域（returning region）〕在電子顯微鏡下可以明顯地觀察到（圖 4-9）。研究說明，一個迴環結構由 180-300 個核小體所組成，纖維的直徑仍為 30nm。有人估計平均一條人類的染色體具有 2,000 個迴環結構，如果以一個迴環代表一個基因進行計算，人類的基因組應有 46,000 個迴環結構，即應當具有數目相等的基因。但關於人類的基因數目迄今還不是一個精確的數字，從事功能基因組學（functional genomics）的研究人員偏向於 20,000 的數目；結構基因組學（structural genomics）的研究人員偏向於 50,000 的數目；從事基因與蛋白質關係的研究人員偏向於 6,000-20,000 的數目。

　　既然染色質的螺旋管可形成迴環結構，那麼一條染色體中的 2,000 個迴環又是如何結合在一起的呢？研究說明，某些非組蛋白是染色體支架結構（chromosome scaffold）的組成

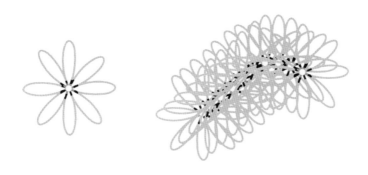

圖 4-9　由染色質纖維進一步形成 DNA 迴環示意圖。左圖為 DNA 迴環的橫截面，每一個 DNA 迴環大約由 40-50kb 所組成。右圖為 DNA 迴環所組成的直徑為 700nm 的染色單體（此時複製的兩條染色體還未分開）。

成分，在染色體的中心部位，但其中的細微結構仍是一個謎。DNA 特殊延伸的部位相當於迴環結構的基部，稱為支架結合區域（scaffold-associated region, SARs），與非組蛋白相結合，決定著一個迴環結構的大小。另外，染色體迴環結構形成之後也以螺旋的方式，圍繞著染色體的支架結構。如果從俯視的方向或橫截面的方向觀察整個染色體，可以發現整個結構似乎像一朵花一般，迴環結構像其中的花瓣那樣朝外展開，形成一簇花瓣區。染色體的支架結構猶如花瓣的基部，形成中央結構。每一個完整的螺旋含有 15 個迴環結構，此時整個染色單體的直徑為 700nm，這就是一條典型的有絲分裂中期染色體的大小。一般而言，從裸露的 DNA 分子開始到形成中期染色體，在長度上濃縮 10,000 倍以上，直徑上濃縮 400 倍以上。

第六節　常染色質與異染色質

在有絲分裂及細胞週期的研究中，我們了解到染色體的結構隨著細胞週期的變化而變化。一般而言，間期（包括 G1、S 及 G2 期）的染色體較為鬆散，在普通光學顯微鏡下無法辨別其細微結構。這就是我們所說的間期染色體無典型結構可言的道理。細胞進入有絲分裂的前期之後，染色體逐漸的縮短變粗，出現了明顯的結構。在多數細胞中，前中期（即前期的最後階段，染色體尚未排列在赤道面上）染色體具有最容易觀察的典型結構。一旦染色體排列在赤道面上之後，即容易造成相互掩蓋，不易觀察到染色體的典型結構，但也可以利用 0.075M KCl 低滲液將染色體分散以便觀察。研究說明，染色質的濃縮開始於 G2 期，一直維持到有絲分裂中期到達濃縮的最高點（圖 4-10）。

對於染色質結構的分析有時由於受限於設備條件，使得研究人員不得不尋求其他方面的技術協助，如在電子顯微鏡下，染色質雖可以放大進行觀察，但有時也很難觀察到染色體不同區域的重大區別。於是人們尋求化學染色法的幫助，如利用某些區分染色法可以在光學顯微鏡下，看到染色體的條帶。雖然染色體的帶型方法，視不同物種染色體而有重大的區別，但有時這些染色體的帶型頗似果蠅的唾腺染色體，在染色體的帶型分析上幫助很大，於是人們發展了專門用於區分染色體的染色體顯帶技術。然而正如筆者在前言中談過的那樣，顯帶技術只適合於某些物種的染色體分析，如人類染色體等。一般說來，植物的染色體顯帶難度比動物高，不容易獲得滿意的帶型分析結果。

傳統上，染色質被區分為兩種不同的染色類型，即常染色質（euchromatin）和異染色質（heterochromatin）。常染色質指的是在一個細胞週期中，染色質呈現出週期性的（即正常性的）濃縮及去濃縮的區域。由於這個區域的變化激烈，從染色體的著色程度可以看

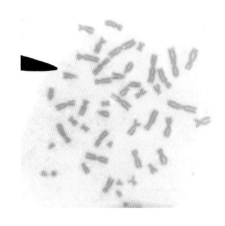

圖 4-10　人體染色體前中期圖譜（取自國立中山大學「遺傳學實驗」的人體染色體圖片）

出這種染色質在 S 期染色極淡（註：根據筆者的經驗，在絕大部分的研究材料中，S 期染色體只是一團絲線物，染色體很長、又很分散，像線團一樣極難看到染色體的真正結構，也看不到區分染色的部分，因此讀者不必拘泥於概念），但到了分裂中期時染色很濃。因此在大部分顯微鏡片中所觀察到染色較深的區域，可視之為常染色質。但是常染色質的數目（即 G 帶的數目）可因染色體的濃縮程度而有所改變。一般而言，染色體越濃縮，可以觀察到的 G 帶數目越少。如人類第 4 號染色體在早前期時，可觀察到 856 條帶，前中期時可見 550 條帶，而中期時只有 400 條帶。這是由於隨著染色體逐漸向最高濃縮程度發展的變化過程中，原本許多相鄰的條帶被合併之故。

　　根據人類染色體中常染色質的分布，國際人類遺傳學會已將所有的連鎖群按帶型的位置加以命名。這樣一來，每一個新基因的確定可用帶區的號碼表示。帶區的編號及基因位置的確定，具有以下幾個共同的特點：

　　一、具有長、短臂之分：根據著絲點的位置可將染色體分為長臂（q）及短臂（p），如 1p21 指的是第 1 號染色體短臂上第 21 號條帶的區域。又如 5q32 指的是第 5 號染色體長臂上第 32 號條帶上的區域。這樣一來，每一個基因的位置均可以利用這個系統加以定位。

　　二、條帶帶區的編號始於著絲點：由於長臂及短臂條帶帶區的編號始於著絲點，所以長、短臂上均有相似的條帶或帶區編號，如 5p14 及 5q14 分別指的是第 5 號染色體上短臂及長臂的第 14 號帶區。

　　三、帶區的編號數目越高，表示該帶區距離著絲點越遠：帶區的數目表示帶區在染色體上特定的位置，數目越高離著絲點越遠。如 X 染色體最遠的帶區是 28，短臂最遠的帶區是 22。根據這些數目可以推知基因或某些特殊序列，在著絲點上的相對位置。

四、某些帶區具有亞帶區的編號：如果帶區十分明確，則一般不標明其亞帶區，如 4q22、4q23、4q24、4q25、4q26、4q27、4q28 等。但如果帶區的常染色質與異染色質相間排列，而造成了某些帶區的次級結構時，便可出現亞帶區的編號，如 4q31.1、4q31.2 及 4q31.3 等。另外，如果亞帶區的數目出現越多，則表示該帶區的基因數目越多。

人類染色體帶區的確定，對於人類基因的研究及成果的交流，有著十分重要的作用。這不僅可以清楚地指出某基因的具體位置，也是研究染色體結構的共同字典及辭字。因為人類的染色體長短不一，條帶數量及基因的數量載量也不同（表 4 - 5），因此帶區的編號也有相當大的區別。但讀者切莫因此而解讀為「一個帶區代表一個基因」的概念，一個帶區往往有許多基因的存在。

人類染色體分組幾經波折，現在越來越多的研究者傾向於將所有的染色體分為七個組，包括具有最大染色體的 A 組。這組染色體具有幾近中心著絲點的特點，共有 1-3 號等三條染色體。不過嚴格說來，其中第 2 號染色體的著絲點並不在正中央，位於接近在亞中央的著絲點（表 4 - 6）。第二組為 B 組，染色體的大小僅次於第一組，屬於人類基因組中較大的一組染色體。由 4-5 號兩條染色體所組成，基本上為亞中央著絲點染色體（表 4 - 7）。第三組為 C 組，包括第 6 到第 12 染色體及 X 染色體，是染色體成員最多的一組（表 4 - 8），染色體的大小呈中等，接近亞中央著絲點。第四組為 D 組，由 13-15 號染色體所組成，中等大小，近末端著絲點。這一組染色體中最有名的也許是 13 號染色體，因為 Pauta 綜合徵是由於 13 號染色體的三體所導致（表 4 - 9）。第五組為 E 組，由 16-18 號染色體所組成，染色體較小。16 號染色體為中央著絲點染色體，其餘的為亞中央著絲點。18 號染色體是這一組中被研究得最多的染色體，這是因為導致愛德華（Edward）綜合徵的罪魁禍首便是 18 號染色體的三體（表 4 - 10）。第六組編號為 F，由 19-20 號染色體所組成。染色體很小，都是中央著絲點染色體（表 4 - 11）。第七組編號為 G，由 21 號、22 號及 Y 染色體所組成，染色體最小，21 號及 22 號還具有隨體（satellites）結構，但 Y 染色體則沒有隨體，其中 22 號染色體的實際大小比 21 號大，這可以說是一種歷史性的鑑定錯誤（表 4 - 12）。

表 4 - 5　人類染色體的分組及組成

染色體組別	染色體編號	染色體特徵介紹
A	1-3	染色體最大，1號及3號染色體的著絲點在中央，2號在亞中央
B	4,5	染色體比較大，著絲點在亞中央，造成兩臂的大小有明顯的差異

（續）

染色體組別	染色體編號	染色體特徵介紹
C	6-12, X	具有最多染色體的組別，染色體的大小呈中等，著絲點為亞中央型
D	13-15	染色體的大小呈中等，近末端著絲點，三條染色體均具有隨體結構
E	16-18	本組的染色體屬較小型，其中16號為中央著絲點染色體，17號及18號為亞中央染色體
F	19, 20	小型染色體，呈中央著絲點染色體
G	21, 22, Y	染色體最小，呈近端著絲點染色體。本組中的21號及22號染色體具有隨體結構，但Y染色體不具有隨體

表4-6　人類第一組（A組）染色體常見帶區編號

染色體	長臂的帶區編號	短臂的帶區編號
1	從著絲點開始算起：11, 12, 21.1, 21.2, 21.3, 22, 23, 24, 25, 31, 32.1, 32.2, 32.3, 41, 42.1, 42.2, 42.3, 43, 44	從著絲點開始算起：11, 12, 13.1, 13.2, 13.3, 21, 22.1, 22.2, 23.3, 31.1, 31.2, 31.3, 32.1, 32.2, 32.3, 33, 34.1, 34.2, 34.3, 35, 36.1, 36.2, 36.3
2	從著絲點開始算起：11.1, 11.2, 12, 13, 14.1, 14.2, 14.3, 21.1, 21.2, 21.3, 22, 23, 24.2, 24.3, 31, 32.1, 32.2, 32.3, 33, 34, 35, 36, 37.1, 37.2, 37.3	從著絲點開始算起：11.1, 11.2, 12, 13, 14, 15, 16, 21, 22, 23, 24, 25.1, 25.2, 25.3
3	從著絲點開始算起：11.1, 11.2, 12, 13.1, 13.2, 21, 22, 23, 24, 25.1, 25.2, 25.3, 26.1, 26.2, 26.3, 27, 28, 29	從著絲點開始算起：11.1, 11.2, 12, 13, 14.1, 14.2, 14.3, 21.1, 21.2, 21.3, 22, 23, 24.1, 24.2, 24.3, 25, 26

表4-7　人類第二組（B組）染色體常見帶區編號

染色體	長臂的帶區編號	短臂的帶區編號
4	從著絲點開始算起：11, 12, 13.1, 13.2, 13.3, 21.1, 21.2, 21.3, 22, 23, 24, 25, 26, 27, 28, 31.1, 31.2, 31.3, 32, 33, 34, 35	從著絲點開始算起：11, 12, 13, 14, 15.1, 15.2, 15.3, 16
5	從著絲點開始算起：11, 11.1, 11.2, 12, 13.1, 13.2, 13.3, 14, 15, 21, 22, 23.1, 23.2, 23.3, 31.1, 31.2, 31.3, 32, 33.1, 33.3, 34, 35.1, 35.2, 35.3	從著絲點開始算起：12, 13.1, 13.2, 13.3, 14, 15.1, 15.2, 15.3

表4-8　人類第三組（C組）染色體常見帶區編號

染色體	長臂的帶區編號	短臂的帶區編號
6	從著絲點開始算起：11.1, 11.2, 12, 13, 14, 15, 16.1, 16.2, 16.3, 21, 22.1, 22.2, 22.3, 23.1, 23.2, 23.3, 24, 25.1, 25.2, 25.3, 26, 27	從著絲點開始算起：11.2, 11.2, 12, 21.1, 21.2, 21.3, 22.1, 22.2, 22.3, 23, 24, 25
7	從著絲點開始算起：11.1, 11.21, 11.22, 11.23, 21.1, 21.2, 21.3, 22.1, 31.1, 31.2, 31.3, 32, 33, 34, 35, 36	從著絲點開始算起：11.1, 11.2, 12, 13, 14, 15.1, 15.2, 15.3, 21, 22
X	從著絲點開始算起：11.1, 11.2, 12, 13, 21.1, 21.2, 21.3, 22.2, 22.3, 23, 24, 25, 26, 27, 28	從著絲點開始算起：11.1, 11.21, 11.22, 11.23, 11.3, 11.4, 21.1, 21.2, 21.3, 22.1, 22.2, 22.3
8	從著絲點開始算起：11.1, 11.21, 11.22, 11.23, 12, 13, 21.1, 21.2, 21.3, 22.1, 22.2, 22.3, 23, 24.1, 24.2, 24.3	從著絲點開始算起：11.1, 11.2, 12, 21.1, 21.2, 21.3, 22, 23.1, 23.2, 23.3
9	從著絲點開始算起：11, 12, 13, 21.1, 21.2, 22.1, 22.2, 22.3, 31, 32, 33, 34.1, 34.2, 34.3	從著絲點開始算起：11, 12, 13, 21, 22, 23, 24
10	從著絲點開始算起：11.1, 11.2, 21.1, 21.2, 21.3, 22.1, 22.2, 22.3, 23.1, 23.3, 24.1, 24.2, 24.3, 25.1, 25.2, 25.3, 26.1, 26.2, 26.3	從著絲點開始算起：11.1, 11.2, 12.1, 12.2, 12.3, 13, 14, 15.1
11	從著絲點開始算起：11.12, 13.1, 13.2, 13.3, 13.4, 13.5, 14.1, 14.2, 14.3, 21, 22.1, 22.3, 23.1, 23.2, 23.3, 24, 25	從著絲點開始算起：11.11, 11.12, 12, 13, 14, 15.1, 15.2, 15.3, 15.4, 15.5
12	從著絲點開始算起：11, 12, 13.1, 13.2, 13.3, 14, 15, 21.1, 21.2, 21.3, 22, 23, 24.1, 24.2, 24.31, 24.32, 24.33	從著絲點開始算起：11.1, 11.2, 12.1, 12.2, 12.3, 13.1, 13.2, 13.3

表4-9　人類第四組（D組）染色體常見帶區編號

染色體	長臂的帶區編號	短臂的帶區編號
13	從著絲點開始算起：11, 12.1, 12.2, 12.3, 13, 14.1, 14.2, 14.3, 21.1, 21.2, 21.3, 22, 31, 32, 33, 34	從著絲點開始算起：11.1, 11.2, 12

（續）

染色體	長臂的帶區編號	短臂的帶區編號
14	從著絲點開始算起：11.1, 11.2, 12, 13, 21, 22, 23, 24.1, 24.2, 24.3, 31, 32.1, 32.2, 32.3	從著絲點開始算起：11.1, 11.2, 12
15	從著絲點開始算起：11.1, 11.2, 12, 13, 14, 15, 21.1, 21.2, 21.3, 22.1, 22.2, 22.3, 23, 24, 25, 26.1, 26.2, 26.3	從著絲點開始算起：11.1, 11.2, 12

表 4 - 10　人類第五組（E 組）染色體常見帶區編號

染色體	長臂的帶區編號	短臂的帶區編號
16	從著絲點開始算起：11.1, 11.2, 12.1, 12.2, 13, 21, 22, 23, 24	從著絲點開始算起：11.1, 11.2, 12, 13.1, 13.2, 13.3
17	從著絲點開始算起：11.1, 11.2, 12, 21.1, 21.2, 21.3, 22, 23, 24, 25	從著絲點開始算起：11.1, 11.2, 12, 13
18	從著絲點開始算起：11.1, 11.2, 12.1, 12.2, 12.3, 21.1, 21.2, 21.3, 22, 23	從著絲點開始算起：11.1, 11.2, 11.31, 11.32

表 4 - 11　人類第六組（F 組）染色體常見帶區編號

染色體	長臂的帶區編號	短臂的帶區編號
19	從著絲點開始算起：11, 12, 13.1, 13.2, 13.3, 13.4	從著絲點開始算起：11, 12, 13.1, 13.2, 13.3
20	從著絲點開始算起：11.1, 11.2, 12, 13.1, 13.2, 13.3	從著絲點開始算起：11.1, 11.2, 12, 13

表 4 - 12　人類第七組（G 組）染色體常見帶區編號

染色體	長臂的帶區編號	短臂的帶區編號	隨體
21	從著絲點開始算起：11.1, 11.2, 21, 22.1, 22.2, 22.3	從著絲點開始算起：11.1, 11.2, 12	13
22	從著絲點開始算起：11.1, 11.2, 12.1, 12.2, 12.3, 13.1, 13.2, 13.3	從著絲點開始算起：11.1, 11.2, 12	13
Y	從著絲點開始算起：11.1, 11.21, 11.22, 11.23, 12	從著絲點開始算起：11.1, 11.2, 11.3	無

與常染色質相對應的結構是異染色質（heterochromatin），指染色體上或染色體的某些區域上通常維持濃縮狀態，即比常染色質染色更深的區域。更重要的是，這些區域不分細胞週期均維持較高的螺旋化程度，甚至在間期也一樣。異染色質 DNA 進入 S 期時，往往在常染色質複製啟動之後才開始複製。位於異染色質區域的基因，往往是轉錄上不活躍的基因，如果將通常在細胞中活躍進行表達的基因，從常染色質區域轉到異染色質區，這個基因的表達也會受到一定的限制。

異染色質也可以進一步分為結構性異染色質（constitutive heterochromatin）及功能性異染色質（facultative heterochromatin）兩大類，前者存在於所有類型的細胞中，在一對同源染色體中的位置完全相同。結構性異染色質主要由重複序列的 DNA 所組成，如染色體的著絲點區便是屬於結構性異染色質。後者在不同類型的細胞、不同發育時期的細胞，甚至同一細胞中的同源染色體之間，也存在一定的變化。因此，功能異染色質由於染色質的高度濃縮而造成基因的鈍化，如 X 染色體的巴爾小體（Barr body）現象，通常發生於雌性體細胞兩條 X 染色體中的其中之一。至於鈍化現象發生於哪一條 X 染色體，一般認為在胚胎發育時期便已確定，但其確定的分子機制目前還未有定論。

每一條染色體必須具備著絲點（centromere），是著絲粒（kinetochore）形成的主要部位。沒有著絲點的染色體必將在細胞分裂的過程中，被遺棄在細胞質中，最終會消失在細胞質的核酸酶作用之下。其主要的原因在於細胞分裂的前中期到中期，紡綞絲必須與每一條染色體的著絲點相結合，隨著紡綞絲的牽引，在細胞分裂後期染色體便朝著細胞的兩極移動。所有的染色體到達兩極之後重新形成核膜，因此染色體被細胞核的小環境所保護。如果染色體失去著絲點，著絲粒也無從形成，紡綞絲則不能與染色體發生關係，因此紡綞絲的收縮牽引便與染色體的移動無關，最終染色體不能到達兩極的新細胞核內，因此最終消失在細胞質的核酸酶作用之下。可見每一條染色體的著絲點，對於該染色體的生存，有著決定性的作用。

也許讀者最感到驚訝的是，所有染色體的著絲點（圖 4-11）都是由重複序列的 DNA 所組成，這樣便失去了染色體的特異性。其實每一種物種的染色體著絲點的確有其特異性，但同一種物種的不同染色體不需要其特異性，因為只要著絲粒可以在其上形成，便可以與紡綞絲相結合。不過，根據原位分子雜交的結果證明，同一個體或同一物種細胞內的所有染色體的著絲點，雖然都具有相同的功能，但其序列卻不完全相同。

大量的研究說明，著絲點的 DNA 序列還是具有高度的物種特異性，這也說明了這種序列與物種的進化過程息息相關。有人研究過紅色麵包霉（*Saccharomyces cerevisae*）的染色體著絲點及其附近的序列（稱為 CEN 序列），發現染色體著絲點之間的序列有一定的變異性，每一條染色體中心著絲點區域大約由 112-120 個鹼基對所構成，可以分為三個不

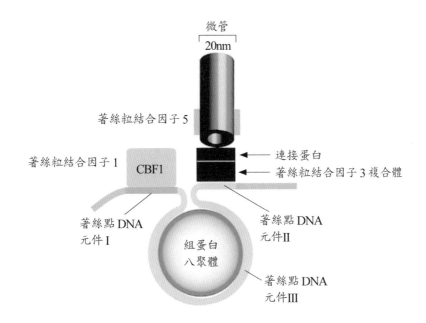

圖 4-11　在著絲點位置上形成著絲粒的結構示意圖。首先著絲點兩端的重複序列，可以分別與著絲點 DNA 元件 I 及著絲點 DNA 元件 II 相結合於核小體的兩端，其中著絲點 DNA 元件 I 與著絲粒結合因子 1 產生相互作用，而著絲點 DNA 元件 II 與著絲粒結合因子 3 產生相互作用。著絲粒結合因子 3 的表面可與一種連接蛋白相結合，經由這種連接蛋白而與微管蛋白結合在一起。其中有些因子，如著絲粒結合因子 5 可能對連接蛋白及微管蛋白的結合，產生有利的作用。

同的序列區〔著絲點 DNA 元件（centromere DNA elements, CDEs）〕，因此三個區域分別命名為 CDE I、CDE II 及 CDE III。CDE I 的序列為嘌呤—TCAC—嘌呤—TG；CDE II 由 78-86 個鹼基對所組成，其中 90% 以上的序列為 AT 對；CDE III 由 26 個鹼基對所組成，其序列比較固定，為 TGTTTTTGNTTTCCGAANNNAAAA。

　　在紅色麵包黴之後，人們也分析了其他生物的著絲點 DNA 結構，發現這種 DNA 序列的確具有物種的特異性，染色體之間也有一定的差異。如龐柏裂殖酵母（*Schizosaccharomyces pombe*）的著絲點區域達 40-80kb 的長度。人類染色體的著絲點 DNA 甚至更長，從 240kb 到幾百萬鹼基對不等。因此，可以說真核細胞的著絲點都具有相似的功能，維持複製後染色體能夠準確分離，但序列的特異性不像其功能特異性那樣專一。這也許是染色體結構與功能研究中的挑戰點，也是最能引人入勝的方面。

　　不過著絲粒結構的謎團已經部分地得到解決，如黴菌的誘變研究揭開了 CEN 不同區域的作用。研究說明，著絲點 DNA 的 CDE II 與組蛋白中心形成核小體，但 CDE I 與 CDE III 則形成核小體的連接 DNA（linker DNA），其中著絲點結合因子 I（centromerebinding factor I）與 CDE I 相結合；著絲點結合因子 III（CDF 3）是一種複合蛋白質，與 CDE III 相結合。微管蛋白便是經由某種未明的途徑或方式與 CBF 3 結合，也可能是通過某種連接蛋白（linker）結合在一起。還有某些成分，如 CBF 5 及 Kar 3 等的作用還有待進一步揭開（圖 4 - 11）。總之，迄今為止，人們還未能如願以償地揭開著絲點的結構，對微管蛋白的作用模式及著絲粒在著絲點上面的形成過程，還處於假說階段。

第七節　染色體的端粒結構

　　包括高等動、植物在內的真核細胞染色體均為線性結構，每一次 DNA 複製之後由於引物 RNA 的去除，而留下約 50-80bp 的空隙序列。如果這種空隙區不被及時修復，細胞進入下一輪 DNA 複製之後，又少一節 50-80bp 的序列。如此反覆下去，染色體很快變短，基因逐漸丟失，造成細胞甚至個體的老化。研究說明，缺失了末端酶的個體大約只能存活十幾歲，因為此時的實際生物年齡已相當於百年之齡。因此，端粒對於染色體的複製及生物細胞相對穩定性而言，是必須的保護層。從構成方面看端粒，此種結構也應屬於異染色質。

　　異染色質在細胞內與核膜的位置有關，研究證明異染色質比較多地接近細胞核膜。換言之，哪一條染色體含有更多的異染色質，這條染色體往往偏向於細胞核膜的位置，因此利用這個特點，可以鑑定染色體中異染色質的含量。如原位分子雜交（in situ molecular hybridization）實驗，可觀察到人體的第 18 號同源染色體的兩個成員位於核膜的位置，而第 19 號染色體位於細胞核的中央，這不僅說明第 18 號染色體含有大量的異染色質，也說明了第 19 號染色體比第 18 號含有更高比例的常染色質。另一些研究也說明，每一條染色體的末端傾向於排列在核膜的方向，這進一步說明了染色體端粒的異染色質之特點。自從 1985 年以來，人們對端粒研究的投入似乎逐年在增加。根據目前的研究資料說明，端粒具有以下的特點：

　　一、端粒的長度具有物種的特異性：從單核的原生生物、昆蟲到人類，每一種物種的端粒各異。這說明每一個物種都具有特有的端粒末端合成酶（telomerase，也稱端粒酶）之活性。不僅不同物種的染色體具有不同長度的端粒，即便同一種物種的不同染色體，也具有相當程度的長度變異性。如有些黴菌的染色體端粒只有 100 個核苷酸的長度，而人類的染色體端粒可長達數千核苷酸。無論端粒的長短，一般是由簡單的重複序列所組成的。然而，如此簡單的末端序列正是端粒最重要的功能成分，也是一種足以保證染色體穩定性的結構組成。

　　二、每一種物種的端粒具有相似的結構成分，不同的物種可有不同的結構。根據有

限的資料顯示，端粒合成酶在每一種物種中的種類有限，大部分只有一種到少數幾種酶。因此多數物種的分析顯示，每一種物種的端粒結構組成相對固定，但不同物種可以具有不同的結構組成。換言之，端粒的結構可因物種的不同而異。

三、所有的端粒均由簡單的序列重複而成。端粒的重複序列似乎毫無例外地，以成串的重複 DNA 序列（tandemly repeated DNA sequences）之方式反覆延長而成。如在四膜蟲（*Tetrahymena*）中的端粒序列，由染色體的主體朝末端的方向為 5'-*TTGGG*-3'。這種序列反覆地重複而形成四膜蟲的染色體端粒。在人類細胞中，重複序列為 5'-*TTAGGG*-3'，這種序列的高度重複即形成人類染色體的端粒。端粒合成酶是一種含有 RNA 片段的反轉錄酶，在反轉錄時該酶以本身所含有的 RNA 為模板，進行反轉錄而形成 DNA 序列。在完成一段反轉錄之後，端粒合成酶向末端（即遠離染色體主體的方向）移動若干核苷酸，再合成（反轉錄）第二段。如此反覆地進行的結果便可形成端粒成串重複的序列。這就是為什麼每一條染色體的末端，均具有特定成串重複的 DNA 結構之原因。

四、染色體的端粒結構由單鏈 DNA 所組成。由於端粒合成酶的滑動式反轉錄聚合反應的方式，決定了染色體的重複末端為單鏈結構，再由此種單鏈 DNA 形成端粒的迴環結構（telomere loops），也就是俗稱的 T-環（T-loops）結構（圖 4 - 12）。這是由於單鏈的末端反過來插入雙鏈 DNA 的末端序列所造成的結構。由於迴環的插入也造成了局部的錯位，而形成 D-環。這種結構在 1980 年代的早期便已經由電子顯微鏡觀察到，但端粒的 DNA 複製之謎，一直到 1990 年代初才逐漸被解開。

五、端粒的相關序列在某些物種中不呈單一性。有些物種的染色體端粒不是簡單的重複結構，而是含有較為複雜的組成成分。如在遺傳學的研究中占有極其重要地位的果蠅，雖然其染色體末端也是由重複序列所構成，但與完全簡單重複的 DNA 所組成的端粒之物種相比，果蠅具有較為複雜的端粒結構。果蠅末端序列的 DNA 分析說明，有些染色體的末端單鏈結構可以重複到幾千個核苷酸的長度。這種較為複雜的結構顯示，並非由簡單的過程所形成，但至於其合成方式及其分子機制，目前仍在研究當中。

總之，真核細胞的端粒結構有短小型、簡單重複序列型，以及高度重複序列型等幾種。這些結構反映了末端合成酶在各個物種中的區別，是鑑定物種變異性的根據之一。有些物種還有大量的轉座子（transposons）的 DNA 序列，構成了物種多樣性的重要因素。

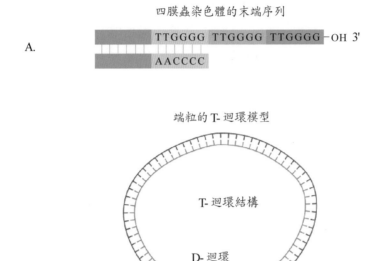

圖 4-12　四膜蟲染色體 DNA 的末端序列（A 圖）及 D-迴環結構（B 圖）。A 圖顯示四膜蟲染色體 DNA 末端的相同序列，說明具有相同的形成機制。B 圖說明其末端自動形成 D-迴環結構，有利於抵抗核酸酶的水解作用。

第八節　單一序列與重複序列

迄今為止，關於如何從裸露的 DNA 形成細胞分裂中期染色體的問題，已基本上得到了解決，無需贅述。但真核細胞中的 DNA 利用來轉錄的部分，常常只占全部基因組的很少一部分，大部分的 DNA 均以重複序列而存在。除了筆者在上面所提到的著絲點區域及染色體末端的重複序列而外，染色體其餘的部分中也多以重複序列而存在。現已查明，真核細胞中存在著兩種區分明顯的 DNA：一是單一序列的 DNA（unique-sequence DNA）；另一種是重複序列 DNA（repetititve sequence DNA）。在重複序列 DNA 中，又可以根據其重複次數人為地畫分為兩種重複序列：如果只有幾次重複到十萬次重複以內的 DNA 序列，則可稱為中等重複序列 DNA（moderately repetitive DNA）。這種畫分的理由不很充分，不過是為了易於區別罷了。如果 DNA 序列的重複次數達到十萬次至千萬次，則可稱為高度重複序列 DNA（highly repetitive DNA）。有了這種大約的區分標準，在進行科學交流時至少不會導致理解上的混亂。

一般而言，原核細胞較少存在重複序列的 DNA，但其核糖體 RNA（ribosomal RNA）

基因、轉運 RNA（transfer RNA）基因，以及少數幾種基因也可視之為重複序列。原核細胞中缺少重複序列 DNA，也可視之為原核細胞利用 DNA 的效率很高。重複序列 DNA 在病毒的基因組中更少見，其基因組 DNA 的利用率（即用於轉錄的核酸序列占整個基因組序列的百分比）比原核細胞更高，有時同一節段的 DNA 可以重複利用，甚至可以反向利用（如線粒體基因組等），造成低等生物高度利用 DNA 的普遍事實。

在真核細胞的基因組中，普遍存在著中等重複及高度重複的 DNA 序列。根據重複序列 DNA 的拷貝數目、分布及內含序列（即可編碼的 DNA 序列及自主性轉位性質等）可分為幾種不同的重複類型。重複序列的問題早在 1970 年代就受到人們的注意，但由於研究方法的進步有限，更重要的是基因組對於當時的研究水平而言往往過大，造成重複序列的研究未能如願以償地迅速解開其中的奧祕。然而近年來，尤其是 1990-2006 年期間基因組研究的進步，使我們在更深的層次上了解到組成基因組的重複序列及其來源，對基因組的分子構成有了進一步的深入了解。

單一序列的 DNA（也稱為單一拷貝的 DNA 序列），顧名思義是因為在整個基因組中只存在單一拷貝的數目，因此在二倍體生物的體細胞中只存在兩個拷貝。在實際應用方面，單一序列的 DNA 指的是大多數可以編碼形成多肽鏈（蛋白質）的基因。這類基因的拷貝數不高、其作用單一，以及轉錄上有高度的調節傾向。然而反過來則不能說，所有編碼蛋白質的基因都是單一序列的 DNA。有相當多的基因不屬於單一序列的基因，如人類細胞中只有 55-60% 的基因，屬於單一序列的基因。

重複序列的 DNA 即是在基因組中多次出現相同序列的 DNA，因此無論是中等重複 DNA，還是高度重複 DNA，指的是在基因組中多次出現相同序列的 DNA 節段。所有種類的重複序列 DNA 節段都有兩種不同的排列方式，一種是呈現不規則的排列方式，也稱為離散型重複 DNA（dispersed repeated DNA）或分散型重複 DNA（interspersed repeated DNA）。第二種是簇狀排列，即重複序列 DNA 的片段相對集中在染色體的某個區域。這種簇狀排列往往呈現不規則的方式，但在相鄰的區域上往往可以找到另一個重複的 DNA 片段。第三種排列方式是成串排列的 DNA 片段。成串排列又可分為同一方向的成串排列，即頭－尾相連的排列方式及反向排列方式，即頭－頭或尾－尾的排列方式及雜合排列。因此，後者也稱為不規則的成串排列方式。這些排列方式可能在某些生物的基因組中，主要以某種方式存在；在另一些生物的基因組中，則可能存在著多種排列方式。

離散型重複序列的分布，在許多生物的基因組中均有所發現，這類重複序列的 DNA 往往發現存在於單一序列的 DNA 片段之間，有時分散在基因與基因之間，構成基因間的特殊序列。由於這類序列存在於基因組的各個地方，因此組成了其特有的離散型分布。這種重複序列由 1,000-7,000 個鹼基對所組成者，稱為長序列離散型因子（long interspersed elements, LINEs）。如果這種序列只有 100-400 個鹼基對，則可稱為短序列的離散型因子（short interspersed elements, SINEs）。研究發現，所有的真核生物都具有 LINEs 及 SINEs，所不同的是不同生物的基因組中，兩者的比例不盡相同。如研究發現，果蠅及鳥類基因組中的離散型重複序列大部分都是 LINEs，而人類和蛙類基因組中的離散型重複序列大部分都是 SINEs。

哺乳類動物二倍體基因組通常具有 50 萬個 LINE-1（L1）的拷貝，大約占整個基因組的 15% 左右。LINE 的家族成員中還有其他類型，也以一定的比例存在於基因組中。但其他 LINE 成員在基因組中所出現的頻率遠比 LINE-1 低。LINE-1 可以長達 6,000-7,000 個鹼基對，但大部分只有 1,000-2,000 個鹼基對。較長的 LINE-1 往往是轉座子（transporsons），即可以編碼形成某種特殊的 DNA 片段轉移酶。這種酶可以將一個 DNA 片段（往往是轉座子的本身）從染色體的某個位置，轉移到同一條染色體的另一個位置或其他的染色體上。

較短的重複序列（SINEs）在真核生物細胞的基因組中，呈分散排列的模式，這包括了某些哺乳類動物、兩棲類動物及海膽等，但每一種物種中都有其獨特的排列方式，其中研究得最清楚的是，靈長類動物基因組中的所謂 Alu 因子。這種重複序列之所以命名為 Alu，那是因為 1980 年代初期的研究發現，這類的 DNA 序列含有限制性內切酶 *Alu* I 的水解位點。在人類基因組中，Alu 因子是組成 SINE 家族最重要的成員，往往由 200-300 個鹼基對的序列所組成，重複次數可達百萬以上，占整個基因組的 9% 左右。SINEs 也可以是轉座子，但它並不負責 DNA 片段轉移酶類的產生。SINE 也可以從基因組的一個地方轉移到另一個地方，但必須在 LINE 所產生的酶的幫助下才能轉移。

思考題

1. 核小體的主要組成成分是什麼？是如何形成的？
2. 核小體中的組蛋白中心是由哪些蛋白質所組成的？是如何組成的？
3. 平均每個核小體纏繞有多長的 DNA 分子？核小體之間的連接 DNA 有多長？這些信息是如何取得的？
4. 試敘述直徑為 10nm 和 30nm 的核小體纖維，是如何形成的。
5. 染色體的迴環結構代表了什麼？是如何形成的？
6. 病毒基因組有何結構特點？其超螺旋結構是如何形成的？
7. 原核細胞基因組有哪些特點？主要的重複序列是什麼？

8. 不同生物基因組的大小區別很大，越是進化到高等動、植物，其基因組的 DNA
   含量越大，這能否說明基因組的大小代表了生物處於高度進化的象徵？

9. 請敘述著絲點及著絲粒的結構特徵及其重要性。

10. 染色體末端對於染色體而言，有何重要性？染色體末端是如何形成的？

11. LINEs 及 SINEs 在真核細胞基因組中，各代表什麼？它們在生理學上，有何意
    義？

12. 為什麼在高等動、植物中存在著多次重複的 LINEs 及 SINEs？它們是如何演變
    而來的？

13. 高等動、植物基因組中關於重複序列的研究，給我們提供了有關基因分布、物
    種進化及新物種形成中哪些有用的信息？

14. 染色體結構的研究，如何作為物種進化的基礎？如何說明物種進化的歷程？

第五章　基因複製

本章摘要

　　基因最重要的功能之一是其自我複製的能力，這是有別於一切其他生物分子的獨特功能。基因的這種能力保證了基因可以世代相傳而不變，從而保證了物種的相對穩定性及性狀的繼承性，維持了物種之間的相對獨立性及特殊性。基因的自我複製能力很早便被人們所認識，如細胞進入有絲分裂或減數分裂之前，應有染色體的自我複製。如果基因的確如人們所期望的那樣位於染色體上，或者說染色體是由基因所組成，那麼染色體的複製必然有基因的複製。基因自我複製第一次化學上的證明則是 1957 年，當 Kornberg 利用 *Escherichia coli* 的提取物、一小段的 DNA 片段、同位素標記的脫氧核苷酸等反應時，發現放射性核苷酸進入了新合成的 DNA 片段，說明 DNA 片段可利用自身為模板，複製了相同序列的分子。基因複製的證明是遺傳學研究中的一件大事，不僅解決了遺傳基因是如何增殖、保存及繁衍的重要問題，更解決了基因是如何從上一代傳遞給下一代時，遺傳性狀為何可以在保持不變（遺傳）的基礎上，發生一定變化（變異）的重要問題。基因（DNA 或某些 RNA）的複製也是迄今為止，能以自身的模板複製其自身的唯一物質。在基因複製過程中，最重要的催化酶是 DNA 聚合酶，分為三種，一種是催化基因組 DNA 複製的 DNA 聚合酶 III，第二種是 DNA 損傷修復時所主要利用的 DNA 聚合酶 I，即 Kornberg 1957 年利用於體外複製的聚合酶，第三種是 DNA 聚合酶 II，發現於 DNA 的損傷修復及其他的作用。基因的複製是一個複雜的過程，但可以簡單地分為起始（initiation）、延長（elongation）及終止（termination）等三個階段，其中的起始是一個最複雜但也最能引人入勝的一系列反應。本章將基因複製分為原核及真核兩個系統進行介紹。

前言

　　在長達五十年尋找遺傳物質的過程中，人們始終如一地相信，作為遺傳物質必須具備自我複製的能力。這種能力自從孟德爾所設想的遺傳因子在個體中成雙存在，在形成配子時成單存在，在受精之後恢復成雙存在等，生物的基因就是這樣一代接一代地傳遞下去，形成循環反覆但又各代之間不完全相同的組合方式，構成了生物的遺傳性及多樣

性。自從有絲分裂及減數分裂發現了染色體的複製以來，基因的複製一直是作為基因功能的一部分，也是基因理論中不可缺少的內容之一。脫氧核糖核酸（DNA）作為遺傳物質的代表，自從 1944 年 Avery 等人為了證明遺傳物質，驗證 1902 年由 Griffith 的轉化實驗中所提出的「轉化主導因子」（principle transforming element）而設計的轉化實驗以來，人們逐漸地接受了 DNA 作為遺傳物質的種種研究結果。Chargaff 在 1940 年代末及 1950 年代初的一系列 DNA 鹼基組成比例的研究，揭示了 DNA 鹼基組成在不同 DNA 分子鹼基組成中 A＝T、G＝C 的規律，也揭示了物種間的差異。尤其當 1953 年 Watson 及 Crick 發表他們的 DNA 雙螺旋結構假說（hypothesis of double helix）時，曾指出了複製的可能性，進而於次年（1954）發表了他們對 DNA 複製的另一個假說（hypothesis of DNA replication），並說明了其中的可能性及機制。雖然這一系列的研究指出，DNA 複製的潛在可能性，但還未能直接證明 DNA 可利用自身為模板，進行複製的重大理論及實踐的問題。

　　人們對自然的了解總是遵循由淺入深，由表及裡（或稱機制）的發展過程。DNA 複製的證明過程也是由簡單到複雜的層面發展。從表面上看，證明 DNA 的複製可能涉及許多不同的因子，因此似乎應當在細胞體系中才能得到完滿的證明。事實證明，對 DNA 複製的了解猶如人們了解整個自然的一個縮影，是一幅由簡入繁、由淺入深的證明過程。

第一節　基因複製的發現

　　誠如前述，1953 年是基因研究史上值得記述的一年。緊接著 Pauling 在 1953 年初的三鏈 DNA 結構（*Proc. Nat. Acad. Sciences*, 39, 2, 84-97），以及當年 2 月在《自然》雜誌（*Nature* 171, 59）上所提出的三鏈模型之後（1953 年 3 月）發表了 Watson 及 Crick 的雙螺旋結構（*Nature* 171, 737-738）、1953 年 4 月 Franklin 的 B-DNA 與 A-DNA 的互相轉化現象（*Nature* 171, 740-741），其中雙螺旋結構一文中還特地指出：「我們注意到了 DNA 中特殊性的鹼基配對，說明了遺傳物質的可能複製機制。」1954 年 Crick 及 Watson 專論了 DNA 的複製機制，他們認為 DNA 的複製機制必須首先有雙鏈 DNA 的分開，然後各自為模板合成新的 DNA 鏈。因此在新合成的 DNA 雙鏈分子中，含有一條模板鏈（即舊鏈），以及一條新合成的子鏈（即新鏈）。

　　由此看來，DNA 的複製在第一次得到證明之前已經是一個老話題，是研究基因功能的科學家們一直想設法解決的問題，因此也可以說是一個公開的問題。從歷史的角度看，解決這個問題原來不是個高不可攀的問題，解決這個問題最關鍵之處，在於 DNA 聚合酶的發現及使用。原來 Kornberg 在 1957 年所發現的這個酶（DNA 聚合酶），是一個單一多肽鏈所組成的酶。這個酶的活性中心似乎並不因為其他部分被除去，而發生催化

特點的改變，即除去多餘的氨基酸之後，還可以保持相當高的活性單位，這個酶還能夠正常催化 DNA 片段的合成。所以當 Kornberg 將大腸桿菌用超音波將細胞碎裂之後，所提取到的酶應屬於 DNA 聚合酶 I。

在體外進行 DNA 聚合反應時，必須有 DNA 片段作為模板，加入脫氧核苷酸（dATP、dGTP、dCTP、dTTP），為了讓新合成的 DNA 鏈具有放射性的物理性質，四種脫氧核苷酸之一應當含有 ^{32}P，如 $^{32}P\text{-}dATP$ 等。在 DNA 的聚合作用啟動時，必須有一段寡聚核苷酸作為引物（primer）。DNA 聚合酶 I 需要一定量的鎂離子（Mg^{2+}）才能達到最高的活性，因此適量的反應緩衝液是必需要的。

一般這種聚合反應只能進行一次，當引物被利用於合成新的 DNA 鏈之後，不會再產生第二次反應，因為第二次反應需要新的引物與 DNA 相結合，而結合的條件一般需要較高的溫度，如 60-65 ℃，此時的溫度容易使 DNA 聚合酶喪失活性，因此一般只發生一次聚合反應。如果參與反應的分子只有一萬，則最多只能產生一萬個新的 DNA 分子。但由於每一個新合成的 DNA 分子均帶有同位素標記的脫氧核苷酸，因此每一個新合成的 DNA 分子均帶有放射性同位素（isotopes）。

反應結束後，可利用含有變性劑尿素等 10-15% 的聚丙烯醯胺凝膠做分離，由於脫氧核苷酸的分子量很小，在凝膠電泳時較容易移動到凝膠的前列，而與新合成的 DNA 片段相互分離。在多數情況下，溴芬藍（bromophenol blue）移動到凝膠的前列（相當於 500 個鹼基對 DNA 片段的遷移率）。未發生反應的、游離的核苷酸因為其分子量很小，而被推動到下槽的緩衝液中。電泳結束之後將凝膠乾燥，放到避光的匣子內，然後覆蓋上一片 X-光片，置於 -80 ℃ 進行放射自顯影。第二天便可將 X-光片取出沖洗。如果 DNA 分子帶有放射性質，則說明 DNA 成功地進行了複製。

DNA 複製實驗的應用，不僅說明 DNA 是如何複製的，還可以用於 DNA 序列的分析、DNA 的體外定點突變及 DNA 的修復研究等。1957 年 Kornberg 所展現的 DNA 複製，是人類歷史上第一次證明生物分子，可以從自身的模板複製出與自身完全一樣的分子，也說明生物分子遺傳的關鍵問題。回顧 Kornberg 當時的實驗設計及流程，雖然沒有什麼複雜可言，但卻是意義十分重大的一次研究。由於這一貢獻，Kornberg 於 1957 年獲得諾貝爾獎。

第二節　三種 DNA 複製機制假說

提出 DNA 複製機制的各種假說，發生於 DNA 複製的證明之前，但 DNA 複製機制的證據卻是在複製機制假說之後許多年。當時主要流行的假說有三種：一是半保守複製機

制（semiconservative mechanism）；二是保守複製機制（conservative mechanism）；三是離散型複製機制（dispersed mechanism）。提出這三種複製機制的研究人員，都沒有任何初步的研究成果作為學說的基礎，因此屬於一種空想型的假說。空想型的假說在科學史上的作用也不少見，如中國古代占卜論中的五行學說、中國古代醫學中的陰陽學說、蘇格拉底的泛生學等等，甚至於近代牛頓的地心引力學說等，均屬空想學說。空想學說中有些被證明了，但有些卻被揚棄，這就是科學的發展和進步。

根據文獻記載，最早提出半保守複製機制假說的是 1954 年，由 Crick 和 Watson 共同提出。在他們題為「脫氧核糖核酸的互補結構」一文中寫道：「我們的脫氧核糖核酸模型事實上可看成是一對模板，它們之間是互補鏈。我們猜想在複製之前，鹼基之間的氫鍵應被打斷，於是兩條鏈解螺旋，彼此分開。此時每一條鏈均可作為模板鏈，形成一條新的鏈。因而複製的結束是從原來的一對鏈形成了兩對鏈，其中每一對鹼基的序列與原來的模板鏈完全相同。」（*Proc. Roy. Soc.* (A) 223, 1954）他們的描述猶如他們親眼所見，後來的科學研究完全證明了，這對空想家不僅完美地建造了 DNA 的雙螺旋結構模型，還提出了近乎完美的 DNA 複製機制。

雖然生物科學研究基本上屬於實驗性科學，尤其是自從孟德爾、摩爾根、McClintock 等人以降的科學成就，無不建立在嚴謹的科學實驗基礎之上，但在生物學發展長河中，也有不少的理論成就來自於空想或有限根據的想像，它們甚至占據著生物學理論的重要地位。如 1951-1952 年期間，由 Pauling 提出的蛋白質是多肽鏈結構的概念，便是完全建立在空想基礎上的成就；DNA 結構雖然經過多人的努力，如 1938 年關於鹼基之間距離、1950 年關於鹼基的等價研究，以及 1952 年關於 B-DNA 的衍射圖及計算資料，但其雙螺旋結構基本上屬於科學想像的結構；1954 年 DNA 複製的半保守複製機制的提出，也屬於科學想像。

第二種 DNA 的複製機制是保守複製。在這種複製機制之下，一個雙螺旋的 DNA 分子可利用自身為模板，兩條鏈不需要分開而直接作為模板，指導合成新的雙鏈 DNA 分子。在 DNA 複製時，雙鏈的母鏈 DNA 可根據自身的遺傳訊息（如鹼基的序列等），合成新的一個雙鏈 DNA 分子。保守機制與半保守機制不同者是經過 DNA 的複製，保守機制產生一個完全新的 DNA 分子，還有一個完全作為模板的舊分子，而經半保守機制所複製的兩個 DNA 分子，各含有一條新鏈及舊鏈。新鏈與舊鏈之間的主要連結力量，是鹼基配對時的氫鍵，因此兩條鏈在複製之前也必須首先打斷這些氫鍵。

第三種 DNA 的複製機制是離散型複製。這種複製模式建立在小片段複製的假想基礎之上，即 DNA 分子在複製之前必須斷裂成許多小的片段，每個片段以自身為模板複製自身，然後再從斷裂的位點上重新連接起來形成新的 DNA 鏈。因此，新合成的 DNA 分子

有些節段完全是新合成的核苷酸片段，有些節段完全是原來的母鏈。

這三種 DNA 的複製假說機制，自從 1958 年 Meselson 及 Stahl 的實驗以來一直流傳著，從教室內各位教授的口中到學生的筆記、從大學講義到坊間的書籍，甚至許多《遺傳學》專著中，都有或簡或繁的記載。但除了 1954 年 Crick 及 Watson 所提出的半保守複製機制確實有文獻記載、有史可查之外，保守複製機制及離散型複製機制並沒有專文出處。因此筆者以為，所謂的保守機制及離散型複製，不過是某些人在某相關論文的討論中、某種國際討論會、某大學的討論場所、某系所的討論場合中提出的建議，因此並無專文所支持。

第三節　半保守複製機制的證明

DNA 半保守複製假說獲得成功發表的次年（一般情況下，科學假說很難得以發表，主要是各科學刊物不主張發表專論性的假說），Meselson 和 Stahl 設計了十分精彩的實驗，一舉證明了 DNA 的半保守複製機制，與否定了保守複製機制及離散型複製機制。他們首先讓大腸桿菌在含有 ^{15}N 標記的氯化銨（$^{15}NH_4Cl$）培養液中生長，這是培養液中唯一的氮原子之來源。同位素 ^{15}N 也稱重氮離子，生物分子結合 ^{15}N 比一般的 ^{14}N 的分子量大（主要是比重較大，但分子的體積並沒有增加）。如果，全部經重 N 離子標記過的 DNA 分子轉入培養基中生長，新合成的 DNA 便為輕鏈。因此幾種複製機制的證明，便可在同一個實驗中獲得解決。首先假定是半保守複製機制，第一次複製之後每一個 DNA 分子中，均含有一條重鏈（即所標記的母鏈），另一條新合成的鏈便為輕鏈，由此所形成的 DNA 分子既不像原來母鏈那麼重，也不像在正常 N 離子下合成鏈那麼輕。但如果這種情形再繼續到下一代，即可產出正常的輕鏈 DNA 和雜合的輕-重鏈 DNA。這種 DNA 在氯化銫（CsCl）濃度梯度的分離下，將經過兩次複製的 DNA 分子，分出輕鏈及雜交鏈（重、輕鏈的雜交分子）。第三次複製之後，輕鏈的含量增加一倍，而雜交鏈的含量減少一倍，說明這屬於半保守複製機制（圖 5 - 1）。

如果屬於保守複製機制，第一次 DNA 的複製便可產生兩種不同重量的 DNA 分子。一條是 $^{15}N\text{-}DNA$（雙鏈的母鏈，均為重鏈），另一條為新合成的 $^{14}N\text{-}DNA$。第二次的 DNA 複製之後，在所產生的四個 DNA 分子中，三個是新合成的 $^{14}N\text{-}DNA$，一個是原來的母鏈 DNA。在第三次的 DNA 複製之後，七個 DNA 分子是 $^{14}N\text{-}DNA$，母鏈 DNA（$^{15}N\text{-}DNA$）仍然維持一個分子。因此，保守複製機制與半保守複製機制最大區別在於第一次 DNA 複製，前者產生 1：1 的 $^{14}N\text{-}DNA$ 和 $^{15}N\text{-}DNA$，而後者只有雜交鏈（圖 5 - 1）。

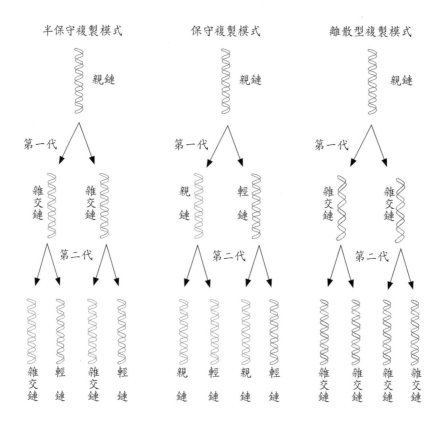

圖 5-1　DNA 複製機制的重力實驗證明。右列為半保守複製機制的可能方式，如果親鏈是在重 N 條件下形成，則在輕鏈條件下的第一次複製，應為 $^{15}N\text{-}DNA/$ $^{14}N\text{-}DNA$ 的中間型雜交分子，第二次 DNA 複製的結果應為 $^{15}N\text{-}DNA/$ $^{14}N\text{-}DNA$ 的雜交分子，以及 $^{14}N\text{-}DNA/$ $^{14}N\text{-}DNA$ 的輕鏈分子。中列為保守複製模式。第一次在輕鏈條件下的複製結果，應為 $^{14}N\text{-}DNA/$ $^{14}N\text{-}DNA$ 及 $^{15}N\text{-}DNA/$ $^{15}N\text{-}DNA$ 兩種分子，第二次複製的結果應為兩個 $^{14}N\text{-}DNA/$ $^{14}N\text{-}DNA$ 分子，以及一個 $^{15}N\text{-}DNA/$ $^{15}N\text{-}DNA$ 分子。右列為離散型複製模式，分子量逐漸地由重到輕變化，但不會像保守及半保守那樣可以分成兩種不同重量的鏈。

　　按照離散型複製機制，第一次 DNA 複製之後只產生一種密度的 DNA 分子，其中 $^{14}N\text{-}DNA$ 和 $^{15}N\text{-}DNA$ 基本上以等量的方式混合而成。第二次 DNA 複製之後，雖然四個 DNA 分子的重量密度逐漸變輕，但他們的密度是相同的。第三次 DNA 複製之後與第二次相似的是，分子的重量密度繼續變輕，但所有的八個 DNA 分子的重量密度是相同的。DNA 分子的複製如此反覆地進行，其重量密度逐漸地等於 $^{14}N\text{-}DNA$，但自始至終每一次的 DNA 複製之後，只有一種重量密度（圖 5-1）。

　　氯化銫是一種重鹽，在超高速離心的狀況下，可以形成濃度梯度。不同的濃度梯度其重量密度不同，因此不同的重量密度分子，在氯化銫的梯度下其重量密度不同，如

^{15}N-DNA 的密度較大，超速離心的狀況下分子轉移到遠離軸心的位置，而 ^{14}N-DNA 的密度較小，分子分布到近軸心的位置。如此可將不同重量密度的 DNA 分子分開。如果在 DNA 的提取液中，同時含有 ^{14}N-DNA、^{15}N-DNA 及 ^{14}N-DNA/^{15}N-DNA 混合物，則在氯化銫梯度下可分為三條帶，遠離軸心者為 ^{15}N-DNA，近軸心者為 ^{14}N-DNA，位於中間者為 ^{14}N-DNA/^{15}N-DNA 混合分子（圖 5-2）。

　　Meselson-Stahl 的實驗完全證明了半保守複製機制，確實存在於大腸桿菌等的原核生物中。第一次 DNA 複製之後所提取的 DNA 分子顯示，DNA 分子密度介於 ^{14}N-DNA 和 ^{15}N-DNA 之間，說明第一次複製之後雙螺旋的 DNA 分子中，含有一條 ^{14}N-DNA 鏈、一條 ^{15}N-DNA 鏈，也說明了保守複製機制的假說不符合實際實驗結果。第二次 DNA 複製之後，出現了 1/2 的 DNA 分子留在 ^{14}N-DNA 與 ^{15}N-DNA 的雜交分子位置上，另外的 1/2 DNA 移至軸心方向，位於 ^{14}N-DNA 的位置上，說明第二次 DNA 複製之後形成一半的 ^{14}N-DNA，另一半是 ^{14}N-DNA/^{15}N-DNA 的雜交分子。如果按照離散型複製機制，第二次及以後的複製都只能產生一種重量密度的 DNA 分子，所以第二次 DNA 複製的實驗結果，不支持離散型複製機制。第三次 DNA 複製之後產生了 3/4 的 ^{14}N-DNA，1/4 的 ^{14}N-DNA/^{15}N-DNA 雜交分子。這一系列的研究，完全證實了半保守複製機制的正確性。

第四節　高等生物 DNA 半保守複製機制的證明

　　DNA 的半保守複製機制在原核生物中獲得了證明之後（圖 5-3），由於真核生物與原核生物諸多方面的不同，細胞體系的有別及染色體型態的重大區別，人們一直想設法在高等生物中證明 DNA 的複製機制問題。但高等生物不像在大腸桿菌那樣，可以在 20 分鐘的時間產生一代，即使在完全相同的培養環境中，也難以做到染色體複製的同步化。這是高等生物的特性，也造成了研究上的一定難度。然而，人們並不是被動地等待，DNA 複製的半保守複製機制終於可以在高等生物中獲得了證明。

　　在高等生物中，骨髓細胞在發育及分裂能力上屬於幹細胞的範疇；經常進行新陳代謝的各種血液細胞，是由骨髓中的造血幹細胞所形成的。在細胞分裂的過程中，DNA 分子需要進行複製，而脫氧核苷酸是 DNA 的基本建構單位。但如果在細胞分裂的過程中，加入與正常脫氧核苷酸類似的分子，於 DNA 複製時所形成的、新的 DNA 分子中，應當含有脫氧核苷酸的類似物。如果我們能夠跟蹤這種類似物，則無論是活體中的細胞分裂，還是在培養條件下的細胞分裂，均可以透過觀察新、舊染色體的不同狀況（如染色體的染色狀況等），從而識別染色單體中是否含有類似物的情形，藉以判斷染色體的複製狀況。

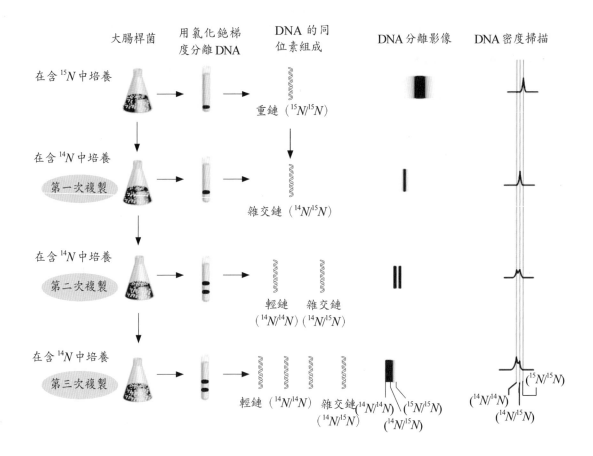

圖 5-2　氯化銫梯度分離同位素標記 DNA 分子及 DNA 影像的關係。在含有 ^{15}N 的培養基生長的細菌 DNA 中，含有 ^{15}N-DNA，因為較重而在氯化銫梯度中沉降到遠離軸心的位置，故在 DNA 影像中位於右側。第一次在 ^{14}N 的條件下複製之後，形成了較輕的鏈，但只有一條帶。這說明形成了一種 ^{15}N-DNA/^{14}N-DNA 的雜交帶，從而否定了保守複製的可能性。第二次在 ^{14}N 的條件下，所複製的 DNA 出現了兩條帶，一條在雜交帶的位置上，另一條較輕。這個結果否定了離散型複製的可能性。第三次在 ^{14}N 條件下的複製形成更多的輕鏈，更少的雜交鏈，進一步確定了半保守複製的可能性。

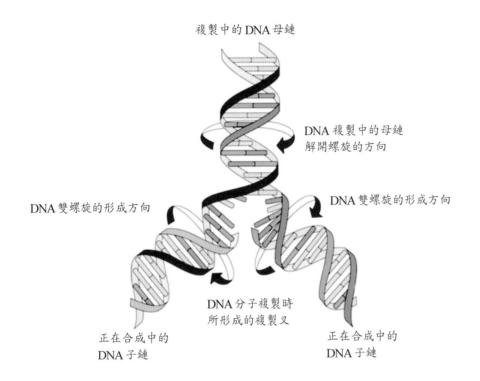

複製中的 DNA 母鏈

DNA 複製中的母鏈
解開螺旋的方向

DNA 雙螺旋的形成方向

DNA 雙螺旋的形成方向

DNA 分子複製時
所形成的複製叉

正在合成中的
DNA 子鏈

正在合成中的
DNA 子鏈

圖 5 - 3　DNA 複製示意圖。正在複製中的 DNA 母鏈，經由左手螺旋的方向，逐步解
開由右手螺旋所形成的雙螺旋結構（上半部），解開的螺旋各自以自身為模板，經由
聚合反應而合成新鏈（下半部），新鏈與模板鏈由右手螺旋的方式形成新的螺旋。母
鏈正在解開螺旋的地方稱為複製叉，是聚合反應最活躍的地方。

　　常用的脫氧核苷酸的類似物是 5-溴脫氧尿苷酸（5-bromodeoxyridine, BUdR）。這個核
苷酸與正常的脫氧胸腺核苷酸（dTTP）在分子結構上很相似，因此在 DNA 複製過程中可
以替代 dTTP，進入正在合成的 DNA 鏈中。但在螢光染劑及 Giemsa 染劑染色時，含有
BUdR 的 DNA 結合這些染劑的能力比正常 DNA 差，因此染色較淺。根據這一原理，在
細胞培養過程中（如中國倉鼠的卵巢細胞等），可以在培養基中加入 BUdR。經過了兩
次 DNA 複製之後（一般每次 DNA 複製需要 12-14 小時），可利用培養的細胞製成顯微片
子，然後用螢光染劑或 Giemsa 染劑等進行染色。可以觀察到姊妹染色體單體中，一條染
色較深，另一條較淺。較淺的染色單體含有 BUdR，而較深的單體則是含有正常鹼基的染
色單體。

　　在顯微鏡下可觀察到一條染色體中的兩條染色單體，具有區別染色的效果，還可看
到染色單體曾經發生過交換。由於這種區分染色體的效果，有人將這種染色體的圖像稱
之為小丑的衣裳，因此這種染色體也就稱為小丑染色體（harlequin chromosomes）。這種
實驗成功地說明了高等生物染色體的複製，也是以半保守複製機制進行的，同時也給細
胞遺傳學提供了大量關於有絲分裂時姐妹染色單體（sister chromatids）發生交換的大量證

據。在一般的遺傳學研究中，比較注重非姐妹染色單體（nonsister chromatids）之間的交換，因為在一對同源染色體中，一方來自於父方，另一方來自於母方，因此他們可能具有不同的遺傳組成。只要非姐妹染色單體之間發生交換，就有可能出現遺傳重組，產生遺傳變異。然而，姐妹染色單體的交換並沒有造成任何遺傳變異的現象，因為兩條姐妹染色單體的遺傳組成完全一樣。

第五節　DNA 聚合酶

生物的代謝可分為兩種不同的反應，一種是生物分子的降解代謝，逐漸地將生物分子分解為二氧化碳（CO_2）及水（H_2O）；另一種是生物分子的合成代謝，逐漸地將生物小分子建構成生物大分子的過程，如蛋白質、核酸、脂肪及澱粉等。無論降解代謝還是合成代謝，幾乎每一步反應都需要生物反應催化劑（酶）的參與。DNA 的聚合作用是生物分子合成代謝中的一種，也需要酶的參與（圖 5-4）。研究說明，DNA 的聚合作用是生物分子反應中比較複雜的一類。不僅需要 DNA 聚合酶的催化作用，也需要許多其他的蛋白質，如解旋酶、單鏈 DNA 結合蛋白、連接酶等的參與。

如前所述，Kornberg 於 1957 年利用大腸桿菌的提取物，催化合成 DNA 片段，那時他已經知道提取物中含有 DNA 聚合酶。事實上，Kornberg 及其同事在 1955 年便發現了 DNA 聚合酶 I，並於後來不久便部分純化了這個酶。由於他的研究工作是人類歷史上，第一次以 DNA 分子為模板在體外合成新的 DNA 分子，因此他於 1959 年獲得了諾貝爾獎。諾貝爾獎委員會的褒獎詞中認為，他們對「脫氧核糖核酸的生物合成中，發現了其中的機制」。

Kornberg 等人當年的研究，主要集中在 DNA 合成所需要的物質，或稱 DNA 合成的物質基礎。他們首先在含有 DNA 片段、四種脫氧核苷酸（dATP、dGTP、dTT 及 dCTP，統稱為 dNTP）、大腸桿菌的提取物等的混合物中，獲得了 DNA 複製的成功。為了更好地檢測反應的產物，Kornberg 等人利用了同位素 ^{32}P 標記 dNTP，作為跟蹤的主要圖標。因為模板 DNA 不含有任何放射性物質，因此極容易與新合成的、含 ^{32}P 同位素的 DNA 分子區別開來。最終只需要用凝膠電泳對新、舊 DNA 分子進行分離，同時將 $^{32}P\text{-}dNTP$ 除去。在凝膠中的大分子，凡具有放射性的 DNA 片段，均為新合成的 DNA 分子。

曾經有一段時間生化學家們，將 Kornberg 當時的提取方法所獲得的 DNA 聚合酶稱為 Kornberg 酶（Kornberg enzyme）。但由於後來發現 DNA 聚合酶不只一種，況且 Kornberg 酶也不是基因複製時的主要催化酶，於是按發現的時間順序稱為 DNA 聚合酶 I。對於 DNA 的聚合反應，四種反應成分是必需的，它們分別是脫氧腺苷三磷酸、脫氧胞苷三磷

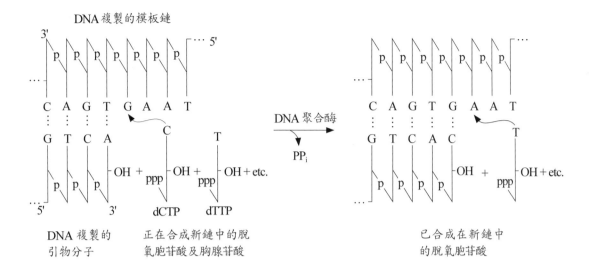

圖 5-4　DNA 聚合反應的局部示意圖。左上為 DNA 聚合反應中的模板鏈，左下為引
物分子及核苷酸分子，圖示為引物分子已經與模板鏈根據鹼基配對的原則相結合。這
些分子在 DNA 聚合酶的催化作用下進行聚合反應，每一次反應水解下脫氧核苷酸的兩
個高能磷酸鍵（pp_i），取得能量與 3' 末端脫氧核糖上的羥基（C^3-OH），形成磷酸二
酯鍵（右下鏈標有 C 者）。每一個核苷酸的合成就是這些反應的一次重複，不斷地形
成 DNA 的長鏈。

酸、脫氧胸腺苷三磷酸以及脫氧鳥苷三磷酸。如果缺少其中四種脫氧核苷三磷酸的任何一
種，則 DNA 的聚合反應不能進行，可見所有的脫氧核苷三磷酸都必須存在。第二是 DNA
的模板分子。由於 DNA 的複製必須有 DNA 分子作為模板，否則複製便缺少了目標，也
不可能出現聚合反應。三是 DNA 聚合酶，這是所有的生物合成反應中必須具備的條件之
一，也是有效地將反應所需要的能量閥降低的分子，因此缺少 DNA 聚合酶，DNA 的複
製便不能進行。四是鎂離子（Mg^{2+}），這是使得 DNA 聚合酶能達到最高反應速率所不可
缺少的條件。研究證明新合成的 DNA 鏈與其模板鏈完全互補，因此該實驗也說明了 DNA
複製是以鹼基配對的原則所進行的基本機制。

　　上述曾經提到原核生物的 DNA 聚合酶不只一種，事實上無論原核細胞還是真核細
胞，各有三種不同的 DNA 聚合酶。它們都具有將脫氧核苷三磷酸（dNTP）通過聚合反
應，而形成 DNA 長鏈的能力。經由 DNA 聚合酶所催化的 DNA 複製過程，具有以下幾個
方面的特點：

　　一、在 DNA 鏈由於聚合作用而增長的末端中， DNA 聚合酶催化最末端一個脫氧核
糖的 3'-羥基（3'-OH），以及脫氧核苷三磷酸的 5'-磷酸基之間磷酸二酯鍵的形成。其中反
應所需要的能量，來源於脫氧核苷三磷酸兩個磷酸水解所獲得的能量。

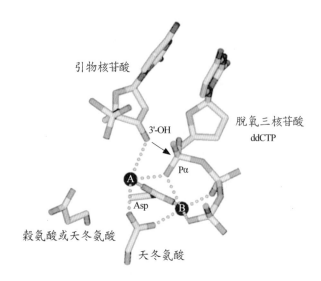

引物核苷酸

脫氧三核苷酸
ddCTP

3'-OH

Pα

A

Asp

B

穀氨酸或天冬氨酸

天冬氨酸

圖 5-5　研究證明，DNA 聚合酶反應中心的穀氨酸或天冬氨酸，對於磷酸二酯鍵的形成有著關鍵的作用。首先穀氨酸或天冬氨酸游離羧基中，由於去質子化而使得正在合成的寡聚核苷酸末端脫氧核糖 C^3-*OH* 基團中，羥基的氫原子脫下，同時聚合酶所誘導的質子化，使核苷酸中的三磷酸從 *β*-P 與 *γ*-P 之間的位置斷裂，而與脫氧核糖 C^3-*OH* 基團中，羥基形成磷酸二酯鍵。

　　二、DNA 聚合反應需要引物，通常在體內反應時，需要與 DNA 模板經由鹼基配對原則相結合的 RNA 片段。在 DNA 開始合成之後，新引進的核苷酸可以作為下一個鹼基的引物。

　　三、合成的方向是游離的脫氧核苷三磷酸的 5'-磷酸接到 DNA 「生長點」的 3'-OH 位點上，因此整條新鏈的生長方向是 5'-末端→3'-末端（圖 5-5）。

　　四、在新合成的 DNA 鏈中，聚合酶是透過鹼基配對原則，正確地選擇形成磷酸二酯鍵的鹼基，新進入 DNA 鏈的鹼基，必須能與模板鏈中的鹼基配對。

　　五、DNA 聚合酶的反應速度因細胞體系而異，一般原核細胞的聚合速度比真核細胞快，如大腸桿菌中的聚合速度為每秒 850 個核苷酸，而人體組織培養細胞的 DNA 聚合反應速度為每秒 60-90 個核苷酸。

　　目前對 DNA 複製體系理解得最好的是大腸桿菌，這是因為最早研究 DNA 複製體系的是大腸桿菌，也是人們投入研究最多的體系，因為人們相信對於大腸桿菌 DNA 複製的理解，有助於對其他生物 DNA 複製的理解。自從 DNA 聚合酶 I 發現之後許多年，許多生化學家們相信，聚合酶 I 是大腸桿菌中唯一的酶，不過遺傳學研究證明 DNA 聚合酶 I 的缺失，只影響到 DNA 複製的準確性，並不影響大腸桿菌的生長。一般誘導聚合酶的缺失，只能經由誘導基因的突變，然後再通過野生型和突變體的比較，確定突變對表現型的影響。

1969 年 DeLucia P 及 Cairns J 獲得了第一個 DNA 聚合酶 I 的突變體（pdA1）。這個突變體的 DNA 聚合酶 I 只有正常酶 1% 的活性，但具有正常 5'→3' 的外切酶活性。DNA 聚合酶理應對細胞的功能有著不可或缺的作用，因此對於這個酶的基因突變應該是致死的，至少也應該對其生長造成大的缺陷。但突變體的生長及細胞分裂顯得正常。然而如果將 DNA 聚合酶 I 的突變體，置於紫外線及化學誘變劑之下，發現比正常細胞產生更多的突變體。這說明 DNA 聚合酶 I 對於 DNA 的損傷具有保護作用，因此 DNA 聚合酶 I 在細胞內，有著 DNA 損傷的修復作用。

有一種稱為溫度敏感型的突變體（temperature-sensitive mutants），對 DNA 聚合酶的研究尤其有用。這種突變體在某種溫度條件下表現完全正常。但如果超過某個溫度的門檻時，這種突變體便產生出某種缺陷。如 DNA 聚合酶 I 的突變體（pol A ex1），在正常的生長溫度（37°C）下活性正常，但到了 42°C 時該酶的聚合反應雖然接近正常，但其 5'→3' 的外切酶活性出現缺陷。這種突變體在生物技術的應用上十分有用，如果在體外利用這種突變酶進行聚合反應時，保留其聚合酶的活性，這樣容易產生某種隨機突變體，以供進一步的選擇利用。

研究證明，DNA 聚合酶 I 5'→3' 的外切酶之活性，對於 DNA 的準確複製是必須的，因為溫度敏感型突變體（pol A ex1）對於細胞生長而言，是一種致死型突變。通過一系列的研究，對於 pol A1 及 pol A ex1 的研究，我們了解到 DNA 聚合酶 I 不是細胞內唯一的聚合酶。由於這些發現，使得研究人員尋找到 DNA 聚合酶分離的更為溫和的方法，得到了另外兩種 DNA 聚合酶。1970 年期間，當時有三個相互獨立的研究小組（Getter M, Knippers R 及 Richardson CC），分別發現了 DNA 聚合酶 II，而 Kornberg 及 Gefter 在 1971 年發現了 DNA 聚合酶 III。隨後又發現了大腸桿菌中還有 DNA 聚合酶 IV 及 DNA 聚合酶 V。後續的研究完全揭開了這些聚合酶的祕密：(1) DNA 聚合酶 II 的基因為 *pol* B；(2) DNA 聚合酶 IV 的基因為 *din* B；(3) DNA 聚合酶 V 的基因為 *umu* DC。這些都是 DNA 損傷的修復酶。DNA 聚合酶 III 是基因組複製的主要酶，DNA 聚合酶 I 主要是修復酶，但也見於基因組的複製作用，如在基因組複製時常需要將大量的 RNA 引物除去，此時在新合成的遲滯鏈（lagging strand）上將引物除去之後，所留下的空位由 DNA 聚合酶 I 填補上 DNA 片段。也有研究證明 DNA 聚合酶 I，具有可將 RNA 引物除去的作用。

不同的 DNA 聚合酶其組成差別很大：有些只有一條多肽鏈，由一個基因編碼而成；有些則由多個基因編碼，含有多條不同的多肽鏈。如 DNA 聚合酶 I 是由 pol A 基因編碼所成的，含有一條多肽鏈；而 DNA 聚合酶 III 是由多條多肽鏈組合而成，其中心部分含有 DNA 聚合反應的功能，由三條多肽鏈所組成，分別由 α 鏈（由 *dna E* 基因編碼）、ε 鏈（由 *dna Q* 基因編碼）及 θ 鏈（由 *hol E* 基因編碼）所組成。DNA 聚合酶 III 的全酶（holoenzyme），還有其他的七條多肽鏈（表 5-1）。

表 5-1　大腸桿菌中 DNA 複製的相關基因及其功能

基因產物及功能	基因名稱
DNA 聚合酶 I	*pol A*
DNA 聚合酶 III	*dna E*（酶中心蛋白），*dna Q*（酶中心蛋白），*dna X*，*dna N*，*dna D*，*hol A*，*hol B*，*hol C*，*hol D*（酶中心蛋白）
起始蛋白，可與起始點（ori C）相結合	*dna A*
IHF 蛋白（DNA 結合蛋白）：與起始點相結合	*him A*
FIS 蛋白（DNA 結合蛋白）：與起始點相結合	*fis*
解旋酶及引物激活作用	*dna B*
與 dna B 的產物組成複合體，並將 dna B 的產物轉移給 DNA 模板	*dna C*
引物合成酶，爲 DNA 聚合酶 III 催化 DNA 的延長作用而製造引物	*dna G*
單鏈結合蛋白，與解螺旋的單鏈蛋白相結合，保護 DNA 聚合作用所產生複製叉	*ssb*
DNA 連接酶，將單鏈的缺口封閉	*lig*
促旋酶，促進新合成 DNA 的螺旋化	*gyr A*，*gyr B*
染色體複製的起始位點	*ori C*
染色體複製的終止位點	*ter*
TBP（終止位點結合蛋白），終止 DNA 的複製	*tus*

　　DNA 聚合酶 I 和 III 的聚合反應方向皆為 $5' \rightarrow 3'$，兩個酶都具有 $3' \rightarrow 5'$ 的外切酶活性，即從 3' 末端開始逐漸地將核苷酸水解下來。此表面看來是矛盾的活性，但其實 $3' \rightarrow 5'$ 外切酶的活性是保證聚合反應精確性的主要活性，使得新合成的 DNA 鏈與其母鏈完全互補。上面曾經提到過 DNA 聚合酶 I 的突變體缺少 $3' \rightarrow 5'$ 外切酶的活性，但聚合反應所產生的 DNA 含有大量的突變位點，這是因為 DNA 聚合酶 I 缺少 $3' \rightarrow 5'$ 外切酶活性（產生檢查錯誤的作用）之故。如果在 DNA 聚合作用發生不正確的鹼基，被組合到新合成的 DNA 鏈中，DNA 聚合酶可利用其外切酶的活性，將不正確的鹼基除去，以保證 DNA 複製得更高的精確度（表 5-2）。DNA 聚合酶的 $3' \rightarrow 5'$ 外切酶活性還有一種特別的活性，即可在 DNA 的 5'-末端除去 RNA 引物，但 DNA 聚合酶 III 卻無此活性。

DNA 聚合酶 III 是基因組 DNA 聚合反應的主要聚合酶，由多個亞基所組成。在 DNA 聚合反應的前列，有一個由 *Dna B* 基因所編碼的 β-亞基所組成的特殊結構（包夾體），是解開 DNA 雙螺旋結構的主要成分，也是帶動聚合酶移動的關鍵部分之一（圖 5 - 6），即俗稱的解旋酶（helicase）。包夾體與 DNA 的相互作用，可以經由 β-亞基的 β-螺旋作用，其中的電子互作錯綜複雜（圖 5 - 7）。

表 5 - 2 說明 DNA 聚合酶有沒有外切酶活性，對於 DNA 聚合酶催化的準確率差別很大，一般平均在 1,000 倍的幅度。這說明了為什麼 DNA 聚合酶 I 缺少外切酶活性的突變體，常因為突變而致死的關鍵機制。

表 5 - 2　DNA 聚合酶 I 和 III 的外切酶活性作用

DNA 聚合酶	平均鹼基的錯誤率	錯誤比例範圍
I（無外切酶活性）	1×10^{-6}	$1 \times 10^{-6} : 1 \times 10^{-7}$
III（無外切酶活性）	5×10^{-6}	$1 \times 10^{-5} : 1 \times 10^{-7}$
I（有外切酶活性）	1×10^{-9}	$1 \times 10^{-8} : 10^{-10}$
III（有外切酶活性）	5×10^{-9}	$1 \times 10^{-8} : 10^{-10}$

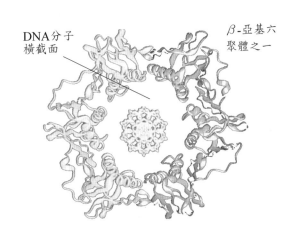

圖 5 - 6　β-亞基與 DNA 複合物的晶體結構。大腸桿菌 DNA 聚合酶 III 作用的前列，有一個由 β-亞基所組成的特殊結構，中央部分為 DNA 分子的橫截面，周圍為六個 β-亞基結構，是形成包夾體的主要成分。

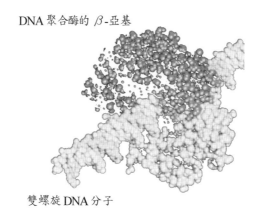

DNA 聚合酶的 *β*-亞基

雙螺旋 DNA 分子

圖 5 - 7　*β*-亞基與雙鏈 DNA 分子複合體的晶體結構。其中的 DNA 分子只是與酶相結合而沒有進行任何的解旋反應。本圖說明了 *β*-亞基經由其 *α*-螺旋的表面電子，與 DNA 分子產生直接的交互作用。

第六節　原核細胞基因複製的機制

　　我們可將基因複製的過程，分為三個不同的階段：複製的起始、複製鏈的延長及複製的終止。其中最複雜的過程是基因複製的起始，所涉及到的酶類及蛋白質種類也較多，包括 FIS 蛋白質、IHF 蛋白質、解旋酶、*dna C* 及 *dna B* 的產物、引物合成酶、單鏈 DNA 的結合蛋白（SSB），以及染色體複製的起始位點等多種蛋白質及核苷酸序列。由於歷史的原因及科學家們的投入，導致了我們對原核細胞基因複製過程的研究及機制，比真核細胞了解得更多、更精細，因此我們先談原核細胞的基因複製，這對於真核細胞基因複製的了解，也有相當重要的啟示（圖 5 - 8）。

　　原核細胞基因複製的起始位點（或 DNA 序列），也稱為複製子（replicator）。複製子包括複製起始位點（origin of replication），這是因為這個區域的 DNA 鹼基組成，較容易變性成為複製區中的單鏈。DNA 的這種區域性變性節段，也稱為複製泡（replication bubble）。彼此分開而形成單鏈的 DNA，可以作為模板複製新的 DNA 鏈，因此這種彼此分開進行 DNA 複製的鏈，也稱為模板鏈。

　　當兩條 DNA 鏈彼此分開形成模板鏈時，其形狀就像一個大寫的 Y 字型一樣（圖 5 - 8），因而也稱為複製叉（replication fork）。通常在原核生物基因組中只有一個複製叉，但複製叉中的兩個不同方向都可以進行複製（即複製叉的兩端，均可同時進行複製），因此可以說 DNA 的複製是雙向的。這與真核細胞有相當大的區別，因為真核細胞

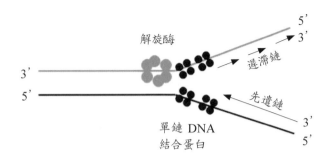

圖 5-8　DNA 解旋酶的解旋作用示意圖。解旋酶在複製叉的前列解開雙鏈 DNA 之後，由單鏈 DNA 結合蛋白與單鏈 DNA 相結合，有利於防止單鏈 DNA 的降解。DNA 聚合酶隨之進行聚合作用，完成 DNA 的複製過程。

的一條染色體複製的同時，可以有許多複製叉的形成，以確保在最短的時間內完成 DNA 的複製過程。

　　基因複製的起始過程可以簡述為幾個不同的階段，一是起始位點 DNA 的局部變性（即兩條鏈彼此分開）；二是引物的生成；三是單鏈 DNA 的結合蛋白與單鏈 DNA 的結合；四是先遣鏈（leading strand）及遲滯鏈（lagging strand）的合成；五是 RNA 引物的清除及 Okazaki 片段的連接反應；六是複製的終止。也許不同的學者對 DNA 複製過程的畫分不盡相同，但以上的畫分基本上涵蓋了 DNA 聚合反應的主要步驟。

起始位點及其局部變性

　　大腸桿菌的複製子就是 *ori C*，大約有 245 個鹼基對的長度，內含有三個拷貝的 13-鹼基對所組成的重複序列，A-T 鹼基對的含量很高，另外還有五個拷貝的 9-鹼基對所組成的序列（圖 5-9）。富含 A-T 鹼基對的區域比較容易變性成為單鏈 DNA，因此具有重複子的基本特點。對於複製的起始而言，複製起始蛋白（iniator protein）與複製子相結合，促使 A-T 對的區域局部變性。大腸桿菌中的起始蛋白也稱為 Dna A（由 *dna A* 基因所編碼），此時由 *dna B* 基因所編碼的 DNA 解旋酶（DNA helicase）參與其中，與局部變性而分開的單鏈 DNA 相結合。解旋酶開始以兩個相反的方向解開雙螺旋 DNA 鏈，成為 DNA 複製的起始位點。研究證明，解旋酶作用於雙螺旋 DNA 變成單鏈 DNA 時需要能量，而能量的主要來源是經由 ATP 水解。這種高能量磷酸鏈的能量，使得解旋酶的構象發生變化，並使該酶沿著 DNA 的單鏈向前移動，解旋酶的不斷移動過程，需要源源不斷地水解 ATP 而獲取能量，從而使得雙鏈 DNA 中鹼基相互配對所賴以維繫雙螺旋結構的氫鍵被破壞，成為單鏈區。

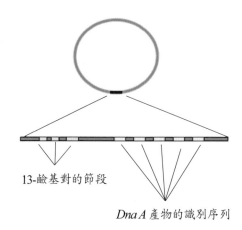

13-鹼基對的節段

Dna A 產物的識別序列

圖 5 - 9　大腸桿菌基因組中，唯一的 DNA 複製起始位點。位點內含有兩個不同的 DNA 節段：一個是由 9-核苷酸組成，重複三次；另一個由 9-核苷酸所組成，重複五次，可被 *Dna A* 的產物所識別。

引物的形成

　　如上所述，DNA 聚合酶Ⅲ催化 DNA 聚合反應時，需要一段可與 DNA 以鹼基互補的方式相結合的 RNA 分子。解旋酶在單鏈的複製子結合之後，引物合成酶（由 *dna G* 基因所編碼）加入其中，並形成引物合成體（primosome，也有人稱為引複體）。引物合成酶在 DNA 的複製過程中十分重要，主要原因在於 DNA 聚合酶Ⅲ不能在沒有引物的條件下，進行 DNA 的聚合作用，新核苷酸加入新合成 DNA 鏈，只能在原有引物的 3' 方向上逐個添加。引物合成酶可在分開的兩條單鏈上與 DNA 鏈相結合，並受到 DNA 解旋酶的激發，開始合成一小段 RNA 引物（在大腸桿菌中，通常只有 5-10 個核苷酸）。此時，DNA 聚合酶 Ⅲ便可在此基礎上透過增添新核苷酸的方式，延長 DNA 的鏈（圖 5 - 10）。

　　引物在 DNA 的聚合作用中，有著不可或缺的作用，而 DNA 模板卻是 DNA 聚合作用中的關鍵鑄型，就像鑄造出的模型一樣重要。沒有 DNA 模板，DNA 的聚合作用也不能進行。因此，模板鏈是新鏈按照鹼基配對的原則所形成的母鏈。但是引物卻是在模板鏈上的一小段 RNA 分子。有人說引物是 DNA 聚合酶的底物，新鏈的延長正是從引物這樣的底物中延長的，因此新合成的 DNA 鏈與其母鏈的鹼基形成互補關係。

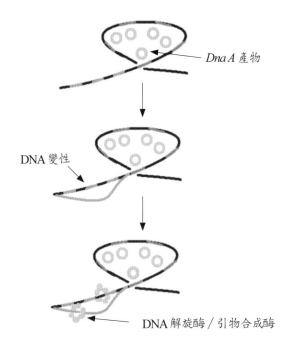

圖 5 - 10　DNA 複製起始示意圖。9-核苷酸的五個重複單位可被 *Dna A* 的產物所識別，並相互結合，由於 *Dna A* 的產物之間相互作用，而將所結合的 DNA 形成環狀結構。這兩個區域的 DNA（9-核苷酸及13-核苷酸）相互拉扯，使得富含 AT 對的 13-核苷酸區域的雙鏈 DNA 彼此分開，形成第一個複製泡。

單鏈 DNA 的保護作用

在解旋酶不斷向前解開雙螺旋的 DNA 母鏈，到 DNA 聚合酶沿著單鏈進行聚合反應之間，有一小段距離的單鏈 DNA 。單鏈 DNA 如不能得到及時的保護，極容易受到核酸酶的攻擊而斷裂、水解。由基因所編碼的單鏈 DNA 結合蛋白〔single-strand DNA -binding（SSB）protein〕可與單鏈 DNA 相結合，穩定 DNA 鏈並防止單鏈 DNA 的退火（annealing，也稱鏈合）。在大腸桿菌中，單鏈 DNA 結合蛋白是由 4 個完全相同的亞基，所組成的同型四聚體，可與 32 個核苷酸的 DNA 節段相結合。研究證明，每一個 DNA 的複製叉中有 200 個單鏈 DNA 結合蛋白，這說明解旋酶與 DNA 聚合酶之間，至少應有 3,200 個核苷酸的距離（圖 5 - 8）。

單鏈 DNA 結合蛋白雖不直接參與 DNA 聚合反應，只是有著保護單鏈 DNA 的作用，保證 DNA 聚合酶的正常聚合作用。但研究證明，單鏈 DNA 結合蛋白的突變是一種致死突變，可見單鏈 DNA 結合蛋白是一種不可缺少的蛋白質。

先遣鏈及遲滯鏈的聚合反應

因為引物合成酶產生 RNA 引物時，是在新鏈的 5'-末端、模板鏈的 3'-末端，在另一條模板鏈上所形成的引物，也以相同的方向產生，這些 RNA 引物的繼續延長，是由 DNA 聚合酶 III 執行的。無論是引物合成酶還是 DNA 聚合酶 III，它們所催化合成的引物及新鏈，都是以嚴格的鹼基配對原則、完全按模板鏈的鹼基順序產生的。同時，DNA 聚合酶 III 必須能夠一邊催化 DNA 的聚合反應、一邊除去單鏈 DNA 結合蛋白。同理，引物合成酶也必須具有這種功能，才能在單鏈 DNA 結合蛋白與 DNA 結合區合成出引物，尤其是以 5' 到 3' 鏈為模板的新 DNA 鏈的合成需要許多引物時，引物合成酶也必須能夠一邊合成 RNA 引物、一邊清除單鏈 DNA 的結合蛋白。

以上曾經指出，DNA 聚合酶催化的 DNA 聚合反應方向是 5'→3'，但兩條 DNA 鏈是極性相反排列的分子。為了維持每個模板鏈上 DNA 合成的 5'→3' 之極性，為了維持整個複製叉的運動方向，DNA 的合成必須與模板鏈的方向相反。如果以 3'→5' 的鏈為模板，則新合成的 DNA 鏈的方向為 5'→3'，此時所合成的新鏈完全是連續的，因此這條新鏈便稱為先遣鏈。如果以 5'→3' 方向的鏈為模板，則新合成的 DNA 鏈必須以倒退的方式合成，此時將會產生許多 DNA 片段，那麼這條新合成的 DNA 鏈便稱為遲滯鏈。如此稱呼這兩條新合成的 DNA 鏈，也許是因為先遣鏈的合成總是在遲滯鏈合成之前完成之故。

促旋作用

DNA 聚合反應過程中，解旋酶不斷地解開雙鏈 DNA，而複製叉也隨著 DNA 的複製作用逐漸向前移動。在複製叉中常可分離到一種促旋酶，是拓撲異構酶（topoisomerase）的某種形式，可以幫助新合成的 DNA 節段解除張力，並恢復某種程度的螺旋結構。在 DNA 的複製叉中存在著某種張力，因為複製叉的旋轉速度可達每秒 3,000 轉。如上所述，在先遣模板鏈中，先遣鏈的合成是連續性的化學過程，中間不會間斷，因為 DNA 合成正以 5'→3' 的方向進行著。但遲滯鏈的合成因為合成方向的問題，而只能選擇節段性的倒退合成方式，因此需要許多 RNA 引物才能完成一條長鏈 DNA 的聚合反應。研究證明，RNA 引物是由引物合成酶在複製叉中形成的，因此 DNA 聚合酶所採用的建構分子是脫氧核苷酸（不含尿苷酸），所以所合成的新鏈是 DNA，而不是引物合成酶的 RNA。由於先遣鏈的合成是以連續的、不間斷的方式延長 DNA 鏈，故又將先遣鏈稱為連續鏈；而遲滯鏈的合成是一個一個的片段，或者說是不連續的合成方式，故又稱為不連續鏈。由於兩條新合成的鏈中一條是連續鏈，另一條是不連續鏈，故兩條鏈合稱為半不連續（semidiscontinuous）的合成方式。

不連續鏈的證明

由於遲滯鏈的合成必須以 5'→3' 的方向進行，而其模板鏈的方向已經是 5'→3'，所以遲滯鏈的合成在整個宏觀方向上，必須以倒退的形式進行。如此一來，在整個合成的過程必然是產生許多不連續的 DNA 片段，由於最早是由 Reiji 及 Okazaki T 分離得到了這些片段，故又稱為 Okazaki 片段。他們的實驗是這樣進行的：首先讓大腸桿菌生長到旺盛時期，然後在培養液中加入重水（^3H）標記的脫氧胸腺嘧啶三磷酸（^3H-thymidine），讓其生長短暫的時間。接著加入大量正常的脫氧胸腺嘧啶，以防止太多的重水標記之胸腺嘧啶參與 DNA 分子的合成。在不同的培養時間點取出一部分細菌培養液提取 DNA，並確定標記的 DNA 分子片段的大小，結果如表 5 - 3 所示。

不連續片段之間的聚合反應及連接反應

既然遲滯鏈經由 DNA 聚合酶 III 所催化的聚合反應，是一個片段一個片段地合成而成的，又既然在片段之間存在著 RNA 引物，那麼 RNA 引物必然最終被除去，代之以 DNA，這個過程是由 DNA 聚合酶 I 完成的。原來 DNA 聚合酶 I 具有檢測 DNA 結構的功能，RNA 與 DNA 形成的複雜雙鏈分子區，由於結構上與 DNA 的雙鏈不完全相同（如 A-U 對與 A-T 對的區別等）的區域，容易被 DNA 聚合酶 I 所識別。DNA 聚合酶 I 以其外切酶的活性，將複製鏈中 RNA 除去的同時，重新合成 DNA 片段。

表 5 - 3　Okazaki 片段的分離證明

加入 ^3H-胸腺嘧啶之後再加入正常胸腺嘧啶的時間	^3H-標記DNA片段的大小（bp）	說　　明
5分鐘	100-500	每個 Okazaki 片段約為 100-500bp
10分鐘	100-1,000	部分 Okazaki 片段已被連接
15分鐘	250-1,500	更多的 Okazaki 片段被連接
20分鐘	1,000-5,000	Okazaki 片段逐漸被連接為大片段
25分鐘	7,000-1,000	更大片段的產生
30分鐘	7,000-25,000	連接成本系統中所能檢測到的最大片段

但 DNA 聚合酶 I 缺少將新合成的片段，與 DNA 聚合酶 III 所留下的 DNA 片段連接起來的功能，這個過程由連接酶（ligase）完成，主要在 5'-磷酸基團及 3'-羥基之間形成磷酸二酯鍵。這樣兩個 Okazaki 片段之間便可完全由共價鍵連接起來。一旦所有的 RNA 引物全部由 DNA 聚合酶的方式連接起來時，DNA 聚合酶 I 以 DNA 片段代替之後，單鏈 DNA 的缺口也被連接酶，以磷酸二酯鍵的方式連接起來時，DNA 全鏈的複製便可宣告完成，新的 DNA 鏈的聚合反應在此結束。

最早人們以為大腸桿菌中 DNA 的複製應當比較簡單，但研究說明這是一個複雜的過程。儘管人們經過了多年的研究，也沒有完全揭開 DNA 複製的神祕面紗。事實上，我們可以將許多涉及到 DNA 聚合作用的蛋白質，看成是一個複製體（replisome）。 DNA 解旋酶是這個複製體中的「先行者」，擔負著開山的重責。隨後就是引物合成酶，將引物按一定的距離合成到單鏈 DNA 上，以鹼基互補的序列配對，在 DNA 聚合反應的過程中有著「地標」的作用。在整個複製體中還有重要的 DNA 聚合酶 III，是催化 DNA 聚合反應的主要酶，有著「中樞神經系統中指揮部」的作用。在 DNA 單鏈暴露的地方，總能見到單鏈 DNA 結合蛋白，是保護單鏈 DNA 不再發生退火現象的重要蛋白質。

第七節　滾環式複製機制

研究顯示有好幾種病毒的 DNA，如 ψX174 及 λ 噬菌體等 DNA 的複製，採用滾環式（也稱滾筒式）複製機制。這種複製機制的起始點是一處環狀、雙鏈的 DNA 分子。如 ψX174 的 DNA 複製，便是以環狀的單鏈 DNA 為模板，按鹼基互補的原則合成新的 DNA 鏈。當新鏈合成時，舊鏈逐漸地解開，此時單鏈 DNA 結合蛋白與單鏈相結合，而舊鏈以合成 Okazaki 片段的方式合成第二條新鏈。如此反覆地解開及合成，猶如滾環一樣轉動一圈便合成一圈，因此而得名（圖 5-11）。

ψX174 DNA 的複製，起源於雙鏈 DNA 中某一鏈首先出現缺口而解開，此時 3'-OH 末端可在 DNA 聚合酶的作用下，按另一條舊鏈模板合成新鏈。而解開的舊鏈以「後退式」的聚合反應方式合成新鏈，因此可以說 ψX174 DNA 的複製機制，並沒有因為 ψX174 是一個簡單的噬菌體變得更為簡單。在整個複製的過程中，幾乎所有 DNA 複製時所需的蛋白質，都參與了噬菌體 DNA 的複製過程。複製之後所遺留下的缺口，仍然由 DNA 連接酶經由形成磷酸二酯鍵的方式，形成完整的雙鏈、環狀 DNA。

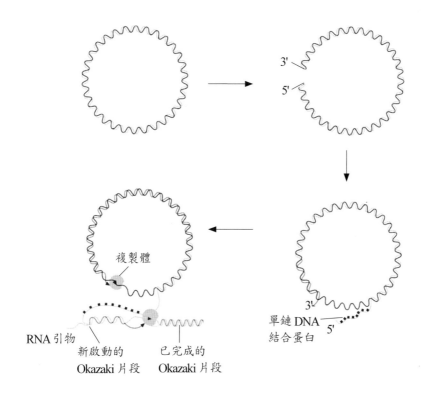

圖 5 - 11 滾環式 DNA 複製圖示。環狀雙鏈 DNA 首先形成缺口，其中一條鏈逐漸解開
螺旋。5' 末端的單鏈 DNA 在逐步解開的過程中，由單鏈 DNA 結合蛋白相結合而保護
單鏈 DNA，但解開到一定程度時便開始以自身為模板合成新鏈。缺口另一端的 DNA
（3' 末端）鏈，則以原來的舊鏈為模板合成新鏈。

　　λ 噬菌體 DNA 的複製過程比 *ψ*X174 更為複雜，這是因為 λ 噬菌體中的 DNA 是線性
的，但其兩端的 DNA 具互補序列。當 λ 噬菌體 DNA 進入細菌細胞之後，其 DNA 立即以
其互補系統形成環狀 DNA。將 λ DNA 從線性狀態組合成環狀 DNA 的序列，稱為 cos 序
列，其中含有切割位點（cleavage point）及末端產生位點（ter）或末端產生活性。這種天
然的末端，使得 λ DNA 可以線性狀態變為環狀（如感染細胞之後），又從環狀變為線性
（如形成噬菌體時）。這種特殊的末端，使得 λ 噬菌體極為容易地找到大腸桿菌的相應
部位，藉此點而插入基因組中（圖 5 - 12）。

單鏈 DNA 的互補末端

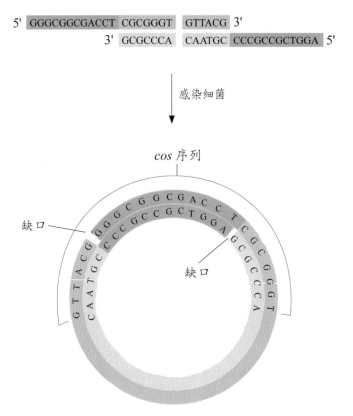

由單鏈 DNA 形成環狀單鏈 DNA 之後，
複製為雙鏈 DNA 並有連接將缺口連接

圖 5-12　*λ*-DNA 兩端的互補序列（上圖）及形成環狀 DNA（下圖）過程示意圖。*λ*-DNA 的兩端含有約 12 個核苷酸的互補序列，但在*λ*噬菌體中以線性 DNA 而存在。*λ*噬菌體感染細菌之後，立即以互補序列形成環狀 DNA 分子，有利於抵抗細胞內核酸酶的水解。

當感染進入溶菌週期時，滾環式複製機制產生很長的 *λ* 噬菌體 DNA，頭部對頭部、尾部對尾部，由此種一個個的單體 DNA 所組成的重複單位，稱為串聯物（concatamer）。由此種串聯式的分子進而形成 *λ* 噬菌體染色體，是通過某些特殊的序列所完成的。如上所述，*λ* DNA 中含有末端產生位點，會有某些內切酶的識別序列。內切酶在該位置水解後可產生黏性末端，會有這個部位就是前述的 cos 位點，共含有 12 個特殊的鹼基。切開後的 DNA 單體是線性的，且含有黏性末端（圖 5-13）。

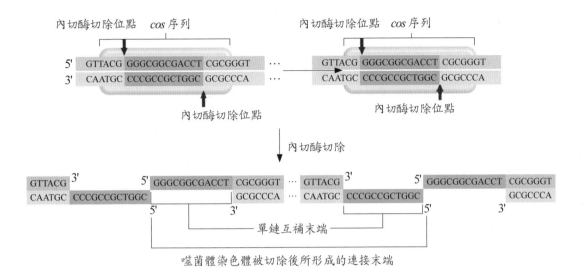

圖 5 - 13　λ- DNA 形成互補末端示意圖。首先由內切酶識別，並切開 12-核苷酸序列
5'-*GGGCGGCGACCT*-3'，然後單鏈的 DNA 末端可形成連接末端，再形成新的 12-核苷酸
3'-*CCCGCCGCTGGA*-5'
末端。λ-DNA 便是以這種方式，形成其線性及環狀 DNA 的循環。

第八節　真核細胞的基因複製

　　從化學的角度來看，我們對真核細胞基因複製機制細微程度的了解，遠不如對原核
細胞複製機制的理解。但從總體上而言，兩者之間應當具有相似的分子機制，只是真核
細胞的機制比原核細胞複雜得多。真核細胞常具有多條染色體，每條染色體均比原核細
胞的基因組大，況且原核生物 DNA 聚合酶的催化速度比真核快許多，因此，真核細胞每
一條染色體的複製起始位點應當是多位點機制。與原核生物相似的是，真核細胞基因的
複製，也分為起始、鏈的延長及終止幾個步驟。

複製子

　　有絲分裂中期的染色體含有兩條染色單體，但在分裂後期兩條染色單體彼此分開，
形成不同的細胞核，因此每一條真核細胞染色體應只含有一個 DNA 分子，現在已知人類
單倍體基因組共有 30 億個鹼基對。如果按人體共有二十四個連鎖群計算，每個連鎖群平
均應有一億多個鹼基對。如上所述，真核細胞基因的複製叉移動速度遠比原核細胞慢。
如果每條染色體只有一個複製的起始位點，那麼每條染色體的複製需要四天多時間才能
完成。很顯然，這與事實有很大的出入。

　　真核細胞染色體複製的研究，說明一條染色體的複製起始位點不止一個地方，如果蠅的二倍體細胞染色體的複製只需要 3 分鐘，這相當於大腸桿菌基因組複製時間的 6 倍，但 DNA 的含量卻比大腸桿菌基因組高 100 倍。如此巨大的誤差，只能證明果蠅基因組複製時，每條染色體起始位點不像大腸桿菌那樣，只有唯一的一個起始位點。

　　研究說明真核細胞的基因複製非常迅速，每條染色體的確有許多 DNA 複製的起始位點。每個複製的起始位點、DNA 的變性猶如大腸桿菌起始位點的變性一樣，複製沿著複製叉的雙向同時進行，一直到與下一個複製叉「融合」在一起，因此，常常將一個起始點所形成的複製單位（replicaton unit）稱為複製子（replicon）。一般情況下複製子比較小，複製叉的移動也比大腸桿菌慢。如大腸桿菌的基因組含有一個複製子，大小為 4,600,000 個鹼基對，複製叉的移動速度為每小時 2,200,000 個鹼基。然而，真核細胞的複製子相對較小，在蛙類中平均只有每小時 30,000 個鹼基，而其他的真核細胞至少也應有每小時 160,000 個鹼基。前者比大腸桿菌小 153 倍，後者小約 29 倍。

　　真核細胞基因組在複製時所形成的複製子，具有某些與眾不同的特點：(1)真核基因組常有數條乃至於數十條染色體，每條染色體中的不同複製子之間，並不是同步進行複製的。一般而言，常染色質區的複製較早，異染色質區的複製較晚；(2)複製子的大小有別。有些複製子看起來較小，那是因為起始較晚；有些複製子較大，是因為複製起始較早之故。(3)複製子的融合，也可造成複製子大小的區別。兩個複製子之間的距離較短時，融合而形成較大的複製叉；單一複製叉看起來較小。(4)染色單體的局部形成。當多個複製叉相互融合時，便可觀察到染色單體在局部區域上的形成（圖 5-14）。

複製的起始

　　在大腸桿菌基因組的複製研究中，已清楚闡明複製的起始位點、其序列的特點及複製的啟動過程，但對於真核細胞，雖經過了多年的努力，也未能完全揭示其啟動機制，且其中大有材料之間的差異，造成了研究真核基因複製的一定難度。儘管有種種的困難，人們最終揭示真核基因的複製啟動的分子機制也只是時間上的問題，況且我們已經在真菌的研究中，獲得了一定的研究成果，為真核基因組複製的起始，提供了良好的借鑑。

　　紅色麵包霉（*Saccharomyces cerevisiae*）（也稱酵母菌）可進行單倍體世代的生長，也可以進行二倍體的繁殖。單倍體世代有 16 條染色體（可參閱拙作《遺傳機制研究》，中山大學出版社，2008），其中有些染色體的特異性序列，可以組成染色體外的環狀 DNA 分子，並授予細胞內其他的 DNA 分子具有啟動複製的能力。這種特殊序列大約由 100 個鹼基對的重複序列所組成，構成了真菌的複製子，也稱為自主性複製序列（autonomously replicating sequences, ARSs）。最常見的序列是三次重複的區域，通常命名為 A、B_1 及 B_2。

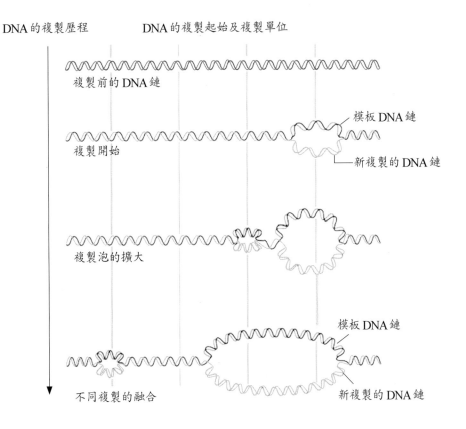

圖 5 - 14 真核細胞同一條染色體中多個複製子示意圖。複製子起始越早,所形成的「複製泡」越大,當相鄰的兩個複製子複製完成後,便形成更大的複製泡。如此在多處同時展開複製時,便可在較短的時間內將整條染色體複製完畢。

在其他的真核生物染色體中,也常發現比較複雜的複製子組成,但其詳細的作用機制還有待闡明。

與大腸桿菌的 *dna A* 基因產物,以及 9-鹼基對結合而啟動一系列的 DNA 複製一樣,真核生物中也存在著類似的蛋白質,由多個亞基所組成,稱為起始識別複合體(origin recognition complex, ORC)。在真菌的複製子中,ORC 與 A 及 B_1 相結合,激發其他相關複製蛋白質與複製子 DNA 的結合,已知其中至少有一種蛋白質與 B_2 相結合,並打開 B_2 的雙螺旋結構,因此複製的起始位點應當在 B_1 和 B_2 之間。

真核細胞的週期視生物種類的不同而異,真菌的細胞週期很短,一般不超過 30-40 分鐘,但人類的乳癌細胞、肺癌細胞及鼻咽癌細胞一般需要 8-12 小時,正常的細胞需要 18-20 小時。 DNA 的複製機制發生於細胞週期的特定階段。根據細胞週期染色體的型態特徵,可將細胞週期分為準備 DNA 複製的 G1 及 DNA 正在複製的 S 期、準備有絲分裂的 G2 期,以及正在進行有絲分裂的 M 期。

細胞週期最精彩的莫過於 DNA 複製的控制，更為具體地說，是複製子中複製起始的控制，其中更為神奇的是每個複製起始位點在一個細胞週期中只能利用一次，從而得證(1)所有的核 DNA 物質在一個細胞週期中，得到一次準確的複製；(2)所有的遺傳物質經有絲分裂，保持 DNA 含量的恆定；(3)所有的子細胞都得到相同含量的遺傳物質。因此，DNA 複製子的啟動及利用之控制，是生物最精細控制的一部分。

真核基因組複製的起始，大約可分為兩個不同的步驟。第一步，涉及到複製子的選擇，此時主要發生的事件包括某些特異性蛋白質在每個複製子上的組裝，形成複製前複合體（prereplicative complexed, pre-RC）。這個選擇過程發生於細胞分裂週期的 G1 階段，開始於起始識別複合體（ORC）對複製子中 A 及 B_1 的結合。之後 ORC 的結合，導致其他蛋白質的組合。在原核細胞模式中，複製啟動蛋白與複製子的結合，並沒有馬上導致 DNA 的解螺旋過程。相對地在真核細胞中，複製前複合體（pre-RC）組成後即被活化，但 DNA 的複製機制啟動，必須讓細胞從 G1 到 S 期轉移時才能實現。複製啟動被限制於 S 期，是因為這個過程受到依賴肌動蛋白激酶（cylcin-dependent kinases, CDKs）的控制。依賴肌動蛋白激酶（Cdk）主要用於激活複製前複合體，進而啟動複製過程，但 Cdk 的活性也會抑制新的複製前複合體的形成。研究發現這個控制過程十分精緻，如在 G1 期 Cdks 沒有活性，因此複製前複合體得以形成。在細胞週期的其他階段，細胞中存在著 Cdk 的活性，因此抑制了新的複製前複合體的形成。這一發現回答了，為什麼複製子在一個細胞週期中只利用一次，複製前複合體在一個細胞週期中只形成一次，從而保證了遺傳物質的複製，能夠準確啟動、準確複製及準確分配等。

真核細胞的複製蛋白

原核細胞基因組的複製涉及許多蛋白質，與 DNA 聚合作用有關。它們之中有些產生啟動作用，有些產生保護作用等，如基因產物（起始蛋白）、IHF 蛋白、FIS 蛋白、解旋酶、*dna B* 基因產物、引物合酶、單鏈 DNA 結合蛋白、DNA 連接酶、促旋酶等，均與 DNA 的複製有關。但到目前為止，我們對於真核細胞基因組複製相關的蛋白質，相對於原核系統而言所知較少。但研究發現，原核細胞中所存在的蛋白質系統，大概也存在於真核細胞之中，即雙螺旋 DNA 的變性及採用半保守的複製機制等。

研究說明，真核細胞中存在著 15 種以上的 DNA 聚合酶，其中三種與細胞核基因組（即有別於線粒體及葉綠體的基因組）的複製有關，即聚合酶 α／引物合成酶、聚合酶 δ 及聚合酶 ε。聚合酶 α／引物合成酶利用其引物合成的活性，在複製子中合成 RNA 引物，從而啟動 DNA 的聚合作用。引物一般是 30-50 個核苷酸的寡聚物。有了引物之後，該酶即利用聚合酶的活性啟動染色體 DNA 的複製。新合成 DNA 鏈的延長，主要靠聚合酶 δ

及 ε。奇特的是，在聚合酶 δ 及 ε 中，一個酶催化先驅鏈的合成，另一個酶催化遲滯鏈的合成，但其細微的作用機制尚需進一步的研究。

思考題

1. 為什麼說作為遺傳物質，必須具備複製的作用？

2. DNA 的複製是如何發現的？主要需要什麼樣的物質？

3. 證明 DNA 複製的實驗是如何安排的？反應中必須物質的主要功能是什麼？

4. 三種不同的 DNA 複製機制的假說各是什麼，各自有何根據？

5. 在生物學中，有哪些重要的理論靠空想而建立起來的？

6. 為什麼說保守複製機制及離散型複製機制沒有專文的支持？

7. DNA 複製機制是如何證明的？為什麼說實際實驗結果，並不支持保守複製機制及離散型複製機制？

8. 氯化鉋梯度是如何形成的？為什麼氯化鉋梯度的形成，可將不同重量（質量）的 DNA 彼此分離？

9. 高等生物的 DNA 半保守複製機制是如何證明的？其實驗原理是什麼？

10. 涉及基因組複製的 DNA 聚合酶，在原核細胞及真核細胞的種類及功能，有何異同？

11. 第一個 DNA 聚合酶（DNA 聚合酶 I）是如何證明的？

12. 為什麼在體外利用 DNA 聚合酶 I 催化的 DNA 聚合反應中，需要鎂離子？

13. 磷酸二酯鍵是什麼？為什麼說磷酸二酯鍵的形成與 DNA 複製鏈的延長及連接作用等，是必需的化學反應？

14. DNA 複製具有哪些重要的特點？

15. 在大腸桿菌中，多種 DNA 聚合酶是如何證明的？

16. 溫度敏感型突變體是如何發現的？在 DNA 的複製作用研究中，產生什麼重要的作用？

17. 請列表說明所有涉及到大腸桿菌 DNA 複製的蛋白質、酶類及其主要的作用。

18. DNA 聚合酶 I 及 III 在催化 DNA 聚合作用及保護作用時，有何異同？

19. 請敘述原核細胞 DNA 複製的啟動、延長及終止等的機制。

20. 請敘述真核細胞 DNA 複製的啟動、延長及終止等的機制。

21. 先遣鏈及遲滯鏈是什麼意思？有何不同？

22. 如何證明遲滯鏈的合成過程及機制？

23. 滾環式複製機制與原核細胞基因組的複製機制，有何不同？

24. 真核細胞基因複製時的複製子與原核細胞的起始位點，有何異同？

25. 真核細胞基因複製的複製子具有哪些特點？

26. 請敘述真菌 DNA 複製的啟動、啟動蛋白及啟動過程。

27. 為什麼每個複製子在一個細胞週期中只利用一次？什麼樣的機制保證了細胞如此準確地利用複製子？

第六章　染色體末端的形成

本章摘要

　　長期以來人們一直解不開的真核細胞線性染色體末端的複製問題，一直到 1980 年代才逐漸地由於末端合成酶（telomerase）的發現，而得到部分的解答，這是基因組複製中的一種特例。如果染色體末端的這頂帽子不被戴上，或者說染色體末端的形成沒有在嚴格控制的條件下進行，則個體將會受到嚴重的傷害。一方面，染色體在每一次複製的過程中，將逐次丟失其末端的遺傳物質，如果某些基因位於染色體的末端，如位於第 4 號染色體短臂末端上的 Huntington 基因，那樣極容易因為每一次染色體的複製時，丟失部分的 DNA 而導致這個基因功能的喪失。如果失去某些重要的基因，最終導致個體的過早老化。細胞由於失去其應有的功能，而最終未免進入死亡一途；另一方面，如果末端的形成過程，未能受到一定的控制，細胞的生長將失去分化等方面的調控機制，細胞將轉入癌化。末端酶或末端合成酶（也稱端粒酶）等，是一種以 RNA 為模板的反轉錄酶（reverse transcriptase），內含 RNA 片段。該酶可利用其 RNA 分子與染色體的 3' 末端之序列配對，利用其反轉錄的活性，在染色體的 3' 末端形成 DNA。這種合成的過程往往重複多次，有些重複上百次甚至幾千次以上，造成染色體末端具有特殊重複序列。雖然染色體的末端結構已經部分地得到了闡述，如末端特有的 T-迴環的形成、鳥嘌呤四體的形成，以及末端某些特殊蛋白質的發現等。但是精細的末端結構及其形成機制，還有待進一步的研究。

前言

　　2007 年有一則報導說，臺北某醫院收留了一位八歲多的女童，但奇怪的是，其生物學年齡已實際達到八十多歲。這其實是一種末端合成酶缺失的遺傳疾病，由於基因的突變影響了該酶的活性所造成的結果。末端合成酶基因突變有多種形式，一是由於末端酶基因的調控序列發生突變，而造成基因轉錄的缺失，細胞內因為末端合成酶含量的不足，而未能在每個細胞週期中及時地產生足夠長的染色體末端，於是末端在歷次的細胞分裂中由於 DNA 複製後引物被除，而逐漸地失去對染色體的保護作用所造成個體的迅速老化；第二種缺失則來自於末端合成酶結合中心的缺失突變，造成 RNA 結合部位的缺

陷，末端合成酶則失去其活性，同樣容易導致染色體端粒的合成缺失，使個體迅速老化而死亡；第三種是其反轉錄功能活性中心的突變，造成反轉錄酶的缺陷，也容易導致個體相同的問題。另一方面，如果末端合成酶的合成過程失去控制，造成末端合成酶在整個細胞週期中源源不斷地被產生出來，也會造成另一方面的問題，即細胞的癌化。此時細胞失去了分化的控制，呈現瘋狂分裂，是一部分細胞癌化的分子基礎。

原核細胞 DNA 複製不需要任何特殊的保護機制，因為其基因組呈環形結構，不存在因為複製後引物被除去而逐次縮短的問題。但幾乎所有的真核細胞染色體都是線性結構，而線性染色體複製之後其 5' 末端的 RNA 引物必將被除去。如果去除 RNA 引物之後所留下的序列空白，不能及時得到修補，則每一次 DNA 複製均會缺少若干核苷酸（如人類細胞中引物的平均長度為 50-80 個核苷酸等）。但目前我們所知的所有 DNA 聚合酶，都不能修補這一 DNA 的缺口。另外，研究證明，許多具有高度重組性質的基因，位於染色體的末端，是減數分裂時同源染色體之所以能夠聯會的重要部位。如果每一次 DNA 複製都會減少 50 個核苷酸，這些基因必然不需要經過許多次的複製便被刪除，造成基因的缺失、細胞組織、器官、系統等的嚴重破壞（圖 6 - 1）。

我們在日常的研究中經常觀察到一種現象：即有些細胞只能在培養條件下生長一段時間便自動死亡，如人類的中性球細胞（neutrophil）及肥大細胞（mast cell）等。有些分離出的淋巴 T 細胞及 B 細胞，也只經過短暫時間的培養便進入死亡，但癌化的細胞則可進行繼代培養而不會死亡，成為我們通常所說的不死細胞（immortal cells）。植物細胞也會出現相似的結果，如某些牧草經癒傷組織的誘導之後便停止分裂，隨後死亡；某些花藥組織也只能生長到癒傷組織等。這證明相當多物種的組織或器官的細胞，由於缺乏末端合成酶的活性，經過少數幾次或十幾次的細胞分裂，便由於細胞的老化而死亡。為了克服細胞的老化及最終死亡的命運，研究人員常利用某些可以產生特殊分子的細胞與某些癌細胞相互融合。融合細胞一方面可以產生我們所需要的特殊物質，另一方面又可以利用癌細胞中具有較高的末端合成酶活性便於繼代培養。其中最明顯的例子之一，是製備單克隆抗體（monoclonal antibodies）時常同小鼠、大鼠或人類的骨髓瘤細胞，以及受過免疫接種（immunization）的小鼠（也可以用大鼠、兔子或任何其他動物等）胰臟中的 B 細胞相互融合，以便保持 B 細胞在一定條件下的繼代培養。

由此可見，細胞不可沒有末端合成酶，否則細胞極易進入死亡；細胞的末端合成酶活性也不可不加以調節控制，否則極易進入癌化。末端合成酶的活性既是細胞中指標性的晴雨表，也可以利用末端的活性於生物技術的應用上，創造我們日常生活中所需的重要物質，如某些重要的單克隆抗體等。因此，本章重點在於研究末端酶的作用，以及染色體端粒的形成及其結構等。

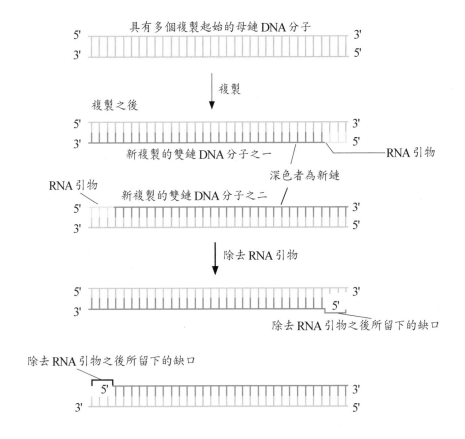

圖 6-1　線性染色體複製之後所留下的末端缺口。如圖所示，每一條鏈 5' 末端都有一節 RNA 分子，作為 DNA 合成的引物，但此端引物必將在 DNA 複製之後被除去。如果這個缺口不能被修補，那麼下一輪的 DNA 複製會再一次出現短缺的現象，造成染色體末端基因的丟失。

第一節　特殊的端粒 DNA 序列

　　無論採取何種 DNA 的複製機制，線性染色體的 5'-末端是無法複製的，這是因為在完成複製機制的先遣鏈（Leading strand）的 5'-末端的 RNA 引物，無法由 DNA 聚合酶本身所具有的活性催化合成 DNA 以替代引物 RNA。同時，以 3'- 到 5'- 方向的 DNA 鏈為模板的遲滯鏈 DNA 的複製所需要的 5'-末端的 RNA 引物，也無法以 DNA 的形式被替代。這是由於 DNA 鏈的延長性質（從 5'- 到 3'- 方向）及 DNA 聚合酶的催化方向所決定的。那麼在真核細胞染色體複製之後，是如何解決每一次 RNA 引物被清除以後所帶來的染色體 DNA 的缺失問題呢？染色體的末端，或者說端粒（Telomere）的 DNA 序列是如何複製的呢？

　　研究說明，端粒 DNA 具有不尋常的序列：(1)一般由數十、數百或數千個簡單重複

的序列所組成；(2)末端重複序列具有物種的特異性；(3)每條染色體的 3'-末端具有富含鳥嘌呤的序列；(4)同一物種不同染色體的末端序列完全相同。這些特點說明了一個強烈的信息：所有相同物種不同細胞的末端序列，應當具有相同的來源。如在一種纖毛原生生物四膜蟲（*Tetrahymena*）中，其染色體的末端具有連續重複的 *TTGGGG* 的序列，而所有的脊椎動物中都具有的一級結構。除了序列上的特異性之外，末端重複序列的長短在各物種中有一定差異，3'-末端延伸鏈的長度可從真菌細胞中的 20 次，重複到人類細胞中的 200 次重複序列不等，可見不同物種中末端合成酶的活性或延長 3'-末端的有效時間，有相當大的差異。四膜蟲的染色體末端序列是較早獲得解讀的序列之一，其結構如圖 6 - 2 所示。

1989 年 Blackburn E 等人曾經提出過末端 DNA 合成的分子機制。經由上述的討論，我們知道催化富含 G 鹼基的末端 DNA 合成的酶，是維持末端結構的主要催化酶。如纖毛原生生物四膜蟲的末端合成酶，可在染色體的 3'-末端識別含有 G 鹼基的末端寡聚核苷酸序列。研究發現，末端合成酶是一種含有 RNA 的蛋白質，其 RNA 的組分含有一段與染色體末端互補的序列。因此，末端合成酶利用其本身所含有的 RNA 序列作為模板，以反轉錄的方式合成末端序列，並轉移至 DNA 的 3'-末端。這個過程可重複多次，形成末端重複的 DNA 序列。

這種反轉錄酶的作用機制，有別於普通的 RNA 反轉錄酶。最早在反轉錄病毒（retroviruses）中所發現的反轉錄酶，其本身並不含有反轉錄所需要的 RNA 模板。當反轉錄病毒〔如 B 型、C 型肝炎病毒或人類免疫缺陷病毒（HIV）等〕因為感染而進入細胞之後，其表面的蛋白質極容易被細胞中的蛋白酶所水解，釋放出 RNA 基因組及本來就含有的反轉錄酶。此時，反轉錄酶以病毒的 RNA 基因組為模板，以細胞中的轉運 RNA（tRNA）為引物，合成第一條鏈的互補 DNA。互補 DNA 與 RNA 所組成的雜交分子並不穩定，易受 RNase H 所水解。但 RNase H 的水解並不完全，留下了某些抗 RNase H 的核苷酸，恰好作為第二條互補 DNA 鏈合成時的引物，利用 DNA 聚合酶（如線粒體中所存在 DNA 聚合酶）催化合成第二條 DNA 鏈。因此，雖然病毒的反轉錄酶與末端合成酶兩者，均可利用 RNA 為模板反轉錄形成 DNA，但兩者仍有相當大的區別。

末端序列合成機制的假說，得到了突變研究結果的支持。如果利用突變的方式改變末端合成酶中 RNA 的鹼基序列，結果發現染色體的末端序列被改變了。事實上，如果我們從進化的角度或核苷酸序列的同源性來判斷，末端合成酶的蛋白質成分與已知的反轉錄酶，應屬於同源蛋白質。與端粒中富含 G 鹼基序列所互補的 DNA 鏈，應是遲滯鏈合成中正常的細胞機能。種種的研究結果證明，遲滯鏈 3'-末端中富含鳥嘌呤的鏈，應是末端合成酶經多次反轉錄後的結果。

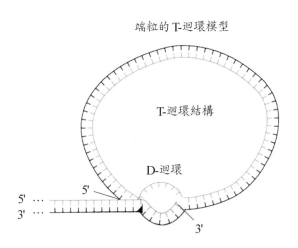

四膜蟲染色體的末端序列

TTGGGG　TTGGGG　TTGGGG—OH 3'

AACCCC

端粒的 T-迴環模型

T-迴環結構

D-迴環

5' …
3' …

5'

3'

圖 6 - 2　四膜蟲染色體端粒的核苷酸序列及其 T-迴環結構。四膜蟲的染色體末端具有相同序列的重複結構，這是因為同一種末端合成酶重複合成的結果。由於 3' 末端被末端合成酶所延長，最終形成大的迴環結構，並以其一段 DNA 序列為模板，形成某些 Okazaki 片段，最後由於連接酶的作用而形成正常的染色體末端，亦即通常所指的端粒結構。

第二節　端粒結構是染色體的保護傘

　　如上所述，如果沒有末端酶的作用，染色體的兩端在每一次 DNA 的複製及細胞分裂之後，就會短缺 50-80 個核苷酸。因此可以預料，如果缺少末端合成酶或者末端酶的活性不足，那麼位於染色體末端的基因最終將會逐漸地丟失，因此在細胞分裂之後的子細胞將無法存活。但是末端合成酶的存在防止了這種情況發生，因為在每一次 DNA 的複製之後，末端合成酶將繼續在 3'-末端合成重複序列。3'-末端的 DNA 經過多次重複地複製之後，可形成一定迴環結構作為 5'-末端延長被去除 RNA 引物之後所留下空隙，達到修補 5'-末端的目的。這樣的 DNA 合成機制，保證了所有染色體上結構的正常性（圖 6 - 3）。

　　然而，末端合成酶只能合成 3'-末端的單鏈 DNA，這樣所造成的游離單鏈末端很容易被核酸酶所降解，同樣會導致 DNA 的損傷，破壞染色體的正常功能。另外，如此合成的染色體末端極容易相互融合，造成暴露的末端 DNA 相互接合，形成環狀 DNA。無論出

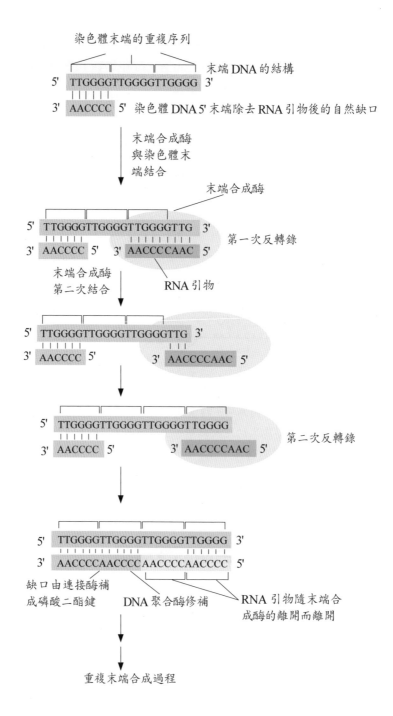

圖 6 - 3　四膜蟲染色體末端的合成。四膜蟲染色體末端合成酶中，含有序列為 *AACCCCAAC* 的 RNA 結構，可以用其 *AAC* 的序列與末端 DNA 的 *TTG* 配對，而經由反轉錄合成 *GGGTTG*。第一次合成之後，該酶向右滑動，再一次以其 RNA 序列與染色體末端 *TTG* 配對，第二次合成 *GGGTTG* 的序列。如此反覆，可以合成一段含有數十乃至數百核苷酸的末端。

現何種情況，染色體將會失去正常的功能，最終導致細胞的死亡。

因此，光靠末端合成酶重複合成 3'-末端上的重複序列是不夠的，該末端必須形成特定的結構，形成一種保護傘（圖 6 - 2）。研究發現，染色體的末端不僅僅是重複序列，還有一些特異性的蛋白與其重複序列相結合。一般而言，末端的保護傘結構越是迅速形成，其末端的重複序列越短，這充分說明末端保護傘結構的形成，也是末端合成酶活性的抑制性結構，因此也是物種特異性的一種表現。

許多生物器官或部位的末端合成酶活性研究說明：(1)不同生物的末端合成酶活性，有顯著的差異；(2)同一生物不同部位的末端合成酶活性，也有顯著的差異，如體細胞的活性較性細胞低等。體細胞末端合成酶活性較低，也正說明了為什麼體細胞在細胞培養條件下，經過幾次或十幾次細胞分裂之後，便進入老化階段。許多材料的研究說明，多數體細胞經過 20-60 次的細胞分裂後便進入死亡。纖毛原生生物四膜蟲本來可以繼代培養，但如果利用突變的方法誘導末端合成酶的缺失突變，突變體經過二十餘次的細胞分裂之後，便終止分裂而進入死亡。

由此可見，染色體的末端結構對於染色體的保護作用非常重要，是防止染色體兩個末端相互黏連及抵抗核酸酶降解的重要一環。此外，末端合成酶的缺失導致細胞老化的主要分子機制，在於染色體末端基因的缺失。因此，對於真核細胞生物而言，無論是單細胞真核生物還是多細胞真核生物，末端合成酶是保護細胞不會迅速老化的主要物質。

第三節　端粒的長度與生物老化的關係

1996 年美國的一組科學家，提出免疫細胞的自我摧毀假說，即感染人類免疫缺失病毒（human immunodeficiency virus, HIV）的表面結構，被細胞的蛋白酶解體後，再由 MHC 體系呈現到被感染細胞的表面。這種呈現作用（presentation）使得絕大部分被感染的細胞連同病毒，都可能被淋巴細胞（T lymphocytes）經由其 T 細胞受體（T cell receptor, TCR）識別而殺滅。因而可以說，免疫細胞一般能夠移除絕大部分的 HIV，使該病毒被消滅於 T 細胞的毒殺作用，從而被 MHC 呈現到細胞表面的病毒蛋白質碎片，是一種殺滅的信號導致它本身的毀滅。此時可以激發淋巴細胞增生，最終將感染病毒的細胞殺死，但同時淋巴細胞也成了陪葬品。剩下的一小部分病毒（如 0.5-1%）經過擴增之後，又一次遭逢細胞的摧毀及 T 細胞的自我摧毀過程。如此重複進行的結果是，T 細胞逐漸減少到無力摧毀感染細胞，最終導致免疫缺失綜合徵。

文章在美國的《科學》雜誌發表之後，立即引起廣泛的注意，筆者也以期待的心情觀察著世界對該假說的回響。荷蘭一組科學家也以相同的心情注視著科學理論的發展，

不過他們從另一個角度推想，如果感染 HIV 的病人以這種機制對抗外侵的病毒，那麼這些長期感染 HIV 病人的體內淋巴細胞，必然只存在新的 T 細胞。可以預測，其染色體因為時間短暫來不及延長其染色體的末端，因此病人的淋巴細胞染色體應當比常人的短。因此，他們分析兩組（病人與對照的正常人）應試者的染色體長度發現，病人的染色體沒有如預期的那樣比較短，即兩組應試者的染色體長度沒有區別，他們的研究結果也在同年的《科學》雜誌上發表。這強烈地說明了人類的染色體末端，在末端合成酶催化的條件下逐漸延長，細胞生存的時間越長，其染色體末端的重複序列應當隨之加長，從而產生染色體的保護作用，也說明了末端在末端合成酶對於細胞的老化產生擷抗的作用。

其實在 1996 年之前，已有人研究過細胞的增生能力與細胞捐獻者年齡的關係。多種材料的研究說明：(1)細胞的增生能力與捐獻者年齡之間，只有極為微弱的關係，這說明了不同年齡捐獻者體細胞繼代培養之長短，可能與年齡以外的其他因子更有密切的關係；(2)無論細胞捐獻者的年齡如何，不同類型體細胞的增殖能力與細胞培養時，染色體端粒的長度具有密切的關係；(3)具有相對較短染色體端粒的細胞，顯著比較長染色體端粒細胞的增殖能力差，而也在較短的時間內趨於死亡；(4)患有早老症（progeria，是一種迅速成熟及老化的稀有遺傳疾病，導致兒童時期因老化而死亡。早老症也可分為幼年、青年及成年期的不同症狀，一般發病年齡越早，病情越嚴重）病人的成纖維細胞（fibroblasts），具有較短的染色體端粒，其細胞的增殖能力明顯下降；(5)年齡從 19-68 歲的捐獻者所提供的精子分析說明，精子細胞並沒有因為捐獻者年齡的增長，而縮短其染色體端粒的長度。這至少說明了在精子細胞中末端合成酶活性，並未因為捐獻者的年齡增長而下降；(6)凡是在細胞培養條件下可以繼代培養的細胞端粒，均比一般體細胞的端粒長，並且細胞在繼代培養中維持穩定的長度；(7)單細胞真核生物的端粒較長且穩定，保持了穩定增殖生長的能力。

以上的分析充分地說明了，凡是可以繼代培養的細胞，包括單細胞的原生生物及癌細胞等，均具有較長且穩定的染色體端粒。因此可以說，染色體端粒是細胞能否成為永久生長的關鍵：端粒越長，細胞越穩定；反之，很快地進入死亡。這些研究也說明了端粒的侵蝕，是細胞衰老（senescence）或老化的關鍵原因。

第四節　癌細胞具有較高的末端合成酶活性

前面我們曾經提過在多細胞的生物體中，其體細胞的末端合成酶活性一般很低，因此細胞在一段時間的分裂之後，逐漸因失去其活性而死亡。相反，其性細胞（如在第三節中所提到的精母細胞等）的末端合成酶之活性，基本保持在較高的水平。人們一直試

圖解開多細胞生物的體細胞中，末端合成酶活性呈現顯著下降的原因，這種機制對生物體的本身有何好處等問題。多年來研究人員普遍相信，這種機制有利於體細胞經過一般時間之後的正常死亡，因此防止了生物體細胞無限制生長的癌化過程。如果真如研究人員的意願所轉移，那麼保持體細胞較低的末端合成酶活性，則成為防止癌化的基本條件之一。

所有的癌細胞都具有兩種明確的特點，一是其長生不老的特點，即細胞不會產生分化而形成特化細胞，因而不具各特殊的功能；二是某些癌細胞的生長完全失去了控制。很顯然，如果哺乳類動物細胞在正常的情況下不會進入死亡，那麼產生癌化的可能性將會大大增加；此也意味著細胞內的末端合成酶具有較高的活性，細胞將會進入惡性轉化（malignant transformation）過程。因此，癌化過程需要幾種彼此獨立的遺傳變化：(1)細胞的生長失去了控制；(2)細胞不容易進入死亡過程；(3)末端合成酶的活性明顯增加。更重要的是，末端合成酶的活性也失去了細胞週期的控制。

遺傳研究說明，組織培養條件下的成纖維細胞可在三個基因的作用條件下，進行惡性轉化。這些基因與細胞的生長、活性、分化等直接相關。(1)與維持細胞活性直接有關，參與遺傳物質的保護作用；(2)直接與細胞的癌化有關，如某些基因的調控系統產生突變之後，失去了對該基因表現時機及表達量等方面的控制。(3)癌化的抑制蛋白由於基因產生突變而失去了抑制作用，造成癌化程序的啟動。

一、基因突變造成末端合成酶蛋白質亞基（TERT）的表達失去控制。研究發現，只要蛋白質亞基的產生量增加，儘管其 451 個核苷酸的 RNA 亞基在體細胞中是正常的，也會使成纖維細胞進入癌化程序。這說明體細胞不能維持較高的末端合成酶之活性，否則細胞將失去增殖方面的控制，轉變為永恆分裂的惡性轉化狀態。

二、基因突變造成細胞死亡信息的傳播途徑經受阻。研究說明 H-Ras 的突變造成死亡信息停止從該途徑傳播，因而細胞繼續生長，形成細胞增殖的「無政府狀態」。讀者不妨將 H-Ras 理解為斬殺的傳令官，當具有斬殺作用的信號傳送給 H-Ras 時，細胞將接受自殺信號而進入凋亡，但如果 H-Ras 的突變體不能接受「斬殺」信號，細胞將繼續生長，並且失去了生長控制的條件。

三、病毒的感染使癌化的抑制蛋白質失去作用。人們從 1970 年代開始，便懷疑病毒的感染可導致癌化過程，但在許多條件下並沒有直接的證據加以證明，以至於相當多的研究也只能當成一種假說，或帶有先入為主的主觀判斷。其實病毒的感染，而造成人體成纖維細胞的癌化過程是有據可查的。如 SV40 感染成纖維細胞之後，其大 T 抗原（也稱為腫瘤抗原）（large T-antigen）可與腫瘤抑制蛋白（RB 及 p53）相結合，而鈍化這些抑制蛋白的作用，造成細胞的癌化。

這些研究說明，末端合成酶抑制物的研究和利用，可能為抑制癌細胞的增殖及終止癌變細胞等方面，發揮重要的作用，從而讓細胞重新轉化為正常控制條件下的體細胞，或進入死亡之途的有效抗癌物質。

第五節　末端 DNA 二聚體的形成

雖然在 DNA 雙螺旋結構中，A 與 T 配對（或在 RNA 轉錄時，A 與 U 配對）、G 與 C 配對，但不等於說其他鹼基之間不會配對或不會形成較強的配對鹼基。所有的鹼基均可相互配對（表 6 - 1），有些鹼基之間的配對還比 Watson-Crick 的鹼基對更強，如 G 與 G 之間的配對可達 $K(M^{-1}) = 10^3\text{-}10^4$，而 A 與 U 的配對只有 $K(M^{-1}) = 100$，G 與 C 配對的 $K(M^{-1}) = 10^4\text{-}10^5$。（如表 6 - 1 所示）。

表 6 - 1 說明 $G \cdot G$ 配對的結合常數很高，是一種配對方式。那麼為什麼這種配對不能出現在正常的 DNA 分子結構中呢？這是因為 $G \cdot G$ 配對造成不正常的分子構象（即 $G \cdot G$ 配對的分子直徑超過 2nm，任何在 DNA 分子中出現的配對，將被 DNA 聚合酶 I 所識別，因而經由其修復功能而除去。然而在基因組 DNA 的聚合反應之後，如果末端 DNA 的結構經由某種抗外切酶的形式，形成這種特殊的結構，如經由一條單鏈 DNA 形成 $G \cdot G$ 二聚體，另一條單鏈 DNA 形成相同的二聚體。兩種二聚體相互纏繞而形成四聚體結構，便是一種極為穩定的分子結構，也可以規避任何修復酶的外切酶活性。

事實上，染色體末端可能利用其本身富含鳥嘌呤的特點，形成鳥嘌呤四聚體的方式，早在 1994 年便有人嘗試過，經由某種研究解答端粒結構的問題，如 Schultze P 等人利用合成的寡聚核苷酸 d（GGGGTTTTGGGG）在水溶液中形成一定的結構，再利用核磁共振（NMR）的方式解開其結構，發現的確可以形成所謂的鳥嘌呤四聚體結構。相信在染色體的末端，可能存在著這種抗核酸酶水解作用的特殊結構。然而研究 G-四聚體不是一件容易的事情，因為寡聚鳥嘌呤極容易產生聚合作用而沉澱，上述的寡聚核苷酸部分地解決了聚合沉澱的問題，因而成功地解開了其中的祕密。

利用上述的 12 個核苷酸寡聚物 $d(G_4T_4G_4)$ 進行結構研究，是根據某些生物染色體末端一級結構的研究結果所確定的。在一種鞭毛原生生物（*Oxytricha nova*）的 3' 末端中，便具有 $d(T_4G_4)_2$ 的序列，因此其 NMR 結構可以說代表這類生物細胞中的自然結構，由兩條單鏈 DNA 摺疊而形成四聚體結構，其中的 T4 部分形成了 G-四聚體的迴環結構部分。

表 6-1 鹼基配對的結合常數

配對方式	鹼基對	結合常數 $K(M^{-1})$
自我配對	$A \cdot A$ $U \cdot U$ $C \cdot C$ $G \cdot G$	3.1 6.1 28 10^3-10^4
Watson-Crick的鹼基對	$A \cdot U$ $G \cdot C$	100 10^4-10^5

在原生生物（*Oxytricha nova*）中，也曾發現一種端粒的結合蛋白（telomere end binding protein, TEBP）。這是一種異型二聚體的蛋白質，與 3' 末端中的突出序列相結合。這個蛋白質與 $d(G_4T_4G_4)$ 所形成的複合體之晶體結構，已進行過 X 光衍射的研究，發現 DNA 與 TEBP 的 α 及 β 鏈之間所形成的深凹中相結合，也可以看出 DNA 節段形成一種不規則的非螺旋型構象。末端 DNA 的摺疊及蛋白質結合方式的研究，迄今為止尚未畫上休止符；相反的，這方面的研究還尚處於起步階段，如末端的結構目前還停留在假說的基礎上。

基因突變對於末端結合蛋白質的功能研究曾指出，人類細胞及真菌細胞中表達一種端粒的結合蛋白，稱為 Pot1（P 代表保護，來自 protection；t 代表端粒，來自 telomere），即端粒保護蛋白。如將該基因誘變而造成功能缺失，則發現端粒 DNA 並沒有正常形成，其末端的 DNA 極容易被水解。由於末端 DNA 被水解而造成黏性現象，染色體的末端發生相互黏連而形成環狀染色體。可見端粒結合蛋白在形成正常端粒結構時，是不可或缺的因子之一。

第六節　端粒的 T-迴環結構

由於末端合成酶的作用，3' 末端的 DNA 重複序列被多次地重複延長，形成特殊的單鏈 DNA 結構。一般而言，單鏈 DNA 結構極為脆弱，即很容易被 DNA 水解酶所攻擊。如上述的 Pot1 基因形成缺失突變之後，末端的 DNA 迅速被水解。這個結果證明，儘管末端合成酶幫助 3' 末端延長其單鏈 DNA 的序列，這本身並不保證 DNA 不會被核酸酶所攻擊。但正如第五節所研究的那樣，末端可以形成一定的抗核酸酶結構，即鳥嘌呤四聚體。然而，末端還會存在局部的單鏈結構，因此，末端必須形成一定的保護結構，才能保證末端不會被迅速水解。研究說明，這種結構來自於特殊 DNA 的序列及蛋白質的雙重作用。

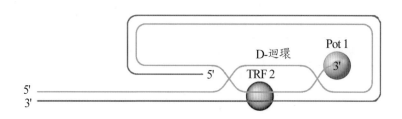

圖 6-4　染色體端粒的可能結構。端粒保護蛋白 1（Pot1）與延長後的 3' 末端 DNA 相結合，而末端連接因子 2（TRF2）是連接雙鏈的結合蛋白。注意在 T-迴環結構中，可形成 D-迴環結構。這個假說來源於 Griffith J 及 de Lange T 的電子顯微鏡，對於染色體末端的研究，因此目前對於端粒的結構仍屬於假說階段。

　　我們首先看一看末端的序列。大部分真核生物的染色體末端，均具有豐富的鳥嘌呤結構，如上述所提到的纖毛原生生物四膜蟲（*Tetrahymena*）的 *TTGGGG* 結構，這本身就極容易自我形成二聚體的穩定結構，但整體而言仍然是一種突出端（overhang）的結構特點。研究發現，除了上述纖毛原生生物（*Oxytricha nova*）中的 TEBP 蛋白，以及人類和真菌中的 Pot1 蛋白質外，還有所謂的端粒重複序列結合因子（telomere repeat-binding factor, TRF）被發現是端粒的常見結合蛋白。目前已發現有兩種結合因子，分別為 TRF1 及 TRF2。由於 DNA 結構的特點及蛋白質的結合，端粒形成一種 T 型的迴環結構，稱為 T-迴環（T-loops）。

　　在電子顯微鏡下，Griffith J 及 de Lange T 研究了哺乳類動物的染色體端粒，發現端粒一方面與蛋白質相結合，另一方面，不同物種的染色體可形成大小不同的 T-迴環結構。在 T-迴環結構中可以較為清楚地鑑別出，蛋白質的可能結合部位（圖 6-4）。

　　一般而言，在末端的結構模式中，Pot1 蛋白質與 3' 突出端的最末端相結合，從而保護末端染色體不被任何具有外切酶活性的酶類所水解。TRF2 可將 3' 突出端與 5' 突出端所形成的局部雙螺旋結構結合在一起，因此從電子顯微鏡照片看更像 O 型結構，或者由一條繩子所結的吊環結構。由於 3' 突出端局部與 5' 突出端形成雙螺旋結構，3' 突出端的另一部分形成相斥型態，因而造成 D-迴環的局部結構。整體而言，稱染色體的端粒為 T-迴環結構，還不如稱為吊環結構更貼近於電子顯微鏡所拍攝的照片。

　　染色體端粒的研究方向方興未艾，所累積的資料仍然有限。對於研究人員來說更有發揮的空間，因此可以預期還會有更多的人投入於端粒的研究。

思考題

1. 老化症是一種什麼樣的疾病？它與末端 C 合成酶有何關係？

2. 為什麼真核細胞染色體不形成環狀結構，以防止核酸外切酶的水解？

3. 為什麼說臺北某醫院收留的一位八歲但其生物年齡已達八十歲的女童，應當屬於末端酶缺失的患者？

4. 末端酶的缺失有幾種類型？每種類型有何特點？

5. 如何說明正常的動物體細胞經過一定時間的培養之後，往往走向死亡的機制？

6. 為什麼從原生生物到高等哺乳類動物的染色體末端序列中，都含有極高比例的鳥嘌呤？

7. 為什麼說端粒結構是染色體的保護傘？

8. 為什麼同一生物體中不同細胞種類的末端合成酶活性有所區別，是什麼機制控制末端合成酶的活性？

9. 端粒的長度與老化有何關係？在早老症病人中，是什麼原因促使細胞迅速老化的？

10. 端粒的長度與老化的研究在哪些方面獲得進展，而這些研究給我們提供了什麼信息？

11. 惡性轉化是何涵義？其中有哪些重要的原因促使惡性轉化過程的發生？

12. 成纖維細胞（fibroblasts）的癌化過程研究，說明了什麼？

13. 鳥嘌呤一四聚體是如何形成的，有何遺傳學方面意義？

14. 既然鳥嘌呤之間（$G \cdot G$）的結合常數遠比 $A \cdot U$ 高，為什麼在正常的 DNA 結構中，不會出現 $G \cdot G$ 的配對？

15. 染色體的端粒結構是如何形成的？其中哪些蛋白質發揮關鍵的作用？

第七章　代謝酶的遺傳缺失

本章摘要

　　基因的功能是在生物機制（或其基因本身的調節序列）的控制之下，經由蛋白質（酶）、tRNA 或 rRNA 等的產生而體現出來的，其中絕大部分的基因功能以蛋白質的功能為依歸。自從 1902 年 Garrod 提出的「內源性代謝錯誤」（inborn metabolic error）的概念以來，生物代謝途徑中的錯誤或缺失而導致的遺傳疾病的種種問題，經過了漫長的研究歷程，終於在遺傳疾病的病理及分子機制的理解方面，取得了長足的進步，這包括了苯丙酮尿症、白化症、黑尿症、自毀容顏綜合徵（Lesch-Nyhan syndrome），以及家族性黑矇性白痴（Tay-Sachs disease）綜合症等分子機制的揭示。迄今為止，與代謝錯誤有關的突變基因已發現不止一百多個，包括氨基酸及尿循環病、有機酸及脂肪酸氧化病、線粒體及過氧化物酶體病、溶酶體、固醇及脂質病、碳水化合物及糖基化病、嘌呤及嘧啶代謝缺陷病、激素缺陷病、肌骨架及結締組織病、血液及免疫系統病，以及其他相關聯的基因缺陷病等。基因經由對蛋白質結構的控制，從而控制著某些遺傳疾病的發生、發展等機制是毋庸置疑的，這包括了鐮刀型貧血症及囊性纖維化等分子機制的研究。遺傳疾病分子機制方面的研究，已累積了大量的經驗及技術，可應用於其他領域，尤其是疾病的產前檢查等。這些技術包括羊水的培養、染色體標本的製作及原位分子雜交等，甚至還可以利用 PCR 等技術，直接對最易發生突變的位點進行檢測等。遺傳疾病分子基礎的研究，已累積了很好的基礎，但整體的研究仍處於迅速發展階段，將在遺傳學中的分支代謝遺傳學（metabolic genetics）、臨床遺傳學（clinical genetics）研究及基因治療學（gene therapy）方面，發揮更為重要的作用。

前言

　　一種或一類物質的生物代謝，往往是由一系列酶催化的反應所組成的過程，其具體的反應路徑因此也稱為反應途徑（reaction pathways）或代謝途徑（metabolic pathways）。如果一種產物需經過十餘種酶的催化，而前一個反應產物成為後一個反應的底物時，其中任何一種催化酶的缺失便可能封閉整個代謝途徑。1902 年 Garrod 研究過人類的一種疾

病，病人的尿液暴露在空氣中之後，便變為黑色。由於這個特點，嬰兒出生後不久便可檢查到這種疾病。由於這項研究成就及治療上的緊迫性，在現代醫院中嬰兒出生後的第一件事，便是檢查新生兒是否具有苯丙氨酸—酪氨酸代謝途徑的缺陷問題，甚至有些國家規定，如果醫院失職而導致嬰兒的智力發育遲緩，醫院將負起法律責任。

代謝問題往往是一個綜合性的問題，因為幾乎任何一個步驟受到影響，往往會影響到整體的代謝。許多遺傳代謝疾病可以利用飲食對疾病加以控制，如苯丙酮尿症、黑尿症、白化及蠶豆症等。有些遺傳疾病必須以某種方式添加缺失的蛋白質，如 α1- 抗胰蛋白酶（α1-antitrypsin）的酶缺失，所導致的肺氣腫（pulmonary emphysema）等疾病。隨著研究的深入，我們了解到某些遺傳病的問題在一定的程度上是可以得到解決的，有些是可以治療的。可見遺傳疾病分子基礎的研究，是解決遺傳疾病的必經之路。

第一節　內源性代謝錯誤假說

1902 年 Garrod A 研究了黑尿症的遺傳疾病之後，與遺傳學家 Bateson W 對黑尿症的病因下結論說，苯丙酮尿症是一種遺傳控制的疾病，因為同一家庭中往往有幾位成員均罹患此症。尤其使他們信服的是，這些家庭成員的二等親（表兄妹等）婚配的子女，這一代中得到該症的比例，遠比親緣上無關的婚生後代得到該病的可能性高。這項發現的意義重大，因為二等親（表親）具有許多共同的等位基因，因此產生隱性純合後代的可能性較大。

經過對這個家族許多成員的研究，Garrod 發現在黑尿症的病人中，其尿液中的尿黑酸（2, 5-二羥苯乙酸）含量很高，而正常人的尿液並不含有這種物質。因為尿黑酸暴露在空氣中之後，很快就氧化變成黑色；因此 Garrod 認為在正常人中，必定有一種物質可以代謝尿黑酸，但具有黑尿症的病人不會有這種物質。所以，尿黑酸被保留在尿液中不會被進一步代謝。於是 Garrod 認為，黑尿症就是所謂的「內源性代謝錯誤」所導致的疾病。換言之，黑尿症其實就是因為催化尿黑酸代謝的酶的缺失，所造成的代謝問題（圖7 - 1）。

現在我們知道黑尿症、苯丙酮尿症及白化症，均屬於同一個代謝途徑。苯丙酮尿症是因為食物中的苯丙氨酸被轉化為酪氨酸的過程受阻，造成苯丙酮酸的積累（由苯丙氨酸轉化而來）。轉化為酪氨酸的酶及其輔基的缺失，均可導致苯丙酮酸的積累。酪氨酸可以進一步代謝為多巴（dopa）物質，進而形成黑色素（melanin），如果這個過程受阻，將產生白化症，並且由於多巴的缺乏而導致痴呆症。另一方面，酪氨酸經過一系列的代謝可形成尿黑酸，如果尿黑酸進一步代謝為順丁烯二酸單醯乙醯乙酸的途徑受阻，可造

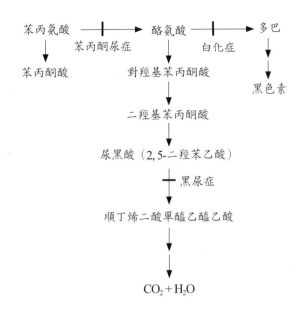

圖 7-1　苯丙氨酸、酪氨酸及尿黑酸代謝示意圖。如果苯丙氨酸的代謝途徑受阻，則使苯丙酮酸在尿液中累積，成為苯丙酮尿症；如果酪氨酸轉化為多巴的途徑受阻，則發展為白化症；如果尿黑酸的代謝途徑受阻，則發展為黑尿症。

成尿黑酸的積累，便形成黑尿症。

　　也許 Garrod 與孟德爾在某些方面有一定的雷同性，即他們的觀點是超時代的，所以儘管 Garrod 研究過所有與此相關的三種疾病，況且每一種疾病的代謝受阻均得到明確的闡述，但他的研究並沒有得到同行們的注意，因此他的研究工作被淹沒了幾十年之後，才被重新重視，其結論才被重新肯定。也許當時承認他遺傳理論的最大障礙，是當時對整個代謝過程還不清楚，因此他的描述也就難以為人們所理解。不過他的結果與孟德爾的結果一樣沒有多少人知道，甚至「一個基因一個酶」的論文中也沒有提及，他的結果一直到「一個基因一個酶」理論的作者，在獲得諾貝爾獎的演講詞中才得到披露。

第二節　一個基因一個酶假說

　　1942 年 G Beadle 及 E Tatum 繼 Garrod 之後，是第二個開闢遺傳學中的一個分支「生化遺傳學」（Biochemical genetics）研究小組，他們結合了生物化學和遺傳學的雙重特點，解釋了代謝途徑的基本性質。他們利用單倍體的紅色鏈孢黴（*Saccharomyces cerevisiae*）（也稱為紅色麵包霉，是發酵麵包的一種真菌菌種，因此也稱酵母菌）為材料的研究，說明了基因和酶之間的直接關係，並提出了「一個基因一個酶」的假說。這項研究首次

揭示，基因經由控制酶的產生而表現自己（即基因的表達），是遺傳學上的重要事件。為此，他們與 Lederberg 共同獲得了 1958 年的諾貝爾生理或醫學獎。

當然，正如拙作《遺傳機制研究》（中山大學出版社，2008）中所指出的那樣，「一個基因一個酶」的最大貢獻在於遺傳學研究史上，第一次揭示了基因與性狀之間的關係；闡明了基因透過控制酶一類的物質而影響性狀的產生。但是「一個基因一個酶」的概念未免限制了基因的作用。事實上，絕大多數基因所控制的物質是蛋白質，包括結構蛋白、胞質分泌於細胞外的蛋白等，酶只是其中的一小部分。基因還可以經由控制轉運 RNA 及核糖體 RNA 的產生，而表現自己。諾貝爾獎委員會以「發現基因的作用是經由調節特定化合物的產生」為由而頒獎，倒是可以概括了大部分基因的作用。

在 Beadle 及 Tatum 的研究工作中，他們首先分離出紅色鏈孢黴的營養突變體。這個黴菌的生長特點與脈孢黴（*Neurospera crassa*）頗為相似，也產生兩種配子，即 A 和 a。紅色鏈孢黴的生長要求十分簡單。野生型（自養型）的鏈孢黴可以在簡單的、只含有無機鹽（如氮源等）、有機碳（如葡萄糖或蔗糖）及生物素等。很顯然，鏈孢黴在這種環境下可以合成所有其他的生長物質，包括氨基酸、核苷酸、維生素、核酸、蛋白質等。這些物質的產生只需要從基本培養基中，獲得簡單物質即可。因此，完全可以從中分離出任何營養型突變體（即異養突變體或異養型）。當他們發現某一種突變體需要某種物質才能正常生長時，便命名為某物質的突變體，如精氨酸缺陷突變體等。

選擇營養缺陷型的假定條件，在於一切生物性狀的生成都是由基因所控制的，包括生物代謝所需要的各種酶類都是基因的產物。因此，整個實驗流程可描述為幾個重要的步驟：(1)採用野生型為研究材料，利用 X-光處理紅色鏈孢黴以獲得基因突變。早在 1930 年代就有人觀察過這樣的情形，即在具有 X-光機的室內飼養的果蠅後代中，其突變率遠比在沒有 X-光機的普通養殖室高出許多。另有報導認為，X-光照射花粉後再授粉，容易得到突變的後代，因此 Beadle 與 Tatum 首先用 X-光處理鏈孢黴，以期得到突變體鏈孢黴。這種研究方法雖然帶有相當大的盲目性，但在當時的研究條件下，也沒有其他更好的選擇。(2)將照射過 X-光的鏈孢黴與野生型鏈孢黴混合在一起生長，但必須給予完全培養基（如果希望選擇各種氨基酸缺陷的突變體，應在此階段的培養基中加入所有 20 種氨基酸，稱為完全培養基）。在培養過程中，即可能產生不同的配子型進行細胞融合，之後可產生子實體（fruiting bodies）。(3)在顯微鏡下將子囊中的子囊孢子，轉移到完全培養基中生長（每一個子囊孢子放在一支含有完全培養基的試管內）。因為子囊孢子是單倍體，如此進行的營養生長之後，每一支試管的單倍體後代只有一種基因型。(4)將在第三步實驗中於試管內生長的鏈孢黴，分別轉移到基本培養基中生長，如果已經發生了營養缺陷突變，則鏈孢黴不能在此培養基中生長而死亡。如果出現此等情形，可以說已經找

到了突變體。但此時我們還是不知道屬於什麼樣的突變，所以(5)將該突變體的黴菌（從原來在完全培養基中生長的菌種中挑出）分別轉入：(a)基本培養基為對照；(b)基本培養基中加入氨基酸，配成 20 種氨基酸添加的培養基，其目的在於挑選出氨基酸缺陷突變體；(c)基本培養基加所有維生素，配成各種維生素添加的培養基，目的在於挑選出維生素缺陷的突變體。(6)將該菌種轉入氨基酸選擇培養基中生長。假定該菌種只能在添加精氨酸的培養基中生長，則說明該菌種為精氨酸缺陷突變體。利用這種方法，不僅可以獲得所有的不同氨基酸缺陷的突變體，還可以得到不同維生素缺陷的突變種。

　　但是，假定利用上述的一系列方法，獲得了四個甲硫氨酸（methionine, Met）的缺陷突變體，是否可以說明它們應當是一樣的基因突變呢？答案是否定的。這不僅是因為細胞內有許多酶類，也有許多基因，如果這四個甲硫氨酸的缺陷突變體，是由於甲硫氨酸合成代謝途徑中不同酶的缺陷所造成的，那麼它們應當屬於不同基因的突變體。事實證明經由上述的選擇程序，可以選出不同的甲硫氨酸缺陷（methionine deficiency）突變體。這些突變體必須經由以下的選擇程序，才能進一步分離出甲硫氨酸突變體的亞型：(1)讓四種突變體分別生長於完全培養基中，以保存菌種；(2)讓四種突變體分別生長於基本培養基中以為負對照；(3)讓四種突變體分別生長於：(a)基本培養基含甲硫氨酸，此時所有的四種突變體（A、B、C 和 D）都應當可以生長，這說明四種突變體都不能合成甲硫氨酸；(b)基本培養基含高半胱氨酸（homocysteine），此時四種突變體中可能有三種可以生長。這個結果說明此三種突變體（假設為 A、B、C）的具體缺陷應是其他物質，而不是甲基四氫葉酸高半胱氨酸轉甲基酶。如果有一種突變體（假定為 D）死亡，則說明 D 不能利用高半胱氨酸；因此 D 很可能便是甲基四氫葉酸高半胱氨酸轉甲基酶（methyl tetrahydrofolate homocysteine transmethylase）缺陷；(c)基本培養基中含胱硫醚（cystathionine），此時 D 菌種必然會死亡。如果 C 菌種也不能生長，而 A、B 可以正常生長，則說明 C 很可能是胱硫醚酶 II（cystathionase II）的缺陷型突變體，而 A、B 則可以利用胱硫醚形成甲硫氨酸；(d)基本培養基中含乙醯高絲氨酸（O-acetyl homoserine），此時菌種 C 和 D 必然死亡。如果 B 菌種也不能在此培養基中生長，但 A 可以正常生長，那麼 B 可能就是胱硫醚合成酶（cystathionine-γ-synthase）的缺陷型突變體；(e)基本培養基中添加高絲氨酸（homoserine），此時 B、C、D 三菌種不能生長，而 A 也不能生長，這說明 A 可能是高絲氨酸轉乙醯基酶（homoserine transacetylase）的缺陷型突變體。（表 7-1 及圖 7-2）

　　由於這一系列的結果，使得 Beadle 與 Tatum 推斷出「一個基因一個酶」的假說，即每一個基因可以產生一個酶推動代謝的進行。這個假說在當時來說的確是劃時代的，因為這是人類第一次認識到基因的作用，是經由指導合成某些物質而顯現的。基因型只是遺傳性狀表達的一個基本條件，必須透過指導合成某些化合物才能表現出生物的特徵，因而這個概念是人類認識基因功能的第一次飛躍。

表 7-1 甲硫氨酸缺陷突變體的選擇

培養基	菌種的生長情況				
	A	B	C	D	說　明
基本培養基	—	—	—	—	所有的突變體都不能在基本培養基中生長
基本培養基＋甲硫氨酸	＋	＋	＋	＋	所有的突變體都缺少甲硫氨酸
基本培養基＋高半胱氨酸	＋	＋	＋	—	D是甲基四氫葉酸高半胱氨酸轉甲基酶缺陷的突變體
基本培養基＋胱硫醚	＋	＋	—	—	C是胱硫醚 II 酶缺陷的突變體
基本培養基＋乙醯高絲氨酸	＋	＋	—	—	B是胱硫醚 α 合成酶缺陷的突變體
基本培養基＋高絲氨酸	—	—	—	—	A是高絲氨酸轉乙醯基酶缺陷的突變體
基因符號	$met\text{-}5^+$	$met\text{-}3^+$	$met\text{-}2^+$	$met\text{-}8^+$	

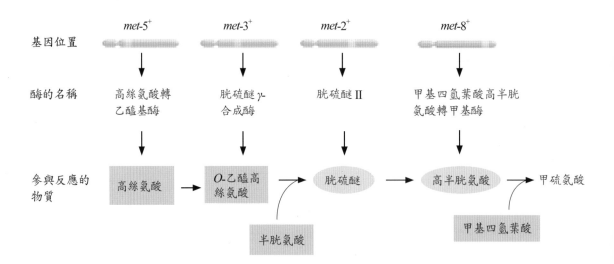

圖 7-2　甲硫氨酸突變體選擇過程示意圖。按表 7-1 的選擇方式選出四種突變體，被證明屬於四種不同基因的突變體：甲基四氫葉酸高半胱氨酸轉甲基酶的基因突變，使得高半胱氨酸與甲基四氫葉酸形成甲硫氨酸的反應受阻；胱硫醚酶II 基因的突變，使得胱硫醚轉化為高半胱氨酸的反應受阻；胱硫醚-γ-合成酶基因突變，使得 O-乙醯高絲氨酸與半胱氨酸形成胱硫醚的反應受阻；高絲氨酸轉乙醯基酶基因的突變，使得高絲氨酸轉化為 O-乙醯高絲氨酸的反應受阻。這四種突變體在表觀上均不能合成甲硫氨酸，但分別屬於不同基因的突變體。

　　然而這個概念畢竟有諸多的缺陷，其最大的問題在於以偏概全。雖然未曾見過酶在蛋白質中所占比例的科學報導，但無疑酶只是基因產物的一小部分，大部分的產物是其他的蛋白質，還有些基因直接產生 tRNA 及 rRNA 等。因此這個假說要上升為規律，比較困難。但如果改成「基因經由控制（或指導）其他化合物的形成，而影響遺傳性狀的表現」，則比較容易上升為規律，因為這樣才可能放之四海而皆準。

第三節　基因缺失與人類的遺傳疾病

　　如果將 Garrod 的研究結果及結論，看成是人類遺傳疾病的生化遺傳研究之先驅性工作的話，那麼人類遺傳疾病研究的起步不算晚，況且還是遺傳學中生化遺傳的首例。雖然長期以來（如從 1902-1960 年），人類的遺傳研究比其他研究材料落後許多，即使將時間推到 1902 年，如果從單純的生物遺傳學的觀點看待人類的遺傳研究，也不比其他研究材料所得的結果、結論或規律超前，這固然有研究材料的限制，也與醫學部門諸多的自我限制條件有關。即使如此，人們願意投入更多的財力和物力於各種遺傳疾病的研究，使得人類遺傳學成為當代重要的遺傳學分支之一。在某些研究技術方面，顯然已經開始超越了其他材料的遺傳學研究，因為人類基因的缺失而導致諸多的遺傳問題，隨著研究進展而逐漸解開了其中的祕密，這些研究進展主要體現在以下幾個方面的揭示及闡述。

運動蛋白質缺失症

　　人類遺傳疾病顧名思義，是因為基因突變造成其產物結構或功能方面的缺陷，而導致某些病理現象，有些是因為某種與運動有關的蛋白質的缺失。如囊性纖維化跨膜傳導調節蛋白（cystic fibrosis transmembrane conductance regulator, CFTR）及肌養蛋白（dystrophin）等（表 7 - 2）。這些蛋白質的缺失造成肌肉的收縮 、肌肉活動受限、免疫功能下降、細胞的離子控制失常、容易感染等多方面的綜合徵。

　　關於囊性纖維化跨膜傳導調節蛋白缺失所造成的囊性纖維化症的問題，在東西方均受到密切的注意，因為該病的發病率是遺傳疾病中較高者。囊性纖維化跨膜傳導調節蛋白基因中含有大量的內含子，許多突變與內含子的剪接過程不精確有關。還有相當多的突變發生於蛋白質的編碼區，造成蛋白質功能的缺失等。

表 7 - 2　運動蛋白的缺失症

疾病名稱	基因位置	蛋白質名稱及異常
囊性纖維化症（cystic fibrosis）	7q31.2	囊性纖維化跨膜傳導調節蛋白缺失（deficiency of cystic fibrosis transmembrane conductance regulator）
肌肉萎縮症（muscular dystrophy, Duchenne and Becker types）	Xp21.2	1.肌養蛋白缺失（dystrophin deficiency） 2.血清乙醯膽鹼酯酶缺失（serum acetylcholinest-erase deficiency） 3.乙醯膽鹼轉移酶缺失（acetylcholine transferase deficiency） 4.肌酸磷酸激酶上升（increasing of creatine pho-sphokinase）

糖代謝酶缺失症

　　酶類的缺失是人類遺傳疾病中的重要研究對象，也是人們比較容易著手研究的一類蛋白質。糖苷酶或其他苷酯酶的缺失相當引人注意，這包括葡萄糖腦苷酯酶（glucocerebrosidase）、α-1,4-葡萄糖苷酶（α-1, 4-glucosidase）、澱粉-1, β-葡萄糖苷酶（amylo-1, β-glucosidase）、乳糖酶（lactase）及己糖苷酶A（hexosaminidase A）等（表 7 - 3）。其中的己糖苷酶A 缺失所導致的家族性黑矇性白痴（Tay-Sachs disease）最顯著的分子機制，已有相當深入的研究（圖 7 - 3）。糖苷酶缺失所引起的疾病，大多與某種糖類的累積所導致的病變有關，如家族性黑矇性白痴是因為己糖苷酶的缺失，導致神經節苷脂（GM2）不能降解為 GM3，而造成 GM2 在神經細胞的積累，導致神經細胞的退化所致。

合成酶缺失症

　　在生物代謝過程中，經常出現將兩種或兩種以上的化合物組成一種代謝物，這種化學反應常需要合成酶的催化。遺傳研究說明，人類的某些常見遺傳疾病與某些合成酶的缺失有密切的關係，如精氨基琥珀酸合成酶（argininosuccinate synthetase）的缺失、穀胱苷肽合成酶（glutathinone synthetase）的缺失，以及尿噗林原Ⅲ合成酶的缺失等，均可導致某些遺傳疾病（表 7 - 4）；其中瓜胺酸血症及噗林症是較為常見的遺傳疾病，雖然同為尿噗林原Ⅲ合成酶缺失（uroporphyrinogen III synthase deficiency），但不同基因位點的缺失，可導致不同類型的狀症。

表 7-3　糖苷酸酶酸的缺失症

疾病名稱	基因位置	苷脂酶名稱及異常
高歇症（Gaucher disease）	1q21	葡萄糖腦苷酯酶缺失（glucocerebrosidase deficiency）
糖元貯存病 II（glycogen storage disease II）	17q25.2- q25.3	α-1,4-葡萄糖苷酶缺失（a-1,4-glucosidase deficiency）
糖元貯存病 III（glycogen storage disease III）	1p21	淀粉-1,β-葡萄糖苷酶缺失（amylo-1,β-glucosidase deficiency）
腸道乳糖酶缺失症（intestinal lactase deficiency, adult type）	?	乳糖酶缺失（lactase deficiency）
雙糖不耐症（disaccharide intolerance I）	3q25- q26	β-呋喃果糖苷酶缺失（invertase deficiency）
家族性黑矇性白痴（Tay-Sachs disease）	15q23- q24	己糖苷酶A缺失（hexosaminidase A deficiency）

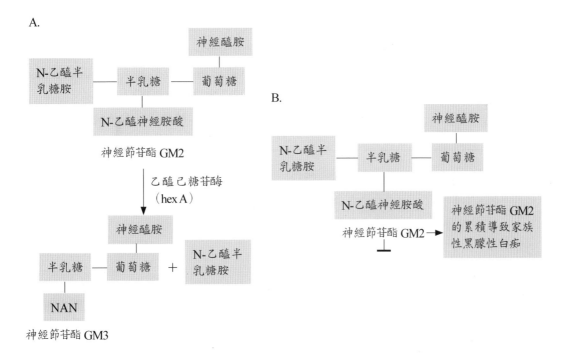

圖 7-3　神經節苷酯 GM2 降解為 GM3 的代謝途徑。A 圖正常的代謝途徑。神經節苷酯 GM2 在乙醯己糖苷酶的作用之下降解為 GM3，從而使神經細胞表面的神經節苷酯 GM2 得以清除。B 圖由於乙醯己糖苷酶的缺失，而致使神經節苷酯 GM2 無法降解，造成神經節苷酯 GM2 在神經細胞表面的累積，而使細胞萎縮退化，是家族性黑矇性白痴的主要病理原因。

表 7 - 4　某些合成酶的缺失症

疾病名稱	基因位置	合成酶名稱及異常
瓜胺酸血症 （citrullinemia）	9q34	精氨基琥珀酸合成酶缺失 （argininosuccinate synthetase deficiency）
溶血性貧血症 （hemolytic anemia）	20q11.2	穀胱苷肽合成酶缺失 （glutathinone synthetase deficiency）
急性間歇性噗啉症 （acute intermittent porphyria）	11q23.3	尿噗啉原Ⅲ合成酶缺失 （uroporphyrinogen III synthetase deficiency）
遺傳性紅血球生成缺失症 （congenital erythropoietic deficiency）	10q25.2-q26.3	尿噗啉原Ⅲ合成酶缺失 （uroporphyrinogen III synthase deficiency）

表 7 - 5　某些磷酸酶的缺失症

疾病名稱	基因位置	磷酸酶名稱及異常
酸性磷酸酶缺失症 （acid phosphatase deficiency）	？	酸性磷酸酶缺失（acid phosphatase deficiency）
糖元貯存病 （glycogen storage disease I）	17q21	葡萄糖-6-磷酸酶缺失（glucose-6-phosphatase deficiency）
低血糖及酸中毒 （hypoglycemia and acidosis）	9q22.2-q22.3	果糖-1,6-二磷酸酶缺失（fructose-1,6-diphosphatase deficiency）
乳酸尿Ⅰ型症 （orotic aciduria I）	3q13	乳清苷酸焦磷酸酶缺失（orotidylic pyrophosphorylase deficiency）

磷酸酶缺失症

　　磷酸酶是一類可將化合物中的磷酸基因水解下來的水解酶，常與能量的生成代謝有關，如某些磷酸基團被水解後可轉給 ADP 形成 ATP 等。磷酸酶在細胞的代謝中不可或缺，因此某些酶的缺，以失可導致某些病理現象，這包括酸性磷酸酶（acid phosphatase）缺失、葡萄糖-6-磷酸酶（glucose-6-phosphatase）缺失、果糖-1, 6-二磷酸酶（fructose-1,6-diphosphatase）缺失，以及乳清苷酸焦磷酸酶（orotidylic pyrophosphorylase）缺失等。這些缺失可導致其特定的遺傳疾病（表 7-5）。

脫羧酶缺失症

　　脫羧酶的功能十分確定，也十分專一，就是將某化合物的羧基（-COOH）以二氧化碳（CO_2）的形式脫下，或交給另一個酶以便轉給另一個化合物。這類化學反應占據生物代謝途徑的重要地位，如丙酮酸脫羧酶（pyruvate decarboxylase）、乳清苷酸脫羧酶（orotidylic decarboxylase）及穀氨酸脫羧酶（glutamic acid decarboxylase）等。這些酶的缺失與其相應的基因缺失，都已引起了人們的重視。有些雖然不算稀有疾病，但如果檢測不得其法，也會延誤治療時機，導致嚴重的後果；如乳酸尿症等若不及時治療，容易導致某些不可逆轉的傷害（表7-6）。

氧化酶缺失症

　　在細胞中氧化酶是一大類，各式各樣的氧化酶構成了代謝途徑中重要的成員，有些物質必須經過氧化而降解，如尿黑酸氧化酶（homogentisic acid oxidase）可將尿黑酸降解為順丁烯二酸單醯乙醯乙酸，如果這個過程受阻便產生黑尿症。由於這是 Garrod 首先報導的內源性代謝錯誤，筆者將開闢一節專論之。又如穀胱甘肽過氧化物酶（glutathione peroxidase）可將穀胱甘肽氧化，避免溶血性貧血的發生。導致溶血性貧血症的，還有穀胱甘肽還原酶（glutathione reductase）缺失、穀胱甘肽合成酶（glutathione synthetase）缺失、己糖酶（hexokinase）及丙酮酸激酶（pyruvate kinase）等缺失。有些氧化酶可將某些元素氧化而除去，如碘過氧化物酶〔或稱脫碘酶（iodide peroxidase or deiodinase）〕的作用，保證了正常的甲狀腺激素的合成等，因此氧化酶的缺失可導致嚴重的病理現象（表7-7）。

表7-6　某些脫羧酶的缺失症

疾病名稱	基因位置	脫羧（碘）酶名稱及異常
運動失調症（ataxia, intermittent）	3q21-q23	丙酮酸脫羧酶缺失（pyruvate decarboxylase deficiency）
乳酸尿 I 型症（orotic aciduria I）	3q13	乳清苷酸脫羧酶缺失（orotidylic decarboxylase deficiency）
吡哆醇依賴症兼癲癇（pyridoxine dependency with seizures）	2q31	穀氨酸脫羧酶缺失（glutamic acid decarboxylase deficiency）

表 7-7　某些氧化／還原酶的缺失症

疾病名稱	基因位置	氧化／還原酶名稱及異常
黑尿症（alkaptonuria）	3q21-q23	黑尿酸氧化酶缺失（homogentisic acid oxidase deficiency）
溶血性貧血症（hemolytic anemia）	3p21.1	穀胱甘肽過氧化物酶缺失（glutathione peroxidase deficiency）
溶血性貧血症（hemolytic anemia）	8p21.1	穀胱甘肽還原酶缺失（glutathione reductase deficiency）
溶血性貧血症（hemolytic anemia）	20q11.2	穀胱甘肽合成酶缺失（glutathione synthetase deficiency）
溶血性貧血症（hemolytic anemia）	1q20	己糖激酶缺失（hexokinase deficiency）
溶血性貧血症（hemolytic anemia）	1q21	丙酮酸激酶缺失（pyruvate kinase deficiency）
甲狀腺激素合成缺失症（defect in thyroid hormone synthesis）	2p25	碘過氧化物酶（或脫碘酶）缺失（iodide peroxidase or deiodinase）
酪氨酸血症（Ⅲ型）（tyrosinemia, type III）	12q24-qter	p-羥基苯丙酮酸氧化酶缺失（p-hydroxyphenylpyruvate oxidase deficiency）

激酶缺失症

　　從化學上講，激酶的作用與磷酸酶正好相反，前者是在作用的底物分子上，加上磷酸基團，後者是在底物上脫去磷酸基團。因此，激酶也常稱為磷酸激酶，是一類極為重要的酶類。磷酸激酶在細胞功能方面與物質的代謝、細胞的信號傳遞、細胞的生長、發育、分化等方面的關係密切，早就被人們所認識。在化學方面磷酸激酶的作用十分廣泛，包括物質的轉化、合成、能量代謝等等。特定激酶的缺失可導致某些特定的問題，但有時如果缺失的影響面過大，也會導致多方面的問題（表 7-8）。

轉移酶的缺失症

　　從化學上看，也許轉移酶屬於專一性較差的酶類。在發現的遺傳缺陷中，有涉及尿苷轉移者，如半乳糖-1-磷酸尿苷轉移酶（galactose-1-phosphate uridyl transferase）的缺失，可導致半乳糖血症；又如轉移 CoA 者，如琥珀酸 CoA:3-酮酸 CoA 轉移酶（succinyl CoA:3-

表 7 - 8　某些激酶的缺失症

疾病名稱	基因位置	激酶名稱及異常
白內障（cataract）	17q24	半乳糖激酶缺失（galactokinase deficiency）
溶血性貧血症（hemolytic anemia）	1q20	己糖激酶缺失（hexokinase deficiency）
溶血性貧血症（hemolytic anemia）	1q21	丙酮酸激酶缺失（pyruvate kinase deficiency）
免疫缺陷症（immunodeficiency）	1p31	尿苷單磷酸激酶缺失（uridine monophosphate kinase）
肌肉萎縮症（muscular dystrophy）	Xp21.2	肌酸磷酸激酶上升（creatine phosphokinase elevated）

表 7 - 9　某些轉移酶的缺失症

疾病名稱	基因位置	轉移酶名稱及異常
半乳糖血症（galactosemia）	9p13	半乳糖-1-磷酸尿苷轉移酶缺失（galactose-1-phosphate uridyl transferase deficiency）
酮酸中毒症（ketoacidosis）	5p13	琥珀酸 CoA:3-酮酸 CoA 轉移酶缺失（succinyl CoA:3-ketoacid CoA-transferase deficiency）
自毀容貌綜合徵（Lesch-Nyhan syndrome）	Xq26-q27.2	次黃嘌呤鳥嘌呤磷酸核糖轉移酶缺失（hypoxanthine guanine phosphoribosyltransfer-ase deficiency）
肌肉萎縮症（muscular dystrophy）	Xp21.2	乙醯膽鹼轉移酶缺失（acetylcholine transferase deficiency）

ketoacid CoA-transferase）的缺失，可導致酮酸中毒症；還有轉移核糖者，如次黃嘌呤鳥嘌呤磷酸核糖轉移酶（hypoxanthine guanine phosphoribosyltransferase）的缺失，可導致自毀容貌綜合徵。還有涉及到轉移乙醯膽鹼鹽者，如乙醯膽鹼轉移酶（acetylcholine transferase）的缺失，可導致肌肉萎縮症。因而這些轉移酶的缺失，可導致各種疾病（表 7 - 9）。

其他酶類的缺失症

筆者將其他蛋白質缺失所導致的遺傳疾病列入此類，是由於每一種酶類的缺失只有個案或由於研究的深度不夠之故，其中有些屬於異構酶的缺失，如果糖-1-磷酸異構酶（fructose-1-phosphate aldolase）、有些是脫氫酶，如葡萄糖-6-磷酸脫氫酶（glucose-6-

phosphate dehydrogenase）、歧化酶，如糖元歧化酶（glycogen branching enzyme）、酐酶，如碳酸酐酶B（carbonic anhydrase B）、羧化酶，如丙酮酸羧化酶（pyruvate carboxylase）、氧化還原酶，如賴氨酸：尼克醯胺氧化還原酶（lysine: NAD-oxidoreductase）、脫羧酶，如酮酸脫羧酶（keto acid decarboxylase）、碳鏈酶，如睪丸 17, 20-膽固醇脫碳鏈酶（testicular 17, 20-desmolase）、水化酶，如鞘磷脂水化酶（sphingomyelin hydrolase）、酯酶，如乙醯膽鹼轉移酶（acetylcholine transferase）、水解酶（如鞘磷酸脂水解酶）、羥化酶，如苯丙氨酸羥化酶（phenylanine hydroxylase）及 25-羥基維生素 D_1 羥化酶（25-hydroxycholecalciferol 1-hydroxylase）及抗胰蛋白酶（α1-antitrypsin）等。有些雖然可以形成單獨的一類，如抗絲氨酸蛋白酶（anti-serine proteases）等，但由於研究尚需時日，本書也不能包羅萬象，故暫時將這些蛋白質的缺失列入表 7 - 10。

表 7-10　其他蛋白質的缺失症

疾病名稱	基因位置	疾病名稱
果糖不耐症（fructose intolerance）	9q22.3	果糖-1-磷酸異構酶（缺失）（fructose-1-phosphate aldolase）
蠶豆症（G6PD deficiency）	Xq28	葡萄糖-6-磷酸脫氫酶（缺失）（glucose-6-phosphate dehydrogenase）
糖元貯存病IV（glycogen storage disease IV）	3p12	糖元歧化酶（缺失）（glycogen branching enzyme）
腎小管酸中毒兼耳聾（kidney tubular acidosis with deafness）	2cen-q13.5	碳酸肝酶B（缺失）（carbonic anhydrase B）
丙酮酸羧化酶缺失症（Leigh's necrotizing encephalopathy）	11q13.4-q13.5	丙酮酸羧化酶（缺失）（pyruvate carboxylase）
IA 型楓糖尿病（maple sugar urine disease, type IA）	?	酮酸脫羧酶（keto acid decarboxylase）
賴氨酸不耐症（lysine intolerance）	?	賴氨酸：尼克醯胺氧化還原酶（缺失）（lysine:NAD-oxidoreductase）
男性假兩性同體（male pseudohermaphroditism）	?	睪丸 17,20-膽固醇脫碳鏈酶（缺失）（testicular 17,20-desmolase）
尼曼病（Niemann-Pick disease）	11p15.4-p15.1	鞘磷脂水化酶缺失（sphingomyelin hydrolase）
肌肉萎縮症（muscular dystrophy）	Xp21.2	乙醯膽鹼酯酶（缺失）（acetylcholine transferase）

（續）

疾病名稱	基因位置	疾病名稱
類脂組織細胞增多症〔尼曼病（Niemann-Pick disease 的一種亞型）〕	11p15	鞘磷脂水解酶（sphingomyelin hydrolase）
苯丙酮尿症（phenylketonuria）	12q24.1	苯丙氨酸羥化酶（缺失）（phenylanine hydroxylase）
痀僂病（維生素 D 依賴症）〔ricketts (Vitamin D-dependent)〕	?	25-羥基維生素 D_1 羥化酶（缺失）（25-hydroxycholecalciferol 1-hydroxylase）
肺氣腫（pulmonary emphysema）		抗胰蛋白酶（α1-antitrypsin）

　　人類共有三千多種遺傳疾病，其中大部分屬於稀有疾病，但有些疾病卻在某些族群中成為常見病，如在臺灣的某些族群中有蠶豆症，屬多發病與常見病。但此族群對於預防及救治這些遺傳病也有一定的經驗，如告誡孩子不可吃蠶豆一類的物質等。又如發生蠶豆症之後，許多家庭都各有某些專治遺傳病的中草藥進行急救。可見人們在與自身弱點的抗爭過程中，累積了許多經驗可以借鑑。

　　某些遺傳疾病隨著社會的發展，也不完全是某族群的特有問題，如表 7-3 及 7-8 等所列的溶血性貧血症，近年來在臺灣也陸續有所發現，多與某些國家的配偶家庭有一定的關聯，應引起人們的注意。另據臺灣醫療部門 2008 年 7 月 17 日的資料顯示，臺灣近年來出生的孩子中貧血症有上升的趨勢，上升幅度由十年前的 0.03% 到今天的 0.15%，這主要是因為血紅蛋白（hemoglobin，在臺灣稱血紅素，但在中國大陸稱血紅蛋白。另外，在大陸稱為血紅素者實為 heme，即亞鐵原噗林，此物在臺灣稱為血紅素原或血紅原素）的活性下降所致。血紅蛋白基因 HbE 在東南亞國家的基因頻率頗高（表 7-11），因而臺灣新出生的一代中，地中海貧血症上升可能與經由新一代移民所造成的基因漂移有關。關於血紅蛋白遺傳缺失的分子機制，將另闢園地介紹之。

　　血紅蛋白由 α-鏈及 β-鏈所組成，分別由 α-基因及 β-基因所編碼。研究發現，這兩個基因有二百多處的突變均可造成貧血症。最常見的 α-基因突變有 HbI（賴氨酸 16 天冬氨酸）、Hb-G Honolulu（穀氨酸 30 穀氨醯胺）、Hb Norfolk（甘氨酸 57 天冬氨酸）、Hb-M Moston（組氨酸 58 酪氨酸）及 Hb-G Philadephia（天冬醯胺 68 賴氨酸）等突變（圖 7-4）。而常見的 β-基因之突變，包括 Hb-S（穀氨酸 6 纈氨酸）、Hb-C（穀氨酸 6 賴氨酸）、Hb-g San Jose（穀氨酸 7 甘氨酸）、Hb-E（穀氨酸 26 賴氨酸）、Hb-M Saskatoon（組氨酸 63 酪氨酸）、Hb Zurich（組氨酸 63 精氨酸）、Hb-M Milwaukee-1（纈氨酸

穀氨酸），以及 Hb -D β-Punjad（穀氨酸 121 穀氨醯胺）等等（圖 7 - 5）。

表 7 - 11　血紅蛋白的 HbE 基因在某些地區的頻率

國家或地區	血紅蛋白的 HbE 基因頻率
臺灣	0.03%
柬埔寨	32-63%
越南	6-40%
泰國邊界	30-50%

※註：此表數據爲臺灣衛生部門 2008 年 7 月向媒體公布的資料，非筆者親自參與
的調查結果。其中有諸多疑慮之處，如上文說十年前的地中海貧血症在臺灣的
發病率是 0.03%，但在本表中的 HbE 基因頻率也是 0.03%。可見作者將基因頻
率與基因型頻率混爲一談。

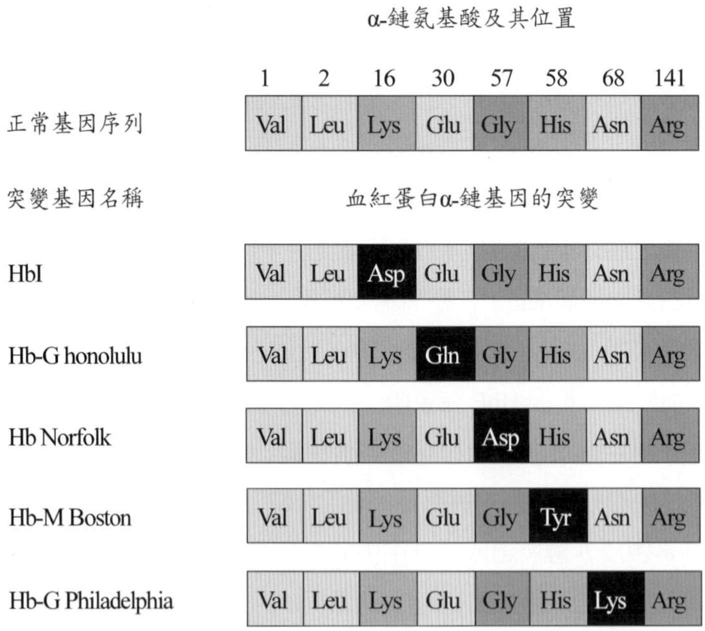

α-鏈氨基酸及其位置

	1	2	16	30	57	58	68	141
正常基因序列	Val	Leu	Lys	Glu	Gly	His	Asn	Arg

突變基因名稱　　　　　血紅蛋白α-鏈基因的突變

HbI	Val	Leu	Asp	Glu	Gly	His	Asn	Arg
Hb-G honolulu	Val	Leu	Lys	Gln	Gly	His	Asn	Arg
Hb Norfolk	Val	Leu	Lys	Glu	Asp	His	Asn	Arg
Hb-M Boston	Val	Leu	Lys	Glu	Gly	Tyr	Asn	Arg
Hb-G Philadelphia	Val	Leu	Lys	Glu	Gly	His	Lys	Arg

圖 7 - 4　血紅蛋白 α-基因的常見突變

β-鏈氨基酸及其位置

	1	2	3	6	7	26	63	67	121	146
正常基因序列	Val	His	Leu	Glu	Glu	Glu	His	Val	Glu	His

突變基因名稱　　　　血紅蛋白β-鏈基因的突變

	1	2	3	6	7	26	63	67	121	146
Hb-S	Val	His	Leu	**Val**	Glu	Glu	His	Val	Glu	His
Hb-C	Val	His	Leu	**Lys**	Glu	Glu	His	Val	Glu	His
Hb-G San Jose	Val	His	Leu	Glu	**Gly**	Glu	His	Val	Glu	His
Hb-E	Val	His	Leu	Glu	Glu	**Lys**	His	Val	Glu	His
Hb-M Saskatoon	Val	His	Leu	Glu	Glu	Glu	**Tyr**	Val	Glu	His
Hb Zurich	Val	His	Leu	Glu	Glu	Glu	**Arg**	Val	Glu	His
Hb-M Milwaukee-1	Val	His	Leu	Glu	Glu	Glu	His	**Glu**	Glu	His
Hb-D β Punjad	Val	His	Leu	Glu	Glu	Glu	His	Val	**Gln**	His

圖 7-5　血紅蛋白 β-基因的常見突變

第四節　氨基酸及尿循環病

　　代謝性遺傳疾病可簡單地按代謝途徑中，蛋白質（包括酶）的作用而進行分類。這些多肽鏈由於基因的突變，而造成分子構象或活性的缺失或下降等，所導致代謝的缺陷而致病。由於遺傳疾病檢驗技術的不斷進步，新的遺傳疾病不斷被檢驗出來。遺傳疾病的總數不斷在增長，過去以為不是遺傳疾病的案例，也隨著檢驗技術的進步而得到確認，其中常見的代謝性遺傳疾病的發現也已超過一百種。這些遺傳疾病的發現，一方面給我們提供了正確的治療思維方向，同時也讓我們了解到生育年齡與生活環境的重要性。限於篇幅，筆者不能將所有十大類型、一百多個基因的突變所造成的代謝性缺陷，以及遺傳疾病一一列出，但為了讓讀者了解其中的一、二，特將其中的氨基酸及尿循環疾病（本節，十種），以及有機酸與脂肪酸氧化病（第五節，十種）列於後。

　　氨基酸的代謝疾病可以是因為氨基酸轉運過程出了障礙，或者由於氨基酸的降解出

現缺陷等。氨基酸是蛋白質的組成成分，缺一不可。就人體而言，有些氨基酸可以自我合成，但有些氨基酸必須從食物中獲得，這便成為必需氨基酸。但如果氨基酸的代謝出現障礙，導致某些氨基酸的累積也容易出現嚴重的臨床問題。對於氨基酸的代謝疾病，有幾種氨基酸的代謝必須從新生兒便開始檢驗，如黑尿症、苯丙酮尿症以及 I 型酪氨酸血症等。

尿循環疾病（urea cycle disorders, UCDs）是由於尿循環中六個酶的缺陷，所導致的一組疾病正確地說，這是因為基因突變所導致的一組遺傳疾病。這六個酶包括精氨酸酶、精胺〔基〕琥珀酸裂合酶、精胺〔基〕琥珀酸合成酶、N-乙醯穀氨酸合成酶及鳥氨酸轉氨甲醯基酶等。常見的氨基酸及尿循環疾病前十位疾病（並非按發病率排列），詳如表7-12 所示。

第五節　有機酸及脂肪酸氧化病

有機酸是機體內重要的物質，可以用來合成更大的物質，也可以迅速將其降解成為更小的分子，以免在體內的累積而造成有機酸的毒害。然而與一切其他物質的代謝一樣，有機酸的代謝必須在酶作用的情況下，才能得以進一步的降解。雖說酶不能改變反應的方向，但有機體的反應在缺乏酶催化作用的情況下，往往是無法進行的。顯然，有機酸代謝的疾病，是因為促使食物中蛋白質完全或部分降解的催化酶的缺失所致。在缺乏催化酶的情況下，蛋白質無法在體內降解，有機體無法得到小分子有機酸用於細胞的生長及修復過程，使得體內累積過多的有害物質而造成各種毒害的臨床症狀。這些物質可從血液及尿液中檢驗出來。

表 7-12　常見的氨基酸及尿循環疾病

遺傳疾病名稱	代謝酶的缺失
精胺〔基〕琥珀酸尿症	精胺〔基〕琥珀酸酶，精胺〔基〕琥珀酸裂合酶缺失，此型症狀包括精胺〔基〕琥珀酸血酸症等
瓜胺酸血症	精胺〔基〕琥珀酸合成酶 I 缺失（導致第四型病）與精胺〔基〕琥珀酸合成酶缺失，導致瓜胺酸尿及 I 型瓜胺酸尿症等
色氨酸加氧酶缺乏症	導致色氨酸加氧酶缺乏症（其他名稱包括色氨酸加氧酶缺乏綜合徵、H 病等）
高胱氨酸尿症	胱硫醚 B-合成酶缺失所致。其他的包括次甲基四氫葉酸還原酶缺失、E 型或 G 型維生素 B_{12} 缺乏所導致的甲基維生素 B_{12} 缺失，以及 C、D 或 F 型維生素 B_{12} 缺失也可導致高胱氨酸尿症

（續）

遺傳疾病名稱	代謝酶的缺失
楓糖漿尿毒症	這是由於支鏈 α-酮酸脫氫酶（BCKD）缺失所致，不能降解亮氨酸、異亮氨酸及纈氨酸，造成這些氨基酸在血液中的積累，形成血毒及腦毒症等
鉬輔基缺失症	由於有三個酶需要鉬作為輔基，因此鉬的缺乏造成硫化物氧化酶活性上的缺失，不能將含硫的蛋白質氧化降解；鉬的缺乏也造成黃嘌呤氧化酶活性的缺失，導致黃嘌呤氧化為尿酸的過程受阻；鉬的缺乏還造成乙醛氧化酶活性的缺失，不能將乙醛氧化為酸
非酮酸高甘氨酸血症	這種遺傳疾病，主要是因為體內不能降解甘氨酸成為更小分子的物質，使得血液、尿液及腦脊髓液的甘氨酸過高。最常見的臨床症狀，包括癲癇及發育遲緩等
黑尿症	這種遺傳疾病是由於鳥嘌呤轉甲醯基酶基因的缺失所致，該酶無法將氨轉化為尿素，從而使得氨在尿液中的含量過高所致。已查明這是一種 X 連鎖的遺傳疾病
苯丙酮尿症	這種遺傳疾病是因為苯丙氨酸羥化酶基因缺失，造成該酶活性下降或喪失所致。患者不能將苯丙氨酸轉化為酪氨酸，造成苯丙氨酸在尿、血及腦脊髓的累積。如不及時處理，將造成永久性發育遲緩
I 型酪氨酸血症	這種遺傳疾病是因為延胡索酸乙醯乙酸酶（也稱延胡索酸乙醯乙酸水解酶）基因缺失，造成該酶活性下降或完全喪失所致。患者不能將酪氨酸降解，進而形成多巴等神經傳導所需的物質，造成酪氨酸在尿、血及腦脊髓的累積。與苯丙氨酸尿症一樣，如不及時處理將造成永久性發育遲緩

　　脂肪酸氧化作用是細胞獲取能源及小分子物質的重要條件。任何氧化過程受阻都可能會出現脂肪酸的氧化疾病，其中某個或某些基因的突變，造成催化酶活性的缺失是其關鍵的原因。很顯然，脂肪酸的氧化作用使細胞得到能量，是維持細胞正常的生長及分化的重要能源。一般情況下，如果有機體消耗了由糖代謝所得的能量，進一步會從脂肪酸的氧化中獲取能量來源。然而，如果脂肪酸的氧化代謝受阻，有機體得不到相應的能量便會出現相關的問題，這往往是由於脂肪酸代謝酶的基因突變所造成的後果。如果機體長期得不到脂肪酸氧化途徑的能量，會導致嚴重的綜合性問題。最常見的脂肪酸氧化疾病，是由於中鏈乙醯基 CoA 脫氫酶的缺失，而導致低血糖、缺能及癲癇等症狀（表 7 - 13）。

表 7-13　有機酸及脂肪酸氧化病

傳遺疾病名稱	代謝酶的缺失
刀豆胺腦白質病變	這是因爲氨基醯基轉移酶，尤其是天冬氨酸醯基轉移酶的缺失，造成 N-乙醯天冬氨酸降解途徑受阻，導致中樞神經系統的退化。本病在東歐的猶太人中有相當高的發病率，爲常染色體隱性遺傳
肉鹼棕櫚醯轉移酶缺失	肉鹼棕櫚醯轉移酶是線粒體中，負責脂肪酸降解代謝的酶。該酶的缺失易導致缺能現象，尤其當運動之後的症狀比較明顯，主要表現爲不適、感受壓力、重者有昏迷現象。這是因爲機體用完了糖代謝的能量之後，一般會從脂肪酸的降解代謝中獲得，這個酶的缺失使機體無法獲得足夠的能量
I 型戊二酸尿症	戊二酸-CoA 脫氫酶是降解戊二酸的主要酶，它的缺失導致酸尿症。這是因爲酸在血液及尿液中的濃度過高，而造成毒害之所致，爲常染色體隱性遺傳。這種酸血症沒有特異性的臨床症狀，所以從出生到十歲難以確定該症。一般表現有大腦症、由於肌肉的張力不足出現大舌頭，以及易怒現象
異戊酸血症	異戊酸輔酶A 脫氫酶是降解亮氨酸的主要催化酶。一般的生理狀況下，亮氨酸進入血液循環並轉化成爲異戊酸 CoA。如果該酶缺失，異戊酸 CoA 無法得到降解而轉化成其他的有機酸，對機體造成毒害。最常見的有機酸爲異戊酸的積累，造成急性代謝的危機狀態，爲常染色體隱性遺傳
中鏈醯基輔酶A 脫氫酶缺失症	中鏈醯基輔酶A 脫氫酶是線粒體中，主要負責中等長度脂肪酸鏈的降解而獲取能量，該酶的缺失導致中鏈脂肪酸降解代謝的缺失，這是一種常染色體隱性遺傳的性狀。本病的發病大約在三至五個月，也有某些個案發生的較晚。臨床症狀上多非典型，但多數具有感受壓迫及代謝危機等，這些症狀尤其在受到感染時相當突出。另外，低血糖、能量缺陷及癲癇等等，有時還有呼吸困難、心臟功能衰退及昏迷等
II 型甲基戊烯二酸尿症	II 型甲基戊烯二酸尿症是因爲心磷脂合成代謝受阻所致，而心磷脂是線粒體的重要物質，是能量代謝不可或缺的物質。本病的最大特點是缺乏能量，包括心臟、骨肌等組織的缺能狀態，導致心肌病變。已查明，II 型甲基戊烯二酸尿症是一種 X-連鎖的遺傳疾病。臨床上，一般從出生到十歲內可以確定本病，主要症狀包括心肌衰弱，導致下心室的肥大等
甲基丙二酸血症	甲基丙二酸血症是由於維生素 B_{12} 的不正常代謝所致。這是由於某些需要代謝氨基酸的酶的缺失，所導致的一組疾病的總稱，包括異亮氨酸、纈氨酸、蘇氨酸、甲硫氨酸及奇數碳脂肪酸的代謝等。甲基丙二酸血症共有 Mut (O)、Mut (-)、CbIA、CbIB、CbIC、CbID 及 CbIF 等七種，它們都具有共同的維生素 B_{12} 代謝異常的特點，但臨床診斷上除了 CbIC、CbID 及 CbIF 外，容易與上述的高半胱氨酸尿症相混。本病屬常染色體的隱性遺傳

（續）

傳遺疾病名稱	代謝酶的缺失
多重醯基輔酶A 脫氫酶缺失症	多重醯基輔酶A 脫氫酶缺失症是由於某些與電子傳遞反應有關，或氧化—還原反應有關的酶的缺失所致，包括黃素蛋白及黃素蛋白—泛蛋白氧化還原酶的缺失等，這導致了有機酸在血液及尿液中的積累。這是一種常染色體的隱性遺傳性狀
丙酸血症	丙酸血症是由於丙酸 CoA 羧化酶缺失所致。這個酶涉及到某些氨基酸的降解，包括異亮氨酸、纈氨酸、蘇氨酸及甲硫氨酸等。丙酸 CoA 羧化酶由兩個亞基所組成，α 及 β 分別由兩個不同的基因所編碼。這是一種常染色體的隱性遺傳性狀
三甲胺尿綜合徵	三甲胺尿綜合徵的主要特徵，在於機體無法降解三甲胺。三甲胺是腸道內細菌的活動所產生的物質，包括膽鹼（一種維生素 B 復合物）及氧化三甲胺等。三甲胺在腸道中產生之後可運往肝臟，由三甲胺加氧酶轉化為氧化三甲胺。如果這個過程受阻，則易造成三甲胺在體內的積累，造成尿液及分泌物中過高的含量，也可從其呼吸中查知三甲胺的特有味道。這是一種常染色體的顯性遺傳性狀

總之，遺傳疾病的研究方興未艾，況且與人類本身的健康有關，較大規模投入這方面的研究，尤其是防治兩個方面的研究等是理所當然的。在防病方面，我們可以做到對每一位孕婦進行產前的遺傳檢查（其原理及方法將在後續的章節中加以介紹），但對於這些疾病的治療，也應引起社會的廣泛注意。

思考題

1. Garrod 的「內源性代謝錯誤」假說是什麼意思？對於今天所進行的生化遺傳學有何關係？

2. Beadle 與 Tatum 的研究方法及思路，有哪些值得我們今天研究參考的？

3. 苯丙氨酸羥化酶的作用機制是什麼？

4. 為什麼酪氨酸形成多巴物質的代謝途徑受阻時，容易產生白化症及白痴？

5. Beadle 與 Tatum 在選擇營養缺陷型突變時，首先要用 X-光處理鏈孢黴，其根據是什麼？

6. 為什麼 Beadle 與 Tatum 用 X-光照射鏈孢黴之後，還要與野生型鏈孢黴進行融合（雜交）（請論述其根據）？

7. 「一個基因一個酶」的涵義是什麼？為什麼筆者說這個假說要上升為規律，有其本身的缺陷？

8. 您認為對「一個基因一個酶」假說有修正的必要嗎？如果讓您來修正，將如何敘述？

9. 與運動有關的遺傳疾病中，還有一種重症肌無力症與乙醯膽鹼抗體的生成有關，為什麼筆者沒有將重症肌無力症列入運動蛋白缺失症中呢？

10. 糖苷酸缺失症中最有名的是家族性黑矇性白痴，這在猶太人中發病率頗高，您知道其中涉及的己糖核苷酶A 有哪些突變類型嗎？

11. 溶血性貧血有哪些原因？為什麼不同的蛋白質缺失，均導致相同的結果？

12. 由於本書主要論述基因的功能，但本章涉及多種酶的缺失，請讀者不妨查一查這些酶所催化的化學反應，從化學反應及代謝途徑上加深對遺傳疾病的理解。

第八章　常見遺傳疾病的分子機制

本章摘要

　　本章從基因突變及發病原因等方面，論述某些常見的遺傳疾病，詳細闡述基因突變與酶的活性、蛋白質的結構及功能等方面的關係，以期說明這些遺傳疾病的發病原理。另外，本章對於各種分子遺傳機制，盡可能選擇具有代表性的疾病進行論述，包括苯丙氨酸羧化酶缺失所致的苯丙酮尿症、酪氨酸代謝受阻所致的白化症、次黃嘌呤鳥嘌呤磷酸核糖轉移酶缺失所致的自毀容貌綜合徵、由於己糖苷酶 A 缺失而導致的家族性黑矇性白痴、血紅蛋白的缺失所導致鐮刀型貧血症及其他類型、囊性纖維化跨膜傳導調節蛋白缺失，而導致的囊性纖維化症等在內的遺傳疾病之分子遺傳機制，將進行詳細的論述。這些遺傳疾病代表了人類遺傳疾病的某些方面，對遺傳疾病分子機制的理解，提供翔實的例證，值得讀者細研之。由於遺傳疾病研究所引起的廣泛注意，甚至一般的社會人士已從原來的所知甚少到有所了解，因此某些政府機構已設立了遺傳學顧問部門，為社會人士提供必要的遺傳學知識，對某些婚姻或某些年齡層的孕婦是否應當進行產前檢查，提供諮詢。

前言

　　儘管人類遺傳學自從 Garrod 於 1902 年便提出了「內源性代謝錯誤」（inborn error of metabolism or inborn metabolic error）的概念，為代謝遺傳學創造了一個良好的開端，但由於人類遺傳學研究的特殊性，使得這個領域被遲滯了幾十年。即使在 1973 年巴黎國際人類遺傳學會議上有頗多的斬獲，人類遺傳學的研究在分子技術，尤其是生物技術（biotechnology）的發展成為許多實驗室日常研究的主要技術之後，才真正有了長足的進步。很顯然揭開人類遺傳研究時代的新篇章，需要新的思維、新的研究方式及方法。如過去人類遺傳學在如何擺脫雜交技術而進行基因分析方面，曾進行過許多的嘗試，其中包括血液蛋白質組成（protein composition）的研究、細胞培養技術（cell culture techniques）及染色體的顯帶技術（chromosome banding technology）等等。然而，人類遺傳學正是在1980 年代的分子克隆（molecular cloning）風潮下才真正地創造了自我，也為其他領域的遺

傳學研究，提供了良好的示範作用。

　　不言而喻，當年人類遺傳疾病的分子機制之研究遲滯的問題，與當時的技術條件息息相關。在 1970 年代之前，蛋白質的系列分析可說是一種曠日費時的工作。一般而言，一個大概由 300-400 個氨基酸所組成的蛋白質之序列的最終定序，普通需要一個研究小組三年以上的工作量。因此，許多蛋白質突變的位點難以在短時間內得到確定。另外，由於核苷酸的序列分析技術還沒有發展起來，基因分析雖然可以採用分子雜交（molecular hybridization）的方法得到一定程度的解決，但由於受限於當時的核苷酸化學合成等問題，以及分子雜交本身所存在的缺陷，不可能得到長足的進步。

　　細胞培養技術、DNA 序列分析技術、cDNA 技術及重組 DNA 技術的進步，是研究人類疾病分子機制的主要技術動力，於是 1980-1990 年代獲得了很好的發展。許多大分子的蛋白質作用機制，如囊性纖維化跨膜傳導調節蛋白等，以及基因的對疾病的控制作用，如 Huntington 基因突變等便是在這個時期獲得解決。Southern 印跡法（也稱 DNA 印跡法）、Northern 印跡法（也稱 RNA 印跡法），以及 1980 年代末期發展起來的 PCR 等技術，對於人類基因突變所導致的病理基礎的研究受益匪淺。雖然二十多年後的今天，這些方法仍然是研究遺傳疾病分子基礎的主要技術。

　　經過了二十多年的發展，人類遺傳疾病也從以前所知甚少，到現在的三千多種，這個領域的研究已成為眾星追月的最活躍領域。非但越來越多的遺傳疾病的病理現象，得到了分子機制的闡述，這個領域的研究動向儼然成為生物科學研究的典範之作，因此人類遺傳學研究也悄悄成為生物科學的重點，取代了對其他生物體曾進行過大規模研究的熱浪。可以說人類遺傳疾病分子機制的研究方興未艾，不斷揭開了許多遺傳疾病的神祕面紗，也為其他遺傳學領域的研究提供了成熟研究路徑及方法。一個從數十年來的落後研究領域成為今天的先進領域，應主要歸功於各種研究技術的發展，解決了許多過去曾經想像但無法實施的重要研究課題。

第一節　苯丙酮尿症

　　苯丙酮尿症是由於苯丙氨酸羧化酶缺失所致，但只要個體中有一個正常的苯丙氨酸羧化酶（PAH）基因，即可正常轉化苯丙氨酸為酪氨酸。因此，雜合體是正常的個體，所以苯丙酮尿症是由隱性基因所控制的性狀，以及突變的苯丙氨酸羥化酶（phenylanine hydroxylase）基因必須成為純合體時，才能表現出這種尿症。該症在許多族群中均有發現，高加索系的白人人群中，其發病率為 1/12,000，基因頻率為 0.9%。在中國，這種遺傳疾病的發病率估計為 1/40,000，說明該突變基因在中國人群中的頻率為 0.5%。世界上

大部分地區和國家的基因頻率，大約介於上述這兩種頻率之間。但在個別的族群中，該突變基因的頻率可達 10% 以上，故發病率可達 1% 左右。

　　苯丙氨酸對於人類而言是必需氨基酸，因而必須於食物中攝取該氨基酸，才能轉換為酪氨酸。在幾乎所有的蛋白質中都含有苯丙氨酸，但如果過多的苯丙氨酸被攝入，體內必須能夠迅速將其轉化為酪氨酸，以利於進一步的生理代謝。如果苯丙氨酸羥化酶的基因發生突變，而影響到該酶的活性，那麼苯丙氨酸則可能被轉化為苯丙酮酸。苯丙酮酸是中樞神經系統的毒害物質，可產生嚴重的症狀：重度痴呆、生長遲緩、過早死亡等。然而剛出生的嬰兒看不出有 PKU 的問題，那是因為此時的孩子可以利用母體中的苯丙氨酸羥化酶進行催化作用。但醫院應當在此階段就能夠檢測到嬰兒是否患有此症，因為一旦這個基因的產物，由於其半衰期的作用而逐漸消失之後，便可能出現上述嚴重的臨床問題。

　　患有 PKU 者所受到的影響是多方面的，首先 PKU 的病人無法合成酪氨酸，這是蛋白質合成中必需的氨基酸。其次是病人不能產生甲狀腺素及腎上腺素，造成重要細胞激素的缺乏。三是不能產生皮膚的黑色素，造成白化現象。但這幾個方面從表面上看也許不那麼重要，開始時也表現不出嚴重性，因為病人開始時可以從食物中攝取酪氨酸。問題在於病人常常在食物中得不到足夠的酪氨酸，結果病人只能產生一小部分的黑色素，因此看起來不完全白化，但具有白皙皮膚及藍色的眼睛。又因為病人總是具有低水平的腎上腺素，因此這個可以作為指標之一，檢查新生嬰兒是否患有 PKU。

　　在前面的章節中，筆者曾經提過在某些國家已有相關的立法條文，讓醫院作為必須檢查的項目，對新生兒進行包括苯丙酮尿症在內的遺傳疾病的第一線檢查，因為在某些族群中苯丙酮尿症的發病率可達 1/2,900 以上。又因為該病有治療上及防病上的緊迫性，因此針對性地治療對嬰兒的正常發育極其重要，否則容易出現上述的嚴重症狀。一旦這些症狀出現，要挽回對嬰兒已造成的損害往往事倍功半，有時甚至是不可能的。一般而言，對新生兒的檢查應在嬰兒出生後幾天便可進行。檢查的方法是從腳跟刺一針取出幾滴血，放到濾紙上便可送到檢驗中心，對血液中的苯丙酮酸含量進行檢驗。

　　在過去，血樣一般在嬰兒離開醫院時開始取得，檢測需要一定的時間，但這樣有時會延誤檢驗，對嬰兒造成不應有的影響。現在隨著檢驗技術的進步會很快地得到結果。一般來說取樣時，應在出生三至四天以後才能進行，因為患有 PKU 的病人在出生後，會隨著時間延長其苯丙氨酸在血液中的水平增加，這種增加的趨勢在出生一週內便很明顯。第一次的檢驗結果必須在短時間內進行證實性檢驗，否則如果延長到出生後四週時間，便會對 PKU 的嬰兒造成智力方面的嚴重影響。

　　PKU 的症狀與苯丙氨酸積累的量有關，因而該病也可以經由食物加以控制。現在已

有 PKU 的病人專用的混合氨基酸食物，其苯丙氨酸的量控制到一定的程度，因此這種人工配製的混合氨基酸可以代替蛋白質食物。一方面食物必須能使病人的血液中，含有高於所需要的量，但另一方面應能夠防止精神發育方面的遲緩。這種治療越早越好，一般應在出生後的第一個月（最遲也應在第二個月）便開始治療，否則大腦將受到損害，造成將來的治療不再有效的難堪結局。一般整個治療需要至少十年，屆時大腦發育成熟之後，可根據實際情況決定是否繼續治療。

苯丙酮尿症可分為幾種類型，有些是 PAH 活性完全缺失（即活性低於對照的 1%），有些不那麼嚴重，因此可分為 PKU 的變異及非 PKU 型的高苯丙氨酸血症，即患者在進食正常食物時，其血漿的苯丙氨酸濃度低於 1mM。這種類型的高苯丙氨酸血症比正常人的苯丙氨酸高 10 倍，但比一般 PKU 病人（> 1mM）的苯丙氨酸較低（表 8 - 1）。非 PKU 的高苯丙氨酸血症病人血液中，苯丙氨酸的中度增加或只有 < 0.4mM 的水平時，對腦部的傷害相對較小。造成不同類型 PKU 病人的主要原因是，苯丙氨酸羥化酶有不同類型的缺失，其中有些涉及到四氫生物蝶呤代謝的各種酶的缺失（表 8 - 1）。

表 8 - 1　高苯丙氨酸血症的各種類型

缺　失	發病率 （每 10^6 嬰兒）	酶	基因位點	治療方式
傳統的 PKU	5-350	苯丙氨酸羥化酶PAH	12q 24.1	低苯丙氨酸食物
變異的 PKU	低於傳統的 PKU	PAH	12q 24.1	低苯丙氨酸食物
非 PKU 型高苯丙氨酸血症	15-75	PAH	21q 24.1	不需食物治療或用較低的苯丙氨酸食物治療
四氫生物蝶呤重新利用缺失	1-2	PCD*	10q 22	• 低苯丙氨酸食物 ＋L-多巴 • 5-羥基酪氨酸
		二氫蝶呤還原酶	4p15.31	同上
四氫生物蝶呤合成缺失	稀有	GTP 環水化酶	14q 22	同上＋葉酸＋四氫生物蝶呤
		6-苯丙酮酸四氫蝶呤合成酶	11q22.3-23.3	同上

＊PCD：蝶呤 4α－氨甲基昆布氨酸脫水酶（protein 4α - carbinolamine dehydratease）。

　　苯丙氨酸羥化酶基因是 1986 年首先分離得到的，後來發現有許多不同的等位基因。因為共有四百種不同的等位基因已得到鑑定。主要的類型是導致該酶活性的缺失，以及導致高苯丙氨酸血症等等。儘管如此，有某些突變是常見的，如有六種不同的突變組成歐洲人種中已發現突變的 2/3（表 8‑2）。另外，有六種突變組成了東方人種中 80% 的 PAH 突變（表 8‑3）。

表 8‑2　高加索白人群中的 PAH 突變及比例

突變類型	比例	突變基因的記法
精氨酸 408 色氨酸突變	36%	Arg408Trp
第 12 內含子中第 1 核苷酸 G→A 突變	11%	1VS12nt1g→a
第 10 內含子中第 11 核苷酸 G→A 突變	10%	1VS10nt-11g→a
異亮氨酸 65 蘇氨酸	5%	Ile65Thr
第 8 內含子中第 11 核苷酸 G→A 突變	6%	1VS8nt-11g→a
酪氨酸 414 半胱氨酸	5%	Tyr414Cys
精氨酸 261 穀氨醯氨	4%	Arg261Gln
苯丙氨酸 39 亮氨酸	2%	Phe39Leu
其他突變類型	19%	

表 8‑3　東方人種的 PAH 突變及比例

突變類型	比例	突變基因的記法
精氨酸 413 苯丙氨酸	25%	Arg413Phe
精氨酸 243 谷氨醯胺	18%	Arg243Gln
第 6 外含子爲 96 核苷酸 A→G	14%	E6nt-96a→g
第 4 內含子第 1 核苷酸 G→A	9%	1VS4nt-1g→a
精氨酸 111 發生突變	9%	Arg111X
色氨酸 356 發生突變	8%	Trp356X
酪氨酸 365 發生突變	?	Tyr365X
其他突變類型	17%	

　　表 8 - 2 及 8 - 3 可見東西方民族的基因差異甚大；或者說，基本上沒有任何重疊或任何的歧化作用，連某些基因的等位基因也發生了重大的變化。更重要的是，這些突變的非重疊性說明東西方民族可能已朝不同的方向發展。如果基因之間不發生交流（即東西方民族不發生婚生子女等），可以預期這種變異會越來越大。不過在現代社會中，這種可能性已被打破，在某種程度上的基因混合代替了基因的隔離。

　　由於苯丙氨酸羧化酶基因有許多等位基因的存在，許多 PKU 患者的基因型是不同突變位點的雜合體，因此也稱為遺傳性複合物（genetic compounds）。有時根據患者的等位基因型，可以推測他們的嚴重程度並採取相應的措施。大多數情況下，其他不同突變的等位基因所組成的個體，其嚴重程度不如傳統的 PKU 嚴重。換言之，傳統 PKU 的基因突變（Arg 408 Trp）純合體，只有正常苯丙氨酸羥化酶1%的活性，是眾多突變體中活性較低的一種。

　　除了苯丙氨酸羥化酶缺失，可以導致血液中苯丙氨酸的上升外，四氫生物蝶呤的生物代謝缺陷，也可以導致高苯丙氨酸血症。事實上，大約有 1/3 的苯丙酮尿症患者的 PAH 基因是正常的，但他們的四氫生物蝶呤的形成及再利用出現代謝缺陷，那麼四氫生物蝶呤則不能正常合成。當苯丙氨酸羥化酶缺少其輔酶時也出現活性缺陷，最終的高苯丙氨酸血症的後果則是相同的。儘管如此，四氫生物蝶呤與苯丙氨酸羥化酶缺失兩者之間的表現，仍有一定的差異。

　　四氫生物蝶呤的缺失是這樣發現的，某些病人具有高苯丙氨酸血症，但儘管利用低含量苯丙氨酸的食物進行治療，這些病人也會在早期便出現腦神經問題。這是因為四氫生物蝶呤對於另外兩個酶的活性也是至關重要的，這便是酪氨酸羥化酶及色氨酸羥化酶。這兩種羥化酶對於單胺神經傳導物質，如多巴、去甲腎上腺素及 5-羥色胺等的合成是不可缺少的。因此，儘管給予低含量的苯丙氨酸食物，由於輔酶的缺失而導致神經傳導物質的缺失，最終還是避免不了神經細胞的損害。

　　四氫生物蝶呤的缺失所造成的危害，比苯丙氨酸羥化酶缺失還要嚴重，因此必須對這類病人多加注意，關鍵在於揭示四氫生物蝶呤的生物合成缺陷，這意味著有別於苯丙氨酸羥化酶缺失的處理方法。因此，在對新生嬰兒進行高苯丙氨酸血症檢查時，也要檢查其四氫生物蝶呤的活性（或含量）。對於這類病人而言，除了控制血液中苯丙氨酸血症外，還要使神經傳導物質趨於正常化。如可以添加 L-多巴及 5-羥色氨等物質。研究發現，只要有一個正常拷貝的二氫蝶呤還原酶的基因，便可合成足量的四氫生物蝶呤，因此四氫生物蝶呤缺失症與苯丙氨酸羧化酶缺失一樣，是常染色體的隱性遺傳所控制的。

　　關於苯丙氨酸羥化酶缺失症及四氫生物蝶呤缺失症的治療問題，傳統上只治療到十歲左右，待到大腦發育完全，趨於成熟之後，就不再處理。但這種傳統的觀念看來是不

正確的，因為這類病人在停止治療之後，還會出現高苯丙氨酸血症及神經細胞的損傷，以至於造成大腦發育有遲緩的問題。這類病人不僅具有上述的兩類問題，還會出現小頭症、生長不良及畸形，其中損害更甚者是患者的心臟發育不良等症。雖然許多研究說明，雜合子的患者與正常人無異，但不少在治療第一線的人士曾建議，也可以治療到十歲以後再根據實情的判斷，進行處理或不處理。對於隱性純合甚至雜合子的婦女在受孕之後，也可以考慮採用低含量的苯丙氨酸食物，以防受孕期間的傷害。

第二節 白化症

美白這種生物性狀在一定的程度上頗受人們的喜愛，據統計，僅臺灣每年的美白事業便可創造出二百億元（新臺幣）的商機，比維生素事業還更有市場。不過，白化症便成為遺傳性狀了，這是常染色體的隱性基因突變所致的性狀。發病率在各民族之間有明顯的差異，如在西班牙後裔中大概有 1/33,000、非洲黑人中有 1/28,000、中國人種的比例只有 1/38,000 以下。白化症與苯丙酮尿症從代謝途徑上看似兄弟，也是鄰居，這是因為酪氨酸酶的缺失所致。

在正常的代謝中，酪氨酸酶可將酪氨酸轉化為多巴。多巴是一種神經傳導物質，影響神經細胞的發育。多巴也是黑色素的前驅物質，人體細胞可利用多巴合成黑色素。在中國人中，如果自己比別人黑則大多不喜歡別人說黑，其實黑色素是一種保護性的物質，它可以吸收太陽光中的紫外線部分，防止紫外線透過細胞而傷害上皮細胞層中幹細胞的遺傳物質。但是患有白化症的患者，由於多巴的合成受阻，不僅可能影響到神經細胞的發育，造成白痴，還不能合成黑色素。因此，他們呈現出白皮膚、白髮及紅色眼睛的特別性狀，尤其對太陽光極為敏感。據研究，白化症病人患皮膚癌的機率，也明顯比常人高。

黑色素的形成可經由其他的生化代謝途徑，但都需要酪氨酸作為前驅物質。如果父母雙方都是白化症的患者，有可能生出一位正常的孩子，這種現象稱為互補作用。如假定父母之一的基因型為 *aaBB*，由於 *aa* 純合而呈現白化症；另一方為 *AAbb*，由於 *bb* 純合而呈現白化症。但他們的子女都可能是正常的，如基因型 *AaBb* 的子女（關於互補現象的遺傳機制，請參閱拙作《遺傳機制研究》的第九章）。

第三節 自毀容貌綜合徵

自毀容貌綜合徵一詞聽起來很嚇人，其實患者的某些動作也的確很嚇人。因為患

者受到嚴重的神經系統傷害，具有該綜合徵的孩子，即使只是二至三歲，也會表現出激烈的動作，如強迫性的咬指頭、咬破嘴唇、咬傷嘴巴內的組織等。這種行為既痛苦，也難以克制。患有自毀容貌綜合徵的病人呈現出對他人或動物等，含有攻擊性的態度或動作。這些大多是潛意識的自我保護動作，並非有意識的傷害行為。患有自毀容貌綜合徵的病人，也呈現較低的智力測定值，但這多數與患者不與測定者合作有關。患者具有多種免疫失調等問題，因而往往在二十歲左右便因各種感染、腎衰竭或者尿血症而死亡。

雖然出現自毀容貌這些病理原因迄今尚未清楚，但影響這種綜合症的基因突變已經查明。這是一個位於 X 染色體上的隱性基因所控制的疾病，位置為 Xq26-q27.7。這個基因很大，占 44,000 個鹼基對，編碼形成一個具 218 個氨基酸的多酶。因為是性連鎖遺傳，多數患者為男性。事實上，還未見過女性患者的描述，但很輕的症狀曾經有過報導，即當具有正常基因的 X 染色體被純化時，也會出現較輕的症狀，但不會像男性患者那麼嚴重。

研究說明，自毀容貌綜合徵是由次黃嘌呤磷酸核酸轉移酶（hypoxanthine guanine phosphoribosyltransferase, HGPRT）缺失所致。一般磷酸核糖焦磷酸（PRPP）在腺苷單磷酸（AMP）及鳥苷單磷酸（GMP）的參與下，轉化為 5-磷酸核糖-1-胺（5-PR-1-amine），再經多次代謝轉為肌苷單磷酸（IMP）。肌苷單磷酸可以轉化為腺苷單磷酸及鳥苷單磷酸；但更重要的是轉化為肌苷，進而形成次黃嘌呤。次黃嘌呤是尿酸的前驅物，可以經多步生化反應而形成尿酸。但次黃嘌呤的再利用是這個代謝途徑的重要步驟，否則尿酸形成過多便成了有毒物質。次黃嘌呤的再利用主要由次黃嘌呤鳥嘌呤磷酸核酸轉移酶，將次黃嘌呤轉為肌苷單磷酸，也可將鳥苷轉化為鳥苷單磷酸。

由此可見，患者血液中尿酸的增高，無疑與次黃嘌呤鳥嘌呤磷酸核糖轉移酶的缺失有密切的關係，因而可產生尿血症、腎衰竭及精神缺失等。雖然出現自毀容貌這種強迫性的動作迄今仍是一個謎團，但筆者以為這很有可能與精神缺失症有關，故患者在自毀容顏時並沒有充分的自我意識，以咬指頭、咬嘴唇、咬嘴肉的器官等動作，藉以增強自我精神意識。如此說來，自毀容貌只不過是患者增強自我意識的動作（或稱下意識的動作）罷了，因此也屬於次黃嘌呤鳥嘌呤磷酸核糖轉移酶缺失所引起的症狀，即精神缺失症所引起的傷害。

第四節　家族性黑朦性白痴

家族性黑朦性白痴，顧名思義是遺傳性疾病，臨床症狀上主要表現為家族性黑朦性白痴。該病最容易被人們所認識的是，其對事物具有不尋常的尖刻性反應。因為與眾

不同而引起家庭或醫護人員的注意，因此較容易得到鑑定。一般情況下，得到該症的嬰兒在出生一年之後便出現迅速的神經退化，這是因為神經節苷酯的積累，腦部細胞失去正常的功能而失去控制。腦細胞的退化病導致多種問題，包括一般性的癱瘓、眼盲、逐漸發展為耳聾及嚴重的進食問題。嬰兒兩歲時基本上已經不能運動，常死於三至四歲之內，而死因多與呼吸感染有關。

因為家族性黑朦性白痴的發病迅速，死亡年齡早，幾乎所有的患者來不及救治便因為多種感染而死亡。但即使較早獲得鑑定，目前也沒有有效的方法進行救治，因治療上有一定的難度。將來的發展方向無非促使神經細胞表面的神經苷脂，以 GM_2 到 GM_3 的轉化或 GM_2 的降解，以防該病的發生。

儘管治療上對家族性黑朦性白痴束手無策，這種病的發病機制已經相當清楚，在醫學研究上稱為溶原體貯存病（lysomal storage disease）。原因是溶原體（lysosomes）是細胞內的膜結合性細胞器，常由單膜系統所組成，含有四十多種不同的消化酶，可以催化核酸、蛋白質、多醣及脂肪的降解。在人類遺傳學的研究中已發現多個酶的缺失，主要由於基因的突變導致酶活性的消失或下降所致（請讀者參閱本書的第七章）。

家族性黑朦性白痴是由隱性突變基因所控制的遺傳性狀。如果某個體中具有雜合性家族性黑朦性白痴基因型，則個體表現正常，說明只要有一個正常的基因拷貝，便可產生足夠的酶的活性將脂類降解。因此凡出現家族性黑朦性白痴的患者，其基因組合應當是隱性純合體。該基因位於 15q23-q24 染色體帶區，在人類群體屬於稀有疾病，但在某些猶太人的族群（如哈薩克族群）中，具有相當高的基因頻率，故發生率在這些族群中也不算低，有時可高達 1/2,000 的比例。

該基因（*hex A*）可以編碼形成一種酶，稱為 N-乙醯胺基己糖苷酶（hexosaminidase A），可將神經節苷酯 GM_2 中的 N-乙醯半乳糖胺水解而形成 GM_3。神經節苷酯是神經細胞中複合性糖脂的基因之一。因此在患有該症的患者中，N-乙醯胺基己糖苷酶的活性完全或部分缺失，導致神經節苷酯 GM_2 的累積，造成神經細胞的退化。

N-乙醯胺基己糖苷酶基因（*hex A*）產生該酶的 α 亞基，另一個位於第 5 號染色體的基因（*hex B*）產生亞基。α 與 β 組成該酶的複合體，還需要一個激活酶的作用（由第 5 號染色體的一個基因所產生）。這個複合酶即可將神經節苷酯 GM_2 降解為 GM_3，從而保證了神經細胞的正常功能，防止神經細胞的退化。

N-乙醯胺基己糖苷酶基因（*hex A*）的突變有幾種情形，有些是由於核苷酸的插入而導致框架飄移突變；有些是由於外含子（extron）的突變而導致 mRNA 剪接的缺陷；有些是因為點突變而造成活性的下降。還有一些其他類型的突變，但酶活性下降的程度，視突變位置而定（表 8-4）。

表 8-4　家族性黑矇性白痴基因突變類型及頻率

突　　變	效　　應	哈薩克猶太人	非哈薩克人	純合表現型
4-鹼基插入第 11 外含子	框架飄移、早終止	80%	32%	黑矇性白痴
第 12 外含子連接點 G → C	mRNA 剪接缺失	10-15%	< 1%	黑矇性白痴
甘氨酸 296 絲氨酸（兼有不正常剪接）	小於 3% 的活性	2-3%	< 1%	成人開始有 GM_2 神經節苷酯的積累效應
其他等位基因	一定的變異性	< 1%	> 80%	變異性

第五節　鐮刀型貧血症

在第七章的論述中，我們已經表述過這樣的觀點，即所有的酶都是蛋白質，但不是所有的蛋白質都是酶。除了酶之外，還有免疫球蛋白（如 IgG_1、IgG_2、IgG_3 及 IgG_4 等）、細胞膜結構蛋白（如膠原蛋白等）、細胞骨架蛋白（如肌動蛋白等）、特化性蛋白（如角蛋白質等）、保護性蛋白（如病毒的外殼蛋白等），以及運動蛋白（微管蛋白及肌球蛋白等）。這些蛋白質的缺失也是基因突變的產物，因此只研究酶的缺失是遠遠不夠的，因為非酶蛋白質才是基因產物的大部分。

鐮刀型貧血症最早由 J Herrick 於 1910 年發現的，他從病人的血液檢查出與正常人的碟型紅血球細胞不同的鐮刀型紅細胞，尤其在缺氧的條件下這種細胞更為變形。在後來一系列的研究中證實，鐮刀型紅細胞具有某些特點：(1)如名字所指，紅細胞在缺氧條件下呈現不正常的鐮刀型形狀；(2)鐮刀型細胞比正常細胞的抗壓能力差，極容易破裂，因此造成貧血症；(3)鐮刀型細胞比正常細胞具有較高的剛性，不容易隨環境而變形，因此不容易通過某些毛細血管，造成許多微循環系統的缺氧狀態，隨之容易出現血管組織的發炎。因此，鐮刀型細胞的病人不單單是血液循環中氧氣供應不足的簡單問題，還會引起心臟、肺部、腦部、腎臟、腸胃、肌肉及關節等各方面的缺陷和發炎問題，因此這些部位在長期缺氧的條件下造成傷害，故鐮刀型細胞貧血症是全身性的問題。病人最後的生命終結可能是由於心臟衰竭、癲癇、腎衰竭等疾病。此外，病人常受折磨的疾病還有肺炎及風濕性關節炎等。但如果是雜合子的病人，一般只受條件性的影響，如登山等

缺氧時出現症狀，因而也稱為鐮刀型細胞性狀（sickle-cell trait）。具有鐮刀型細胞性狀的人，平時不會表現出貧血症，所以鐮刀型細胞貧血症是由隱性基因所控制的。正如拙作《遺傳機制研究》中所指出的，傳統上「性狀」一詞指的是「表現型」，因而所謂的「鐮刀型細胞性狀」的說法並不嚴謹，應當說成「條件性鐮刀型細胞性狀」。但由於大家都習以為常，故無人對此提出過異議。

　　利用等電聚焦的聚丙烯醯胺凝膠電泳的方法，可以幫助測得出待測者的基因型。發生基因突變之後，由於氨基酸的代替使得血紅蛋白的淨電荷數發生改變，因此其遷移率與正常蛋白質有所不同。如正常人（基因型為 HbA）血紅蛋白的表面淨電荷帶負電，因此在電場中朝正極移動；突變的血紅蛋白（如由基因 HbS 所產生的蛋白質）的淨電荷帶負電，因而在電場中朝負極移動。如果雜合基因型（如 HbA/HbS）的蛋白質帶有正常蛋白質及突變蛋白質，因此正、負兩極均有蛋白質移動。

　　由於血紅蛋白基因（HbA）單一遺傳密碼發生改變，就有可能產生不正常的蛋白質，所以鐮刀型貧血症的基因組成可能相當複雜。現在發現血紅蛋白兩個亞基的基因，均可能發生突變，如產生 α-鏈的基因最常見的突變有 HbI（$Lys16\ Asp$）、HbG（Honolulu, $Glu30G\ ln$）、$Hb\ Norfolk$（$Gly57\ Asp$）等等（表 8 - 5）。β-鏈的基因突變有 Hb-S（$Glu6Val$）、Hb-C（$Glu6Lys$）及 Hb-$G\ San\ Jose$（$Glu7Gly$）等等（表 8 - 6）。這些發現對於鐮刀型貧血症的迅速鑑定，有很大的幫助。

表 8 - 5　血紅蛋白的 α 基因的突變位點

基因型	突變位點	基因型	突變位點
正常	正常序列	HbI	Lys 116 Asp
Hb-G（Honolulu）	Glu 30 Gln	Hb（Norfolk）	Gly 57 Asp
Hb-M（Boston）	His 58 Tyr	Hb-G（Philadephia）	Asn 68 Lys

表 8 - 6　血紅蛋白的 β 基因的突變位點

基因型	突變位點	基因型	突變位點
正常	正常序列	Hb-S	Glu 6 Val
Hb-C	Glu 6 Lys	Hb-G（San Jose）	Glu 7 Gly
Hb-E	Glu 26 Lys	Hb-M（Saskatoon）	His 63 Tyr
Hb（Zurich）	His 63 Arg	Hb-M（Milwankee-1）	Val 67 Glu
Hb-D$_\beta$（Punjab）	Glu 121 Gln		

　　如果按完全隨機的基因組合，這些突變基因可以組合出三千種基因型，但這些基因型在人群中的實際存在，會低於這種計算，因為人類的組合不可能隨機，這些突變體的基因頻率也很低。不過根據報導，血紅蛋白的 α 及 β 基因已發現二百多種突變體，實際基因型估計高於以上的簡單計算值。另外，不是所有的突變體都會受到嚴重的影響，有些突變只對血紅蛋白的繫氧活性造成輕微的影響。雖然具體突變位點的證明需要個案進行處理，但突變基因型的頻率可以根據發病率進行簡單估算。如據衛生部門的有關報導，臺灣的發病率為 0.03%，那麼突變基因的頻率應當為 1.73%。

第六節　囊性纖維化症

　　囊性纖維化症（cystic fibrosis）是由於單基因突變所致的疾病，將會影響到膀胱、肺部及消化系統等器官。患者的分泌物很多，且具有非尋常的高黏性，造成多處堵塞並出現病理現象。男性患者的輸精管（vas deferens）不能正常形成，導致不育症。因為患者的抵抗力較弱，常會導致黏液的堵塞，因此醫療上常給予抗菌素之外，還要經常幫助患者拍擊胸部及背部，以便將黏液拍鬆。囊性纖維化症目前在醫療上尚無明確的治療方法，大部分都是因為患有多種感染造成無法救治，據估計二十年前的平均壽命為二十歲，近年來可增長到四十歲左右。

　　囊性纖維化症是由於一個隱性基因所造成的結果。一般在雜合基因型狀態下能表現正常，說明一個正常的基因拷貝即可產生足量的囊性纖維化跨膜傳導調節蛋白（cystic fibrosis transmembrane conductance regulator），從而維持正常的生理功能。該病在世界各族群的發病率有明顯的差異，如在高加索人（白人）中的發病率達 1/2,000，說明其突變基因的頻率高達 2.24%，其中雜合基因型達 4.38%。在非裔的美國人中，該病的發病率為 0.00588%，突變基因頻率僅為 0.77%，雜合基因型為 1.528%。而在亞洲人種中，該病的發病率僅為0.001%，雜合基因型的比例為 0.63%。正如第七章所述，該基因位於第 7 號染色體，具體位點為 7q31.2-q31.3 期間。

　　鑑定該基因的過程相當複雜，需要遺傳學與分子生物學技術的結合。該基因位於第 7 號染色體，需要正常人的基因與病人的基因相互比對。大量的研究說明，分子遺傳學與分子生物學技術相結合，可以鑑定某些未知蛋白質缺失所引起的疾病。這個鑑定過程可以簡化為以下幾個步驟：

　　一、蒐集正常人與病人的細胞樣品。這些細胞可以產生囊性纖維化跨膜傳導調節蛋白，因此其中既有其 mRNA ，也有基因組 DNA 。提取時可以兩種核酸物質分別純化出來，並建立互補 DNA 及基因組 DNA 文庫（complementary DNA library and genomic DNA library）。

　　二、利用限制性片段長度多態性技術檢查所有的 DNA 樣品，比較正常人與病人之間的差異。

　　三、確定該基因的染色體位置。重要的是利用所有的 cDNA 片段等為探針，而進行原位分子雜交（*in situ molecular hybridization*）確定基因在染色體的具體位置。

　　四、確定 cDNA 及基因組 DNA 的序列，比對病人與正常人序列的區別，確定基因的突變位點。研究發現最普遍出現的突變是 del F508，即第 508 號氨基酸（苯丙氨酸）缺失。因為這個缺失導致該蛋白結合 ATP 及核苷酸的能力喪失。從整個基因序列的分析說明，該蛋白含有 1,480 個氨基酸，是一種膜蛋白。根據蛋白質的一級序列，可以估計出該蛋白質的大概結構，因而命名為囊性纖維化跨膜傳導調節蛋白（CFTR）。

　　五、透過比對氨基酸的序列，CFTR 屬於跨膜蛋白眾多中的成員之一，這個蛋白質的與細胞膜上的氯離子通道有關。病人的突變蛋白質轉運離子的基本功能喪失，因而不正常黏液的分泌及累積的結果，便產生了囊性纖維化症。

第七節　產前檢查

　　由於基因技術的不斷進步，在短短的二十年內產前檢查所涵蓋的內容，從原來單純的染色體檢查到現在的基因檢查，又以初期的個別基因檢查到現在的多基因檢查。甚至有些人形容這是一種量身訂做的基因工程。根據第七章及後續章節中所述的內容，我們了解到所有的分子疾病都是基因控制的，是因為某些基因位點上的突變，導致蛋白質功能的缺失所產生的病理現象。在整個研究過程中我們也了解到，某些最可能發生突變的基因位點，於是檢測便有了特定的目標，準確度隨之提高。

　　筆者也曾提到遺傳疾病中，即使是基因的單點突變，有些是致命的，如囊性纖維化症及苯丙酮尿症等。因此，產前檢查不可能檢查所有的基因。另外，如果已知父母雙方的基本情況，產前檢查的目標更為明確。如果父母雙方都是鐮刀型細胞性狀者（即鐮刀型細胞基因的攜帶者），產前檢查應成為必須的過程，因為這意味著有 25% 的可能，產生純合隱性的鐮刀型貧血症患者。

　　產前檢查往往從家譜調查開始，完整的家譜調查往往可以指出基因的流向，尤其對於隱性基因的遺傳具有指示性的價值，如受測的父母雙方是否有症狀、是否為雜合基因型等等。最有名的例子莫過於拙作《遺傳機制研究》第七章所提到的維多利亞女王家族血友病基因的遺傳，有了如此詳細的家族圖譜，產前檢查便有了明確的目的性。因此家譜調查性往往成了是否決定進行產前檢查的重要參考資料。產前檢查的目的自然在於檢

驗胎兒是否為隱性純合子、是否帶有致命性的基因型等等。產前檢查的基本方法可描述如下：

1. 羊膜穿刺：將胎兒脫落的細胞抽出，經過細胞培養之後可進行染色體條數的直接檢查。主要的目標在於是否具有 21 號三體、18 號三體或 13 號三體，這是人類常染色體最常見的三種三體。

2. 抽取 mRNA 轉化為互補 DNA（cDNA），經過 PCR 擴增之後，將目標 DNA 轉殖出來，進行 DNA 的序列分析。

3. 比對正常的基因序列可以發現所轉殖的 DNA 是否具有突變位點，尤其是常見的突變位點序列應列入主要的分析研究之區段。

4. 擴增最容易發生突變而導致剪接錯誤的內含子，經過轉殖之後進行 DNA 的序列分析，以確定是否產生突變。

5. 向父母解釋檢測的結果，尤其給出明確的建議，以決定對胎兒的取捨。這對於當事人的家庭而言，是一個重大的決定，不能草率而行。

思考題

1. Garrod 於 1902 年便提出了「內源性代謝錯誤」的現象，為什麼人類遺傳學的研究，竟然在此後幾十年間落後於其他生物的遺傳學研究？

2. 是什麼原因使得人類遺傳研究重新回到遺傳學研究的最高點？

3. 每一種遺傳疾病的發病機制都不一樣，請您總結出一套共同的發病機制？

4. 假定一個族群的某有害隱性基因頻率為 0.15%，如果該族群的婚配關係處於隨機狀態，請問該基因所導致的發病率是多少？

5. 為什麼說患有苯丙酮尿症的患者，往往也具有白化的某些特徵？

6. 檢驗苯丙酮尿症的主要原理是什麼？

7. 苯丙酮尿症共有幾種類型，各有什麼特點？

8. 二氫蝶呤還原酶缺失與苯丙氨酸羥化酶缺失所導致的高苯丙酮酸血症，有哪些主要的區別？

9. 苯丙氨酸羥化酶主要有哪些突變類型？東西方人種的突變類型有何區別，說明了什麼？

10. 苯丙酮尿症中的基因雜合體，指的是什麼？

11. 為什麼說四氫生物蝶呤的缺失比苯丙氨酸羥化酶缺失與酪氨酸酶缺失所導致的症狀嚴重？在哪些方面比較嚴重？為什麼？

12. 為什麼說苯丙氨酸羥化酶、二氫蝶呤還原酶及酪氨酸酶等基因的遺傳，均屬隱性遺傳？

13. 既然黑色素是保護皮膚的一種重要色素，為什麼人們如此喜愛美白藥物處理自己的皮膚？

14. 酪氨酸酶缺失與四氫蝶呤缺失所導致的白化症有何區別？治療上有何不同？

15. 黑色素保護皮膚的基本原理是什麼？

16. 請敘述白化基因遺傳中的互補現象？

17. 自毀容貌綜合徵的主要死因是多種感染、腎衰竭或尿血症，其病理原因是什麼？

18. 為什麼說自毀容貌綜合徵在男性遠比女性嚴重？

19. 次黃嘌呤鳥嘌呤磷酸核糖轉移酶的缺失所導致的代謝問題是什麼？這與自毀容貌綜合徵的發病原因有何關聯？

20. 自毀容貌綜合徵的自殘性狀之主因是什麼？

21. 家族性黑矇性白痴的主要病理原因是什麼？

22. 為什麼稱家族性黑矇性白痴為溶原體貯存病？

23. N-乙醯胺基己糖苷酶的主要代謝作用是什麼？為什麼該酶的缺失與家族性黑矇性白痴有關聯？

24. N-乙醯胺基己糖苷酶基因（hex A）有哪些突變類型？各類型有何表現型方面的特點？

25. 組成血紅蛋白的 α 基因及 β 基因發現共有二百多種突變體，如按隨機組合的方式，可組合成多少種基因型？

26. 為什麼鐮刀型細胞可以導致貧血及多種組織病變等問題，請敘述其發病的原因。

27. 如何鑑定血紅蛋白基因的突變？請寫出一個簡單的鑑定流程。

28. 囊性纖維化症的基因鑑定有何特點？為什麼在完全不知蛋白質缺失的情況下，可以鑑定其基因及基因突變？

29. 囊性纖維化跨膜傳導調節蛋白基因的最終鑑定，給我們哪些啟示？

30. 產前檢查有哪些好處？如何進行？在什麼情況下，應給予人工流產的必要措施？

第九章 原核細胞基因轉錄

本章摘要

1956 年 Crick 提出他人生的第三個假說，即中心法則假說（hypothesis of central dogma）時指出，遺傳信息的流向是從 DNA 到 RNA，然後從 RNA 到蛋白質。之後的近二十年間，持續發現了信使 RNA（mRNA）、轉運 RNA（tRNA）及核糖體 RNA（tRNA）。1950 年代末期 RNA 聚合酶的發現，對於基因的研究開闢了新的研究領域，即基因轉錄的研究。1960 年代初期的乳糖操縱子（lactose operon）之發現，進一步將 DNA 分為啟動子（promoter，早期也稱為啟動基因）、調節基因（regulator）及結構基因（structural gene），從而開闢了基因表達控制的先河，特別是啟動子為基因轉錄的研究提供了新的戰場。轉錄可分為起始（initiation）、延長（elongationn）及終止（termination）等三個階段。其中研究得最多的、也最精采的，應屬於轉錄的啟動。起始過程與啟動子的關係十分密切，每一個基因幾乎都有其特定的啟動子序列，因此有其特定的 RNA 聚合酶結合位點。導致 RNA 聚合酶成功地從 -35 序列區到 -10 序列區推進的是 σ 亞基，它就像大海航行中的燈塔一般，指引著 RNA 聚合酶到達一定的位置。在大腸桿菌中已發現有四種 σ 亞基，σ^{70} 識別最標準式的啟動子序列；σ^{32} 識別某特殊的啟動子結構，如整體基因（或稱家務基因或顧家基因等，housekeeping genes）的啟動子序列；σ^{54} 識別另一種特殊的啟動子序列，如氮肌餓基因（也稱氮肌渴基因，nitrogen-starving gene）的啟動子序列。還有一 σ 亞基，如 σ^{23} 主要在 T4 噬菌體感染大腸桿菌之後才產生，其主要功能在於指引噬菌體基因的表達。一旦轉錄開始，RNA 聚合酶就像連續工作中的傳輸帶一樣，不斷地依照鹼基配對的原則，利用 NTP 為原料組成延長中的 RNA 分子。轉錄的終止有某些因子的幫助，但其中每個基因的 3' 端都有某些不適合 RNA 聚合酶結合的核苷酸序列，幫助轉錄的終止。因為這些序列不適合於 RNA 聚合酶的結合，因此可以說基因末端的鹼基序列，也發揮終止轉錄的重要作用。

前言

轉錄就是將 DNA 中的遺傳信息，以 RNA 的形式複製下來的過程。一般情況下，轉

錄不需要基因組 DNA 全面性地解開螺旋，只需要在局部的區域上（或者基因的區域上）將螺旋解開，然後以 DNA 為模板，由 RNA 聚合酶（RNA polymerase）的作用而合成 RNA 分子。在這個過程中，解開螺旋的區域是選擇性的，因而形成 RNA 的區段也是選擇性的。這種選擇性的過程使得基因的轉錄被蒙上一層神祕的面紗，所以轉錄的研究便是要揭開這層神祕的面紗。

　　轉錄的過程與基因的複製一樣，被分為三個階段：起始（圖 9 - 1）、延長及終止。在大腸桿菌中，編碼蛋白質結構基因轉錄的開始，需要 RNA 聚合酶複合物的作用，需要其中 δ（sigma）因子與啟動子的結合。啟動子是基因 5' 末端中特殊的序列，轉錄時並沒有將其序列轉為 RNA 分子，但它對於轉錄的起始是必須的。換言之，沒有啟動子的幫助，基因是不可能轉錄的，甚至基因的啟動子區域發生突變也會造成基因的缺失。一旦轉錄開始之後，δ 因子將脫離啟動子，接下來的反應將由 RNA 聚合酶完成。轉錄的終止不僅需要基因中特殊的序列，也需要某些特殊的分子信號。

　　RNA 聚合酶在不同的細胞系統中有不同的作用。在某種程度上而言，RNA 聚合酶有專司其職的分工。在原核生物中（如大腸桿菌）只有一種 RNA 聚合酶，負責信使 RNA（mRNA）、轉運 RNA（tRNA）及核糖體 RNA（rRNA）的合成。在真核細胞中存在著三種明確不同的 RNA 聚合酶，每一種 RNA 聚合酶均負責其特定基因的轉錄，如 RNA 聚合酶Ⅰ負責核糖體 RNA 基因的轉錄，包括 28S、18S 及 5.8S 核糖體基因。RNA 聚合酶Ⅱ轉錄信使 RNA 基因，以及部分小型核 RNA（snRNA）基因。 RNA 聚合酶Ⅲ轉錄所有的轉運 RNA（tRNA）基因、5S rRNA 基因及另一部分的 sn RNA 基因。

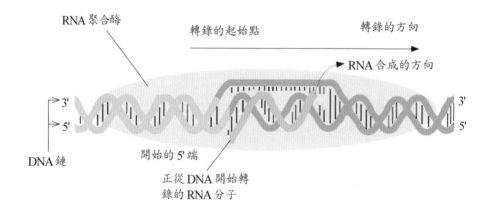

圖 9 - 1　轉錄起始示意圖。啟動子區域位於轉錄起始的上游，橢圓形灰色背景代表 RNA 聚合酶。轉錄區域內下方的鏈代表轉錄的模板鏈，與模板鏈形成雜交的短鏈代表正在合成的 RNA 分子。轉錄的 RNA 以 5'→ 3' 的方向延長，因此必須以 3'→ 5' 方向的 DNA 鏈為模板。

　　無論是原核細胞還是真核細胞，蛋白質編碼基因的最初轉錄產物，都稱為線性前體 mRNA（linear pre-mRNA），只不過在原核細胞中這種前體 mRNA 不像真核細胞的前體信使 RNA 那樣，發生一系列的後續化學修飾作用。在真核細胞中，前體 RNA 要經過 5'-末端的「帽子」結構（或稱加帽作用），以及 3'-末端的多聚腺苷酸「尾巴」（poly A tail）的修飾或附加過程。另外，多數真核細胞的前體 mRNA 都包含了不能編碼蛋白質序列的內含子。這些內含子必須準確除去，外含子重新組成 mRNA（連同 5'-帽子結構及 3'-多聚腺苷酸的尾巴結構，可總稱為成熟 mRNA），之後才能運送到細胞質中進行轉譯（translation）。

　　既然內含子不決定蛋白質中氨基酸的序列，在形成成熟 mRNA 的過程中必將其序列加以剪除，以免影響蛋白質轉譯過程。剪接過程如果產生缺失，也會產生缺失的蛋白質，因而產生遺傳性狀的改變或在人類中產生遺傳疾病。主要前體 RNA 剪接的複合體稱為剪接體。剪接體由好幾種小型核蛋白（small nuclear ribonucleoprotein, snRNPs）所組成，可與內含子相結合，首先從 5'-末端切開內含子。被切開的 5'-末端隨之可與內含子的 3'-末端相結合，造成 3'-末端的切除。兩端的外含子在內含子被剪接之後重新連接起來，形成無內含子的信息 RNA 結構。

　　在多數情況下，核糖體 RNA（ribosome RNA, rRNA）基因最初的轉錄產物，不會有內含子，因此所轉錄的 RNA 可以直接轉送到細胞質的粗糙內質網上，進行蛋白質的轉譯，但在某些生物體中，前體 RNA 也含有內含子。前體 RNA 除去內含子的過程比較特別：首先自我摺疊而形成二級結構，然後開始剪接的過程。這種不需要蛋白質幫助條件下的剪接過程，稱為自我剪接（self-splicing）。前體 RNA 的自我剪接過程，也說明了 RNA 的確具有某種類似於酶的生物催化能力。

　　真核細胞的核糖體 RNA 被運送到細胞質之後，多聚集在內質網膜上。由於核糖體在膜表面的分布而稱為粗糙內質網，是蛋白質合成的重要場所。無論在真核細胞還是原核細胞，核糖體由大亞基及小亞基兩部分所組成。每種亞基含有一到多個 rRNA 分子，以及許多種蛋白質分子。兩種生物轉譯場所的主要區別在於，核糖體的大小有較大的差距，原核生物核糖體較小，而真核生物核糖體較大。

　　在遺傳物質激活及組裝等相關的章節中，筆者曾指出核糖體基因也屬於一種重複序列的基因。的確，研究證明核糖體基因的排列基本上以成串排列的方式，存在於基因組 DNA 中。每一個重複會有三種核糖體 RNA 基因。因此每次轉錄時，產生一條前體 RNA 分子，在經剪接之後形成不同浮力密度的 RNA 分子。第四種核糖體 RNA 基因位於獨立的染色體位點上，因此與其他三種前體線粒體 RNA 的剪接無關。

　　如果說核糖體是蛋白質的合成場所，那麼轉運就是蛋白質合成過程中的傳輸帶。不過

它不僅僅是傳輸帶，它還包含著按照轉運 RNA（tRNA）的所謂反密碼子而準確傳遞氨基酸的功能。研究說明，轉運 RNA 的大小十分接近，但它們又具有氨基酸結合的特異性，其中決定攜帶某種特定氨基酸者在於其反密碼子（anticodon），以及氨基酸-tRNA 合成酶的共同作用。轉運 RNA 含有某些修飾的核苷酸，但所有的 RNA 都有相似的三維空間結構。

第一節　中心法則假說

在遺傳學的研究歷史上，假說往往產生指導性的重要作用，會將人們的思維從現有的一個水平提高到另一個更高的水平。孟德爾的分離假說闡明了二信體生物中，成對基因在形成配子時彼此分離、在配子中成單存在、形成合子之後恢復成雙存在的過程，這在當時的確只能算是一種（分離）假說；之後他又提出不同因子形成盒子時，可以自由組合的假說；1900-1930 年代逐漸形成的一系列假說中，包括 1905 年 Batesoon 及 Punette 在研究甜豌豆時發現的連鎖現象（linkage），以及 1911 年摩爾根發現的果蠅性連鎖基因等，均屬於遺傳假說。之後又有了移動因子假說（hypothesis of mobile elements）及一個基因一個酶假說（one-gene-one-enzyme）等的提出，為遺傳學理論的發展做出了重大的貢獻。

如果說 1953 年的 DNA 雙螺旋結構是 Crick 的第一個科學假說的話，那麼 1954 年的半保守複製機制應當是他的第二個科學假說。1956 年 Crick 又再接再厲提出了中心法則（central dogma）假說。他認為基因組 DNA 中貯存所有生命活動的，以及傳宗接代的遺傳信息，這些信息從某種形式轉錄給 RNA，再由 RNA 的信息轉譯成為蛋白質。蛋白質（包括酶）是生物性狀表現的最前線的分子；一方面可以作為結構蛋白，表現出生物的特定結構，如直髮或卷髮性狀以及褐色眼睛與白化眼睛等等；另一方面可作為催化酶而表現，如正常表現（無高苯丙氨酸血症）與苯丙酮尿症（高苯丙氨酸血症）等等。還有一些以物質的轉運或運動為主要功能的蛋白質，如囊性纖維化跨膜蛋白的缺失等。

自從 Crick 提出中心法則以後，經過多年的實驗研究，為中心法則增加了許多實驗性的內容。如傳導 DNA 遺傳信息的 RNA 就有多種，每一種 RNA 均以某種形式表現出基因的功能。研究證明，根據 RNA 的作用可分為四種類型。一種是信使 RNA（messenger RNA，mRNA，也稱信息 RNA），主要編碼多肽鏈的氨基酸序列。信使 RNA 是編碼蛋白質基因的轉錄本（transcript），因此也稱為結構基因（structural genes）的產物。一個細胞內有多少種 mRNA，說明這種細胞就有多少結構基因正在表達（嚴格說來，一個基因不等於只產生一個信使 RNA 分子。關於一個基因在某種情況下可產生多個信使 RNA 的問題，將於後續的相關章節中討論），因此研究 mRNA 可以推斷結構基因的活動狀況。

第二種 RNA 是核糖體 RNA，是粗糙內質網表面的主要核糖體，是蛋白質轉譯的主要

場所。原核細胞與真核細胞的核糖體種類不同，但都與核糖體的形成有關。RNA 基因的缺失是一種致死突變，因此極少見過有關核糖體 RNA 基因突變的報導。核糖體中含有多種蛋白質，是組成核糖體結構的必須成分，也是蛋白質合成過程中不可缺少的結構與可能的催化物質。雖然核糖體是蛋白質合成時的場所，但蛋白質合成的序列信息卻貯存於信使 RNA 分子之中。

第三種 RNA 是轉運 RNA（transfer RNA, tRNA），是蛋白質合成過程中的搬運工。缺少了搬運工，沒有其他分子可以代替 tRNA 在蛋白質合成中的功能。在氨基醯 tRNA 合成酶（共有 20 種合成酶，如苯丙氨醯 RNA 合成酶、精氨醯 tRNA 合成酶，以及谷氨醯 tRNA 合成酶等等）的作用下，形成苯丙氨醯 tRNA 、精氨醯 tRNA 以及谷氨醯 tRNA 等等。該化合物利用其反密碼子識別 mRNA 中的密碼子而結合，然後其氨基酸部分可轉到正在延長中的肽鏈中。如此反覆即可完成多肽鏈的合成。

第四種 RNA 稱為小型核 RNA（small nuclear RNA, snRNA），主要功能是對前體 RNA 的剪接加工。小型核 RNA 與蛋白質結成複合體之後，才能顯現出 RNA 的剪接功能，是真核細胞形成成熟信息 RNA 所不可缺少的複合體。

RNA 的研究為中心法則提供了豐富的內容，酶學研究也為中心法則增加了重要資料。如中心法則認為，DNA 的遺傳信息可以某種形式貯存於 RNA 中，但 1970 年代 D Baltimore 報導了致癌 RNA 病毒（tumor viruses）及反轉錄病毒（retroviruses）中，存在 DNA 反轉錄酶（reverse transcriptase），說明遺傳信息也可以貯存於 RNA 分子中，然後再以反轉錄的方式轉錄成 DNA（此時也可稱為互補 DNA，cDNA），從而豐富中心法則的內容。

第二節　基因轉錄所需的條件

DNA 的序列可明顯分為幾個部分，對於蛋白質編碼的基因、核糖體 RNA 基因、轉運 RNA 基因，以及小分子核 RNA 基因而言，根據其不同的功能、不同的序列特點等，可分為以下幾個不同的部分：

一、位於 5'-末端的啟動子。因為啟動子是 RNA 聚合酶的結合位點，對於轉錄的起始十分重要，因而沒有啟動子的基因是缺失基因，不會產生產物的。另外，啟動子部分發生突變，也會影響與 RNA 聚合酶的結合能力，因而也會導致基因的缺失，因此啟動子對於基因的表達至關重要。在真核細胞中，啟動子的 5'-上游有轉錄因子的結合位點，對於特定基因轉錄的啟動，具有特異性的影響（圖 9-2）。

二、結構基因部分。這部分的 DNA 序列，主要決定信使 RNA 或其他 RNA 的核苷酸序列，再由 mRNA 決定蛋白質的序列。這部分核苷酸的改變，極容易導致氨基酸的代

lac	accccaggcTTTACActttatgcttccggctcgTATGTTgtgtgGAattgtgagcgg
lacI	ccatcgaatGGCGCAaaaccttcgcggtatggCATGATagcgcccGgaagagagtc
galP2	atttattccatGTCACActtttcgcatctttgtTATGCTatggttAtttcataccat
araBAD	ggatcctaccTGACGCttttatcgcaactctcTACTGTttctccatAcccgttttt
araC	gccgtgattaTAGACACcttttgttacgcgttttTGTCATggctttgGtcccgctttg
trp	aaatgagctgTTGACAattaatcatcgaactagTTAACTagtacgcaAgttcacgta
bioA	ttccaaacgtgTTTTTTgttgttaattcggtgTAGACTtgtaaAcctaaatctttt
bioB	cataatcgacTTGTAAaccaaattgaaaagattTAGGTTtacaagtcTacaccgaat
tRNA^{Tyr}	caacgtaacacTTTACAgcggcgcgtcatttgaTATGATgcgccccGcttcccgata
rrnD1	caaaaaaatacTTGTGCaaaaaattgggatcccTATAATgcgcctccGttgagacga
rrnE1	caatttttctaTTGCGGcctgcggagaactcccTATAATgcgcctccAtcgcacgg
rrnA1	aaaataaatgcTTGACTctgtagcgggaaggcgTATTATgcacacCCCgcgccgctg

圖 9 - 2　某些大腸桿菌基因的啟動子的一級序列結構。在-35 處用大寫標示者為 RNA 聚合酶（因子結合的部位，一般結構為 TTGACA。在-10 處為 TATA 結構，一般序列為 TATAAT。TATA 結構 3' 下方的大寫字母（+1）為轉錄起始位點。

換、氨基酸的缺失及框架飄移突變等變化，其中大部分的變化可導致蛋白質的缺失。

　　三、加強子（enhancer），也稱轉錄加強子。對於轉錄的起始發揮重要的作用。加強子可提供適當的序列讓轉錄因子結合，從而激發轉錄的啟動。

　　四、操縱基因。除了上述三種較為明顯的序列之外，有些生物基因還有操縱基因（operator），是調節蛋白的特異性結合位點。當調節蛋白（也稱為阻遏蛋白，repressor）與操縱基因結合時，RNA 聚合酶不能經由調節基因而向 3' 末端滑動，因而不能進行轉錄。因此，誘導基因轉錄的方法之一，是將調節蛋白從調節基因中除去，以保證基因的表達。中文將 operator 稱為「操縱基因」這是歷史的錯誤，其實它不能算是一個基因，只是一種特殊的序列而已。其次歷史上將決定氨基酸序列的 DNA 部分，稱為結構基因（structure genes），這與決定 rRNA /tRNA /snRNA 序列的結構基因有重大的區別。

　　五、阻遏基因。這個基因對其他基因的表達，構成決定性的作用，主要是它所產生的阻遏蛋白可以與操縱基因相結合，封閉了其他基因的表達（圖 9 - 3）。一般的基因結構可表述於圖 9 - 4。

　　轉錄的另一個條件是 RNA 聚合酶，是轉錄中的主要催化酶。在轉錄開始之前，基因 5'-末端的雙鏈 DNA 必須彼此解開其螺旋結構。在原核生物中，RNA 聚合酶的本身可以擔負此一功能，但在真核細胞中另有蛋白質專司其職。一小段 DNA 雙股螺旋彼此分開之後，便可以進行轉錄。首先由 RNA 聚合酶與結構基因的 5'-末端相結合之後，再開始轉錄

的聚合反應。

　　一般在原核生物及真核生物（不包括病毒）中，基因的轉錄只在雙股 DNA 鏈中的一條進行。從 5'→3' 的 DNA 鏈雖與 3'→5' 鏈完全互補，但 RNA 轉錄時 RNA 聚合酶並不將該鏈作為模板，因而稱為非模板鏈。另一條 3'→5' 鏈可作為 RNA 聚合酶的模板進行轉錄，因而稱為模板鏈。所以在基因轉錄時，DNA 模板也是必須的條件。

　　基因轉錄所需要的構件分子為核苷三磷酸，包括腺苷三磷酸（ATP）、鳥苷三磷酸（GTP）、胞苷三磷酸（CTP）及尿苷三磷酸（UTP），一般總稱為 NTP（註：請注意與 dNTP 的區別）。研究發現，RNA 聚合酶的本身，可以選擇性地採用 NTP 而不是 dNTP。這種對 NTP 具有特異性選擇作用的分子機制，迄今仍處於推測性的假說，但其中的選擇多以核糖是否處於脫氧狀態有一定的關係。整個 RNA 聚合作用的準確性，在於鹼基的互補作用。

　　奇特的是，DNA 聚合酶必須要有一段 RNA 引物才能進行聚合作用，但 RNA 聚合酶卻不需要 RNA 引物。讀者也許會疑問：進行 RNA 聚合反應時，即使利用 RNA 引物也看不出合成後的引物與非引物的區別。話雖如此，但在 RNA 聚合反應過程中，不再需要引物合成酶的存在，說明了 RNA 聚合酶的催化反應過程中，不需要引物的指引作用。因此可以說引物的指引作用，只發生在聚合反應的啟動階段。

　　需要指出的是，RNA 聚合反應時，模板鏈（DNA）上的腺苷酸一律轉錄為尿苷酸，而不是胸腺苷酸，因為尿苷酸可以與腺苷酸相配，也因為 DNA 聚合酶只選擇核糖核苷酸之故。

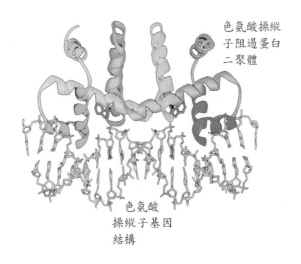

色氨酸操縱
子阻過蛋白
二聚體

色氨酸
操縱子基因
結構

圖 9-3　色氨酸操縱基因結構與阻過蛋白的複合體結構示意圖。上方為色氨酸操縱子阻過蛋白二聚體的結構，下方為色氨酸操縱子基因的雙螺旋結構。

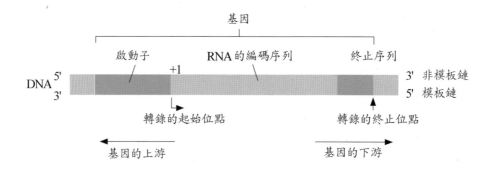

圖 9 - 4　一般的基因結構示意圖。基因上游（左）的深色框為啟動子，是 RNA 聚合酶結合區；+1 處是轉錄起始的位點；中間部位淺色框為編碼區；基因下游（右）的深色框為轉錄的終止序列。

第三節　啓動子的結構

　　無論是真核細胞基因、原核細胞基因，還是病毒基因轉錄都需要啟動子，而啟動子是 RNA 聚合反應起始所必須的因素，也是轉錄起始的位點。一般而言，病毒基因的啟動子最短，真核細胞基因的啟動子最長，他們之間的差異可從 2 倍到 1,000 倍，視基因的轉錄情況而定。如常見的大腸桿菌基因及病毒基因的啟動子長度為 30 個核苷酸（圖 9 - 2），而人類的抗凝乳蛋白酶基因的啟動子，長達數萬核苷酸。

　　那麼啟動子是什麼呢？其實啟動子就是引導 RNA 聚合酶到轉錄起始位點，進行基因轉錄的特殊核苷酸序列。根據各種基因啟動子序列的比較研究，啟動子可以較容易得到鑑定，其中最常用的方法就是鑑定蛋白質結合位點的所謂腳跟印染法（footprinting）。進行腳跟印染法的研究，包括以下幾個步驟：

　　一、首先將待測的雙鏈 DNA 樣品中的一條鏈的末端，用同位素進行標記（代換 5' 磷酸末端的磷酸基團），使得這條鏈帶上標記。

　　二、將 RNA 聚合酶加進用同位素標記的 DNA 樣品中，讓 RNA 聚合酶與 DNA 的特殊位點相結合。

　　三、我們設想腳跟印染法中 RNA 聚合酶與 DNA 結合之後，應當對 DNA 有一定的保護作用，因此第三步便是利用 DNA 酶將結合有 RNA 聚合酶的 DNA 進行消化，此時 DNA 酶不會消化到 RNA 聚合酶的位點。作為對照，可以進行相似的實驗，但不加 RNA 聚合酶。

　　四、反應終止之後，可利用瓊脂糖凝膠電泳分離 DNA 片段。此時在凝膠中，可以看

到對照組 DNA（未經 RNA 聚合酶保護的 DNA 片段）的一系列片段，而該位點不會出現
DNA 片段，那麼可以推測出那些「空位」便是 RNA 的結合位點，亦即是啟動子中 RNA
聚合酶的起始位點。

　　實驗中，首先將 DNA 樣品標記上 ^{32}P，是為了便於利用放射自顯影的方法，檢測對
照組實驗及 RNA 聚合酶實驗組的不同，因為每一個片段的分子數目不會很多，因此需要
利用放射自顯影的方法，可以幫助鑑定被 RNA 聚合酶所結合的 DNA 序列。

　　經過類似的研究發現，許多原核生物基因的啟動子，具有某些共同的特點。在轉錄
起始位點的 5'-端，很明顯有兩種共同的序列，一是位於轉錄起始核苷酸的 5' 方向約 10 個
核苷酸處，另一處是在 5' 方向的 35 個核苷酸處。具有這兩種特殊序列的結構以及其中
的核苷酸（約有 40 個核苷酸）區域，便稱為啟動子。最常見的特殊序列為 5'-TTGACA
（−33）---TATAAT（−7）--（+1），其中標有+1 者為起始核苷酸，往 3' 端的方向應當依
次為+2、+3、+4 等等。這些核苷酸最終被轉錄為 RNA 或 mRNA，決定著蛋白質的核苷
酸序列。但往 5' 方向的核苷酸應為 −1、−2、−3 等等，這便是啟動子的區域（圖 9-2）。

　　我們在日常的蛋白質研究中，經常觀察到一種明顯的現象，即每一個蛋白質的含
量，在不同細胞或同一細胞的不同週期中，都不盡相同，因而可以推測基因的表達強
弱，在不同細胞或同一細胞的不同週期中，也應有所不同。的確，啟動子的作用效率有
相當大的區別。具有很強啟動子的基因，經常得到轉錄。研究證明，大腸桿菌中某些強
的啟動子下，基因每 2 秒鐘便轉錄一次。但在較弱的啟動子下的基因，大約每 10 分鐘轉
錄一次。在較強的啟動子中，大約於 −10 及−35 處具有十分明顯的特徵性序列，但在較
弱的啟動子中，這些特徵性序列不很明顯，可以說只是某些替代序列而已。這些替代序
列也可以理解為，由於特徵性序列的突變所產生的結果。那麼是否可以理解為，這也是
生物進化的產物之一呢？筆者以為可以接受這種假說。

　　那麼這兩處的明顯序列特徵，能否將其中的序列除去，使兩者結合在一起呢？答案
是否定的。相反的，研究證明兩者之間的一定距離也很重要，而最佳的距離為 17 個核苷
酸。因而可以說，啟動子的核苷酸序列的有效性或者說其作為啟動子的強度，主要在於
是否有效調節轉錄。除此之外，在啟動子附近與特殊序列相結合的蛋白質（如真核細胞
中的轉錄因子等），以及與 RNA 聚合酶相互作用的某些蛋白質，也是影響許多基因轉錄
效率的重要因素。

　　某些高度表達基因的啟動子外圍，如 5' 端的上游因子 UP 因子，對於基因的表達產
生重要的作用。這些序列經常位於 −40 到 −60 核苷酸處。現在已知這些序列（或稱 UP 因
子）可與 RNA 聚合酶中的 α-亞基相結合，主要的功能是增強轉錄的有效性。主要的原因
有兩種說法，一是 α-亞基與上游序列結合之後，可以增強聚合酶與啟動子特徵性序列的

表 9 - 1　幾種原核生物基因的啟動子序列

基因名稱	啟動子的 TATA 序列
乳糖苷酶	5'-*CGTATGTTGTGTGGA*（+1）-3'
半乳糖苷酶	5'-*GCTATGGTTATTTCA*（+1）-3'
大腸桿菌色氨酸操縱子	5'-*GTTAACTAGTACGCA*（+1）-3'
λ 噬菌體	5'-*GTGATACTGAGCACA*（+1）-3'
φχ174 噬菌體	5'-*GTTTTCATGCCTCCA*（+1）-3'
典型的 TATA 結構	5'-*NNTATAATNNNNNNN*（+1）-3'

結合：二是 α-亞基在上游序列的結合，可以增加聚合酶的結合位點，使聚合酶更容易與啟動子相結合，因而加強啟動子的有效性。幾種原核生物基因的啟動子序列，可見表 9 - 1 所示。

第四節　RNA 聚合酶的識別位點

　　為了啟動轉錄的進行，RNA 聚合酶的 α2ββ' 中心，必須首先與啟動子相結合。研究證明，σ 亞基可以使 RNA 聚合酶能夠識別啟動子的位點，或者說是，σ 亞基使 RNA 聚合酶識別啟動子的位點成為可能。總之，沒有 σ 亞基 RNA 聚合酶與啟動子的結合，變得十分微弱，也容易沿著雙鏈 DNA 的滑動而脫離 DNA 分子，σ 亞基識別啟動子不是一個鹼基便能完成的，其中有好幾個鹼基與 σ 亞基的相互作用。雖然每一個互補位點較微弱，多個位點互補的力量，使得 RNA 聚合酶結合於啟動子的特定位點及特定鏈（模板鏈）成為可能。

　　當全酶沿著 DNA 的雙螺旋結構移動而尋找啟動子時，該酶可以與鹼基對中暴露於鹼基分子外圍的氫原子形成氫鍵。這個尋找的過程極為迅速，因為 RNA 聚合酶沿著 DNA 鏈滑動，而不是反覆形成氫鍵及破壞氫鍵的過程進行啟動子目標的尋獲。也許可以這麼說，就啟動子作為 RNA 聚合酶尋找的目標而言，只不過是一種與其他 DNA 結構一樣隨機移動的區域，因此開始時與其他 DNA 一樣只能有一維結構的關係，沒有三維結構的形成。但是 RNA 聚合酶與典型的啟動子結構的結合率為 $10^{10}\ M^{-1}\ s^{-1}$，比預估的酶／DNA 的結合率高達 100 倍。當 RNA 聚合酶接近啟動子的結合位點為 9-10 個鹼基時，σ 亞基便開始從 DNA 分子上脫離出來。另一說法是，RNA 聚合酶開始轉錄 RNA 達 10 個核苷酸時，σ 亞基便從 DNA 上釋放出來。σ 亞基的脫離也有助於酶中心的轉錄啟動，或有助於 RNA

表 9-2　啓動子序列及大腸桿菌相關的 σ 亞基

σ 亞基	名　　稱	啓動子序列
σ^{70}	識別標準啓動子序列	5'-*TTGACA* (-33)--*TATAAT* (-7)-3'
σ^{32}	識別熱休克基因啓動子序列	5'-*TNNCNCNCTTGAA* (-32)--*CCCATNT* (-7)-3'
σ^{54}	識別氮肌餓基因啓動子序列	5'-*CTGGGNA* (-32)--*TTGCA* (-7)-3'
σ^{23}	識別 T4 噬菌體基因啓動子序列	5'-*TATAATA* (-15)-3'

的聚合反應過程，因而可以說 σ 亞基是轉錄啟動的催化劑。

　　大腸桿菌中含有多個 σ 因子，每一種識別特定的啟動子序列類型。上述所提到的 σ 亞基，主要是 σ^{70} 的研究所得的結果（分子量為 70kd）。當溫度上升時，往往由不同的 σ 亞基代替原來的 σ^{70}。如在溫度上升之後，大腸桿菌可產生 σ^{32} 與熱休克基因（heat shock gene）的啟動子相結合，進一步啟動這個基因的轉錄。σ^{70} 與 σ^{32} 所識別的啟動子序列不同，表 9-2 表示三種 σ 亞基所識別的啟動子序列。可以這麼說，σ 亞基決定了什麼樣的基因，在什麼時候應當表達。

第五節　轉錄的啓動

　　因為轉錄的啟動方式與涉及的諸多因子中，原核細胞與真核細胞基因轉錄頗有相當大的區別，因此本節僅討論原核生物基因轉錄的啟動。在整個轉錄過程中可明顯地分為啟動，即 RNA 聚合酶與啟動子相結合那一刻，開始了轉錄啟動的過程。如上所述，啟動子的特殊序列及特異性的 σ 亞基，保證了 RNA 聚合酶與啟動子的結合，也保證了每一次結合均在同一地方，從而保證轉錄的起始核苷酸從同一個鹼基開始。轉錄開始之後，便進入 RNA 鏈的延長，即 RNA 聚合酶按照 DNA 模板鏈上的鹼基，以鹼基配對的原則及 NTP 為建構元素材料，逐漸在核糖的 3'-OH 端，以形成磷酸二酯鍵的方式延長 RNA 鏈，因此 RNA 的合成是從 5' 末端到 3' 末端的方向延長的。當 RNA 的鏈延長到一定程度之後，尤其是當 RNA 聚合酶遇到某些特殊的 DNA 序列，而不利於 RNA 聚合酶的結合時，便終止 RNA 鏈的延長。

　　對於轉錄的起始，RNA 聚合酶的全酶必須與啟動子相結合。 RNA 聚合酶全酶由酶中心（core enzyme）及 σ 因子（或稱亞基）所組成，其中酶中心由二個 α 亞基、一個 β 亞

基及一個 β' 亞基因所組成。如上所述，σ 亞基對於全酶準確與迅速的和啟動子相結合，產生極為重要的作用。

RNA 聚合酶的全酶與啟動子相結合，可分為兩個步驟。首先全酶與 -35 的特殊序列相結合，但其結合力不大，即以較為鬆散的方式首先與 -35 的序列相結合。在這個階段的結合過程中，全酶所結合的 DNA 分子為雙螺旋結構。因為，此時的 DNA 雙鏈並沒有彼此分開，因此全酶與 -35 啟動子序列的結合，也稱為密閉式啟動子複合物（closed enzyme-promoter complex）。然後全酶由 -10 序列滑動，與該特殊序列較緊密結合，同時解開 DNA 的雙螺旋結構。此時由於啟動子的雙螺旋被打開，又與 RNA 聚合酶全酶相結合，故又稱為開放式啟動子複合物（opened enzyme-promoter complex）。一旦 RNA 聚合酶與 -10 的特殊序列結合之後，便可以在適當的核苷酸處開始其 RNA 的聚合作用。

研究證明，不同基因的啟動子序列不完全相同，有些甚至有較大的差異，因此 RNA 聚合酶的結合效率，對於不同的啟動子而言是不一樣的。結果便是因轉錄的起始因基因不同而異，這就是為什麼不同的基因具有不同的表達水平。換言之，啟動子的相對表達強度（或程度）與共有系列的相似度，有著直接的關係。如某一啟動子的序列為 5'-GATACT (-7)-3'，其轉錄啟動能力便比 5'-ATAAT-3' 差一些，這是因為 RNA 聚合酶全酶中的 σ 亞基，對於前者的識別及結合能力低於對後者的識別與結合能力。

第六節　RNA 鏈的延長及終止

一旦 RNA 聚合酶與啟動子的 TATA 結構結合之後，便將該區域的雙螺旋結構打開，形成所謂的轉錄泡（transcription bubble）。轉錄泡沿著模板鏈的 3'-端移動時，意味著轉錄的 RNA 鏈正在延長之中。上面已經提到 σ 亞基離開雙鏈 DNA／模板鏈 DNA 的時機，有兩種說法，但假定屬於第一種說法，則 TATA 結構完全由 RNA 聚合酶的酶中心所打開，並開始轉錄。如果屬於第二種說法，則 TATA 結構的打開可能也有 σ 亞基在其中的作用，因此 RNA 分子開始轉錄十多個核苷酸時，σ 亞基才離開全酶及模板鏈。σ 亞基離開了模板鏈之後又可以重複利用，啟動新的 RNA 聚合反應。

隨著 RNA 聚合酶的酶中心，繼續沿著模板鏈的 3' 端方向移動，聚合酶可繼續一邊打開 DNA 的雙螺旋結構，一邊進行聚合反應。所形成的 RNA 分子不會與模板緊密結合，因此 RNA 聚合酶往 3' 末端移動之後，後面的兩條被打開的 DNA 鏈又重新退火（或稱鏈合）。形成雙螺旋結構。因此，RNA 分子只在轉錄泡內才與模板鏈形成局部的雙鏈。在原核細胞體系中，轉錄速度為每秒 30-50 個核苷酸，因此可以針對環境的變遷迅速進行轉錄的反應，以形成相應的蛋白質分子，抗拒環境的變化。

　　對 RNA 聚合酶的研究，以往我們已知這個酶有兩個功能，一是可以打開雙螺旋結構，二是可以進行 RNA 的聚合反應，但最近的證據證明這個酶還具有第三個功能，即對 RNA 分子的序列具有校讀（proofreading）的功能。這種功能頗似 DNA 聚合酶，可以利用 RNA 聚合酶中倒退合成反應功能，將錯誤進入 RNA 鏈的鹼基或其他相似分子除去，然後再根據模板鏈的序列重新延長 RNA 鏈。另一種校讀功能是 RNA 聚合酶 1-2 個核苷酸的距離，將 RNA 中心的錯誤鹼基除去，然後再繼續朝模板鏈的 3' 方向延長 RNA 分子。前者相當於外切酶的作用，將不正確的鹼基連同正確的鹼基一起先除掉，然後再根據模板鏈的序列補回；後者類似於內切酶的活性，只將錯誤的鹼基除掉再補回正確的鹼基。筆者以為，這也可算是同一事件中兩種不同的說法，除非在 RNA 聚合酶中同時能證明具有外切酶及內切酶活性。

　　原核細胞基因轉錄的終止信號（圖 9 - 5），是某種特殊的終止序列（terminal sequence）。這種序列除了可與某種與終止有關的蛋白質相結合外，對於 RNA 聚合酶的結合也造成不利的條件。在大腸桿菌中，與基因轉錄終止有關的蛋白質為 Rho（ρ）因子。如果終止與 Rho 因子有關，則稱為依賴於 Rho 因子的終止（Rho-dependent terminaters），這也是所謂的第 II 型終止因子。如果 RNA 聚合酶作用的終止與 Rho 無關，則稱為獨立於 Rho 因子的（轉錄）終止（Rho-independent terminaters），即第 I 型終止因子。

　　第 I 型終止因子由反向重複序列所形成，大約由 16-20 個鹼基對所形成的轉錄終止點，它的 3' 端往往含有 4-8 個 A-T 對。很顯然，當 RNA 聚合酶將這種特殊的序列轉錄為 RNA 分子之後，RNA 便形成一種髮夾迴環結構（hairpin loop structure）以及一段尿苷酸的序列，造成不利於 RNA 聚合酶繼續轉錄的序列結構。換言之，髮夾迴環結構的形成是 RNA 聚合酶，從 DNA 模板鏈中游離出來的導火線。

　　第 II 型終止因子中缺少 A-T 結構，許多基因的 3' 末端也不會轉錄成髮夾迴環結構的 RNA 分子，那麼這種類型的終止是如何發生的呢？我們知道 Rho 因子具有 RNA 結合區及 ATP 酶的區段，它與 RNA 末端結構的結合，造成了 RNA 聚合酶脫離模板鏈的先決條件。一旦 Rho 因子與 RNA 末端結合在一起，Rho 因子的 ATP 酶便將 ATP 水解，所得到的「能量」不是繼續推動 RNA 聚合酶向前移動，而是促使聚合酶離開模板鏈。雖然其中詳細的過程還不甚明確，但一般認為「能量」可將 RNA 聚合酶與 RNA 分子彼此分開，進而終止 RNA 的聚合反應。

　　第 II 型的終止作用能解開 RNA 聚合酶的終止反應，相關的細節仍處於假說階段，如一說是 Rho 因子與模板鏈的結合，使 RNA 聚合酶不能往前移動，進而終止了聚合作用；二是 Rho 因子與合成的 RNA 末端結合，形成一種類似於第 I 型的髮夾迴環結構，進而終止聚合作用；三是 Rho 的 ATP 酶活性產生能量，將 RNA 聚合酶與 RNA 彼此分開，進而

終止聚合作用。可見 RNA 聚合反應終止的分子機制，還有許多問題尚需探討。

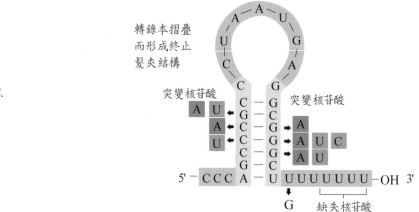

含有兩個摺疊對稱區

A.　模板 DNA　5' CCCAGCCCGCCTAATGAGCGGGCTTTTTTTTGAACAAAA 3'
　　　　　　　3' GGGTCGGGCGGATTACTCGCCCGAAAAAAAACTTGTTTT 5'

B.　轉錄本（RNA）　5' CCCAGCCCGCCUAAUGAGCGGGCUUUUUUUU — OH 3'

C.

轉錄本摺疊
而形成終止
髮夾結構

突變核苷酸　　　　　　　突變核苷酸

圖 9-5　模板 DNA 的轉錄終止信號序列，以及 RNA 末端髮夾迴環結構的形成示意圖。含有兩個摺疊對稱區的 DNA 模板鏈（A圖）經轉錄，而形成可以自我形成雙鏈結構的 RNA 分子（B圖）。RNA 經過摺疊後，可以形或髮夾迴環結構（C圖）。髮夾迴環結構的序列及突變研究說明，如果髮夾迴環結構因突變而造成鬆散或根本無法形成時，RNA 轉錄的終止也不能順利結束，可見其迴環結構對於轉錄終止的重要性。

思考題

1. 不同的基因具有不同序列的啟動子，此一特點說明了什麼？

2. 大腸桿菌基因的啟動子的序列結構，具有什麼樣的共同特點？

3. 大腸桿菌中存在著四種 σ 亞基，這在基因表達即生物進化上有何特別的涵義？

4. 為什麼將 σ 亞基比喻成大海航行中的燈塔一般？是否有言過其實之嫌？

5. Crick 的中心法則具有何等重要意義？它對後續的研究造成了什麼樣的影響？

6. 基因轉錄需要什麼樣的條件？

7. RNA 聚合酶具有哪些功能？

8. 將基因分為啟動子（啟動基因）、調節基因、阻遏基因及結構基因，對於基因轉錄的研究有何意義？

9. 為什麼原核細胞基因的啟動子，主要分為兩個特殊結構？為什麼兩個結構之間的距離不能變化過大？

10. 為什麼說 RNA 聚合酶與啟動子的結合依賴於 σ 亞基的作用，其中有何道理？

11. 基因的轉錄是如何啟動的？請描述其啟動的過程。

12. 目前有關轉錄的終止有哪些假說？各假說有何特點？如何去證明這些假說？

第十章 真核細胞編碼蛋白質基因的轉錄

本章摘要

　　雖然真核細胞基因的轉錄與原核細胞的轉錄一樣，可以分為三個階段，即起始、延長及終止，但兩者之間的差異很大。首先在原核細胞中只有一種 RNA 聚合酶，因而無論是信使 RNA、轉運 RNA 或核糖體 RNA，都是由同一個 RNA 聚合酶催化合成的。然而真核細胞卻含有三種 RNA 聚合酶，每一種酶的作用分工明細、組成複雜、調控精細，是一類各司其職的催化酶；二是真核細胞轉錄起始相當複雜，既與啟動子的序列有關，也與眾多的細胞內、外因子有關；三是真核細胞內基因表達（即 RNA 轉錄）的調控系統，遠比原核細胞繁複。如原核細胞操縱子結構基因的轉錄，被認為是一類複雜的調控過程，但真核細胞的調控過程卻涉及到細胞外的作用因子，經由膜表面或跨膜蛋白的受體分子接受信號，再經過一系列細胞質的受體分子之參與，最後激發轉錄因子，從而導致基因的轉錄。因此真核細胞基因的轉錄，受控於一系列的特異性分子。四是真核細胞基因組基因的轉錄本（transcript）遠比原核細胞大，這些所謂的前體 mRNA（pre-mRNA）必須經過細胞的某些特殊機制轉為成熟的 RNA（mature mRNA）分子後，才轉移到細胞質中；五是真核細胞基因轉錄的終止，所涉及的蛋白質分子或蛋白質亞基相當複雜，因此其機制遠比原核細胞複雜。總之，真核細胞基因轉錄的控制機制，有諸多方面與原核細胞有相當大的出入，是值得詳細研究的領域之一。

前言

　　真核細胞基因的轉錄研究開始於原核細胞之後，但研究歷程及投入遠在原核細胞之上。研究結果也證明，其轉錄過程遠比原核細胞複雜的多。原核細胞只有一種 RNA 聚合酶（RNA polymerase），可以轉錄所有種類的 RNA 分子，但真核細胞中主要存在有三種 RNA 聚合酶，它們分工明細，各自轉錄不同的 RNA 分子，其中 RNA 聚合酶II 是信使 RNA 轉錄的主要聚合酶，因此也成了本章主要關注的轉錄酶。真核細胞轉錄開始時與原核細胞相似的是，它們都需要特定的 DNA 序列：啟動子（promoter），但真核細胞基因

轉錄啟動的主要序列，可以提供許多特異性蛋白質的結合，如轉錄因子等進而啟動轉錄的進行。因此，啟動子中各種特異性的序列，是特異性分子之所以能夠與之結合的主要「基地」。可見研究真核細胞基因的轉錄，少不了要研究啟動子的核苷酸序列之特點。

與轉錄有關的特有 DNA 序列除了啟動子外，還有加強子（enhancer）序列，生物體中存在著這種類似的序列，無非是為了達到基因轉錄最好水平之目的。一般情況下，加強子位於啟動子的 5' 末端，提供與轉錄有關的蛋白質（因子）的結合部位，加強轉錄的起始，但加強子與啟動子所不同的是，加強子不一定非得位於啟動子的 5' 末端，也有相當多的加強子位於基因的某個內含子（intron）之內，或基因的 3' 末端的序列。由此看來，加強子不是提供給 RNA 聚合酶結合所用的序列。

真核細胞轉錄的起始有許多因子的參與，特別與 RNA 聚合酶 II 有關的因子，均命名為 TFIIx（其中 x 表示各因子的序號），如 TFIID 的 TAFs 及 TBP 等亞基（subunits），與 TATA 結構的識別及結合有關等等。轉錄因子與 TATA 序列相結合而形成複合體，是轉錄啟動的重要原因，是誘發 RNA 聚合酶 II 在特定位點上相結合的主要動力，因此也是 RNA 聚合反應的先決條件。

真核細胞的轉錄本與原核細胞不同的地方，是在於原核細胞的轉錄本不需要進一步加工便可直接進行轉譯（translation）的過程，所以原核細胞的轉錄與轉譯是偶聯式的，即轉錄與轉譯可以同步進行。但真核細胞的這兩個過程顯得複雜許多，首先必須經過 3' 末端的寡聚核苷酸的修飾，還要經過 5' 末端的「加帽」（capping）結構。也許最複雜的是內含子的切除等，最後才能形成所謂的成熟信使 RNA。這種經過了加工後的信使 RNA，轉移到細胞質之後才能進行轉譯。

除了主要由 RNA 聚合酶 II 轉錄信使 RNA 外，RNA 聚合酶 I 及 III 主要轉錄其他的 RNA 分子。如 RNA 聚合酶 I 主要催化核糖體 RNA 的聚合反應，其中包括 28S、18S 及 5.85S 的核糖體 RNA（rRNA）分子。RNA 聚合酶 III 主要催化轉運 RNA（tRNA）、5S 核糖體 RNA 及 sn RNA 分子的聚合反應。真核細胞中 RNA 聚合酶的分工明細，也是調控系統較為複雜的體現。

第一節　真核細胞 RNA 聚合酶

與原核細胞相比，真核細胞在 RNA 聚合酶作用方面，產生了一定的分工情形，對於四大類 RNA（信使 RNA、轉運 RNA、核糖體 RNA 及小分子核 RNA）的轉錄，由三種不同的 RNA 聚合酶催化合成。這些酶不僅在轉錄活性上有一定的差異，在組成上也有很大的區別。

RNA 聚合酶 II，主要存在於真核細胞的核仁組織者（nucleolar organizer）及核漿中，催化三種核糖體（28S、18S 及 5.8S）的合成。核糖體 RNA 分子量的大小，傳統上用 S 表示，這是因為早期分離這類 RNA 分子時常用超高速離心機，所以區別不同核糖體 RNA 分子量的大小時，主要用沉降系數（S）表示。沉降系數越大，說明其分子量也越大，如 28S RNA 比 18S 大。另外，一般只有核糖體 RNA 用沉降系統數表示，一般的信使 RNA 則不以沉降系數表示；因此讀者也很容易經由分子量大小的表示方法，推知 RNA 的種類。

RNA 聚合酶 III 主要存在於細胞核的核質（nucleoplasm）中，主要催化信使 RNA（messenger RNA, mRNA）的聚合反應，因此也是人們最感興趣的聚合酶 I 之一。我們知道除了直接由核糖體 RNA 或轉運 RNA 所構成的有限生物性狀外，其餘大多數的生物性狀均透過蛋白質的活性（如酶的催化活性等）或結構蛋白（如角蛋白等）的產生而形成，而產生蛋白質（多肽鏈）必須經由信使 RNA 的轉錄之後，再經過蛋白質的轉譯過程，這就是為什麼人們對 RNA 聚合酶 I 有如此濃厚的興趣。另外，前體信使 RNA（pre-mRNA）內含子的清除與小分子核 RNA（snRNA）有關。研究說明，有一部分的 snRNA 是由 RNA 聚合酶 III 所催化合成的（圖 10 - 1）。

圖 10 - 1　真菌 RNA 聚合酶 III 三維空間結構示意圖。右邊深色的圓表示轉錄中 DNA 分子的橫截面，周邊與 DNA 結合的氨基酸多肽鏈，則表示與 DNA 分子有一定的交互作用。

　　RNA 聚合酶 IIII 僅發現於核質中，是催化所有轉運 RNA（tRNA）合成的聚合酶 I。理論上講，如果每一種密碼子均有一種反密碼，而每一種反密碼均是一種特殊的轉運 RNA，那麼真核細胞應當有 61 種 tRNA（除了三種無義密碼子外），但研究說明多數真核細胞不足 61 種轉運 RNA。這種情況只能說明生物的各種遺傳密碼在實際使用上，是不均衡的、有選擇性的。RNA 聚合酶 IIII 還可以催化 5S 核糖體 RNA 以及部分 RNA 聚合酶 III 所不能催化的 snRNA 的合成。

　　雖然我們對真核細胞的 RNA 聚合酶 I，不像原核細胞 RNA 聚合酶 I 那樣，有比較深入的了解，但我們對其組成已有了相當深入的研究。研究說明，所有真核細胞 RNA 聚合酶 I 均由多個亞基所組成，因此每一個聚合酶 I 都是多基因控制下的產物。如真菌的 RNA 聚合酶 III 有 12 個亞基，共同組成一種 U-形結構（圖 10 - 1）。很有意思的是，RNA 聚合酶 III 中有 5 個亞基，也出現在 RNA 聚合酶 IIII 中，說明兩者之間在起源上的相似性（表 10 - 1）。雖然我們未曾對所有物種的 RNA 聚合酶 I，進行詳盡的分子進化方面的研究，但如果說所有的原核細胞都具有相似的 RNA 聚合酶 I 這一論斷可以成立的話，那麼我們也應當有充分的理由認為，其他真核細胞的 RNA 聚合酶 III 也有相似的化學組成及結構型態。

　　因為幾乎所有的信使 RNA，都是在 RNA 聚合酶 III 的催化作用條件下形成的，RNA 聚合酶 III 自然成了人們研究的重點。其中所涉及的啟動子、加強子、轉錄的起始（transcription initiation）等研究，大多與 RNA 聚合酶 III 有關，但這個酶產生的前體信使 RNA 必須經過一定的修飾，才能進入細胞質進行轉譯的過程。雖然有極個別的基因不含有內含子，但也必須經過「加帽」結構及多聚腺苷酸尾部（tailing）的形成等。因此可以說，經由 RNA 聚合酶 III 所形成的前體信使 RNA，都要經過化學的修飾過程。

　　如果從研究的角度看待 RNA 聚合酶 I 的組成，其中的基因表達，特別是基因表達的控制過程及條件等，尚需深入的研究。如 RNA 聚合酶 I 各個亞基的產生，應當有相當高的協同性，這說明控制各個亞基的基因之表達有高度的一致性，才能使得各個亞基有相等或有一定比例的劑量組成全酶。同時這些基因表達的時間性也要有一致性，使得各亞基在特定的時間內隨時待命組成全酶。然而這些問題還沒有實驗方面的答案，還需深入研究。

表 10 - 1　不同 RNA 聚合酶 I 組成的比較

酵母菌 RNA 聚合酶 I (14 亞基)	酵母菌 RNA 聚合酶 II (12 亞基)	酵母菌 RNA 聚合酶 III (15 亞基)	大腸桿菌 RNA 聚合酶 (5 亞基)	同源序列
Rpa1（A190）	Rbp1（B220）	Rpc（C160）	β'	中心序列
Rpa2（A135）	Rbp2（B150）	Rpc（C128）	β	中心序列
Rpc5（AC40）	Rbp3（B44.5）	Rpc5（AC40）	α	中心序列
Rpc9（AC19）	Rbp11（B13.6）	Rpc9（AC19）	α	中心序列
Rbp6（ABC23）	Rbp6（ABC23）	Rbp6（ABC23）	ω	中心／共同序列
Rbp5（ABC27）	Rbp5（ABC27）	Rbp5（ABC27）	無相應的亞基	共同序列
Rpb8（ABC14.4）	Rpb8（ABC14.4）	Rpb8（ABC14.4）	無相應的亞基	共同序列
Rbp10（ABC10β）	Rbp10（ABC10β）	Rbp10（ABC10β）	無相應的亞基	共同序列
Rbp12（ABC10α）	Rbp12（ABC10α）	Rbp12（ABC10α）	無相應的亞基	共同序列
Rpa9（A12.2）	Rpb9（B12.6）	Rpc12（C11）	無相應的亞基	
Rpa8（A14）	Rpb4（B32）	-	無相應的亞基	
Rpa4（A43）	Rpb7（B16）	Rpc11（C25）	無相應的亞基	
+2 其他亞基		+4 其他亞基	無相應的亞基	

第二節　啓動子及加強子

　　啟動子並非真核細胞 RNA 聚合酶 I 的專用 DNA 序列，事實上，所有的 RNA 聚合酶 I 進行 RNA 聚合反應的起始過程，均需要啟動子。如我們在前面曾經談過的原核細胞基因表達的啟動子、病毒基因的啟動子等，均有一定的特殊序列。但真核細胞的啟動子與原核及病毒等相比，顯得更為複雜，因為真核細胞的啟動子所結合的蛋白質種類遠比前者多。其次是真核細胞啟動子的序列變異很大，有時難以總結出統一的序列標準。

　　分析編碼蛋白質基因的啟動子主要有兩種不同的方式，一是分析啟動子序列突變後的效果，即比較野生型啟動子與突變型啟動子在控制基因表達能力上的差異，從而推

知其主要發揮作用的核苷酸或核苷酸序列。突變的方式主要在啟動子區域內，經由缺失一段或某幾個核苷酸或改變某單核苷酸的序列等方法。缺失的做法大多從啟動子的 5' 末端，開始逐次地減少核苷酸的序列等檢視其缺失後的效果。如突變顯著影響到啟動子的功能，說明所突變的核苷酸對於轉錄可能發揮重要的或不可或缺的作用。第二種做法是比較許多編碼蛋白質基因的啟動子序列，以期找出相似及不同的序列結構。以往的研究說明，大多數真核基因的啟動子含有 200 個鹼基對，其中含有可供多種蛋白質因子結合的部位。根據啟動子的作用，我們可以將啟動子分為兩個部分，即中心啟動子（core promoter）及啟動子的遠端因子（promoter proximal elements）。

中心啟動子是轉錄時必須具備的順式序列因子（cis-elements），指導 RNA 聚合酶 I 在正確的方向上，進行轉錄的聚合反應。這個特殊的序列至少包括兩種特殊的作用：(1)指導 RNA 聚合酶 I 在其序列上相結合，為 RNA 的聚合反應之啟動創造條件；(2)指導 RNA 聚合酶 I 以正確的方向進行轉錄。在真核細胞基因中，中心啟動子一般只有 50 個鹼基對。經過大量的比較研究，發現中心啟動子一般具有以下幾個方面的特點：(1)這個序列不長，也稱為 inr（即啟動或起始之意，來自 initiator），位置上從轉錄起始的核苷酸（+1）〔即其 5' 方向上游的第一個核苷酸標記為（-1）〕到 -50 左右；(2)這段序列具有某些結構特點，即具有 TATA 因子。由於 TATA 因子是 Goldberg 及 Hogness 首先發現的，因而也稱為 Goldberg-Hogness 箱子結構。這種特殊的結構，一般在 -30 左右的核苷酸位置上可以找到。TATA 的功能特點包括三個方面：a. 是 RNA 聚合酶 I 全酶的組裝位點。如果沒有 TATA 結構，RNA 聚合酶 I 的全酶無法形成，轉錄也因此無法進行；b. TATA 結構在相當多的基因中往往是 TATAAAA，這正是 RNA 聚合酶 III 優先選擇的結合位點；c. TATA 結構也是轉錄起始的位點，說明該序列在轉錄的起始過程中是不可或缺的。然而突變研究說明，如果缺少了中心啟動子以外的其他因子，轉錄只能在很低的水平上進行，說明其他因子對於轉錄的起始或高水平轉錄是必須的。幾種真核細胞基因的啟動子列於表10 - 2。

啟動子的遠端因子指的是，大約從轉錄起始位點 5' 末端第 50 個核苷酸的 TATA（即 -50）區域中，有些序列具有普遍的意義，如最顯著的是 CAAT（俗稱 cat）箱子。這種序列在許多真核基因中相當保守，大部分位於 -75 的核苷酸處。另外，還有一種相當保守的序列為 GC 箱子結構，其特徵性序列為 GGGCGG，主要位於 -90 的核苷酸處。有意思的是，許多研究說明這兩種箱子序列結構，可以作用於雙重方向的轉錄。

表 10 - 2　幾種真核細胞基因啓動子的結構

基因	TATA 的上游	TATA 結構	TATA 的下游	轉錄起始	起始下游
雞清蛋白	GAGGC	TATATAT	TCCCCAGGGCTCAGCCAGTGTCTGT	A	CA
腺病毒晚期基因	GGGGC	TATAAAA	GGGGGTGGGGGCGCGTTCGTCCTC	A	CTA
兔子 β 血紅蛋白	TTGGG	CATAAAA	GGCAGAGCAGGGCAGCTGCTGCTA	A	CACT
小鼠 β 血紅蛋白	GAGCA	TATAAGG	TGAGGTAGGATCAGTTGCTCCTC	A	CATTT

　　已有許多實驗證據說明，啟動子的遠端因子對於基因的表達是必須的調節因子。如果利用突變等方法置換 cat 及 GC 箱子結構內的核苷酸序列，或利用缺失等方法除去其中的核苷酸等，均可以驗證 cat 及 GC 箱子在轉錄的作用。研究說明，這些箱子結構一般不會阻礙轉錄的正常進行，但卻對整個轉錄水平造成重大的影響，導致基因只能在低水平上進行轉錄的效果。

　　由上述的討論可見，啟動子中的中心啟動子及啟動子的遠端因子，共同決定了啟動子的功能，並決定了基因表達水平的高低。啟動子的中心結構決定了轉錄是否可以進行，是轉錄的決定者。而啟動子遠端的結構即是轉錄的調節者，即決定著基因如何表達（即表達量的高低等）、何時表達（決定基因在何種情況下表達）等關鍵問題。其中對於轉錄作用產生重要調節作用的蛋白質，稱為激發蛋白（activator proteins），它們決定了轉錄起始的效率（transcriptional efficiency）。

　　有些基因的表達與否決定著細胞的生死存亡，因此在所有類型的細胞中必須得到表達，否則預示著或證明了細胞走向死亡或已經死亡，這類的基因稱之為持家基因（house keeping gene，這個名詞的譯法很多，似乎還沒有統一的譯法，包括細胞守護基因或家庭守護基因）。這類基因的啟動子遠端基因，可被所有細胞類型的激發蛋白所識別，因此這類的基因無論在什麼類型的細胞中均可得到表達。細胞中有許多基因均屬於持家基因，由於這些基因的表達不分細胞類型，因而只要細胞仍然活著便可使基因表達。肌動蛋白（actin）基因便是在所有類型細胞中，均可表達的家庭守護基因。又如葡萄糖-6-磷酸脫氫酶基因也可視為一種家庭守護基因。相反的，某些基因只能在特殊類型的細胞中、在特殊的時期才能表達，其關鍵的原因在於這類基因的啟動子遠端因子，只能被這類細胞的激發蛋白所識別，而在其他類型細胞中不存在或幾乎不存在這些蛋白質之故。

　　與基因轉錄水平有關的序列還有所謂的加強子（enhancers），主要的作用是增強轉錄的水平。加強子與啟動子相似的地方，在於兩者都是順式作用因子（cis-acting elements）。在不同的基因中，加強子可以位於轉錄起始位點的上游、轉錄區的中游或轉錄本的下游，但多數位於該基因的上游。有些基因的加強子位於基因轉錄起始的 100 個鹼基之內，有些卻距轉錄起始有千個鹼基之遙；也就是說，加強子對於基因轉錄的調節控制，是經由長距離的調控方式而進行的，所以加強子也被稱為基因表達的遠端控制序列或是因子。

　　加強子的序列分析說明，作為加強子大多含有某些較短的、但具有特徵性的序列，有些序列很像啟動子。特異性蛋白質與 DNA 序列的結合實驗說明，激發因子也可以與加強子相結合。如果將加強子的特徵性序列移到啟動子的附近，將對基因的表達產生更明顯的加強作用。這些結果說明：(1)加強子的存在對於基因的表達產生促進作用；(2)加強子越接近於啟動子，對基因表達的促進作用越明顯。

第三節　轉錄的起始

　　啟動子的存在是形成信使 RNA 基因轉錄過程的必需條件，但轉錄的起始卻是涉及到 RNA 聚合酶 III 的組裝，以及其他蛋白質在中心啟動子的參與，前者是 RNA 轉錄的主要催化酶，而後者是催化作用的必需啟動物質。參與轉錄的蛋白質因子稱為通用轉錄因子（general transcription factors, GTFs），這是因為無論信使 RNA 的轉錄，還是 tRNA 或 rRNA 的轉錄，均需要這些因子。一般而言，通用轉錄因子是按其作用及發現的先後順序命名的。

　　在信使 RNA 的轉錄起始過程中，RNA 聚合酶 I 及通用轉錄因子按一定的順序，在啟動子的中心序列上面進行有序的組裝過程。通常這種組裝稱為完全轉錄起始複合體（complete transcription initiation complex, CTIC）。大多數情況下，也稱為前置起始複合體（preinitiation complex, PIC）。其稱謂具有同一涵義的兩個方面的原因，一是在轉錄起始之前這些複合體的組裝必須能夠完成；二是只有這些複合體得到完整的組裝之後，才能啟動基因的轉錄。

　　PIC 的組裝過程頗為複雜，但組裝的過程十分有序，並在確定的位置上進行組裝。一般而言，TATA 結合蛋白（TATA-binding protein, TBP）首先識別啟動子中心的 TATA 序列並結合其上，然後是 TATA 結合蛋白相關的因子在其上相結合，兩者共同組成轉錄因子 IID（TFIID）。由此可見，轉錄因子 IID 及啟動子的中心序列，對於轉錄的起始是必需的條件。當 IID 完成後，有兩個轉錄因子（TFIIA 及 TFIIB）先後與 TFIID 相結合，形成可以進一步與 RNA 聚合酶 III 相結合的複合體。RNA 聚合酶 III 是多亞基的催化酶，此酶需在轉錄因子 IIF 的激化下，才能與 TATA-TBP-FAFs-TFIIA-TFIIB 的複合體相結合。此時

的複合體也稱為最低限度的轉錄起始複合體。這是因為這種複合體也能以較低的轉錄水平，對編碼蛋白質的基因進行轉錄，但這種複合體的轉錄能力還很低。在最低限度的轉錄起始複合體的基礎上，轉錄因子 IIE 及 IIH 先後加入了轉錄的複合體，形成完全的轉錄複合體（圖 10-2）。

對於轉錄因子 IIE 及 IIH 的作用，目前仍然是眾說紛紜。有幾組研究人員幾乎同時對真菌的轉錄因子 IIE 及 IIH 進行缺失突變，研究結果不完全一致。有些結果說明轉錄幾乎沒有進行，有些則證明這兩個因子缺失的突變體，仍然維持一定的轉錄水平。但較為一致的結果是 IIE 及 IIH 的參與，有利於基因的轉錄在較高的水平上進行，因此這兩個因子應當屬於基因轉錄中產生激發作用的轉錄因子。

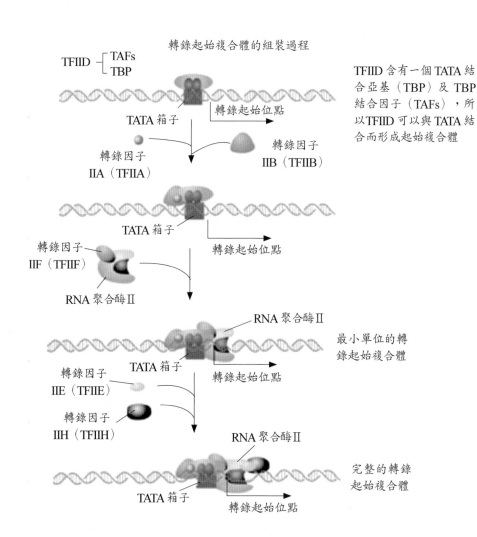

圖 10-2　轉錄起始複合體的組裝過程示意圖

在此讀者需要樹立一個清晰的概念：即以上的研究大多數是在體外進行的結果，這與體內存在著許多其他因子的情況相比，顯然簡化了許多。因此，體外實驗與體內的結果，應有一定的區別，如體內對轉錄因子的激發過程，顯然與細胞的信號傳遞有一定的關係；又如體內還存在著其他的作用因子，產生基因的調節作用等等。關於基因轉錄的調節問題，我們將在適當的章節中再專論之。

第四節 真核細胞信使 RNA 兩端的化學修飾

真核細胞與原核細胞在許多方面具有不同的形式及機制，其中信使 RNA 便是重大區別之一。一般情況下，原核細胞信使 RNA 轉錄的同時，可以進行蛋白質的轉譯。在多數情況下，信使 RNA 一邊轉錄一邊以自身為模板，指導蛋白質的合成。由於兩者沒有絕對分開，因此也稱為偶聯式的轉錄與轉譯，其中信使 RNA 無需進行任何形式的修飾，也沒有所謂的內含子清除問題。同時信使 RNA 的大小，直接可以反映蛋白質的大小，因而沒有所謂的前體信使 RNA 與成熟的信使 RNA 等問題。但真核細胞的信使 RNA 需要經過多步驟的化學修飾，才能進入細胞質中進行蛋白質的合成。

一般信使 RNA 含有三個主要的部分。第一部分是其 5' 末端有一前導序列（leader sequence），也稱為 5' 非轉譯區域（5'-untranslated region, 5'-UTR），其長度因基因的不同而不同。第二部分為信使 RNA 的編碼序列（coding sequence）。這個區域主要用來決定蛋白質中氨基酸的序列。第三部分為尾部序列（tailer sequence），也稱為 3' 非轉譯區域（3'-untranslated region, 3'-UTR）。這個區域的主要作用可能在穩定信使 RNA 等方面，產生重要的作用。

由於核膜的天然屏障，真核細胞信使 RNA 的轉錄與轉譯，不可能進行偶聯式的反應過程。非但如此，真核細胞的前體信使 RNA（pre-mRNA），必須經過 5' 及 3' 末端的化學修飾。尤其重要的是，大多數真核細胞的信使 RNA 都要經過某些序列的清除之後，才能形成可編碼蛋白質的序列。這一發現過程很有意思，值得向讀者介紹內含子（intron）的發現及證明過程。

自從 1973 年 Southern 發明了 DNA 印跡法（Southern blot）之後，人們很快地發現也可以用於信使 RNA 進行檢測，於是發明了 RNA 印跡法（Northern blot）。但是細胞中提取的 mRNA 總有兩種或兩種以上的形式，如果細胞質與細胞核的信使 RNA 分開提取，則可發現細胞核中的信使 RNA 總是比細胞質來得大。1977 年，Richard Roberts、Philip Sharp 及 Susan Berger 發現，某些動物病毒的基因序列並不反映在這個基因的蛋白質產物上。換言之，基因中的某些序列並沒有利用於蛋白質的轉譯上。這與上述的真核細胞核內及細胞

質中的信使 RNA 的發現有相似之處。事實上，大部分編碼蛋白質的真核細胞信使 RNA 都有相同的情況，因此後來人們將那些存在於基因，但並不用於編碼蛋白質的序列稱為內含子，而將基因中用於編碼蛋白質的序列稱為外含子（exon）。內含子這個名詞來源於不能轉譯為氨基酸序列的插入序列（intervening sequence），而外含子來源於表達序列（expression sequence）之意。在前體信使 RNA 形成成熟信使 RNA 的過程，便是內含子被除去的過程。因此，1993 年 Roberts 及 Sharp 獲得當年的生理或醫學諾貝爾獎。

　　一旦 RNA 聚合酶 III 開始 RNA 的聚合反應，在合成大約 20-30 個核苷酸時，蓋子酶（capping enzyme，也稱帽子酶）便將 7-甲基鳥苷（m^7G），經由一種非尋常的 5' 到 5'（5'→5'）的連接方式加到 5' 末端上，這與我們在以往所介紹過的 DNA 或 RNA 鏈的延長方式（從 5' 到 3' 的連接）完全不同。這種連接的方式稱之為 5' 加帽或 5' 加蓋。在鳥苷以下的兩個核糖分子也經由甲基化而修飾，甲基化的位置在核糖分子的 3' 羥上連接一個甲基。這樣的結構可以維持到整個轉譯的完成，是保護信使 RNA 的重要結構。另外一些研究證明，如果沒有 5' 的加帽結構，該信使 RNA 不能轉譯為蛋白質。可見加帽結構不僅僅是保護作用，還與核糖體的相互識別產生關鍵的作用（圖 10 - 3）。

　　除了 5' 端的加帽結構外，前體信使 RNA 還在其 3' 端進行化學修飾，主要是在 3' 端附加上約 50-250 個腺苷酸的序列，常稱其為多聚腺苷酸尾部（poly-A tail）。這段多聚腺苷酸的合成在化學上很獨特：一方面這段核苷酸的合成不需要預先的模板作用；另一方面多聚腺苷酸的合成從前體信使 RNA 合成完畢開始，直到內含子的清除為止。多聚腺苷酸對於信使 RNA 從細胞核有效運送到細胞質的過程，發揮不可或缺的作用。一旦到達細胞質之後，多聚腺苷酸產生保護信使 RNA 的作用，主要經由抗細胞質中核酸外切酶的水解作用，不讓水解酶過早降解信使 RNA。多聚腺苷酸的形成過程頗為複雜，如圖 10 - 4 所示。

　　多聚腺苷酸的存在，標記著一個基因轉錄的結束。在真核細胞基因中，下游（down stream）的序列並沒有明顯存在著終止轉錄過程的特殊序列。因此，信使 RNA 的轉錄往往在多聚腺苷酸的位點，繼續往 3' 端轉錄幾百甚至上千個核苷酸之後才會停止。多聚腺苷酸一般出現在基因末端所廣泛存在的特殊序列 AAUAAA 以下 10-30 個核苷酸處。對於多聚腺苷酸的附加，有多種蛋白質參與其中，包括切除及多聚腺苷酸化特異性因子（cleavage and polyadenylation specificity factor, CPSF）、切除促進因子（cleavage stimulation factor, CstF）及兩種切除因子（cleavage factors，CFI 及 CFII）等。這些因子或者與 RNA 相結合，或者產生切除 RNA 分子的作用。新合成的 RNA 分子尾端被清除之後，多聚腺苷酸聚合酶 I（poly A polymerase, PAP）利用 ATP 作為底物（substrate），催化腺苷酸附加到剛被清除了尾端的 RNA 分子上，產生多聚腺苷酸尾部（圖 10 - 4）。在這個過程中，多聚腺苷酸聚合酶 I 與切除及多聚腺苷酸化特異性因子（CPSF）相結合。當多聚腺苷酸被合成

時，多聚腺苷酸結合蛋白 II（poly A binding protein II）與新合成的多聚腺苷酸相結合。研究顯示，多聚腺苷酸結合蛋白 II 產生保護腺苷酸尾部的作用，主要產生抵抗細胞質中核酸外切酶的水解作用。

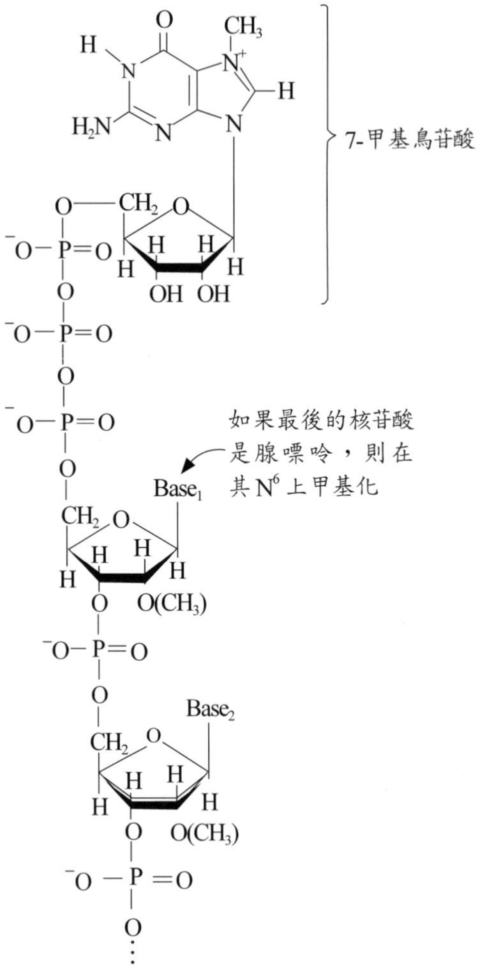

圖 10-3　前體信使 RNA 在其 5' 末端形成加蓋結構示意圖。一般如果信使 RNA 的 5' 端核苷酸為腺嘌呤，則容易在其 N^6 原子上進行甲基化。加蓋結構的 7-甲基鳥苷三磷酸，直接將其 5' 端的磷酸與信使 RNA 中 5' 端核苷酸的核糖第 5 號碳原子的羥基，形成磷酸二酯鍵，其過程並沒有伴隨著磷酸的水解作用。

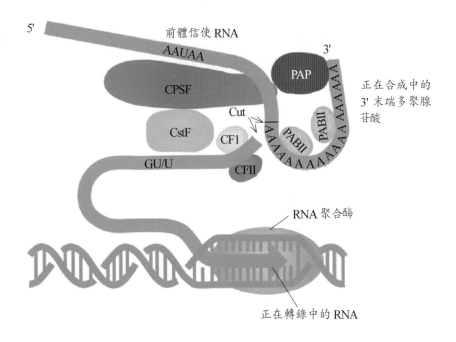

5'

前體信使 RNA

AAUAA

3'

PAP

CPSF

正在合成中的
3' 末端多聚腺
苷酸

Cut

CstF

CF1

PABII

GU/U

CFII

RNA 聚合酶

正在轉錄中的 RNA

圖 10 - 4　前體信使 RNA 3' 末端多聚腺苷酸的形成

第五節　內含子的證明

　　內含子的清除是信使 RNA 化學修飾的三部曲之一。前面我們已經談過 5' 端的加帽結構及 3' 端多聚腺苷酸的結構（圖 10 - 3、10 - 4），現在我們繼續第三部曲，即內含子的清除（圖 10 - 5）。在時間順序上，我們可以大致畫分為 5' 加帽結構、內含子的清除，最後可能是多聚腺苷酸的合成。加帽結構首先完成是因為加帽時，不需要整個信使 RNA 分子的轉錄完成，所以一邊轉錄便可一邊進行加帽作用。至於內含子與多聚腺苷酸則眾說紛紜：第一種看法是多聚腺苷酸的形成，可能發生於內含子被清除之後，這是因為內含子被清除之前，往往偵測不到多聚腺苷酸的產生。不過內含子的清除是否需要等待前體信使 RNA 轉錄完全之後才能進行，仍然是一個謎，多數的研究結果得到了正面的回答。所以第二種看法認為，內含子的清除及多聚腺苷酸可能發生於前體信使 RNA 轉錄完成之後同時進行。但有些基因轉錄的研究證明，多聚腺苷酸存在時也出現不同分子量的信使 RNA，因此第三種看法是內含子的清除，可能是最後所進行的化學修飾。

　　通常一個基因的轉錄產物（如前體信使 RNA）含有數個內含子。我們知道若需要形成可以轉譯為蛋白質的成熟信使 RNA，其內含子首先必須被清除，因為真正編碼蛋白質的核苷酸序列被內含子所隔開。其次是內含子清除的準確與否，關係著所轉譯的蛋白

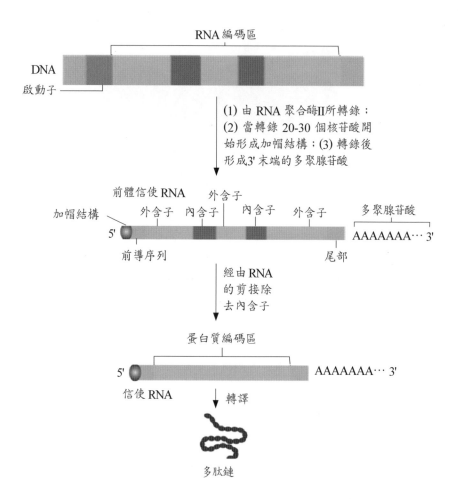

圖 10-5　內含子清除過程示意圖。如圖所示，基因轉錄為前體信使 RNA 是由 RNA 聚
合酶 III 所擔負的，轉錄到一定的長度時開始其 5' 的加帽結構之形成，轉錄完成後形成
其 3' 的多聚腺苷酸。內含子的清除一般在轉錄過程中或轉錄結束時進行，最終形成蛋
白質的編碼區。

質是否能表現出正常的蛋白質（酶）的功能之大事，因此許多遺傳性疾病也與內含子的
清除有一定的關係。其中最著名的例子中，有一種可以誘發家族性黑朦性白痴的特殊突
變，影響到了前體信使 RNA 內含子的準確清除，導致所產生的己糖苷酶的活性不足。

　　前面我們曾經談過內含子的發現過程相當有趣，此後人們馬上發現細胞核中存在著
大量的、不同分子量的信使 RNA。這些信使 RNA 被稱為雜源性核 RNA（heterogeneous
nuclear RNAs），很顯然也包括了前體信使 RNA 分子。早期的一個研究例子是 Philip Leder
的研究小組，在 1978 年所研究的、在細胞培養條件下的小鼠細胞中所發現的 β-血紅蛋白
基因。這個編碼 146 個氨基酸的 β-血紅蛋白多肽（polypeptides），是整個血紅蛋白分子的
一部分。這個研究小組從細胞核中分離得到了分子量為 1.5kb 的 RNA，證明是 β-血紅蛋

白的前體信使 RNA。與成熟的信使 RNA 分子相似的是，前體信使 RNA 分子也含有 5' 的加帽結構及 3' 的多聚腺苷酸結構。這個例子也說明了 5' 的加帽結構及 3' 的多聚腺苷酸結構，發生於內含子的清除之前。成熟的 β-血紅蛋白信使 RNA 為 0.7kb，因此最早的推測是這個基因，含有一個大約有 800 個核苷酸的內含子。可見基因的轉錄，產生含有內含子及外含子的前體信使 RNA 分子的結論，由此而成立。由於這種較大分子量的 RNA 分子只存在於細胞核中，因此有理由認為前體信使 RNA 經過了內含子的清除過程，才轉移到細胞質中。後續的研究，證明了 β-血紅蛋白基因含有兩個內含子：一個較大，是早期發現的內含子之一。因為另一個較小，所以早期的研究錯過了這段內含子的發現。

　　自從內含子的發現被廣泛揭示之後，科學家們以往所堅信的基因的核苷酸序列，以及蛋白質中氨基酸序列的等價線性關係（colinear relationship）因此而被打破。如果說發現基因中編碼蛋白質氨基酸序列的核苷酸序列被分割成許多片段這一事件，多少帶有一些偶然性的話，那麼這項偶然的發現也改變了我們對基因的思維，是遺傳學研究中一次邏輯思維的突破。自從第一次發現內含子以來，我們現在知道大部分真核細胞的基因都含有內含子。雖然一般在原核細胞的基因中不含有內含子，但有意思的是，某些噬菌體的基因也有內含子。可見雖然內含子在真核細胞中被發現，也是真核基因普遍存在的實體，但也不是真核細胞基因的專利。

　　總之，編碼蛋白質的基因轉錄本不是成熟的信使 RNA，就是這個 RNA 的前驅物。這些分子都是線性的，其大小視其所編碼的蛋白質分子量以及是否具有內含子而定。原核細胞的信使 RNA 不經化學修飾，即所謂的 5' 加帽結構、3' 的多聚腺苷酸及內含子的清除等過程，便可以作為模板進行蛋白質的轉譯。許多真核細胞的前體信使 RNA 含有非氨基酸編碼的內含子序列，必須從信使 RNA 的轉錄本中除去之後，才能進入細胞質進行轉譯過程。相應的編碼氨基酸序列的核苷酸序列，便稱為外含子。

第六節　前體信使 RNA 內含子的被動清除機制

　　有了以上的準備知識，筆者相信讀者很容易理解，為什麼前體信使 RNA 需要除去自身所具有的內含子序列之後，變成成熟的信使 RNA 才能轉移到細胞質中，進行蛋白質的轉譯過程。至此，讀者對於前體信使 RNA 的概念應有了比較清晰的理解，即凡是含有 5' 加帽結構、3' 多聚腺苷酸結構及內含子結構的信使 RNA，便是前體信使 RNA。前體信使 RNA 在細胞核中將其自身的內含子除去，從而轉成所謂的成熟信使 RNA。研究指出，含有內含子的 RNA 不利於轉移到細胞質中，因此我們在細胞質中所得到的信使 RNA，都是成熟的信使 RNA。

　　內含子比較容易得到鑑別，因為每一個內含子在 5' 端具有 GU 的特殊序列，而內含子的 3' 端結束前具有 AG 的序列。內含子的清除往往需要更多的序列信息，才能確定內含子與外含子的分界序列。一旦內含子從前體信使 RNA 中被清除之後，外含子由信使 RNA 的接合（mRNA splicing）過程而連接起來，形成成熟的信使 RNA。整個接合過程，是在一種稱為接合體（splicesome）的蛋白質複合體中進行的，其中包括前體信使 RNA 與一種蛋白質體相結合，稱為小型細胞核核糖蛋白粒子（small nuclear ribonucleoprotein particles, snRNPs，也可以寫作 snurps）。snRNPs 的蛋白質其實是一組可以與 snRNA 相結合的蛋白質，其中 snRNA 具有一定的酶的活性。剛發現 snRNA 的酶的活性時，與反轉錄酶的發現一樣，曾引起相當的重視。這些結果說明在生物進化過程中，尤其是在蛋白質出現之前，RNA 的確擔任了某些催化酶的作用。

　　目前已經發現有五個主要的 snRNA，分別是 U1、U2、U4、U5 及 U6，每個 snRNA 都可與數個蛋白質組成 snRNP。U4 及 U6 的 snRNA 通常發現在同一個 snRNP 中，組成 U4／U6 snRNA 的形式。其他的 snRNA 可單獨與數個蛋白質組成自己的 snRNP。在細胞核中，每一種 RNP 都有豐富的含量，每個細胞大約有十萬個拷貝。

　　依賴於接合體（也稱剪接體）進行前體信使 RNA 內含子的清除過程，包括一系列的接合體組裝到內含子的切位上的過程，是一個頗為複雜的過程。一般這個過程，可根據 snRNA 與前體信使 RNA 的接合反應分為幾個重要的步驟。接合體的形成與內含子的清除是一致的，換言之，接合體的形成過程就是內含子逐步被清除的過程。雖然接合體的形成是一系列的連續反應，但也可簡單地分為六個步驟。

　　首先由 U1 的 snRNA 與相應的蛋白質相結合，形成 U1 的 snRNP 之後，便與內含子的 5' 端接口處相結合。其接合方式主要靠 U1 中的 RNA 與前體信使 RNA 的鹼基配對，而完成其準確的結合過程。具體地說，U1 的 snRNP 與前體信使 RNA 的 GU 位點相結合，開啟內含子剪接過程的一系列反應（圖 10 - 6）。

　　其次是，U2 與相應的蛋白質相結合形成 U2 的 snRNP 之後，與內含子 3' 端 AG 序列之前的腺苷酸（A）相結合。這個特異性的位點也稱為分支點序列（branch point sequence）。分支點一般在內含子 3' 端的 AG 序列前數個到十幾個核苷酸的距離。

　　其三是，U4/U6 與相應的蛋白質結合而形成 U4/U6 的 snRNP 之後，可以與 U5 的 RNP 相互作用而形成更大的複合體。在這個複合體中，一方面可以與 U1 的 snRNP 相互作用；另一方面又可以與 U2 的 snRNP 相互作用。這種複雜的作用結果便是將這段內含子折疊成迴環結構，為內含子的剪接創造了條件，但這種接合方式還未能激發接合體對內含子的清除作用。

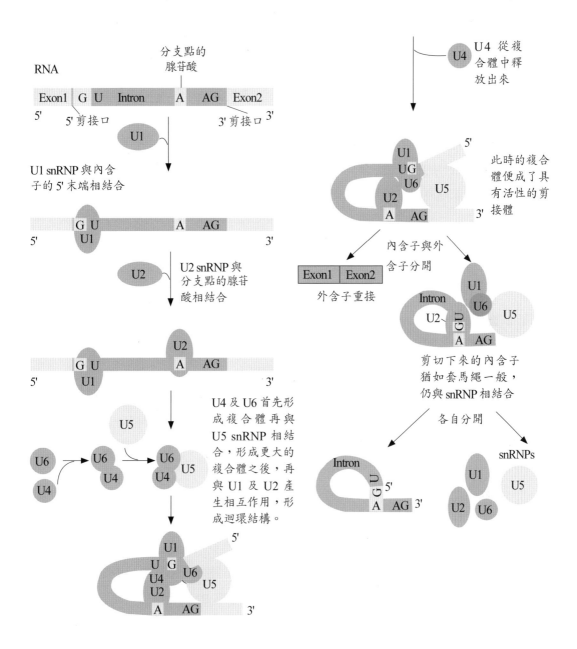

圖 10 - 6　前體 RNA 分子內含子被動清除機制的圖解說明。首先在內含子的 5' 剪接口的 GU 處，由 U1 snRNP 識別並結合，幾乎與此同時 U2 與內含子 3' 端距 AG 不遠的腺苷酸相結合。之後 U4-U6 複合體與 U5 組成更大的複合體，同時與 U1 及 U2 相互作用，造成內含子迴環的形成。U4 從複合體中釋放出來之後，激活了其他的因子，於是兩端的外含子被切開，餘下的內含子由於 5' 的 G 與 AG 附近的 A 經由共價結合，狀如套繩。最終是各自彼此分開而完成其內含子的切除過程。

　　其四是，U4 的 snRNP 離開了整個複合體，導致了接合體的激發。如上所述，一般 U4 及 U6 總是在一起被得到分離，說明兩者有一定程度的相互作用。然而有些分子機制還未有明確的答案，如(1)整個複合體形成之後，是如何讓 U4 的 snRNP 脫離了整個複合體，從而有利於激發接合體的分子機制等，還沒有實驗證據；(2)U4 的 snRNP 與其他複合體的結合是如何抑制接合體活性的？這些問題目前還沒有明確的定論。

　　其五是被激發的接合體，首先將內含子的 5' 端在 U1 相結合的 GU 處剪除，造成游離的 5' 內含子末端與 U2 所結合的腺苷酸重新形成共價鍵。因為這種結構很像美國西部早期被開發時牛仔們所常用的套繩，因而也稱為 RNA 的套繩結構（RNA lariat structure）。套繩結構所形成的時間點也沒有統一的定論，如這種結構是在內含子的 3' 末端被剪除之前，還是在此之後，似乎還沒有直接的實驗證據加以說明，但不少研究者傾向於套繩結構首先形成，而後發生 3' 端的切除。化學上可以推想到的是，U2 所結合的腺苷酸中核糖的第 2 號碳原子上的羥基，以及內含子 3' 末端中鳥苷酸核糖的第 5 號碳原子上的磷酸，形成磷酸二酯鍵（即非尋常的 2'-5' 的酯鍵）而形成所謂的套繩結構。同時腺苷酸仍然維持與原來相鄰核苷酸，以 3'-5' 磷酸二酯鍵的方式相結合。

　　最後便是以形成套繩結構的內含子在其 3' 端的接口處被剪除，此時外含子 1 及外含子 2 經由連接反應過程重新連接起來。此時所有的 snRNP 均被釋放出來，從而完成了一個內含子的剪除過程。其他內含子的剪除，也會以相同的方式或反應過程完成。

第七節　前體信使 RNA 內含子的主動清除機制

　　內含子的被動清除機制是所有高等動、植物中的共同機制，因而也是普遍發生的機制。但內含子的清除也存在著另一種機制，即主動清除機制，這種機制不需要其他許多蛋白質及 RNA 的參與。因此筆者將前者需要許多小型核 RNA 及蛋白質參與條件下的清除機制，稱之為被動清除機制，而與此不同的另一種清除方式，稱為主動清除機制，但後者並非廣泛存在。

　　在某種原生生物四膜蟲中，28S 核糖體 RNA 基因中，有一段 413bp 的內含子。這個內含子的剪除屬於與蛋白質無關的反應（protein-independent reaction），其清除的主要機制是在內含子的區域，形成一種二級結構，促進了自身的切除。這種稱為自我剪除（self-splicing）的機制，是 1982 年由 Tom Cech 等人在無意中發現的（圖 10 - 7）。因此，在 1989 年 Cech 與其他研究者獲得諾貝爾化學獎。

　　四膜蟲的自我剪除機制，也稱為第一類內含子的自我剪除。後來大量的研究證明這種機制很少見，尤其是核基因中內含子的剪除相當罕見。不過這種剪除機制也許是較低

等生物基因的一種常態現象。如高等動、植物線粒體（mitochondria）編碼蛋白質的基因，以及某些噬菌體的信使 RNA 及轉運 RNA 基因，也存在著這種剪除機制。

　　具有主動清除機制的內含子的 5' 端，常是一個腺苷酸，3' 端常見的是鳥苷酸，這段核苷酸只有在被剪除之後才能形成套繩結構。從套繩結構進一步形成環狀 RNA 及一小節核苷酸。第一種類型的四膜蟲（*Tetrahymena*）前體核糖體 RNA（pre-rRNA）內含子的自我剪除反應，涉及到幾個連續的步驟：

　　首先在沒有蛋白質參與的條件下，內含子的 5' 末端自動斷裂（或稱自動剪切）。斷裂的原因尚未十分清楚，但似乎與前體核糖體 RNA 二級結構的形成無關。一旦內含子的 5' 端被剪開後，暴露的腺苷酸與一個游離的鳥苷酸，經由磷酸二酯鍵的方式相結合，形成獨特的 5'-GA 結構。

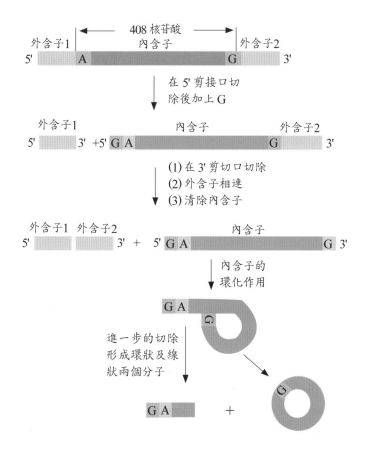

　　圖 10-7　四膜蟲的自我剪除機制。四膜蟲基因的內含子兩端的核苷酸，分別是腺苷酸（A）及鳥苷酸（G）。在內含子的 5' 端發生自動切除後，加上了鳥苷酸，然後在內含子 3' 端的切口處進行剪接。兩端的外含子自動接續成無內含子的信使 RNA 分子，而內含子此時經由 3' 的 G 形成套繩結構，最後裂解而分別形成一條短的線性及一個小環形的 RNA 分子。

其次是內含子的 3' 端被剪開，剪開的動力來源迄今未明，但剪開的 3' 端暴露出鳥苷酸的末端。與第一步驟相似的是，3' 末端的剪開似乎也不需要二級結構的形成。這兩處的剪切過程，頗似植物在深秋時節的自動落葉或某些動物的斷尾過程，只要葉柄與樹枝之間的離層形成或動物的尾巴過長時，便可自動脫落。如果說 5' 末端的剪切可能有鳥苷酸能量供應的話，那麼其 3' 末端的剪開則不需要任何的能量消耗，除非這兩個過程同時進行，因而同時從鳥苷酸中獲取能量。

其三是相鄰的兩個外含子連接成一個片段，其中可能需要連接酶的作用，此時外含子的連接方式是決定蛋白質種類的關鍵。如按順序從 5' 到 3' 的方向，分別為外含子 1 到外含子 2 與外含子 2 到外含子 1，則可產生兩種不同的蛋白質分子，因此一個基因有時不止產生一個蛋白質，端視外含子的連接過程及方式是否一致。如果完全一致，則只有一種蛋白質產物；如果發生不同的連接方式，則產生一種以上的蛋白質產物。

最後是剪除下來的內含子環化而形成套繩結構，主要是經由內含子中 5' 末端的鳥苷酸（donor nucleotide，供體核苷酸）與內含子中某一個核苷酸（receptor nucleotide，受體核苷酸）相結合，替代了受體核苷酸原本存在的、與另一個核苷酸之間所形成的磷酸二酯鍵，進而形成環狀 RNA 分子，而被替代的一小節 RNA 分子則被游離了出來。這種剪切及連接過程可能不需要連接酶的作用，只是一種親核攻擊所產生的結果。

雖然這種主動清除機制的發現轟動了一時，認為 RNA 的本身可以作為一種酶的活性來看待，但從整個機制的作用過程看，內含子 RNA 序列的自我剪接活性，還不能看成是一種酶的活性。原因很清楚：雖然 RNA 的本身進行了這一系列的反應過程，但反應的結果並沒有形成不同的物質，酶的催化除了某些蛋白酶（proteases）只是加速水解蛋白質，在多數情況下酶的催化，則可產生新的物質。目前已可以在控制的條件下，進行四膜蟲（Tetrahymena）內含子 RNA 及其他自我剪切 RNA 的化學修飾過程，這些 RNA 的確產生某種催化作用。一般情況下，我們可以將這些 RNA 酶（RNA enzyme）稱為核糖酶（ribozymes）。這些酶可以在實驗控制的條件下，用於切除特殊序列的 RNA 分子。

前面我們曾經提過 RNA 具有酶活性的這一發現，在生物學研究中產生劃時代的作用：它不僅增加了 RNA 作為某種催化物質的實驗證據，也加深了我們對進化及生命起源的理解。早期的研究認為，對於核酸的自我複製過程而言，蛋白質是不可或缺的物質。自從主動清除機制被發現之後，我們進一步對於蛋白質出現之前的核酸自我複製這一問題，有了新的見解：即核酸的自我複製，也可以在類似於核糖酶分子的作用條件下完成。換言之，在生物進化到蛋白質之前，維持核酸分子複製的催化物可能是核酸酶。

第八節　RNA 分子的排版作用

　　生物的奇妙以及其中的任何有意或無意中的發現，對於數十年來奮戰於研究前線的科學家而言，尚屬驚奇萬分。有時一個意外的發現，可能會改變了我們習以為常的思維模式。如果說上述所討論的種種高等動、植物及其病毒基因內含子的發現、內含子的被動或主動剪除等，給了我們重新審視基因結構的機會和邏輯思維方式的話，那麼 RNA 分子的排版（RNA èditing）作用的發現，可以說是眾多驚奇中的一項驚奇之作。

　　RNA 的排版作用主要涉及到轉錄後的插入（post-transcriptional insertion）、核苷酸的刪除（deletion of nucleotides）或一個鹼基轉化成為另一個鹼基（conversion of one base to another）等作用方式。其結果是用以轉譯蛋白質的信使 RNA 分子的序列，或其他功能 RNA 分子的序列與其原來基因組中的基因序列，難以找到相互對應的序列關係。

　　RNA 的排版作用是 1980 年代中葉，在一種可以導致嗜睡症的原生生物（*Trypanosomes*）的線粒體中發現的。如在這種生物線粒體的細胞色素氧化酶（cytochrome oxidase）基因中，便存在這種現像，其中第三個亞基的基因（Co III gene，或稱第三輔基）序列與其線粒體基因組中的基因序列差別甚大，也與其他相近的物種，如 *Trypanosme brucei (Tb)*、*Crithridia fasiculate (C f)* 及 *Leishmania tarentolae (Lt)* 等之間有極大的差異，但序列分析發現這三個物種的細胞色素氧化酶第三個亞基的信使 RNA 序列，有相當高的相似性。進一步分析證明，這三個物種中只有 Cf 及 Lt 的線粒體基因組中的細胞色素氧化酶第三個亞基的基因，與其信使 RNA 的序列有一定的線性關係。嚴格說來，Tb 的基因序列根本無法產生可以編碼，形成細胞色素氧化酶第三亞基的信使 RNA。序列分析還發現 Tb 的基因與其 RNA 之間的不同，在於其信使 RNA 中的尿苷酸並不是 DNA 所轉錄的，而基因中的胸腺苷酸卻不見於信使 RNA 的相應序列中。這個基因（*Tb* Co III）轉錄完成之後，它的轉錄本（transcript）進行了重新的排版作用，將尿苷酸加進其相應的地方，而將 DNA 直接轉錄所形成的尿苷酸序列，從 RNA 中刪除。

　　序列的比較研究證明，Tb Co III 基因的產物，有相當多的尿苷酸在轉錄後的插入現象，以及從基因組 DNA 中轉錄下來的胸腺核苷酸之產物，具有被大量刪除的現象。從整個基因及其信使 RNA 序列的比較分析結果，可以清楚地看出成熟的信使 RNA 中，大於 50% 的序列是轉錄後所附加的，其中尤其以尿苷酸的附加十分突出。RNA 的排版作用必須要十分精確，否則有可能導致突變蛋白的形成。研究說明，RNA 的排版作用中有一種特異性的 RNA 分子，稱為指引 RNA（guide RNA, gRNA）涉及到精確的排版過程。顯然，gRNA 的作用可能涉及到幾個步驟：(1)首先 gRNA 與基因的轉錄本相互配對；(2)在相

應的位點上開始剪切轉錄本中的某些核苷酸序列，尤其是某些節段的胸腺苷酸之產物；(3)gRNA 可以作為模板分子，補充那些原本在基因組基因中根本不存在的序列，尤其明顯的是尿苷酸的附加；(4)將各個片段連接起來。這樣一來，所重新排版的信使 RNA 分子與最初轉錄下來的轉錄本序列不同。這就是為什麼經過重新排版的信使 RNA 的序列，難以找到相應的基因序列。

RNA 的排版作用不僅限於原生生物 *Trypanosome*。在導致淋病的霉菌（*Physarum polycephalum*）中，有好幾個線粒體基因的信使 RNA 的轉錄本中，發現胞苷酸被插入新合成轉錄本序列的現象。在高等植物中，許多物種的線粒體及葉綠體的信使 RNA 轉錄本序列中，可看到胞苷酸被轉化為尿苷酸的現象。序列比較研究發現，在某些高等植物葉綠體信使 RNA 中的胞苷酸，可被轉化為尿苷酸，從原來是 ACG 的密碼轉變為 AUG 的轉譯啟動密碼。在哺乳類動物中，RNA 轉錄本中的胞苷酸被轉化為尿苷酸的排版方式，也曾在核基因組的基因轉錄本中發現，如脂蛋白 B（apolipoprotein B）基因所轉錄的信使 RNA，在不同組織中表現不同，這是由於某些組織中的排版作用而導入了終止密碼，促使這個基因在某些組織中的不表達現象。另外在哺乳類動物的穀氨酸（glutamic acid）受體（receptor）的信使 RNA 中，也曾發現過腺苷酸被轉化為鳥苷酸的現象。除了上述所討論的信使 RNA 外，人們也曾發現轉運 RNA 的排版現象。可見 RNA 中核苷酸序列的改變、尿苷酸的清除及附加等排版方式，是一種相當普遍的化學修飾作用。

思考題

1. RNA 聚合酶 I 有哪些種類？各種 RNA 聚合酶 I 有哪些轉錄方面的區別？

2. 為什麼 RNA 聚合酶 III，尤其引起研究人員的注意？其結構及功能為何？

3. 啟動子有哪些主要的組成？各部分的組成有哪些序列特點？

4. 中心啟動子有哪些特殊的作用及序列特點？

5. 啟動子的 TATA 結構具有哪些功能特點？

6. 啟動子的遠端因子是什麼？這個序列具有哪些功能及結構特點？

7. 家庭守護基因的啟動子有哪些結構特點？為什麼這類基因幾乎在所有類型的細胞中，均得到表達？

8. 加強子有何結構特點？主要的作用方式是什麼？

9. 某些轉錄因子為何稱為通用轉錄因子？通用轉錄因子是如何幫助基因轉錄的？

10. 請敘述前置起始複合體的組裝過程。

11. TATA 結合蛋白、TATA 結合蛋白相關因子、TFIIA 以及 TFIIB 等轉錄因子在

TATA 結構上，是如何形成轉錄單位的？

12. 真核細胞信使 RNA 兩端的修飾有何特點？過程如何？有何特殊的作用？

13. 內含子是如何發現的？這項發現有何遺傳學方面的重要意義？

14. 內含子的存在是如何得到證明的？

15. 內含子的發現對於我們理解生物進化有何重要的作用？

16. 請敘述內含子的被動清除過程，其中 snRNA 及 snRNP 在內含子清除的過程中，發揮何等作用？

17. 內含子的主動清除機制為何？

18. 內含子的主動清除機制的發現，說明了什麼（從生物的進化及生物學意義上談）？

19. 各種生物中存在著哪些 RNA 分子的排版方式？

20. RNA 分子的排版作用，有哪些生物學意義？

21. 請敘述您所知道的 RNA 排版的分子機制。

第十一章　擬操縱子基因的轉錄

本章摘要

　　自從 1962 年 Jacob 及 Monod 發現了大腸桿菌操縱子（operon）現象以來，此後二十多年間未曾發現真核細胞基因排列上的操縱子現象，因此科學界曾經長時間以來認為，真核細胞並不存在操縱子的基因排列。的確，在編碼蛋白質的結構基因中，人們迄今為止還沒有找到操縱子的證據，因而可以說在這一部分的基因中，真核細胞不像原核細胞那樣存在著操縱子的排列方式（關於原核細胞操縱子基因的轉錄問題，因其具有嚴格的調節控制之機制，故移到「基因表達控制」相關主題下進行討論）。然而真核細胞的核糖體 RNA 基因的排列方式，頗似原核細胞的操縱子，即可在一個啟動子的控制下完成數個基因的轉錄。真核細胞的操縱子基因包括 16S rRNA 基因、5.8S rRNA 基因，以及 28S rRNA 基因。這些基因不僅以原核細胞操縱子基因的方式排列，也以操縱子基因的方式轉錄成一個大的轉錄本。所不同的是，這些基因轉錄之後，再加工成為各部分的 RNA 分子。儘管真核細胞的操縱子與原核細胞有諸多方面的不同，如基因內部的控制區域（internal control region, ICR）是原核生物中所沒有的，但作為同一操縱子中各個基因同時被轉錄成為一個大的轉錄本之後，還要分解成為各個片段而言，的確與原核生物的操縱子有諸多的區別。儘管如此，它們所具有的操縱子之性質仍然不變。由於有諸多的相似性及差異性，故筆者將其稱之為「擬操縱子」，給予相關的英語為「pseudo-operon」。本章除了主要論述擬操縱子的轉錄之外，還將描述特殊的轉運 RNA（tRNA）基因的轉錄及 RNA 的加工等問題。

前言

　　操縱子的研究一般列入基因表達及調節控制問題，因為在同一操縱子內的基因，可以同時被轉錄（即同時得到表達）或同時被終止，其中不同的基因猶如一列火車中的不同車廂一樣，只要火車頭往前運行，其他的車廂也會跟著移動。但為了深入理解擬操縱子的轉錄問題，不妨先簡略地介紹操縱子等相關的研究，其具體的調節控制等將放到基因表達主題下的研究中再詳論。

　　1953-1962 年期間，雖然 DNA 雙螺旋結構的假說已得到了普遍的接受，遺傳物質也由於 Avery 等人的轉化實驗、Chase 等人的噬菌體實驗、1956-1957 年科學家們關於煙草花葉病毒遺傳物質的研究，以及 Kornberg 等人的體外 DNA 複製實驗等成就，確立了 DNA 或 RNA 作為遺傳物質的地位，但關於基因作用等問題只有 1942 年的「一個基因一個酶」的概念支配著我們的思維。此時 Jacob 及 Monod 完成了一個簡單的實驗，但獲得了相當精采的結果。首先大腸桿菌品系主要利用葡萄糖作為碳源，但在葡萄糖缺乏或不存在的情況下，大腸桿菌也可以利用乳糖作為碳源，此時它必須形成半乳糖苷酶（β-galactosidase）及半乳糖滲透酶（galactose permease）等酶類：一方面促進乳糖（lactose）進入細胞之內；一方面將乳糖（學名為半乳糖-1, 4-葡萄糖）水解成為半乳糖及葡萄糖等單醣後，才能從中獲取碳原子以便合成其他的碳水化合物，以及數種類型的生物大分子。當乳糖加進細菌培養物中 5 分鐘內，乳糖苷酶的活性可迅速增加到相當於原來的 1,000 倍。同時滲透酶與反式乙醯化酶（transacetylase）的活性也相應增加。他們推測乳糖苷酶基因、滲透酶基因及乙醯化酶基因，應同屬於一個控制因子下的產物。在沒有乳糖時，這些物質並沒有大量產生，只能維持在極度低水平的狀態。但一旦加入了乳糖，這些物質的活性便以千倍於原來的濃度，在短短的幾分鐘內達到高潮，說明乳糖是這幾個基因表達所需要的誘導物質。

　　在前面的章節以及拙作《遺傳機制研究》一書中，筆者曾談過許多遺傳學的科學假說及其證明過程等問題。乳糖操縱子也屬於眾多的精采科學假說之一。Jacob 及 Monod進一步推測在缺乏乳糖的情況下，應當有一種相當於基因表達的開關控制物質與相應的DNA 位點相結合，命名為調節基因（regulator）。這個所謂的調節作用又分為兩個部分，一是與某些物質（即阻遏蛋白）相結合而妨礙操縱子基因表達的 DNA 序列（命名為操縱基因，operator，基因名稱為 *lac* O）；另一部分是與操縱基因相結合而抑制操縱子基因表達的阻遏蛋白（repressor，基因名稱為 *lac* I）。

　　當乳糖加入菌液時，調節物質（即阻遏蛋白）被釋放了出來，造成操縱基因的結合位點不再受到調節物質阻遏蛋白的封鎖，因此基因得到了表達。他們的第二個推測是乳糖苷酶基因、滲透酶基因及乙醯化酶基因可能排列在一起，是一種在基因表達上共同進退的模式。換言之，如果一個基因得到表達，其他的兩個基因也應得到表達；如果其中某個基因的表達被封閉，其他的兩個基因也得到了相同封閉的命運。他們的第三個推測是在操縱基因之前應有一個控制序列，稱之為啟動子（promoter），主管整個下游基因的表達。這就是著名的乳糖操縱子假說，這個大膽的假說後來被基因突變的研究全盤證明是正確的。自從乳糖操縱子之後，人們在原核細胞中又發現了其他的操縱子（如色氨酸操縱子等），豐富並發展了操縱子的理論及研究實踐。因為操縱子的研究及證明，涉及

到包括基因突變在內的其他問題，故擬在基因表達控制下詳細討論。

　　本章所要論述的擬操縱子是指真核細胞中，某些基因的排列方式、轉錄方式、基因表達的調節控制方式等，與原核生物操縱子大同小異，但並不指導編碼蛋白質的形成，因此筆者用「擬」字命名，以區別原核細胞中編碼蛋白質的操縱子。這類的擬操縱子主要體現在核糖體 RNA 的基因上，其排列方式頗似原核細胞的操縱子基因。因此，也可以說核糖體 RNA 基因及其在基因組中的排列方式，在生物進化過程中是一類相當保守的基因或基因群，如許多關於微生物進化的探討研究，也常將核糖體基因作為追蹤的分子目標等。

第一節　核糖體的結構

　　核糖體在原核細胞中可直接與正在合成的信使 RNA 相結合，並開始蛋白質的轉譯過程，這種有許多核糖體與同一信使 RNA 分子相結合的產物，甚至可以在電子顯微鏡下觀察到。在真核細胞中核糖體主要附著於內質網（endoplasmic reticulum, ER）上，因而也稱為粗糙內質網。相對的，那些沒有核糖體附著的內質網則稱為光滑內質網。核糖體是蛋白質合成的場所，所以核糖體中各種核糖體 RNA 必須能夠同時被產生出來，形成具有生物催化作用的實體。在蛋白質的轉譯過程中，核糖體首先與信使 RNA 相結合，有利於氨基醯-tRNA 經由其反密碼子（anticodon）與信使 RNA 上的密碼子（codon）相結合，結合的位點便在核糖體之內。生物就是在這種場合中，完成其多肽鏈的合成過程。

　　有人說生物遺傳問題如不與進化發生關係，遺傳學的研究會變得十分枯燥無味。但無論是否真的枯燥無味，遺傳學研究成果中往往採用各種比較的方法，對各種生物進行同質性或異質性的研究等等，可以發現生物進化過程的蛛絲馬跡。如在原核及真核細胞中，核糖體都是由兩個大小不同的亞基所組成，分別稱為大亞基及小亞基。每一個亞基都由一個或多個核糖體 RNA 及許多核糖體蛋白質（ribosomal proteins）所組成。這也許就是進化過程中，所保留下來的蛋白質合成場所。因為這種合成場所不易找到替代的結構，因此儘管真核細胞與原核細胞的核糖體大小上有一定的區別，但它們的基本結構維持不變（圖 11 - 1）。

　　大腸桿菌中核糖體大約有 70S 的大小，分別由一個 50S 的亞基（大亞基）及一個 30S 的小亞基所組成。分析化學研究證明，大亞基中含有 34 種不同的蛋白質，一條 23S 的核糖體 RNA（全長為 2,904 個核苷酸）和一條 5S 核糖體 RNA（全長為 120 個核苷酸）。小亞基中含有 20 種不同的蛋白質及一條 16S 的核糖體 RNA（全長為 1,542 個核苷酸）。核糖體基因的轉錄方式頗似操縱子基因，但其轉錄本需要進行轉錄後的加工，而形成不同長度的核糖體 RNA（圖 11 - 2）。

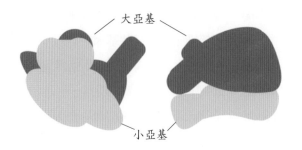

圖 11 - 1　核糖體結構示意圖。當小亞基（下方的淺色者）與信使 RNA（圖中無標示）首先結合之後，大亞基（上方的深色者）隨之與小亞基及信使 RNA 相結合，而形成複合體。當其他的作用因子（如氨基醯 tRNA 等）都具備時，即可進行蛋白質的轉譯。

　　需要指出的是，原核細胞編碼蛋白質的操縱子（非指核糖體 RNA 操縱子）的各個基因，作為一個集合體轉錄成為一個信使 RNA 分子。這個分子不需要進一步的加工，即可直接進行轉譯過程，因為每一基因的 3' 末端都有終止密碼的存在。因此在轉譯時，凡是遇到終止密碼時便可以終止轉譯，多肽鏈因此而被釋放出來。然而每當上一個終止密碼出現而終止上一個蛋白質的合成時，信使 RNA 並沒有馬上脫離核糖體，而是繼續往前移動一個或數個密碼子的距離。如果在這種移動的過程中遇到下一個起始密碼時，便可重新開始蛋白質的合成，因此整個信使 RNA 就像工廠的組裝流水線一樣：凡是遇到終止密碼時蛋白質的合成便可終止；凡是遇到起始密碼時，蛋白質的合成便可重新啟動。

　　真核細胞的核糖體比原核細胞的大，且成分較為複雜。不同真核生物的核糖體的組成成分，還有一定的變異性。哺乳類動物細胞的核糖體大小為 80S，由 60S 的大亞基及 40S 的小亞基所組成。40S 的小亞基含有一條 18S 的核糖體 RNA 及 35 種核糖體蛋白質。其大亞基含有 28S、5.8S 及 5S 等三種核糖體 RNA，還有 50 種核糖體蛋白質。編碼核糖體蛋白質基因的轉錄方式，與任何其他真核細胞中蛋白質編碼基因的轉錄完全相同（表 11-1）。

　　核糖體 RNA 及蛋白質種類等的比較，說明了高等動、植物之間的差異比高等生物與大腸桿菌之間的差異小；動物之間的差異比動、植物之間的差異小；高等動物之間的差異比高等動物與低等動物之間的差異小；被子植物之間比被子植物與裸子植物之間的差異小。因此，利用核糖體 RNA 及蛋白質之間的比較，也可以看出物種之間的進化歷程。

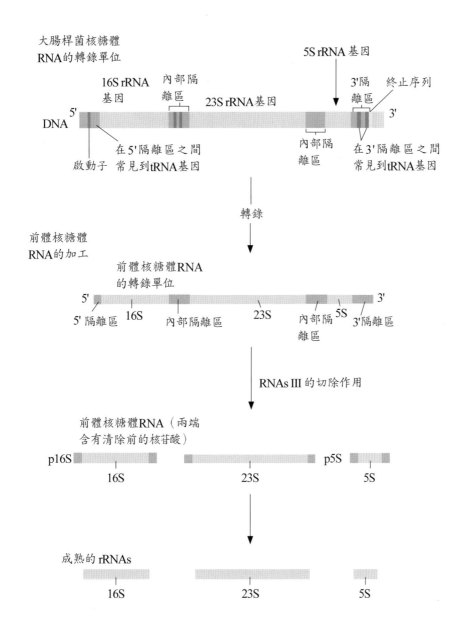

圖 11 - 2　大腸桿菌核糖體 RNA 的轉錄單位。整個轉錄單位含有 16S、23S 及 5S 核糖體 RNA 基因。16S 基因與 23S 基因之間還有三個內部隔離區，在隔離區之間有兩個轉運 RNA 基因。23S 與 5S 之間有一個隔離區。前體轉錄本（pre-transcript）中，在 5S 基因的 3' 端還含有三個隔離區，在此三個隔離區之間有兩個轉運 RNA 基因。前體轉錄本形成之後，隔離區將被除去，形成四個 tRNA 分子及三個 RNA 節段（即前體 16S、23S 及 5S 片段）。這些前體核糖體的片段再經過加工後除去兩端的核苷酸，進而形成 16S、23S 及 5S 的核糖體 RNA 分子。

表 11 - 1　原核及真核細胞核糖體結構與組成的比較

大腸桿菌 70S 核糖體			哺乳類動物 80S 核糖體		
大亞基（50S）	RNA	23S 核糖體 RNA (2904nt)	大亞基（60S）	RNA	28S 核糖體 RNA
		5S 核糖體 RNA (120nt)			5.8S 核糖體 RNA
	蛋白質	34 種不同的核糖體蛋白質			5S 核糖體 RNA
小亞基（30S）	RNA	16S 核糖體 RNA (1542nt)		蛋白質	50 種不同的核糖體蛋白質
	蛋白質	20 種不同的核糖體蛋白質	小亞基（40S）	RNA	18S 核糖體 RNA
				蛋白質	35 種不同的核糖體蛋白質

第二節　核糖體 RNA 基因的結構

　　在大腸桿菌中，核糖體 RNA 基因的排列十分獨特。在啟動子之下有一小段 5' 的隔離區（spacer）之後，便是 16S 核糖體 RNA 基因，其產物將是小亞基中唯一的核糖體 RNA。16S 核糖體 RNA 基因的 3' 末端是一段內部隔離區（internal spacer）。奇特的是，內部隔離區中還含有兩個轉運 RNA（tRNA）的基因。繼續往下游移動便是 23S 核糖體 RNA 基因，其轉錄產物將是組成大亞基中兩種核糖體 RNA 的較大者。23S 核糖體 RNA 基因的 3' 末端之後又是一段內部隔離區，此段隔離區不含有任何其他的基因。第二個內部隔離區之後是 5S 核糖體 RNA 基因，其產物將是形成大亞基中另一種核糖體 RNA 的成分。其 5S 基因的下游又是一個內部隔離區，與第一個內部隔離區相似的，也是含有兩個轉運 RNA 的基因（見圖 11 - 2）。

　　由上述可見，從啟動子到終止序列含有七個基因，因此這段區域也稱為核糖體 DNA（ribosomal DNA，r DNA）或核糖體 RNA 的轉錄單位（r RNA transcription units, rrn）。一個 rrn 含有所有可以產生大、小亞基核糖體 RNA 的基因，其排列方式是 16S → 23S → 5S。如果將轉運 RNA 的基因也考慮進去，那麼其基因的排列順序應是 16S → tRNA1 → tRNA2 → 23S → 5S → tRNA3 → tRNA4。這些基因的排列及控制方式（在同一個啟動子的控制之下）頗似操縱子基因。但細心的讀者也許已經注意到與操縱子某些不同的地方，即操縱子基因與基因之間沒有明顯的內部隔離區，主要在轉譯時靠終止密碼形成不同的多肽

鏈，而核糖體 RNA 基因之間靠隔離區，轉錄後進行一定方式的加工，形成不同的核糖體 RNA 及轉運 RNA。

真核細胞中核糖體 DNA 重複單位的基因排列方式，與大腸桿菌基因的排列大同小異。在同一個啟動子之下有一小節非轉錄的隔離區（nontranscribed spacer）之後，即是一段外部轉錄隔離區（external spacer）；稱之為「外部」的原因，是因為它不在幾個基因之間，而在最後一個基因（23S 核糖體基因）的下游也有一段外部轉錄隔離區。在兩個外部隔離區之間的 5' 端的第一個基因是 18S 核糖體 RNA 基因，其產物將形成小亞基中唯一的核糖體 RNA。18S 基因之後是一段內部轉錄隔離區，其 3' 末端便是 5.8S 核糖體 RNA 基因，其產物將形成大亞基中三種 RNA 分子之一。5.8S 基因之後又是一段內部轉錄隔離區，其 3' 末端接鄰的是 28S 核糖體 RNA 基因，其產物將是組成大亞基中三種 RNA 分子的最大者。在這個轉錄單位中，基因的排列方式為 $18S \rightarrow 5.8S \rightarrow 28S$。然而在這一組基因中獨漏了 5S 核糖體基因。這個小成分的基因另外獨排，其調控問題還未能在此詳論。在人類基因組中，三個核糖體基因所組成的重複單位共有 1,250 組，可同時產生大量的核糖體 RNA。基因以這種方式組裝在一起有利於集體表達及利用等，是一種較為經濟有效的基因排列方式。

第三節　核糖體 RNA 基因的轉錄及加工

原核細胞的核糖體轉錄單位，由 RNA 聚合酶轉錄成為一條前體核糖體 RNA（pre-rRNA）分子（圖 11-2）。因為大小約為 30S，故也稱為 30S pre-rRNA，簡稱 P30S。P30S 含有一段 5' 的隔離區、16S、23S 及 5S 的核糖體 RNA 序列，每一段基因產物均由隔離區連接成單一的分子。前體核糖體 RNA 3' 末端還有一段隔離區相連接，內含兩個 tRNA 分子。

前體 RNA 的 30S 轉錄本由核糖核酸酶 III（RNase III）水解成為 P16S（含有 16S 核糖體 RNA 及 5' 端的隔離區與 3' 端的部分隔離區，其中可能含有一個 tRNA 分子。另外，P 指的是 pre-，即前體之意，下同）、P23S（含有 23S 的核糖體 RNA 及第一個內部隔離區的一部分，隔離區中可能含有一個 tRNA 分子。在其 3' 末端還含有一部分第二個內部隔離區）及 P5S（含有 5S 核糖體 RNA、5' 端的部分隔離區及 3' 端含有兩個 tRNA 的隔離區）等前體分子。再由其他的加工酶（processing enzymes），將 tRNA 從隔離區中釋放出來。在正常情況下，當轉錄正在進行時 RNase 就可能將 RNA 水解成為三個前體核糖體 RNA 分子。因此，一般情況下從細胞中分離不到 30S 的前體 RNA 分子。然而在一種 RNase III 的溫度敏感型突變體中，溫度到達一定程度時該酶的活性回歸最低狀態，因此在比較高的

溫度條件下所培養的突變體細胞中，比較容易分離得到 30S 的前體 RNA 分子。

經由 30S 前體核糖體 RNA 的研究，我們知道 RNase III 在轉錄後的加工中產生關鍵的作用。轉錄的加工過程是在一種由核糖體轉錄本及核糖體蛋白質，所組成的複合體中完成的。由於此時核糖體 RNA 與核糖體蛋白質已組成一定的複合體結構，因此一旦隔離區全部被清除之後，即可組裝形成具有功能的核糖體亞基。

真核細胞核糖體 DNA 的轉錄及其轉錄本的加工過程（圖 11 - 3），與大腸桿菌中的情況有一定的相似之處。一般而言，每一個真核細胞的 rRNA 重複單位是由聚合酶 I 所轉錄的，形成前體核糖體 RNA 分子（在哺乳類動物細胞中，為 45S 的前體核糖體 RNA）。這個前體分子含有 18S、5.8S 及 28S 的核糖體 RNA 序列，以及隔離區的序列。剛轉錄下來的轉錄本中含有 5' 端的外部轉錄隔離區，位於 18S 的 5' 端，還有一段外部隔離區位於 28S 的 3' 端。中間還有兩段內部轉錄隔離區，分別將 18S、5.8S 及 28S 的核糖體 RNA 分開。

轉錄本的加工便是將外部和內部隔離區，從轉錄本中清除出去。首先 5' 端的外部轉錄隔離區（ETS）被切除，產生含有三種核糖體 RNA 的單一分子。第二步則是在第一內部轉錄區（ITS）切斷，形成含有一小節 ITS、分子量為 20S 的前體核糖體 RNA 分子。這個分子的部分 ITS 被清除之後，便形成 18S 的核糖體 RNA。剩下來的另一段為 32S 的前體核糖體 RNA，含有部分的第一個 ITS 序列、5.8S RNA 序列、第二個 ITS 序列、28S RNA 序列，以及 3' 端的外部轉錄隔離區（ETS）。在這段 RNA 的序列中，5.8S 與 28S 的部分序列可以經由形成氫鍵的方式相結合，成為一種鉤形結構。接著是 ITS 及 ETS 被清除，形成了含有 28S 及 5.8S 核糖體 RNA 的結合體，維持兩者相結合的主要力量，來自於兩段 RNA 分子所形成的氫鍵。

與大腸桿菌前體 RNA 加工過程相似的是，真核細胞的前體核糖體 RNA 的所有加工過程，都是在核糖體 RNA 與核糖體蛋白質所組成的複合體中進行的。前面有關基因結構的分析已經指出，5S 核糖體 RNA 的基因並不存在於同一基因重複單位中，因而必須由位於其他地方的基因所產生。研究說明，5S 基因的轉錄是由 RNA 聚合酶 III 催化形成的。值得注意的是，核糖體蛋白質是由 RNA 聚合酶 II 轉錄核糖體蛋白質基因之後，再經由轉譯過程所形成的產物。由此可見，在整個前體核糖體 RNA 的加工過程中，一邊加工便可形成 40S 及 60S 的核糖體亞基。這個過程應當有條不紊的進行，因為每一個真核細胞中至少也有上千個核糖體的存在。

內含子與隔離區在形式上十分相似，為什麼還要用不同的名稱加以描述及定義呢？因為在一個前體 RNA 分子中，如果將隔離區剪切之後，各部分的 RNA 分子保持彼此分開的狀態，如上述所談到的大腸桿菌中的 16S、23S 及 5S 的 RNA 在隔離區剪切之後，各

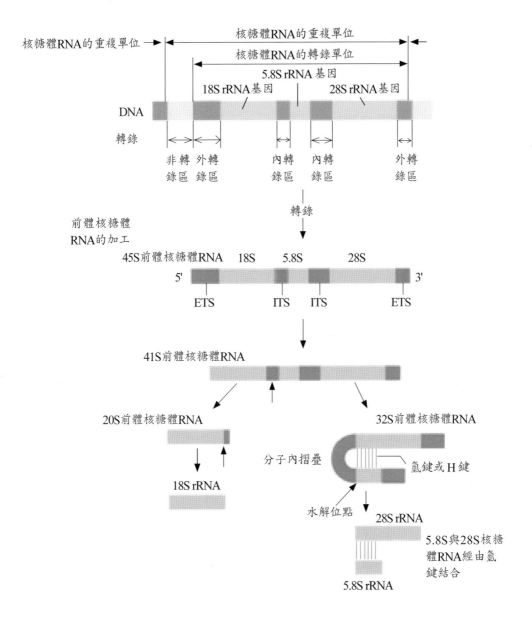

圖 11-3　真核細胞核糖體基因操縱子的結構、轉錄及加工過程。真核細胞基因組中，核糖體 RNA 的重複單位包括 18S、5.8S 及 28S 的基因。在 18S 基因的 5' 末端有一段外轉錄區（ETS），其上游為一段非轉錄區（NTS）。18S 基因與 5.8S 基因之間有一內轉錄區（ITS）相隔，5.8S 與 28S 基因之間也有內轉錄區相隔，而 28S 基因的下游有一外轉錄區。這個核糖體 RNA 的重複單位經轉錄後，產生一條約 45S 的前體核糖體 RNA，其中包含所有的轉錄區及基因的轉錄產物。這個轉錄產物的第一次加工是除去 5' 末端的外轉錄區，形成 41S 的前體核糖體 RNA。隨之 18S 與 5.8S RNA 之間被切開，形成 20S 及 32S 的兩個前體核糖體 RNA，其中 20S 最終經除去 3' 端的多餘序列，而形成 18S 成熟的 rRNA。所餘下的 32S 前體 RNA 根據其鹼基配對，而形成類似 U 字形的 RNA 分子，除去內外轉錄區後便形成成熟的 5.8S 與 28S 所形成的複合體。

部分並沒有像其他真核細胞基因的外含子那樣，還要重新連接起來形成一個完整的信使 RNA 分子。因此，隔離區與內含子的不同名稱也賦予了不同的內含。

第四節　RNA 聚合酶 III

　　RNA 聚合酶 III 轉錄真核細胞 5S 核糖體 RNA 基因，轉運 RNA 基因及部分的 sn RNA 基因。5S 核糖體 RNA 是一段含有 120 個核苷酸的 RNA 分子，存在於真核細胞核糖體大亞基中。轉運 RNA 是一類 75-90 個核苷酸的 RNA 分子，其功能是與相應的氨基酸結合而形成氨基醯-tRNA 之後，進入核糖體—信使 RNA 的複合體中，使得多肽鏈的合成得以實現。也許可以這麼描述這三種不同的 RNA 聚合酶：RNA 聚合酶 II 的組成複雜、活性較強、分子的拷貝數相對較高、對啟動子有特殊的選擇作用，因而可用於轉錄編碼蛋白質的某些基因；RNA 聚合酶 I 也有較高的活性，但由於對啟動子的特異性要求也相對較高，因此只轉錄包括核糖體 RNA 在內的少數 RNA 基因的重複單位；RNA 聚合酶 III 的活性可能相對較弱，不能轉錄大片段的 DNA 分子，因而只能轉錄某些小型基因，包括轉運 RNA、5S 核糖體 RNA 及部分的 sn RNA 基因等。因此，RNA 聚合酶對基因的選擇性轉錄來自兩個方面：(1)對啟動子有特殊的要求；(2)本身的轉錄活性所決定。

　　原核細胞的 5S 核糖體 RNA 基因是核糖體 DNA 的一部分，但真核細胞的 5S 核糖體 RNA 基因在整個基因組中，以多個拷貝的形式存在，與核糖體 DNA 的重複單位分開而存在。原核細胞的 tRNA 基因在基因組中，只有一到少數幾個拷貝，但真核細胞的 tRNA 基因在基因組中有多次重複。如南非的蟾蜍（Xenopus laevis）基因組中，每一種 tRNA 基因都有二百多個拷貝。分析說明，雖然每一個 tRNA 分子的 3' 末端都有相同的 CCA 序列，但每一種 tRNA 的序列各不相同，因而其末端的 CCA 序列其實是轉錄之後才附加上去的。不同 tRNA 的不同序列說明了，為什麼不同的 tRNA 可與不同的氨基酸相結合，或不同的 tRNA 具有特殊的能力與特殊的氨基酸相結合，其理由盡在不同的序列當中。研究說明，所有的 tRNA 在其轉錄之後，都經過了相當程度的化學修飾作用。

　　結構分析說明，所有的 tRNA 核苷酸序列都可以摺疊成為所謂的三葉草結構。其實之所以形成三葉草的結構，都是因為 tRNA 內部序列存在著可以相互配對的區域，因此在某些區域中可以形成雙鏈結構，構成以鹼基配對所形成的主幹，其中由四個環形結構所分開。這四個迴環結構分別為環 I、環 II、環 III 及環 IV 等。環 II 含有由三個核苷酸所組成的反密碼（anticodon）序列，可以在轉譯的過程中經由互補鹼基配對的方式，與信使 RNA 中的密碼子（codon）序列相互配對。這種密碼—反密碼的配對作用，對於準確經由信使 RNA 中的信息傳遞給多肽鏈中特定氨基酸序列，產生十分重要的作用。所有 tRNA 的結構如出一轍，結構上大同小異（圖 11-4）。

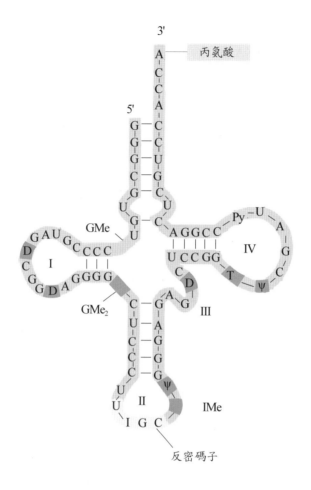

圖 11 - 4　轉運 RNA 的三葉草結構示意圖。本圖為丙氨醯-tRNA 的一級結構（即核苷酸序列）及二級結構圖，共有四個鹼基配對區，形成雙螺旋結構及四個迴環結構，分別為 I、II、III、IV。在丙氨醯-tRNA 的結構中，還有一個因為 5' 末端及 3' 末端的非配對鹼基所形成的迴環結構。特別應當指出的是，在第二個迴環結構中存在有反密碼子，是識別信使 RNA 密碼的主要鹼基。一般 tRNA 分子中還有許多鹼基經過了化學修飾，形成了 tRNA 分子的基本特點。

　　筆者曾經指出，不同的 RNA 聚合酶轉錄不同的基因。進一步的研究說明，RNA 聚合酶 III 所轉錄的基因都是一類較小的基因；更重要的是，這些基因在排列上得到了相當程度的控制，即在同一個啟動子下形成大部分（真核）或全部（原核）的核糖體 RNA，探究其分子機制之原因，可能在於這個酶對於啟動子的選擇性及其自身的活性。在這類研究中，真核細胞的 5S 核糖體 RNA 基因是第一個確定了啟動子結構，而與轉錄因子需求關係的基因結構。一般而言，啟動子位於結構基因的 5' 末端，但 5S 核糖體 RNA 基因的啟動子位於轉錄區域之內（within the transcribed region）。這種內部啟動子也稱為內部控制

區域（internal control region, ICR）。所有的 tRNA 基因（tDNA）都具有內部控制區域式的啟動子。但這並非說明由 RNA 聚合酶 III 所轉錄的所有基因，均具有內部控制區域，某些 sn RNA 的基因也是由 RNA 聚合酶 III 所轉錄，但卻具有基因上游的啟動子結構。

　　內含式啟動子的作用機制，可以看成為一種立體的轉錄作用，分為三個轉錄的作用階段。首先由轉錄因子與內含式啟動子（或內控區域）相結合，主要也是由於內含式啟動子中某些特殊的核苷酸序列被轉錄因子所識別，並發生兩者的相互結合；其次是 RNA 聚合酶 III 與轉錄因子相結合，形成啟動子—轉錄因子—RNA 聚合酶 III 的複合體，其中 RNA 聚合酶 III 在該複合體的上方；其三是複合體的結構由於摺疊的關係，正好位於所要轉錄基因的 5' 端，因此可以啟動核苷酸的轉錄過程。

第五節　轉運 RNA 基因的轉錄

　　有些基因的內部沒有隔離區，因而直接的轉錄產物便是成熟的 RNA 分子，如上述所談到的 5S 核糖體 RNA 基因的轉錄，便可以直接產生 5S RNA。但是 tRNA 基因的轉錄產物，卻不能直接產生成熟的 tRNA，這是因為 tRNA 基因的兩端含有非成熟 tRNA 的序列。轉錄後的前體 tRNA（pre-tRNA）在分子兩端的多餘序列，必須經過清除才能產生成熟的 tRNA 分子。

　　如上所述，幾乎所有的 tRNA 基因都含有內控區域，因此可以說，這類基因的結構十分特殊，其啟動子位於轉錄的區域之內。由 RNA 聚合酶 III 轉錄 tRNA 基因時，也與 5S 核糖體 RNA 基因一樣經過轉錄因子的結合，之後是 RNA 聚合酶 III 的結合，最後就是上述所談到的啟動子—轉錄因子—RNA 聚合酶 III 的結構之形成。又由於空間結構的關係，造成聚合酶位於轉錄起始的位置。所以，轉錄也與外含式啟動子一樣，從 5' 起始位點開始其轉錄的過程。

　　轉運 RNA（tRNA）基因的轉錄本，除了需要在其兩端進行修飾外，某些真核細胞的 tRNA 基因也具有內含子的結構。如在真菌基因組的四百多個 tRNA 基因中，大約有四十個基因具有內含子結構。研究說明，tRNA 基因的內含子一般只有 14 - 60 個鹼基對；但奇特的是，所有的內含子都位於反密碼子的 3' 端第 1 與第 2 個鹼基之間。這種特殊的內含子結構在生物進化及遺傳中的涵義如何，目前仍是眾說紛紜。筆者認為，這是 tRNA 基因進化到真核細胞的特殊產物，基因的斷裂有利於抵抗基因突變的壓力所產生的影響，保持物種的相對穩定。同時，內含子插入的位置並不影響反密碼子的完整性。

　　轉運 RNA 內含子的清除不同於信使 RNA 的結合作用。有一種特殊的內切酶可將內

含子的兩端水解，釋放出內含子之後的兩端再由 RNA 連接酶（ligase）連接起來。由此可見，所有具有內含子的 tRNA 均具有特定的兩端序列結構，因而內含子的演變過程頗具有其特殊的遺傳學意義。

思考題

1. 為什麼說核糖體 RNA 基因的排列及轉錄方式，與原核生物某些基因的操縱子結構有其相似而又不完全相同的結構？為什麼筆者不直接將核糖體 RNA 基因稱為操縱子基因？

2. 原核生物中，核糖體 RNA 基因的結構為何？

3. 請敘述原核細胞核糖體基因的轉錄及加工細節。

4. 真核細胞中核糖體 RNA 基因的結構為何？

5. 請詳述真核細胞核糖體基因的轉錄及加工細節。

6. 核糖體在原核細胞及真核細胞中的 RNA 組成及蛋白質種類，有何異同？

7. 請比較乳糖操縱子基因的排列及原核、真核細胞中，核糖體 RNA 基因的排列。

8. 外含式啟動子及內含式啟動子的轉錄，有何異同？

9. 內含子與隔離區有何異同？

10. 為什麼 RNA 聚合酶 III 所轉錄的基因都比較小？為什麼該酶所轉錄的基因大多數均具有內含式啟動子？

11. 請敘述前體 tRNA 的修飾作用。

12. 前體 tRNA 內含子與前體信使 RNA 內含子的清除，有何異同？

第十二章　遺傳密碼

本章摘要

　　遺傳密碼的發現是二十世紀最偉大的科學發現之一，是一項使人們對自然科學的思維，發生嶄新變化的研究成果，是劃時代的科學貢獻。DNA 的主要組成是四種鹼基、磷酸及脫氧核糖，而蛋白質的多肽鏈是由 20 種氨基酸組成的多聚物，鹼基與氨基酸之間無任何化學上的關聯性。但自從 Crick 在 1956 年提出中心法則的假說之後，人們曾進行過一些實驗進行證明，其中最重要的思維是遺傳訊息如何從 DNA 這種多聚物轉變為蛋白質那樣的另一種多聚物，也成了當年科學研究中的公共話題。其中率先對新問題進行研究，並獲得重要成果的是 Marshall Nirenberg 及 Robert Holley。研究遺傳密碼問題必須具備以下幾個條件：(1)必須能夠在一定的條件下，將信使 RNA 中所含有的遺傳信息轉化為多肽鏈的形式；(2)必須能夠進行人工合成正確的核苷酸序列，造就人工信使 RNA 分子；(3)必須能夠用同位素的方法標記各種氨基酸分子；(4)必須能夠比較精確地跟蹤結合於肽鏈中的放射性強度，藉以判別所結合氨基酸的種類及比例等。研究說明，遺傳密碼的字母在於鹼基的順序，每三個鹼基的順序為一個密碼，決定一個氨基酸。在遺傳密碼中，第一個鹼基基本上決定了氨基酸的種類，第二個鹼基相對於第三個可變的鹼基而言，有一定的穩定性。遺傳密碼有起始密碼（AUG）及終止密碼（UAA、UAG、UGA，也稱無義密碼），後者不決定任何的氨基酸，故而無氨基酸可以接續合成中的多肽鏈，使蛋白質的轉譯終止。遺傳密碼的揭示，為遺傳信息如何以蛋白質多肽鏈的方式表達找到了科學根據，使中心法則中遺傳信息流變的假說成為現實。研究遺傳密碼的邏輯思維，影響了以後數十年科學研究的思維方式。

前言

　　在前面章節所提到的 DNA 三維空間結構模型的製作過程中，筆者曾提到 Pauling 憑借其想像力，在完全沒有實驗根據的基礎上提出了肽鏈形成的理論，而多肽鏈正是由許多肽鏈相連而成的多聚物。這個理論的提出曾經撼動科學界，他因此也獲得了美國總統大獎。後來的實驗，也完全證明了 Pauling 的多肽鏈理論，是科學邏輯學的偉大成就之一

（圖 12 - 1）。

　　就這樣蛋白質的一級結構的問題，因此不費吹灰之力地解決了。但如同 1957 年代對煙草花葉病毒遺傳物質所進行的一系列研究所揭示的那樣，遺傳信息的表達必須經過指導蛋白質的產生而實現。那麼從遺傳物質的信息，如何體現在蛋白質的功能上呢？換言之，遺傳物質的核苷酸序列如何能夠形成蛋白質中的氨基酸序列呢？這些問題正是 20 世紀 60 年代科學上所面臨的問題，也是必須要解決的問題。

　　然而，表面上看核苷酸的序列與氨基酸的序列毫無化學上的關聯性，雖然在 1956 年科學想像家 Crick 曾提出中心法則的概念，但當時即使從 DNA 如何利用其本身為模板形成 RNA 的問題還未得到解決，更遑論從信使 RNA 到蛋白質的問題。於是放在 RNA 與蛋白質之間的遺傳密碼問題必須得到解決，否則一切科學問題只能是從空想到空想。

　　研究證明，正如漢字中的「日」字再加一橫變成「目」字一樣，完全改變了「日」字的原意，又如「大」字加上一點變成了「犬」字，兩者的涵義有天壤之別。同理，兩個廣告牌子「不得進入園內」與「不得不進入園內」是完全不同的涵義。遺傳密碼（genetic codon）的揭示，也同樣的揭示了文字的道理，如遺傳物質中只要改變或除去了某個核苷酸，便可能改變了整個蛋白質分子中氨基酸的序列一樣，導致了「完全不同涵義」的氨基酸序列。因此，可以說遺傳密碼正是從信使 RNA 到蛋白質所不可缺少的橋樑，遺傳密碼的改變將可能全盤或部分改變了蛋白質的結構，導致無功能蛋白質、缺乏功能蛋白質或改變了功能蛋白質的產生。

　　既然基因組中的蛋白質編碼基因，是經由蛋白質的產生而體現出基因功能，這種體

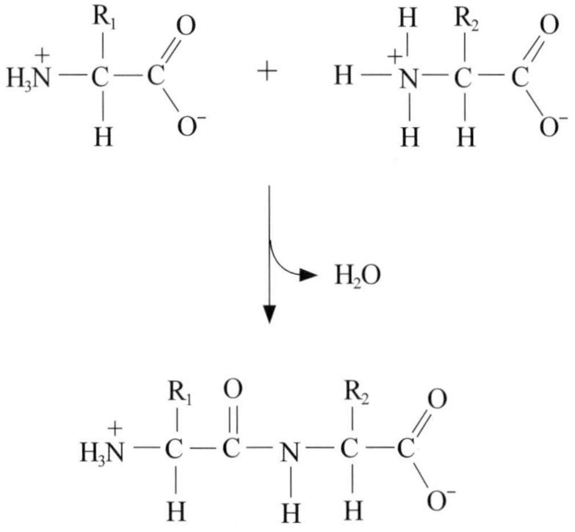

圖 12 - 1　肽鍵形成示意圖。在兩個氨基酸的反應中，第一個氨基酸的羧基及第二個氨基酸的氨基，經由脫水的方式形成肽鍵。

現的過程必須經由信使 RNA 的產生，然後再從信使 RNA 轉譯為蛋白質。所謂的轉譯是指將鹼基的序列轉換為氨基酸序列的過程。那麼指定多肽鏈中氨基酸序列的核苷酸信息，便稱之為遺傳密碼。本章主要論述遺傳密碼是如何揭示的，並且討論與此相關的一系列問題。

第一節　所有的蛋白質都是多肽鏈

蛋白質是一種高分子量，含氮原子的有機物，可構成各種複雜的形狀，具有複雜的組成。我們知道，每一種細胞都具有特定的蛋白質種類，因而也具有特定的生物學功能。一個蛋白質往往含有一個或多個大分子亞基（macromolecular subunits），每一個亞基均為一個獨立的多肽鏈，而每一條多肽鏈都由多個有機分子氨基酸所組成。多肽鏈中的氨基酸序列決定了多肽鏈的三維空間結構，也決定了多肽鏈的基因性質。

在 20 種氨基酸中除了脯氨酸外，其餘的氨基酸都有普通的結構，由中心碳原子（α-碳）以及 α-碳所連接的氨基（NH_2）、羧基（COOH）及氫原子所組成（圖 12 - 2）。在接近細胞的 pH 值環境條件下，氨基由於從環境中獲取氫原子而形成正電性（$-NH_3^+$），而羧基因為丟失一個氫原子而形成電負性（$-COO^-$）。因此一般說來，氨基酸是兩性電解質。不同氨基酸所不同的是，連接於中心碳原子的 R 基團之不同，造成不同性質的氨基酸。因為不同的多肽鏈，具有不同的氨基酸之序列及比例，R 基團的排列及其性質賦予了多肽鏈結構與功能之性質。

由於氨基酸所具有的兩性電解質的化學特性，由氨基酸所組成的多肽鏈也具有兩性電解質的特點。因此，不同的蛋白質具有不同的等電點，也是鑑別多肽鏈的化學性質之一，如與 DNA 組成核小體的組蛋白具有鹼性的性質；相當多的催化酶具有偏鹼性性質；由高比例的天冬氨酸及谷氨酸所組成的蛋白質，呈現酸性性質等。因此多肽鏈中氨基酸的組成及序列，基本上決定了該蛋白質的化學性質，而這種性質或功能也是由基因的序列所決定的。

$$H_2N \longrightarrow \underset{\underset{H}{|}}{\overset{\overset{R}{|}}{C_\alpha}} \longrightarrow COOH \qquad\qquad H_3\overset{+}{N} \longrightarrow \underset{\underset{H}{|}}{\overset{\overset{R}{|}}{C}} \longrightarrow COO^-$$

圖 12-2　氨基酸的基本結構（左圖）及離子化結構（右圖）

　　鑑別多肽鏈除了其等電點之外，還有其分子量。分子量的大小正是蛋白質功能不同的重要指標，如大部分的蛋白質水解酶都是單鏈或少數幾條鏈所組成的，而 DNA 聚合酶及 RNA 聚合酶普遍由多條多肽鏈所組成。當然這種判別相當粗糙，也可能會遭其他科學家的指責，但執行化學反應的酶類，其本身的組成越複雜，越趨向於執行複雜的化學反應，同時越傾向於由多基因的產物所組成。這已得到了許多研究證據的支持。但無論如何，分子量的大小是鑑定不同蛋白質一種普遍的方法。

　　亞基的多少也是鑑定蛋白質的方法之一。有時不同的亞基，可能是由於不同的基因所編碼的產物，如 RNA 聚合酶 II 是由 12 種亞基所組成，研究證明是由 12 個基因所編碼的產物。有時不同的亞基可能是同一個基因的產物，如胰島素的重鏈及輕鏈是同一基因的產物。亞基的多寡並不能說明蛋白質的性質，卻也是鑑定蛋白質的指標之一。近年來利用 2-D 電泳的方法尋找癌細胞所特有的多肽鏈，以期鑑定特定癌細胞的特定標記物的某些實驗，也是基於基因表達的調節控制之原理。

　　在細胞內所合成的蛋白質共有 20 種氨基酸，常見的氨基酸之命名各有三個字母及一個字母的簡寫系統。在實際使用時兩種系列基本上並列存在，有些科學家偏向於三個字母系統，尤其是使用核苷酸序列估計的氨基酸序列時，較喜歡使用三個字母系統。但有時為了節省空間，也常見單字母系統。根據氨基酸中 R 基因的不同及其性質，氨基酸可分為酸性氨基酸（如天冬氨酸-Asp 及谷氨酸-Glu）、中性（非極性）氨基酸（如色氨酸-Trp、苯丙氨酸-Phe、甘氨酸-Gly、丙氨酸-Ala、纈胺酸-Val、異亮氨酸-Ile、亮氨酸-Leu、甲硫氨酸-Met 及脯氨酸-Pro 等）、鹼性氨基酸（如賴氨酸-Lys、精氨酸-Arg 及組氨酸-His 等）以及中性（極性）氨基酸（如酪氨酸-Tyr、絲氨酸-Ser、蘇氨酸-Thr、天冬醯胺- Asn、穀氨醯胺-Gln 及半胱氨酸-Cys 等）。

　　氨基酸與氨基酸是以肽鍵（peptide bond）的方式相連。肽鍵是一種共價鍵（圖 12 - 1），可在一個氨基酸的羧基與另一個氨基酸的氨基之間，經過脫水而形成肽鍵。與此相似的是，第二個氨基酸的羧基與第三個氨基酸的氨基經脫水，又可形成第二個肽鍵，如此反覆便可形成多肽鏈，即由多個肽鍵所形成，如圖 12 - 3 便是由四個氨基酸所組成的四肽。具有某些特點：(1)多肽鏈具有氨末端，即有一個游離的氨基在某一端，通常是起始的氨基酸所有；(2)多肽鏈具有一個游離的羧基，通常是最後一個氨基酸所有；(3)一般情況下，一個多肽鏈具有 100 個氨基酸以上。在人類細胞中，蛋白質的平均氨基酸數量為 200-300 個。蛋白質中氨基酸的數目與生物的進化，沒有任何顯著的關係。

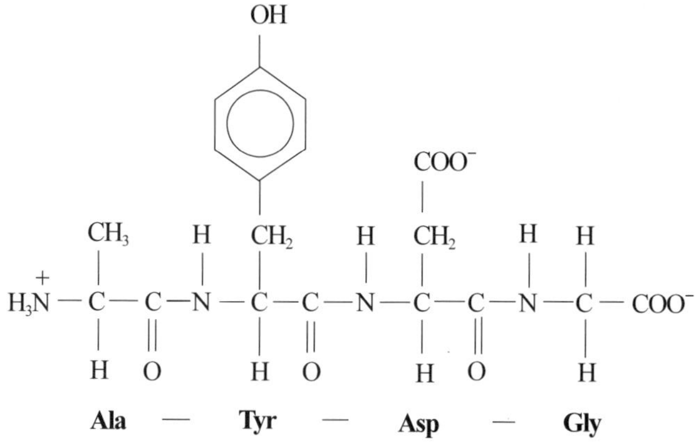

圖 12-3 由丙氨酸、酪氨酸、天冬氨酸及甘氨酸所組成的四肽結構

第二節 蛋白質的結構

　　一般的蛋白質可分為四級結構，即所謂的一級結構、二級結構、三級結構及四級結構。不是每一種蛋白質均具有四級結構，事實上，相當多的蛋白質只有三級結構。雖然沒有人清點具有四級結構的蛋白占蛋白質總數的百分比，但很有可能多數蛋白質都沒有四級結構。決定蛋白質高級結構者是其一級結構，因此我們可以這麼形容基因與蛋白質結構的關係：有什麼樣的基因序列便有什麼樣的氨基酸序列；有什麼樣的氨基酸序列就會有什麼樣的二級結構；蛋白質的三級結構是由二級結構進一步摺疊而成，因此有什麼樣的基因就會有什麼樣的蛋白質三維空間結構，也就決定了什麼樣的蛋白質功能。然而這只是一種一般性的概述，同一個基因在不同的表達環境中所得的空間結構未必相同，如人體基因在人體細胞、其他哺乳類動物細胞，甚至真菌細胞中表達的蛋白質空間結構，常常與在大腸桿菌中所表達的結構不同，這是因為蛋白質摺疊環境改變所致。其中有一個很著名的例子是，組織型血漿蛋白酶原激活酶抑制物（tissue type plasminogen activator inhibitor）的結構。這個基因在人體細胞中表達時呈現出正常的抑制活性，但如果在大腸桿菌中表達時卻喪失抑制活性。晶體結構的分析說明，在大腸桿菌中表達的蛋白質，缺少抑制作用的迴環結構。

　　蛋白質的一級結構即是其氨基酸序列。氨基酸的序列是由編碼這個蛋白質的基因，經由鹼基配對的方式所決定的，但這種表達方式不一定能使一般讀者明白，為何是由鹼基配對的方式所決定。事實上，(1)基因首先由鹼基配對的原則所形成的是信使 RNA ；(2)信使 RNA 經由鹼基配對的原則與 tRNA 的反密碼子相結合；(3)特有的 tRNA 所攜帶的氨

基酸正是由氨基醯-tRNA 合成酶所決定的，而這個決定取決於 tRNA 的反密碼子。因而追根究柢，氨基酸的種類正是由基因的核苷酸序列所決定的（圖 12 - 4）。

蛋白質的二級結構是由其一級結構，進一步摺疊或扭曲所形成的。一般而言，多肽鏈的二級結構是由其微弱的鍵力所造成的結果，包括靜電以及在氨基酸的亞氨基（-NH-）及亞羧基（-CO-）之間，所形成的氫鍵等的拉力下形成二級結構。最常見的二級結構是蛋白質分子中的 α-螺旋結構（α-helix），這是 1951 年由 Linus Pauling 及 Robert Corey 所發現的。在 α-螺旋結構中，每一個氨基酸的亞氨基與另一個氨基酸的亞羧基之間形成氫鍵時，中間必須相隔著四個氨基酸。這種氫鍵可以重複形成，導致 α 鏈的螺旋旋轉。α-螺旋的長短視氨基酸的組成而定，因此，在各種不同的蛋白質中，α-螺旋的長度往往是變化很大的。

在二級結構中還有另一種結構形式，即 β-摺疊片（β-pleated sheet）。β-摺疊片是由多肽鏈以 zigzag 的方式摺疊而成，其中的平衡區或不同鏈之間的穩定性是由氫鍵維持的。有些個別的蛋白質純粹由 α-螺旋所組成，有些則由 β-摺疊片所組成，但大多數的蛋白質是 α-螺旋及 β-摺疊片的混合體。研究證明，二級結構的形成有利於蛋白質結構的穩定。

簡言之，由二級結構進一步摺疊所形成的三維空間結構，便稱為三級結構。多肽鏈的三級結構也稱為構象（conformation）。從二級結構如何進一步摺疊成為三級結構，也是決定於氨基酸側鏈的分布；換言之，是決定於氨基酸的序列。最早解出蛋白質三維空間結構的，是由 Max Perutz 和 John Kendrew 血紅蛋白的 β-鏈。對此，他們於 1962 年被授予諾貝爾化學獎。第二位被授予化學獎的是 Christian Anfinsen，他解出了核糖核酸酶及其生物學的意義。

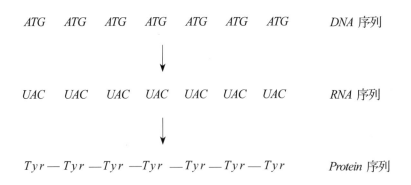

圖 12 - 4　DNA 序列決定蛋白質序列的示意圖。蛋白質序列（下行）中，酪氨酸（Tyr）或酪氨酸序列，決定於信使 RNA 序列（中行）中的 UAC，而信使 RNA 的序列決定於基因的序列（上行）。讀者要小心的是，臺灣的慣用法是從上到下稱為行，從左到右稱為列。中國大陸的用法與英美相同，正好與臺灣相反。

　　相當多的蛋白質只有三維空間結構，但如果一個蛋白質由兩個或兩個以上的多肽鏈所組成，則可形成四級結構。血紅蛋白是由兩條 β-鏈及兩條 α-鏈所組成，其完整的分子結構即是一種四級結構。因此，四級結構只出現於由兩個或兩個以上亞基所組成的蛋白質中。如在血紅蛋白的四級結構中，每一個 α-鏈與 β-鏈相接觸，但兩條 α-鏈及兩條 β-鏈之間也有相當程度的相互作用。

　　筆者在上面曾經指出，有什麼樣的基因就有什麼樣的氨基酸序列，就有什麼樣的二級結構及三級結構等，這主要指的是在相同的細胞環境條件下而言。如果相同的基因表達於不同的細胞環境中，可能會得到不同摺疊形式的蛋白質分子。如筆者曾將人體的第一補體抑制蛋白的基因，分別轉入猴癌細胞（COS）、真菌及大腸桿菌中表達。在表達產物中，COS 細胞所表達的產物幾乎具有與人體中直接純化者相同，在真菌中表達的活性具有從人體中純化的 90% 之活性，而從大腸桿菌中純化的蛋白質幾乎缺乏活性，因為該蛋白在人體中含有 49% 的糖基化產物，而大腸桿菌中表達的蛋白質沒有糖基化。另外，蛋白質的摺疊在一定的程度上，依賴於一種 Chaperones 的蛋白質。這種蛋白質可與待摺疊的蛋白質相結合，產生類似酶的作用，但只會幫助蛋白質的摺疊，不會影響蛋白質的化學組成等。

第三節　從核苷酸序列到氨基酸序列

　　染色體 DNA 的研究說明，每一條染色體由一條 DNA 分子所構成，而早期的遺傳學研究已經證明基因便位於染色體上。基因轉錄的研究也已證明，DNA 經由信使 RNA 的產生，而將遺傳信息轉錄到 RNA 上。無論 DNA 還是 RNA，其中的遺傳信息是以線性的鹼基排列貯存的。至此，一個十分清晰的輪廓已基本勾勒出來：信息 RNA 的鹼基序列轉為氨基酸的序列時，是線性的轉化過程，與其空間的三維結構無關。那麼，核酸中的鹼基只有 4 種，蛋白質中的氨基酸則有 20 種，究竟多少個鹼基決定一個氨基酸呢？如果一個鹼基決定一個氨基酸，那麼核酸只能編碼 4 種氨基酸；如果每兩個鹼基決定一個氨基酸，只能編碼出 16 種氨基酸（表 12 - 1）。

　　如果每三個鹼基代表一個密碼子，進而代表一個氨基酸，則可以編出 64 種不同的密碼子，因為細胞中只利用 20 種氨基酸於蛋白質的合成當中，因此這 64 種中可能有相當多的密碼子是重複的。但如果每四個鹼基代表一個密碼子，則可編出 256 種不同的密碼，會出現更多的重複編碼浪費情況。但無論出現哪一種情形，生物科學極少出現光憑猜想或邏輯思維便可以解決問題的情形，因此必須經過實際的科學實驗加以解決。

表 12-1　鹼基編碼及分析表

每一個密碼的鹼基數（n）	四種鹼基可編碼的氨基酸數	分析結論
1	$4^1 = 4$	可以編碼 4 種氨基酸，A、G、C、U 各代表一種氨基酸，顯然不符合實際情況
2	$4^2 = 16$	可以編碼 16 種氨基酸，AU、AG、AC、AA、GU、GG、GC、GA、CU、CG、CC、CA、UU、UG、UC、UA，不足以編碼全部的氨基酸數目
3	$4^3 = 64$	可以編出 64 種密碼子，可能會出現重複編碼的情況
4	$4^4 = 256$	可以編出 256 種密碼子，會出現更多的重複編碼的情況

　　現在我們談一談解決遺傳密碼問題的有關實驗。首先是核糖核苷酸及 RNA 的人工合成問題早在 1960 年便得到了解決，這個問題的解決可讓人們隨意合成特定成分的 RNA 序列。如在尿苷酸存在的條件下，只能合成 $UUUUUUU$……的 RNA 序列；如只有腺苷酸存在時，可以合成 $AAAAAAA$……的 RNA 序列等等。但如果在一個合成體系中放入等量的 A 與 U，便可能合成出 $AUAUAUAAUUUA$……等序列。因此，有了這項技術便可隨心所欲地合成出特定序列的 RNA 分子。第二項需要解決的技術是，氨基酸的同位素標記及蛋白質的體外合成。也許氨基酸的同位素標記無需贅述，因為這早在 1950 年代或更早的時間便已投入了應用，現在的關鍵問題在於蛋白質的體外合成上。從大腸桿菌中提取的核糖體及細胞其他成分的提取物，可以組成體內的蛋白質合成系統，利用這個系統可以在人工 RNA 及氨基酸等存在的情況下，合成蛋白質（往往比較小的肽鏈分子）。然而科學總是一步一步地往前發展的，在遺傳密碼徹底解開之前，已由 Crick 的研究團隊在 1961 年解開了三聯體密碼（triplet code）之謎。他們利用噬菌體的突變為三聯體密碼，提供了翔實的實驗證據（詳見下一節）。

第四節　突變與反突變

　　遺傳密碼是三聯體密碼的證據，來自於 1961 年由 Francis Crick、Leslie Barnett、Sidney Boenner 及 R. Watts-Tobin 的遺傳學實驗。所謂的三聯體密碼，指的是每三個連續的核苷酸作為一個密碼、決定一個氨基酸之意。讀過拙作《遺傳機制研究》的讀者也許記得，筆者曾大幅介紹過 Benzer 利用 T4 噬菌體進行 *rII* 基因分析的工作，獲得了 *rII* 基因內 60 個突變體，涉及 3,000 個位置的突變。T4 是一種烈性噬菌體，當其感染大腸桿菌時會

造成溶菌週期（lytic cycle），在一個細胞內可產生 100-200 個噬菌體，一旦細胞被溶解之後，噬菌體便可釋放出來。有些 T4 的突變體，可影響溶菌週期。

rII 基因涉及到噬菌斑的生成性狀，有些可在大腸桿菌品系 B 中產生清晰的噬菌斑，但其野生型的 *r*⁺ 品系只產生不清晰的噬菌斑。另外，野生型 *r*⁺ 品系可感染大腸桿菌的 K12（λ）品系，但 *rII* 的突變體卻不能。利用這些特點，可進行一系列的突變實驗。首先 Crick 等人利用化學誘變劑（mutagen），處理野生型 *r*⁺ 品系產生 *rII* 突變體。誘變劑原黃素（二氨基吖啶）（proflavin）可誘導突變，這主要經由導致 DNA 鹼基的附加或缺失等方式，獲得突變體（詳見 DNA 突變及其相關內容）。當這種突變發生於基因的氨基酸編碼部分時，突變便會變成框架漂移突變（frameshift mutation）（圖 12 - 5）。

Crick 及其同事的推測，如果 *rII* 突變體的表現型是由附加或缺失所產生的，那麼用原黃素處理 *rII* 的突變體可能會產生恢復突變（圖 12 - 5），形成野生型。如果以突變型再經突變而形成野生型的過程稱為反突變（reversion mutation），由反突變的過程所形成的野生型個體稱為反突變體（revertant，也稱回復突變體）。因此，如果原來的突變是由於附加而形成的突變，那麼這種突變可能會被核苷酸的缺失突變而變回野生型。因為只有野生型 *r*⁺ 噬菌體，才能在大腸桿菌中的 K12（λ）品系中生長，只有發生了回復突變的噬菌體，才能在其中生長出噬菌斑。雖然這種回復突變的頻率很低，但利用這種方法也不難分離到經由原黃素處理 T4 突變體，而轉變為野生型的噬菌體。

有些回復突變是原來突變位點上的第二次突變，也就是說，在原來的缺失位點上加進去一個核苷酸，補償了原來丟失的核苷酸或任意一個核苷酸；或者是在原來添加的核苷酸位點上除去所附加的核苷酸。但是回復突變更多不發生在原來的位置上，這種情況往往是第二次突變發生在第一次突變的附近或有一定的距離。如果第一次突變是一種第一核苷端酸的缺失位點，那麼回復突變可發生在附近的序列上，添加一個核苷酸（圖 12 - 5）。

回復突變雖然使性狀回復到原來的野生型狀態，但在多數情況下會改變其中的核苷酸序列，因而蛋白質產物中也與突變前的野生型不完全相同。如果所涉及的改變部分正好是酶或是蛋白質的作用中心，那麼回復突變也不能完全回復其蛋白質／酶的功能。然而在 Crick 及其同事們所進行的研究中，雖然其回復突變使噬菌體具有野生型的性狀，顯然所改變的氨基酸節段，並不影響噬菌體感染大腸桿菌的能力。

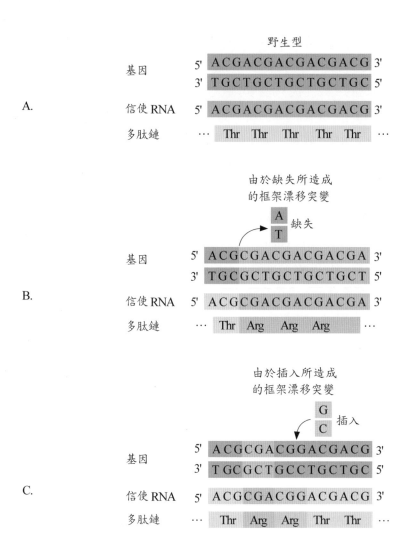

圖 12 - 5　基因的缺失突變及回復突變。假定野生型基因序列為編碼蘇氨酸的密碼子 ACG（A 圖），經過第四個核苷酸的缺失突變，轉變為 CGA 的遺傳密碼，因此在缺失突變之後均轉變 成為精氨酸的密碼子（B 圖），這便是所謂的框架漂移突變。但如果在其下游某處產生插入突變，在突變之後的密碼又轉變為蘇氨酸的密碼子（C 圖），這便是所謂的回復突變。

第五節　三聯體密碼

　　為了討論方便，讓我們首先假定每三個核苷酸決定一個氨基酸，以及三聯體密碼的存在。因此，如果 DNA 的信使 RNA 轉錄本為 *ACG - ACG - ACG - ACG - ACG*……等等，這就決定了蛋白質的序列為蘇氨酸 - 蘇氨酸 - 蘇氨酸 - 蘇氨酸 - 蘇氨酸……，因為每一個

ACG 即可編碼一個蘇氨酸。在整個序列中，我們從閱讀框（reading frame）開始，就這樣按先後順序地編碼出氨基酸的種類，以及整段肽鏈的氨基酸序列。如果誘變劑的處理導致單核苷酸的缺失或附加，即可導致框架漂移突變。

如圖 12 - 5 所示，如果框架漂移突變發生於某段編碼蛋白質的基因區域之內，那麼由原來的三聯體所組成的一個個密碼，就會發生一系列的變化。如再以上述的 DNA 序列為例，假定野生型的 DNA 序列（模板鏈序列）為 3 - *TGC* - *TGC* - *TGC* - *TGC* - *TGC* - 5，轉錄成為信使 RNA 時便成為 5 - *ACG* - *ACG* - *ACG* - *ACG* - *ACG* - 3，因而可產生的蛋白質序列是 *Thr* - *Thr* - *Thr* - *Thr* - *Thr*。如果發生框架漂移突變，如第四個核苷酸缺失了，則會形成的信使 RNA 序列為 5 - *ACG* - *CGA* - *CGA* - *CGA* - *CGA* - 3，因而轉譯的蛋白質序列變為：*Thr* - *Arg* - *Arg* - *Arg* - *Arg* 等，完全改變了蛋白質原有的氨基酸序列。如果在第八及第九個核苷酸處插入一對核苷酸（如 G／C），所轉錄的信使 RNA 序列則變成 5 - *ACG* - *CGA* - *CGA* - *ACG* - *ACG* - 3，因而所轉譯的蛋白質序列為 *Thr* - *Arg* - *Arg* - *Thr* - *Thr* 等。可見框架漂移突變可改變氨基酸的序列。

從框架漂移突變的討論中我們也可以看到，如果回復突變不是發生在原來突變的地方，則很可能在第一次突變與第二次突變之間，產生突變的氨基酸序列。正如上面所述，如果這段氨基酸序列不涉及到蛋白質的功能，則可以完全回復到原來的野生型性狀，否則，回復突變只能產生另一個突變體。但無論出現哪一種情形，只要突變不是同時插入三個核苷酸，則導致框架漂移突變，少於三個或多於三個但不是三的倍數的缺失或插入，均可發生框架漂移突變，這說明了生物所利用的正是三聯體密碼。

總之，附加核苷酸的突變可以經由缺失突變而得到回復；相反的，經由附加核苷酸的突變可以回復原來的缺失突變。有意思的是，假定一個基因經由轉錄之後所產生的信使 RNA 及氨基酸的序列為：

5' - AUG - AUC - ACA - UAC - AGG - GCA - UUC - GUA - UGG - UGU - GAA - 3'

↓轉譯

Met - Ile - Thr - Tyr - Thr - Ala - Phe - Val - Trp - Cys - Glu

如果在第四及第五個核苷酸之中，增加一個鹼基 U，則信使 RNA 及氨基酸的序列變為：

5' - AUG - AUC - ACA - UAA - CGG - CUU - CGU - AUG - CUG - UGA - 3'

↓轉譯

Met - Ile - Thr - Stop

顯然不能合成正常的多肽鏈，基因的功能完全消失了。如果在突變基因的 11 及 12 個氨基酸之處加入 C，那麼信使 RNA 及氨基酸的序列變為：

$$5' - AUG - AUC - ACA - UAC - ACG - GCU - UCG - UAU - GGU - GUG - AA - 3'$$

↓ 轉譯

$$Met - Ile - Thr - Tyr - Thr - Ala - Ser - Tyr - Cly - Val$$

整個序列完全變了樣。可以說插入一個核苷酸及插入兩個核苷酸，都會導致後續的閱讀框形成框架漂移突變。

但如果在第二次突變的序列，於 14 號及 15 號之間插入 A，信使 RNA 及氨基酸的序列則變為：

$$5' - AUG - AUC - ACA - UAC - AGG - GCA - UUC - GUA - UGG - UGU - GAA - 3'$$

↓ 轉譯

$$Met - Ile - Thr - Tyr - Thr - Ala - Phe - Val - Trp - Cys - Glu$$

可見前後三次改變的區域，涉及到五個氨基酸被改變，但從 Phe 開始後面的五個氨基酸序列又回復到野生型的序列。可見插入三個氨基酸不會影響到後續的核苷酸序列，Crick 等人的這些實驗完全證明，遺傳密碼是三聯體密碼子。

第六節　遺傳密碼

以上的實驗只能證明遺傳密碼是三聯體形式，即每三個核苷酸決定一個氨基酸，但具體如何決定，什麼樣的三聯體決定什麼樣的氨基酸等問題，在 1961 年 Crick 等人所進行的突變與回復突變等實驗是完全未知的。筆者在上面所演繹的氨基酸，只是方便對於 Crick 等人結果的解釋罷了，當時他們的文章也不是這樣寫的；但無論如何解說，三聯體密碼的問題是相同的。

真正解開 64 種密碼與氨基酸之間關係的是 Marshall Nirenberg 及 Ghobind Khorana，還有 Robert Holly 在其中也發揮了作用，因而他們三人在 1968 年共同獲得諾貝爾生理或醫學獎。以上曾經談過其中的重要實驗，是沒有細胞體系下的蛋白質合成系統，其中所需要的重要組成成分都是在大腸桿菌中所提取的。這些系統包括核糖體、氨基醯—轉運 RNA，以及所有與多肽合成有關的蛋白質分子。該實驗還需要用到同位素標記氨基酸，

當這種氨基酸進入所合成的多肽鏈中時，比較容易被偵測到。

　　他們實驗的整個目的，在於確定哪些密碼決定哪些氨基酸，因合成的信使 RNA 只含有一、二或三種不同的鹼基。將所合成的信使 RNA 加到蛋白質合成體系中，即可合成出蛋白質，然後分析所得到的多肽鏈。當合成的信使 RNA 中只含有一種鹼基時，結果十分明確。如果合成多聚 U 信使 RNA，那麼所合成的多肽鏈只會有苯丙氨酸。既然遺傳密碼是三聯體，那麼這個結果只能說明一個可能性，即 UUU 的密碼子決定苯丙氨酸。相似地，如果是多聚 A 信使 RNA，那麼所合成的只有賴氨酸，說明 AAA 的密碼子是賴氨酸。同理，多聚 C 信使 RNA 可以指導合成脯氨酸鏈，說明 CCC 的密碼子決定脯氨酸。最後是多聚 G 信使 RNA，沒有得出明確的結果，因為多聚 G 可以自我摺疊；因此，蛋白質合成體系無法利用多聚 G 信使 RNA，進行蛋白質的合成。

　　第二種合成信使 RNA 的方法是採用兩種鹼基，讓其隨機結合，所合成的多聚物可稱之為隨機等同多聚物（random copolymers）。當兩種鹼基混合而合成多聚物時，其合成的多聚物有幾種隨機結合的密碼子。如果放入 AC 兩種核苷酸，那麼所合成的分子就可能出現 CCC、CCA、CAC、ACC、CAA、ACA、AAC 及 AAA 等。這種信使 RNA 在體外進行蛋白質合成時，發現多肽鏈中除了賴氨酸（Lys，AAA）及脯氨酸（Pro，CCC），還有天冬醯胺（Asp）、谷氨醯胺（Gln）、組氨酸（His）及蘇氨酸（Thr），其中天冬醯胺、谷氨醯胺、組氨酸及蘇氨酸進入多肽鏈的比例，視合成信使 RNA 時 A 對 C 的比例變化而變化。因而利用這種關係可以推測出，哪一種密碼決定哪一種氨基酸。如 A 的比例大大高於 C 時，在多肽鏈中天冬醯胺的比例大大高於組氨酸；因此可以推測，會有兩個 A 及一個 C 的密碼決定天冬醯胺，而兩個 C 及一個 A 所組成的密碼可決定組氨酸。由此可以確定相當數量的密碼子。

　　合成信使 RNA 對解開遺傳密碼而言，是十分重要的一項技術，除了以上的隨機合成之外，還可以採取特定的合成方式，因而所合成出來的信使 RNA 的序列是已知的。如一種重複的等同多聚物 U 和 C，可以合成出 UCUCUCUCUCUC 等的信使 RNA。當這種 RNA 用於體外合成時，所合成的多肽鏈中會有亮氨酸-絲氨酸-亮氨酸-絲氨酸等序列。很顯然，UCU 及 CUC 的密碼子分別代表了亮氨酸及絲氨酸，但具體是哪一個密碼決定亮氨酸，哪一個決定絲氨酸還是需要進一步確定的，利用這種方法可以確定某些氨基酸的密碼子。

　　第四種方法是所謂的核糖體結合分析方法（ribosome-binding assay），是由 Nirenberg 及 Philip Leader 於 1964 年所發展起來的一種間接分析方法。如上所述，在出現亮氨酸及絲氨酸，但具體的氨基酸所屬卻無法確定。類似這樣的不確定氨基酸還有相當的數量，因此

必須利用已獲得的某些不明確信息，設計出新的方法對不明確的密碼子進行研究，這就是核糖體結合的分析方法之來源。

簡言之，核糖體結合的分析方法是根據在核糖體與信使 RNA，可以與轉運 RNA 相結合的原理設計出來的。當一般合成的信使 RNA，如 UUU 等與核糖體混合時，則可形成 UUU-核糖體的複合體，此時只有苯丙氨醯-tRNA 進入核糖體與 UUU 的信使 RNA 相結合，此時轉運 RNA 的反密碼子是 AAA。這種密碼的結合性質，使研究者解開了一大類密碼與氨基酸之間的關係。在這種研究方法中，必須預先準確知道所合成的信使 RNA 的序列；即是常說的，首先要確定密碼子的特異性核苷酸序列。這在嚴格控制條件下的信使 RNA 的合成，是不難做到的一項技術。利用核糖體結合分析技術，Nirenberg 及 Leader 解出了許多利用其他方法不能明確的密碼子與氨基酸之間的關係。如用這種方法解決了 UCU 是絲氨酸的密碼，CUC 是亮氨酸的密碼等。就這樣他們利用核糖體結合的分析方法，確定了 50 種密碼子與氨基酸之間的關係。

綜合幾種研究方法發現，沒有一種密碼子可確定是兩種以上氨基酸的情況；換言之，每一種密碼對應的氨基酸都是唯一，可有多種密碼編碼同一氨基酸者，如亮氨酸的密碼子便有六個。但用這些方法只能確定 61 種密碼子與氨基酸的關係，其他的 3 種密碼子並不決定任何氨基酸。每當利用 UAA、UAG 或 UGA 進行分析時，並沒有出現相應的氨基酸，因此將它們確定為無意義密碼子（nonsense codon）。值得注意的是，密碼子也有方向性，在信使 RNA 中密碼子的方向為 5'→3'（表 12 - 2）。

第七節　遺傳密碼的性質

遺傳密碼的解開完全是 Nirenberg、Khorana 及 Holly 等少數人努力的結果，他們利用蛋白質體外合成及信使 RNA 的控制性合成的優先條件，以及核糖體結合的分析方法，成功地解開了通用密碼本。這裡所謂的通用密碼指的是從病毒、細菌到高等動、植物，都利用這個密碼本於蛋白質的合成，只有某些原生生物、高等動、植物的線粒體蛋白質合成系統中，有少數的密碼子與通用密碼不同。但遺傳密碼性質的研究卻是多人努力的結果，包括 Crick 等人於 1961 年及 1964 年先後提出的三聯體密碼及密碼子的搖動性質等。一般而言，遺傳密碼具有以下的性質：

一、遺傳密碼屬於三聯體密碼。在信使 RNA 分子中，每一種密碼由三個核苷酸所組成，決定一個特殊的氨基酸（表 12 - 2）。因此，如果一個信使 RNA 分子含有 900 個核苷酸，這個分子可以編碼出具有 300 個氨基酸的多肽鏈。

表 12 - 2　遺傳密碼表（5'→3'）

	第二個核苷酸					
		U	C	A	G	
第一個核苷酸	U	UUU（Phe）	UCU（Ser）	UAU（Tyr）	UGU（Cys）	U
		UUC（Phe）	UCC（Ser）	UAC（Tyr）	UGC（Cys）	C
		UUA（Leu）	UCA（Ser）	UAA（Stop）	UGA（Stop）	A
		UUG（Leu）	UCG（Ser）	UAG（Stop）	UGG（Trp）	G
	C	CUU（Leu）	CCU（Pro）	CAU（His）	CGU（Arg）	U
		CUC（Leu）	CCC（Pro）	CAC（His）	CGC（Arg）	C
		CUA（Leu）	CCA（Pro）	CAA（Gln）	CGA（Arg）	A
		CUG（Leu）	CCG（Pro）	CAG（Gln）	CGG（Arg）	G
	A	AUU（Ile）	ACU（Thr）	AAU（Asn）	AGU（Ser）	U
		AUC（Ile）	ACC（Thr）	AAC（Asn）	AGC（Ser）	C
		AUA（Ile）	ACA（Thr）	AAA（Lys）	AGA（Arg）	A
		AUG（Met）	ACG（Thr）	AAG（Lys）	AGG（Arg）	G
	G	GUU（Val）	GCU（Ala）	GAU（Asp）	GGU（Gly）	U
		GUC（Val）	GCC（Ala）	GAC（Asp）	GGC（Gly）	C
		GUA（Val）	GCA（Ala）	GAA（Glu）	GGA（Gly）	A
		GUG（Val）	GCG（Ala）	GAG（Glu）	GGG（Gly）	G

（右側欄位為第三個核苷酸）

　　二、遺傳密碼是連續的編碼體系。在信使 RNA 的核苷酸序列中，一旦開始編碼區（coding region）的第一個核苷酸，密碼子的排列是連續的，一直到終止密碼為止。密碼與密碼之間沒有停頓，也沒有隔開任何核苷酸。因此整個轉譯過程中，從第一個密碼開始一直合成到終止密碼，形成一條特有氨基酸序列的多肽鏈。多肽鏈合成的終止，決定於信使 RNA 中的終止密碼，屆時沒有任何相應的氨基醯-tRNA 進入核糖體，於是，整個多肽鏈的合成便自動終止。

　　三、遺傳密碼的所有核苷酸只能編碼一次。在信使 RNA 分子的所有核苷酸中，每一個核苷酸只能一次被編在某一個密碼中，不能重複利用。如一個信使 RNA 的核苷酸序列為 5' - *AUGUCUUAUCAUCACCCAAGC* - 3'，如果編碼從第一個核苷酸（A）開始，其三聯體密碼子的編碼應為 5' - *AUG - UCU - UAU - CAU - CAU - CAC - CCA - AGC* - 3'，其中沒

有一個核苷酸可以重複被利用，因此只能轉譯出唯一氨基酸序列的肽鏈為 *Met - Ser - Tyr - His - His - Pro - Ser*。

四、遺傳密碼幾乎具有生物適用的普遍性。筆者在前面曾經提過，利用大腸桿菌的蛋白質體外合成體系所獲得的這套遺傳密碼（表 12 - 2），可適用於病毒（噬菌體）、細菌、高等動、植物及古細菌等生物體系，因此從一種生物中所提取的信使 RNA，可以在另一個生物中進行轉譯，也可以將一種生物的基因轉到另一種生物中進行表達，所得的多肽鏈中氨基酸的序列是完全一樣的。如筆者曾在前面提過，將人體第一補體蛋白酶抑制物（C1 inhibitor）的基因，分別轉到大腸桿菌、真菌及 COS 的細胞中表達，所得到的氨基酸序列應當與人體中所產生的蛋白質完全一樣。但這套遺傳密碼也不是絕對適用於所有的生物，如某些生物體的線粒體，尤其是哺乳類動物線粒體的密碼有某些改變，甚至有些原生生物的細胞核基因組的遺傳密碼，也不完全相同。

五、遺傳密碼中經常有多個密碼決定同一氨基酸的情形。除了轉譯啟動密碼（AUG）對應甲硫氨酸（Met）及 UGG 對應色氨酸（Trp）為單一密碼之外，其餘的氨基酸密碼有兩個到六個密碼不等。具有六個密碼的氨基酸有亮氨酸（Leu）、精氨酸（Arg）及絲氨酸（Ser）等（表 12 - 3）。擁有四個密碼的氨基酸有纈胺酸（Val）、脯氨酸（Pro）、蘇氨酸（Thr）、丙氨酸（Ala）及甘氨酸（Gly）等。具有三個密碼的氨基酸只有異亮氨酸（Ile），但有三個密碼均可充當無義密碼的作用，表示轉譯的終止，因此也稱為終止密碼。具有兩個密碼的氨基酸有九個之多，分別為苯丙氨酸（Phe）、酪氨酸（Tyr）、組氨酸（His）、谷氨醯胺（Gln）、天冬醯胺（Asn）、賴氨酸（Lys）、天冬氨酸（Asp）、谷氨酸（Glu）及半胱氨酸（Cys）等（表 12 - 3）。

氨基酸對密碼子中核苷酸序列的選擇利用還有一個特點，即是每當一個密碼子中前面兩個核苷酸已經確定，第三個核苷酸有一定的可變性，如當前兩個核苷酸為 UC 時，可以確定氨基酸的基本方向。另外，最後一個核苷酸是 U 或 C 時，不會改變前面兩個核苷酸序列已經確定時的氨基酸，如 UUU 和 UUC 都是苯丙氨酸。又如 CAU 及 CAC 都是組氨酸。同理可用在第三個核苷酸是 A 或 G 時的情況，如 UUA 和 UUG 都是亮氨酸，而 AAA 及 AAG 都是賴氨酸，在某些情況下，當第一及第二個核苷酸已經確定時，第三個核苷酸是 U、C、A 或 G，都不改變所確定的氨基酸，如 CUU、CUC、CUA 及 CUG 都是亮氨酸。

1. 遺傳密碼具有起始密碼及終止密碼。在原核生物及真核生物的蛋白質轉譯系統中，有一個密碼子專門提供轉譯的開始，而這個密碼也編碼甲硫氨酸（Met），這是生物體利用密碼子的普遍規律。

表 12 - 3　20 種氨基酸對密碼子的利用表

多密碼	氨基酸	密碼子
六個密碼的氨基酸	亮氨酸（Leu）	UUA, UUG, CUU, CUC, CUA, CUG
	精氨酸（Arg）	CGU, CGC, CGA, CGG, AGA, AGG
	絲氨酸（Ser）	UCU, UCC, UCA, UCG, AGU, AGC
四個密碼的氨基酸	纈胺酸（Val）	GUU, GUC, GUA, GUG
	脯氨酸（Pro）	CCU, CCC, CCA, CCG
	蘇氨酸（Thr）	ACU, ACC, ACA, ACG
	丙氨酸（Ala）	GCU, GCC, GCA, GCG
	甘氨酸（Gly）	GGU, GGC, GGA, GGG
三個密碼的氨基酸	異亮氨酸（Ile）	AUU, AUC, AUA
	終止密碼	UAA, UAG, UGA
兩個密碼的氨基酸	苯丙氨酸（Phe）	UUU, UUC
	酪氨酸（Tyr）	UAU, UAC
	組氨酸（His）	CAU, CAC
	谷氨醯胺（Gln）	CAA, CAG
	天冬醯胺（Asn）	AAU, AAC
	賴氨酸（Lys）	AAA, AAG
	天冬氨酸（Asp）	GAU, GAC
	谷氨酸（Glu）	GAA, GAG
	半胱氨酸（Cys）	UGU, UGC
一個密碼的氨基酸	甲硫氨酸（Met）	AUG
	色氨酸（Trp）	UGG

　　按照三聯體密碼的計算，四種鹼基可以編碼出 64 種密碼子，但研究說明只有其中 61 種密碼有相應的氨基酸。凡是具有相對應氨基酸的密碼，則稱為有義密碼（sense codons），沒有相對應氨基酸的密碼，稱為無義密碼（nonsense codons）或終止密碼（stop codons）或終鏈密碼（chain-terminating codons）。終止密碼在一個轉譯體系中只能利用一次，但也可以連續排列，如 UAGUAA 等。所以在同一個閱讀框架中，AUG 說明轉譯的

開始，而 UAG 等說明轉譯的終止，一般在尋找信使 RNA 序列時，需要明確這些密碼的位置。

2. 反密碼子的搖擺不定之性質。根據密碼對反密碼的原理，生物體有 61 種有義密碼，應當有 61 種相對應的轉運 RNA 。Francis Crick 在 1964 年提出過關於信使 RNA 的密碼子 r 對應於轉運 RNA 反密碼子的搖擺假說（wobble hypothesis），他認為 61 種有義密碼可被少於 61 種轉運 RNA 所識別及結合，這是因為反密碼子鹼基的配對性質所決定的（表 12 - 4）。特別是轉運 RNA 反密碼子的 5' 端與信使 RNA 密碼子的 3' 端（及密碼子的第三個鹼基）互補時，在三維空間結構上不需要嚴格的 DNA 式配對。這個特點使得配對的鹼基嚴格性下降，因此反密碼子中 5' 端的鹼基，可與密碼子中一種以上的第三個鹼基相互配對。換言之，密碼子的第三個鹼基在一定程度上是可變的及搖擺的。然而表 12 - 4 也說明，沒有一個轉運 RNA 分子可以識別四種不同的密碼子。但是如果 tRNA 的分子密碼子中，其 5' 端的鹼基是經化學修飾的肌苷（也稱次黃苷，inosine），那麼 tRNA 就可以識別三種不同的密碼子（表 12 - 4）。

雖然遺傳密碼的揭示迄今已有三十二年，但它對科學的影響是全面性的，因此也是重大的科學成就。絕大部分的生物都採用同一部密碼，但也有些動物的線粒體及原生生物的核基因組，採用少數幾個特殊的密碼子。密碼的揭示也為後來蛋白質的轉譯等成就，提供了研究基礎，是遺傳學重大成就中的一顆閃耀明星。

表 12 - 4　遺傳密碼中的搖擺假說

tRNA 中反密碼子的 5' 端核苷酸	信使 RNA 中密碼子的 3' 端核苷酸	配對情況
G	U 或 C	可以分別配對
C	G	可以配對
A	U	可以配對
U	A 或 G	可以分別配對
I（inosine）	A、U 或 G	可以分別配對

思考題

1. 進行遺傳密碼的研究，需具備哪些先決條件？為什麼？

2. 請您舉出使遺傳學從一個水平上升到更高水平的五個科學想像（或假說）的例子。

3. 請您舉出一些說明核苷酸的任何改變，有可能改變某些生物學過程的例子。

4. 核苷酸的序列與蛋白質的氨基酸序列在化學上完全無關，試問早期（如 1950 年代）的科學家們是怎樣將它們聯繫在一起？

5. 為什麼說蛋白質的三維空間結構決定於氨基酸的一級結構？而氨基酸的一級結構決定於基因的核苷酸序列？

6. 在證實信使 RNA 的核苷酸序列，可以經由轉譯的方式決定蛋白質中氨基酸的序列之前很多年，為什麼科學家們早就將基因的核苷酸序列與蛋白質的氨基酸聯繫起來？

7. Crick 一生提出過哪些重要的科學假說，這些假說對科學的發展產生什麼樣的作用？

8. 框架漂移突變說明了什麼？

9. 突變與反突變的研究對遺傳密碼的性質揭示了什麼？

10. 如果在一段基因的蛋白質編碼區中，分別插入一個鹼基、二個鹼基和三個鹼基時會出現什麼樣的情況，這些情況說明了什麼？

11. Nirenberg 及 Khorana 在解開遺傳密碼的研究過程中，共用多少種不同的方法？各方法有何特點？

12. 核糖體結合的分析方法有何特殊的地方？為什麼 61 個有義密碼中，有 50 個是利用核糖體結合的分析方法完成的？

13. 請利用實例說明遺傳密碼的三聯體性質。

14. 為什麼說遺傳密碼是一個連續的編碼體系。

15. 有何證據說明信使 RNA 中的每一個核苷酸，只能一次性地用於組合密碼子？

16. 遺傳密碼的（幾乎）普遍性說明了什麼？

17. 遺傳密碼中有些氨基酸具有六個、四個、三個、二個及一個密碼子，這在編碼多肽鏈的氨基酸序列及氨基酸的比例上有何作用？

18. 為什麼遺傳密碼需要起始密碼及終止密碼？

19. 反密碼子的搖擺性質說明了什麼？有什麼科學根據？

第十三章　蛋白質的轉譯

本章摘要

　　基因表達分為四個階段，信使 RNA、核糖體 RNA 及轉運 RNA 的轉錄是第一個階段；高等動、植物信使 RNA 的剪接加工過程是第二個階段（原核細胞不需要這個過程）；蛋白質的轉譯是第三個階段，也是基因表達的重要階段，即信使 RNA 從細胞核轉運到細胞質（原核細胞不需要這個過程）並由核糖體識別而相互結合，轉譯出蛋白質；第四個階段是就合成的多肽鏈，在細胞或整個生物體內的分布或分配階段。重要的是，經由蛋白質的表達便可表現出基因所控制的生物性狀。蛋白質的轉譯過程包括氨基醯-tRNA 的形成、轉譯的啟動、多肽鏈的延長及轉譯的終止等階段。與 DNA 的複製及 RNA 的轉錄研究一樣，轉譯的啟動是最複雜的，也是最引人入勝的階段，故所累積的資料也十分豐富。蛋白質合成之後，各個不同蛋白質在細胞或生物體內的分布，也是基因表達的重要一環。基因表達的各個階段均有嚴密的控制過程，蛋白質轉譯的控制機制最精采的在於啟動階段，不僅涉及到核糖體的組裝、信使 RNA 的 RBS 位點、甲硫氨酸的活化等過程，也與核糖體內的肽鏈生成體系有關。總之，蛋白質轉譯的控制是基因表達控制的重要一環，是引導基因表達方向的重要調節機制。

前言

　　除了核糖體 RNA 及轉運 RNA 的生成直接體現基因功能外，絕大部分的基因主要依賴某些或一組蛋白的作用，而體現出生物性狀。因此，蛋白質的生成是性狀生成的必需條件。筆者在《遺傳機制研究》中，分析了許多日常所見過的性狀或科學家們所研究過的生物性狀，這些性狀大多與蛋白質的生成有關。在人類遺傳學的研究中，細卷、波浪卷及直髮等，均是不同形式角蛋白作用的結果；家族性黑朦性白痴是因為己糖苷酶的缺失所致；蠶豆病是因為葡萄糖-6 磷酸脫氫酶的缺失所致；血友病 A 及 B 是因為凝血因子的缺失所致。在植物遺傳學的研究中，孟德爾的矮桿豌豆是因為缺少植物生長素所致；他的白花豌豆是因為色素合成途徑中某個合成酶缺失所致；中國南方廣泛種植的一種「矮桿水稻」品種，是因為植物生長激素的缺失所致，因為稻桿很短，反而不容易倒

伏，在中國南方經常性淹水的地區往往獲得較好的收成。在昆蟲的研究中，果蠅的早期胚胎發育受到幾種轉錄因子的控制，每一種轉錄因子的缺失均引起嚴重的胚胎發育之後果；果蠅眼色的基因共發現有一百多種複等位基因，每一種都是野生型基因不同位點的突變，所造成的色素形成途徑的缺失所致等。無論在人類、植物還是昆蟲中，這些性狀無一不是因為蛋白質（酶）的缺失所造成的後果，因此可以說，基因是透過蛋白質的形成而控制生物遺傳性狀的形成。

蛋白質如此重要，但因為蛋白質的合成過程中所涉及的因子及其複雜性，因此一直到 20 世紀的 70 年代才逐漸明確其中的複雜合成過程。現已查明，蛋白質的合成發生於核糖體中，其中由信使 RNA 所攜帶遺傳信息得到解碼，轉譯為蛋白質的氨基酸序列。信使 RNA 的遺傳信息轉譯方向為 5' 到 3'（5' → 3'），因而蛋白質中氨基酸的排列方向是從氨基末端到羧基末端。氨基酸是由轉運 RNA 帶進核糖體中的；事實上，是氨基酸與轉運 RNA 預先形成氨基醯-tRNA 複合體，後者根據轉運 RNA 上的反密碼子相結合，而進入核糖體（或者說氨基醯-tRNA 進入核糖體與信使 RNA 的密碼子相結合）。所轉譯的蛋白質分子中，氨基酸序列的正確性決定於兩個基本的條件：一是每一種氨基酸必須能夠與特異性的轉運 RNA 相結合；二是信使 RNA 中的密碼子與轉運 RNA 的反密碼，經由鹼基互補的原則相結合。有了這兩種基本的反應，從核苷酸的序列轉譯為氨基酸的序列，便不會出現誤置的現象。

第一節　密碼與反密碼的相互識別

在前面的章節中，筆者曾詳細論述了遺傳密碼研究的幾種關鍵實驗，以及揭開全部遺傳密碼的過程，的確是科學史上值得誇耀的輝煌一頁。核苷酸序列中所隱藏的密碼，如同二次世界大戰時所用的電報密碼一樣，如果知道密碼的解法便很容易翻譯成我們正常的文字，但如果不解其中之味，電報的密碼就如同豆芽菜一樣，只是長短肥瘦的不同而已。對於專門解開電文的從業人員而言，每一聲的長短便代表了其中再也明確不過的文字。對於遺傳密碼而言，有了前面章節的基本知識，核苷酸的排列順序就代表了氨基酸的序列，兩種文字的相互轉譯可僅憑一部遺傳密碼字典，便能做到百分之百地自由相通。

有了密碼以後的確可以從核苷酸到氨基酸不再存在任何屏障，但生物體是如何解決密碼的識別問題呢？原來是信使 RNA 的密碼子，可以識別轉運 RNA 的反密碼子，這個過程與氨基酸無關。這個假說是由 G. von Ehrenstein、B. Weisblum 及 S. Benzer 等人證明的。他們首先用半胱氨酸與其相應的轉運 RNA 相結合，形成半胱氨醯-tRNA ，記為 tRNA · Cys。這說明 tRNA 中的反密碼可與半胱氨酸的密碼子，形成互補鹼基配對的情

形。半胱氨酸與丙氨酸（Alanine）在結構上只差一個硫氫基，即半胱氨酸具有硫氫基，但丙氨酸（Alanine）沒有。所以，他們的第二步即是採用化學反應的方法，將 tRNA・Cys 中的硫氫基除掉，變成丙氨酸。這樣所得到的 tRNA・Ala，實際上其 tRNA 具有半胱氨酸的反密碼子，但攜帶的卻是丙氨酸。第三步是利用血紅蛋白的信使 RNA（在紅血球中含有大量的血紅蛋白的信使 RNA，因此可以從紅血球中獲得血紅蛋白的信使 RNA），以及催化修飾後的 tRNA・Ala 進行體外的轉譯。第四步是進行轉譯後的檢驗。在血紅蛋白分子中，α 及 β 鏈各有一個半胱氨酸，但利用修飾的 tRNA・Ala 轉譯後，兩條鏈的半胱氨酸位置上被 Ala 所代換，沒有出現半胱氨酸。

這個結果清楚地說明，半胱氨酸 tRNA 識別的，仍然是半胱氨酸的密碼子。儘管與 tRNA 相結合的半胱氨酸已被轉化為 Ala，但轉運 RNA 並沒有改變，仍然可以識別半胱氨酸的密碼子，因此所轉譯出來的血紅蛋白分子中，半胱氨酸相連的位置被丙氨酸所替代。因此，密碼子的相互識別是經由鹼基配對的互補原理所產生的，與轉運 RNA 所攜帶的氨基酸無關。

第二節　氨基醯-tRNA 的形成

保證正確的氨基酸與相應的轉運 RNA 相結合，是保證信使 RNA 密碼子是否能準確轉譯為氨基酸序列的關鍵。因為如上所述，識別信使 RNA 密碼子的主要根據，在於轉運 RNA 的反密碼子。研究證明，正確的氨基酸與正確的轉運 RNA 相結合的主要催化酶，是氨基醯-tRNA 合成酶（aminoacyl-tRNA synthetase）。這個過程在化學上稱為氨基醯化（aminoacylation），或氨基醯作用進而產生氨基醯-tRNA。氨基醯化在蛋白質的合成研究中，也常稱為氨基酸的活化（charging of amino acid），主要在氨基醯-tRNA 合成酶中進行。氨基醯化的能量來源於 ATP 的水解。既然生物體內一共有 20 種不同的氨基酸，那麼相對地也有 20 種不同的氨基醯-tRNA 合成酶。每一種氨基醯-tRNA 合成酶，識別轉運 RNA 的特定結構特徵並活化。氨基醯-tRNA 合成酶的作用過程，是一個多步驟的反應過程，主要的反應過程可歸納於下：

一、氨基醯-tRNA 合成酶首先與相應的氨基酸及 ATP 相結合，其中與 ATP 的結合是所有氨基醯-tRNA 所具有的特點，但氨基酸種類的決定可能是鎖與鑰匙的關係，即有什麼樣的氨基醯-tRNA 合成酶，就有其相應的氨基酸與之結合。否則，其他的氨基酸由於大小及電荷等原因，均成為不得其門而入的狀況。既然氨基酸的結合是特異性的，那麼相應的轉運 RNA 也由於其反密碼子的存在等原因，成為特異性的結合（見下面）。

二、氨基醯-tRNA 合成酶水解 ATP 的兩個高能磷酸鍵而獲取能量，然後使氨基酸與

AMP 相結合，形成氨基醯-AMP 複合物。兩者的結合位點在於 AMP 的核糖中，由 3'-羥基與氨基酸的羧基相結合，其僅剩的磷酸仍與 5'-碳原子相結合。關於這一問題似乎還沒有定論，在許多有關的專著中常寫成 AMP-P- 氨基酸等結構，這說明不少研究人員相信AMP 是經由其磷酸基團與氨基酸中的羧基形成鍵合的，但這種由兩個酸性基因的彼此結合，在化學上具有某些不確定性。

三、轉運 RNA 與氨基醯-tRNA 合成酶相結合。轉運 RNA 與酶的結合，不需要 RNA的活化，這充分說明轉運 RNA 可能憑其反密碼子等相應的結構與酶相結合。有了氨基酸及轉運 RNA 與酶先後結合的特異性，便保證了正確的氨基酸與正確的轉運 RNA 相結合的關鍵之「特異性」問題。

四、轉運 RNA 替代 AMP 形成氨基醯-tRNA。在任何 tRNA 的 3' 末端均有的結構，此時最末端的腺苷酸以相同的方式，置換 AMP 中核糖與氨基酸的羧基所形成的化學鍵，形成轉運 RNA 與氨基醯-tRNA。

五、AMP 與氨基醯-tRNA 最終從酶中釋放出來進行多肽鍵的形成，這種釋放似乎不再需要能量的供應。恢復了原始狀態的氨基醯-tRNA 合成酶，又可以與下一個的氨基進行相同的反應過程。

在整個氨基酸的活化過程中，整個酶體系需兩個高能磷酸鍵的啟動，以及一個 ATP最終形成 AMP，但主要的能量利用步驟在於氨基醯-AMP 的形成過程。而保證氨基酸與轉運 RNA 一對一相結合的分子機制，在於酶對氨基酸及轉運 RNA 的特異性或選擇性，從而保證了多肽鏈合成過程中的精確性，是保證生物結構、代謝、功能等穩定性的基礎。氨基醯-tRNA 的基本結構如圖 13 - 1 所示。

第三節　轉譯的啟動

無論原核生物還是真核生物，蛋白質的轉譯都有三個階段：即啟動、延長及終止，其中啟動階段較為複雜。但這並非說其他階段不複雜，只是相互比較而言。為了充分理解蛋白質的轉譯啟動，我們將從大腸桿菌的轉譯啟動為例說明其要點。但由於原核細胞與真核細胞的轉譯啟動有相當大的區別，在討論轉譯過程中，我們將兼顧真核細胞的研究結果。

轉譯的啟動階段涉及到信使 RNA 分子、核糖體、特異性的啟動分子 tRNA、三種不同的蛋白質啟動因子（initiation factors）、鳥苷三磷酸（GTP）及鎂離子等。整個轉譯啟動階段的研究，主要集中在甲硫氨酸進入核糖體小亞基與信使 RNA 所組成的複合體上，最後是核糖體的大亞基與三者（核糖體小亞基、信使 RNA 及甲硫氨醯-tRNA）所組成的複

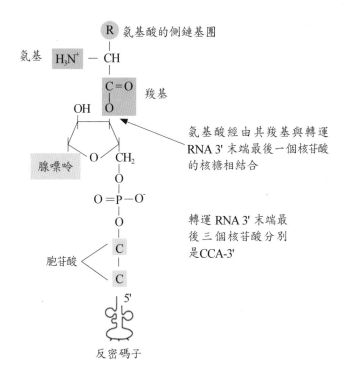

圖 13 - 1 　氨基醯-tRNA 的基本結構。相應的氨基醯-tRNA 合成酶，分別與氨基酸及三磷酸腺苷（ATP）相結合，導致氨基醯-AMP 的形成，釋放出兩個磷酸根。隨之相應的 tRNA 與氨基醯-tRNA 合成酶相結合，形成氨基醯-tRNA 分子，其中 tRNA 代替了 AMP 分子。氨基酸與 tRNA 的結合主要經由氨基酸的羧基，與 tRNA 的 3' 末端最後一個核苷酸（腺苷酸）的核糖第 3 號碳原子的羥基經脫水而結合。

合體結合。此時的蛋白質合成車間就算組裝完畢，開始啟動蛋白的合成過程，因此一個「車間」就可以合成一條完整的蛋白質多肽鏈。蛋白質的合成明顯可分為幾個重要的階段，每個階段均有特定的分子參與其中。

核糖體的小亞基與信使 RNA 的 RBS 相結合

在原核細胞中，轉譯的第一步便是 30S 的核糖體小亞基與信使 RNA 分子中，AUG 啟動密碼的區域相結合。核糖體亞基與信使 RNA 的結合，正依賴三種啟動因子（IF1、IF2 及 IF3）、GTP 及鎂離子的幫助（圖 13 - 2）。

研究說明，光憑 AUG 的啟動密碼不足以告訴核糖體亞基，應當在信使 RNA 的什麼適當位置上相結合。在啟動密碼的 5' 端有一個特殊的結合序列（或位點），稱為核糖體結合位點（ribosome binding site, RBS），在誘導核糖體小亞基與信使 RNA 的適當位置上相結合時，發揮一定的作用。例如 John Shine 及 Lynn Dalgarno 的研究說明，富含嘌呤的

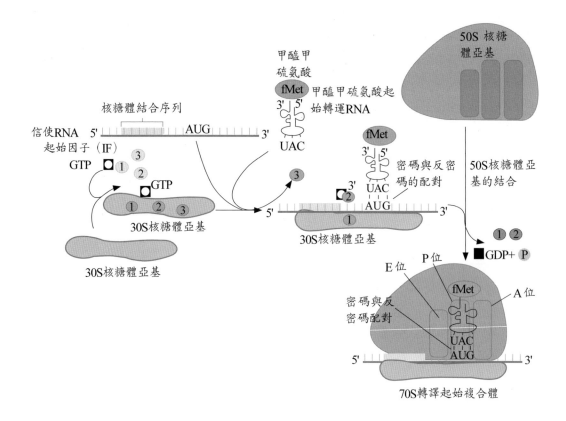

圖 13 - 2　核糖體-信使 RNA-氨基醯-tRNA 複合體的組裝。首先 30S 核糖體亞基與三種
起始因子（1、2、3）及 GTP 相結合，使之活化後進一步與信使 RNA 相結合。此時起
始因子 3 被釋放出來，30S 核糖體-信使 RNA 所組成的複合體，進而與甲硫氨醯-tRNA
在信使 RNA 的 AUG 密碼上相結合。此後起始因子及 GDP 被釋放出來後，大亞基隨之
與小亞基-信使 RNA 複合體相結合，形成 70S 的轉錄起始複合體。

RBS 序列（通常為 AGGAG 或其相似的序列）或在附近的區域中，有時還有其他的核苷
酸序列，可與 16S 核糖體 RNA 的 3' 端富含嘧啶區（如絕大部分都是 UCCUCC 等）形成
互補序列。由於這個特點，核糖體小亞基很容易與信使 RNA 的 RBS 區域相結合。由於
Shine 及 Dalgarno 的工作，後來有人將這個區域稱為 Shine-Dalgarno 序列。

RBS 的結構

　　RBS 在轉譯密碼的上游，在多數情況下含有 8-12 個核苷酸。這種特殊序列的基本作
用在於，使得信使 RNA 及 16S 核糖體 RNA 之間形成互補鹼基的配對，調整核糖體能在
信使 RNA 的具體位置上的相結合方向，從而啟動蛋白質的合成。許多遺傳研究證明，這
種特殊序列的存在是十分必要的。如果 RBS 的序列被改變，則 16S 核糖體無法有效地與

表 13 - 1 RBS 位點及核糖體序列突變的轉譯結果

突變體	野生型	配對結果	轉譯結果
─ ─	RBS 16S rRNA	可以配對	正常轉譯
RBS	16S rRNA	不能配對	不能正常轉譯
16S rRNA	RBS	不能配對	不能正常轉譯
16S rRNA RBS	─ ─	可以配對	正常轉譯

*註：兩種突變體均為序列上相應的人工突變，以及雙方各自突變後在鹼基序列上，可以彼此識別。

信使 RNA 的正確位置相結合，該信使 RNA 無法得到有效的轉譯。另一方面，如果將核糖體中與 RBS 序列互補的鹼基加以突變，信使 RNA 的轉譯也無法進行。但也有人對此提出辯解認為，由於信使 RNA 的 RBS 或核糖體 RNA 的突變而導致轉譯能力的缺失，也可能是因為與兩種 RNA 之間的配對無關的其他效應所導致的結果。有鑑於此，有人進行了進一步的研究，即在 RBS 的節段上進行突變，而完全清除了任何與野生型核糖體 RNA 配對的可能，但相應的核糖體 RNA 也進行了突變，使得兩種突變型 RNA 可以成功地配對。結果說明，任何一種 RNA 的突變均不能與野生型配對而造成轉譯缺失，但兩種突變體則可以正常轉譯（表 13-1）。

啓動因子 tRNA 與起始密碼的結合

核糖體小亞基與信使 RNA 的 RBS 區域結合之後，啟動因子 tRNA（即甲硫氨醯-tRNA）即可與信使 RNA 中的 AUG 密碼相結合，根據前面遺傳密碼的論述可知，無論在原核生物還是真核生物，AUG 密碼子特異性地編碼甲硫氨酸，因此在所有生物的蛋白質合成中，均以甲硫氨酸為起始點。然而在相當多的生物中，甲硫氨酸在多肽鏈合成之後將被除去。

在大量的研究中發現，某些生物（如原核生物）的起始甲硫氨酸是經過化學修飾的物質，稱為甲醯甲硫氨酸（fMet），即甲醯基接到甲硫氨酸的氨基上。甲硫氨酸的甲醯化只發生於起始的甲硫氨醯-tRNA，如果一個信使 RNA 的其他序列也存在著 AUG 的密碼，在轉譯時只發生甲硫氨醯-tRNA 進入核糖體的情形，可見甲硫氨醯-tRNA 的甲醯化有助於轉譯的起始。同時甲硫氨酸中的氨基被甲醯化（也稱為氨醯化或胺醯化，aminoacylation）之後，只留下羧基可以與下一個氨基酸的氨基結合成為肽鏈，因而也有

助於多肽鏈合成從氨基到羧基方向的確定。

　　甲硫氨酸的甲醯基化發生在甲硫氨酸與 tRNA 結合之後或之時，因為在細胞中所純化的甲硫氨酸並沒有發現有甲醯基化的現象，這充分說明甲醯基化不會發生於游離狀態的甲硫氨酸。甲醯基化可能分為三個步驟：

1. 甲硫氨醯-tRNA 合成酶首先催化甲硫氨酸與 tRNA 相結合，形成甲硫氨醯-tRNA 複合物。

2. 轉甲醯基酶（transformylase）將甲醯基加到甲硫氨酸的氨基上。

　　但這在科學研究上仍然留下許多疑問，如為什麼不是所有的甲硫氨醯-tRNA 都可以被轉甲醯基酶進一步甲醯基化？為什麼在一個多肽鏈的合成過程中，只有一個甲硫氨醯-tRNA 被甲醯基化？如果甲醯甲硫氨醯-tRNA 進入多肽鏈合成中的任何中間部位，將會發生什麼情況呢？諸如此類的問題，科學家們雖然無法做出全面的回答，但已有某些間接的證據說明起始甲硫氨醯-tRNA 與非起始甲硫氨醯-tRNA，兩者之間的 tRNA 並非同一基因所編碼，因此有結構上的區分。甲硫氨醯-tRNA 合成酶可以將起始的 tRNA 及非起始的 tRNA 與甲硫氨酸結合為甲硫氨醯-tRNA，但轉甲醯基酶只能將起始型 Met-tRNA 進一步甲醯基化，對非起始型卻無此功能。

3. 起始因子促使核糖體小亞基與信使 RNA 相互結合：當 30S 的核糖體亞基（小亞基）被活化時，起始因子（initiation factors, IF）以及 GTP 首先與小亞基相結合（圖 13 - 2），其中涉及到 IF1、IF2 及 IF3。活化的小亞基可進一步與信使 RNA 相結合。當 fMet-tRNA 與 30S 信使 RNA 複合體中的起始密碼相結合時，IF3 首先被釋放出來。此時 30S 起始複合體中，包括信使 RNA、30S 亞基、fMet-tRNA、IF1 及 IF2，這個複合體利用了 GTP 中的一個高能磷酸鍵（隨後 GDP 及磷酸從複合體中釋放了出來），推動 50S 的核糖體大亞基與小亞基複合體相結合。在這個過程中，IF1 及 IF2 被釋放，最後形成了 70S 的起始複合體（70 initiation complex）。70S 核糖體具有三個氨基醯-tRNA 的結合位點：出口位點（exit, E）、肽基（peptidyl, P）及氨基醯（aminoacyl, A）等。甲醯甲硫氨醯-tRNA 與 P 位的信使 RNA 相結合，此時 E 位及 A 位仍是空位（圖 13 - 2）。

起始複合體的形成

　　真核細胞轉譯的起始與原核細胞大同小異，兩者主要的區別在於：(1)起始的甲硫氨酸沒有經過任何修飾，但特殊的轉運 RNA 是必須的。研究說明，一般的甲硫氨酸轉運 RNA 無法擔任起始的作用，因此特殊的甲硫氨酸轉運 RNA 也是由特殊的基因所編碼的。(2)在真核細胞的信息 RNA 中可能不存在 Shine-Dalgarno 序列，但真核細胞的核糖體利用

某些方式找到起始的 AUG 密碼。首先一種由多個多肽鏈所組成的真核細胞（e）起始（i）因子（f）（簡寫為 eIF），可以引導起始甲硫氨醯轉運 RNA 與起始的 AUG 相結合。這個複合體由 eIF4E 及蓋帽結合蛋白（cap-binding protein, CBP）等所組成，可與信使 RNA 5' 末端的蓋帽結構相結合。然後由 40S 的核糖體亞基、起始甲硫氨醯轉運 RNA 、幾種真核細胞起始因子，以及 GTP 等所組成的複合體與信息 RNA 相結合；並沿著信息 RNA 移動，直到找到起始的 AUG 密碼。通常起始的 AUG 位於 5' 末端蓋帽結構下游的一般序列，起始因子複合體尋找起始密碼子的游動過程，也稱為起始的掃描模式（scanning model）。

　　許多信使 RNA 序列的比較研究發現，起始密碼 AUG 幾乎都是信使 RNA 從 5' 末端開始的第一個 AUG 密碼，但作為起始的 AUG 密碼，它必須位於適當的序列範圍之內。一旦 40S 亞基找到了 AUG 便開始與之結合，然後 60S 亞基在 40S-mRNA 的基礎上加入。此時，除了 eIF4F 外，其他的起始因子將被釋放出來，剩下的 Met-tRNA 、40S 亞基及 60S 亞基，形成 80S 的新起始複合體與信使 RNA 相結合，其中的 Met-tRNA 正好對著 60S 亞基的 P 位，也是信使 RNA 的起始密碼。

　　真核細胞信使 RNA 多聚腺苷酸尾部，對轉譯也發揮一定的作用，如多聚腺苷酸的結合蛋白（poly-A binding protein, PABP）可與多聚腺苷酸相結合，然後 eIF4F 與 PABP-mRNA 複合體相結合，然後 eIF4F 與結合在 5'-末端蓋帽結構的 eIF4F 相互作用，形成環形的信使 RNA 分子，從而激發轉譯的起始。

第四節　多肽鏈的延長

　　起始的甲硫氨醯-tRNA 位於 60S 亞基的 P 位時，其 tRNA 的反密碼子與信使 RNA 的起始密碼 AUG 形成鹼基配對，一旦第二個氨基醯-tRNA 進入 60S 的 A 位時，其中的氨基酸以其氨基與甲硫氨酸的羧基形成肽鏈，此時便開始了鏈的延長。多肽鏈的延長具有三個明顯不同的步驟：(1)氨基醯-tRNA（也稱為負載 tRNA ）與核糖體相結合；(2)肽鏈的形成；(3)核糖體沿著信使 RNA 往前移動一個密碼子的距離。

氨基醯-tRNA 在核糖體 A 位的結合

　　在多肽鏈延長開始時，甲醯甲硫氨酸-tRNA 的反密碼子與核糖體中 P 位（肽鏈位，即 peptide site）的密碼，經由氫鍵相結合。此時，信使 RNA 中的第二個密碼子，正好位於核糖體的 A 位（氨基醯位，即 aminoacyl site）。如果 A 位的密碼子是 UCC，則相應的氨基醯-tRNA 為絲氨醯-tRNA ，其反密碼子為 AGG。因此，絲氨醯-tRNA 便進入核糖體的 A 位，與 mRNA 的密碼相結合。

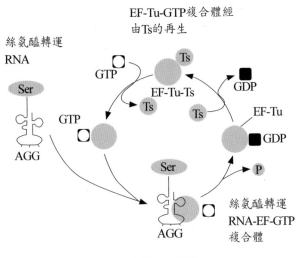

圖 13 - 3　EF-Tu-Ts 循環示意圖。延長因子（EF）與 Tu 因子的複合物中，攜帶有一個 GDP 分子，這是從 GTP 水解後所形成的鳥苷二磷酸。此時 Ts 因子取代 GDP 而形成 EF-Tu-Ts 複合物，其中的 Ts 又被 GTP 所取代，形成 EF-Tu-GTP 的複合物。此時氨基醯-tRNA（圖中為絲氨醯-tRNA）與 EF-Tu-GTP 相結合，由於 GTP 高能磷酸鍵的水解，而推動氨基醯-tRNA 進入核糖體的 A 位。

絲氨醯-tRNA 在進入核糖體的 A 位之前，必須經過活化過程。活化氨基醯-tRNA 的過程可構成一個小循環（圖 13 - 3），主要由延長因子 Tu（EF-Tu）及 Ts 所構成。首先 EF-Tu-GDP 是因為活化氨基醯-tRNA，而產生的小循環中的第一個產物。此時另一個延長因子 EF-Ts 與 EF-Tu 相結合，並代替了 GDP 的地位，形成 EF-Tu-Ts。接著便是 Ts 被 GTP 所替代，形成 GTP-EF-Tu（也有人寫成 EF-Tu-GTP），最後與氨基醯-tRNA 相結合，使後者得到活化。氨基醯-tRNA 從 GTP-EF-Tu 中水解出一個高能磷酸鍵而得到活化，推動氨基醯-tRNA 進入核糖體的 A 位，同時釋放出 GDP-EF-Tu 再次進入小循環。如上所述，當絲氨醯-tRNA 進入密碼為 UCC 的 A 位時，其 tRNA 的反密碼 AGG 便與密碼相結合。

EF-Tu-Ts 的小循環如今一般稱之為 EF-Tu-Ts 互換小循環，是活化氨基醯-tRNA 的重要途徑。在這個小循環中，EF-Ts 與 GDP 及 GTP 的互換，是活化物質的關鍵。GDP 是 GTP 水解之後的產物，但要使 GDP 換回 GTP，必須經過 EF-Ts 因子與 EF-Tu 因子的結合階段。雖然 EF-Tu 與 GTP 或 EF-Ts 的結合部分，還需要進一步的實驗證明，但可以推想 EF-Tu 與 GTP 及 EF-Tu 與 EF-Ts 的結合，可能導致 EF-Tu 構象上的變化，以至於三者的結合不能同時存在。正是這個小循環的推動，氨基醯-tRNA 才能得以進入核糖體的 A 位（圖 13 - 4）。

肽鍵的形成

　　核糖體的大亞基可以分別在 A 位及 P 位，同時容納兩個氨基醯-tRNA，因此肽鍵的形成可以在這兩個位置上的氨基酸之間進行。肽鍵的形成可分為兩個明確不同的步驟：一是在 P 位上的氨基醯-tRNA 被水解形成甲醯甲硫氨基及 tRNA 兩個部分。二是被水解後而成為游離的甲醯甲硫氨基在肽鍵轉移酶（peptidyl transferase）的作用下，與位於 A 位的絲氨醯-tRNA 中的絲氨酸形成肽鍵（圖 13 - 5）。

　　可見肽鍵轉移酶是肽鍵形成中的關鍵催化物，長期以來，人們一直以為這個酶的活性是 50S 核糖體亞基中，幾種核糖體蛋白相互作用的結果，但 Harry Noller 等人（1992）發現，當 50S 核糖體亞基中的多數蛋白質被去除，而只剩下核糖體 RNA 時，肽基轉移酶的活性仍然可以測到。此外，去除蛋白質之後仍然有肽鍵轉移酶的活性，可被氯霉素（chloramphenicol）及碳霉素（carbomycin）所抑制。這兩種抗菌素是已知能夠特異性地抑制肽鍵轉移酶活性的物質。另一方面，他們利用核酸酶 T1（ribonuclease T1）降解核糖體中的 RNA，保留蛋白質，結果說明肽鍵轉移酶的活性完全消失了。這些結果說明大的核糖體亞基（50S）中的 23S 核糖體 RNA 分子，可能與肽鍵轉移有關，很有可能這個核糖體 RNA 就是肽鍵轉移酶的本身。因而可以說，核糖體 RNA 可能就是所謂的核酶（ribozyme，也稱為催化性 RNA）。最近細菌的核糖體大亞基的原子結構，已可解到 0.24nm 的解析度。根據結構的推論，肽鍵轉移酶完全由 RNA 所組成，因此，大亞基中的蛋白質看起來只是幫助核糖體結構的形成，以及維持核糖體的結構。

　　一旦肽鍵形成之後，沒有氨基酸相結合的轉運 RNA 及成為鈍化的轉運 RNA，因而離開了 P 位。此時原來位於 A 位的轉運 RNA 含有兩個氨基酸，因此也可稱為肽基-tRNA（peptidyl-tRNA）。肽基-tRNA 的形成正是多肽鏈中的第一個肽鍵。在以上所舉的原核生物之例子中，這個肽鍵便是 fMet-Ser，稱為甲醯甲硫氨醯絲氨酸。

轉位作用

　　在蛋白質的轉譯中，轉位作用（translocation）指的是核糖體沿著信使 RNA，朝 3' 端的方向移動一個密碼子的距離，以及轉動一個位置之意。在原核細胞中，轉位作用需要另一個延長因子 EF-G 的推動。首先，EF-G 與 GTP 形成複合體 GTP-EF-G，再與核糖體的大亞基相結合，此時 GTP 被水解，其高能磷酸鍵的能量推動核糖體沿著信使 RNA 3' 端移動，使得鈍化的轉運 RNA 離開 P 位，而肽基-tRNA 從 A 位轉到 P 位。雖然轉位作用詳細的分子變化過程還有待進一步的證明，但一個可能的變化是，GTP-EF-G 中由於 GTP 的水解而導致 EF-G 構象變化，進而有利於轉位的產生。

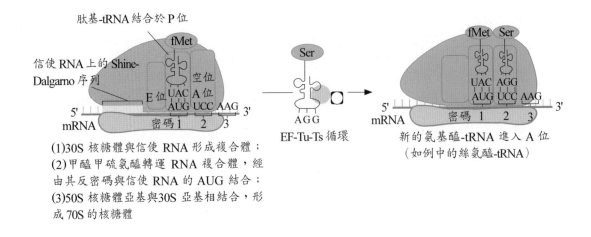

(1)30S 核糖體與信使 RNA 形成複合體；
(2)甲醯甲硫氨醯轉運 RNA 複合體，經
由其反密碼與信使 RNA 的 AUG 結合；
(3)50S 核糖體亞基與30S 亞基相結合，形
成 70S 的核糖體

圖 13-4　氨基醯-tRNA 進入核糖體 A 位示意圖。氨基醯-tRNA 在 EF-Tu-GTP 的作用下
得以活化，順利地進入核糖體的 A 位。這個過程需要 GTP 水解為 GDP，而換取一個高
能磷酸鍵的推動作為代價。

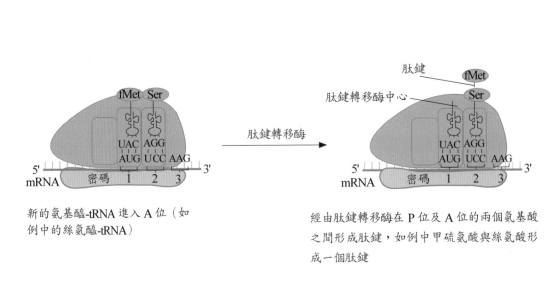

新的氨基醯-tRNA 進入 A 位（如
例中的絲氨醯-tRNA）

經由肽鍵轉移酶在 P 位及 A 位的兩個氨基酸
之間形成肽鍵，如例中甲硫氨酸與絲氨酸形
成一個肽鍵

圖 13-5　肽鍵形成示意圖。位於 P 位的甲醯甲硫氨醯-tRNA 與進入 A 位的氨基
醯-tRNA（圖為絲氨醯-tRNA）在肽鍵轉移酶的催化下，將甲醯甲硫氨酸移至絲氨酸，
與絲氨酸的氨基形成甲醯甲硫氨醯絲氨醯-tRNA。這個複合物形成時，在核糖體的 A
位。

　　EF-G 與 GTP 相結合的過程，可構成蛋白質合成中的第二個小循環（圖 13 - 6）。由於 GTP-EF-G 與核糖體大亞基相結合，而其高能磷酸鍵被水解之後所形成的 GDP 及無機磷便離開 EF-G，這是因為 EF-G 中與 GTP 的結合部位和 GDP 的結構不同。游離的 EF-G 因子可再與 GTP 相結合，形成 GTP-EF-G 複合體，推動下一次核糖體的轉位作用。

　　當失去氨基酸的轉運 RNA 在轉位作用下被轉移到 E 位，隨即被釋放到核糖體之外。由於 E 位的特殊結構，不允許任何氨基醯-tRNA 的進入，因此有效防止氨基醯-tRNA 在 E 位的結合，但可以接納從 P 位過來的游離 tRNA。轉位之後，EF-G 被釋出進入第二個小循環。在轉位的過程中，肽基-tRNA 保留在相應的信使 RNA 密碼子上，但由於核糖體移動了一個密碼子的距離，所以此時的肽基-tRNA 移到了 P 位。如上所述，核糖體移動的詳細分子機制還有諸多不明之處。

　　轉位之後，A 位成了空位，因此可以接納下一個氨基醯-tRNA 的進入（圖 13 - 7），當然必須要符合信使 RNA 中位於 A 位的密碼子。接下來的一系列反應與上述的過程完全相同，不需贅述。但有一點需要提醒的是，如果不計算氨基酸的活化中所利用的 ATP 兩個高能鍵，則每合成一個氨基酸需要兩個 GTP 分子的參與，以及三個延長因子的作用。

　　還在筆者當學生的時候，就曾見過一幅十分清晰的電子顯微鏡照片：一條正在轉錄中的信使 RNA 上面結合著許多核糖體，越靠近信使 RNA 3' 末端的核糖體，具有越長的多肽鏈。可見，每一個核糖體與信使 RNA 的結合，都經歷了起始、延長及終止等過程，而每個核糖體的移動都可以產生完整的一條多肽鏈。研究說明，一旦某一個核糖體從其起始的位點向信使 RNA 的 3' 末端移動時，另一個核糖體即可在起始位點上形成。如此反覆地形成，造成在一條信使 RNA 分子上面的許多核糖體的壯觀局面。因而，許多核糖體與一條信使 RNA 相結合而同時轉譯蛋白質的複合體，便稱之為多核糖體（polyribosomes 或 polysome）。這是一種極為有效的轉譯方式，可以在同一條信使 RNA 上面，同時合成多個蛋白質分子。

第五節　轉譯的終止

　　在遺傳密碼這一章中，筆者曾講過有三個密碼子（UAG、UAA 及 UGA）找不到相應的轉運 RNA。後續的研究說明，生物體根本不存在這種相應的轉運 RNA，因而稱為終止密碼或無義密碼。多肽鏈延長到終止密碼時，沒有相應的氨基醯-tRNA 進入到核糖體大亞基的 A 位，而迫使多肽鏈終止合成。

　　然而轉譯的終止密碼沒有想像的那麼簡單。研究說明核糖體的本身，可以經由某些蛋白的幫助而識別終止密碼。這些蛋白質可以「讀懂」終止密碼，也可以隨之發動一系

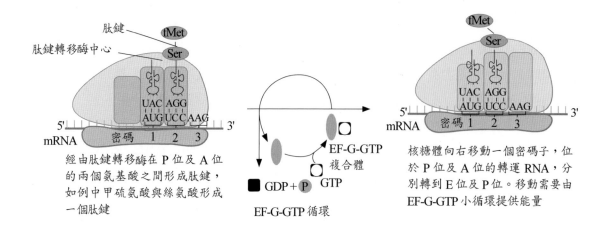

經由肽鍵轉移酶在 P 位及 A 位的兩個氨基酸之間形成肽鍵，如例中甲硫氨酸與絲氨酸形成一個肽鍵

EF-G-GTP 循環

核糖體向右移動一個密碼子，位於 P 位及 A 位的轉運 RNA，分別轉到 E 位及 P 位。移動需要由 EF-G-GTP 小循環提供能量

圖 13 - 6　核糖體轉位作用示意圖。EF-G 可以與 GTP 相結合，形成 GTP-EF-G 複合物。複合物中的 GTP 經水解而釋出一個高能磷酸鍵，推動核糖體沿著信使 RNA 的 3' 方向移動一個密碼子的距離。

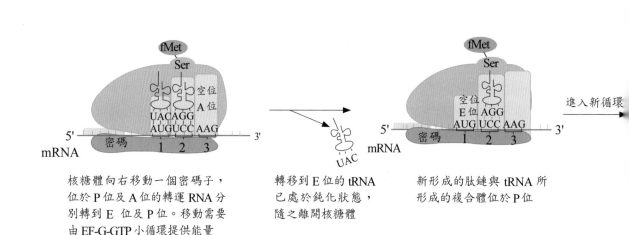

核糖體向右移動一個密碼子，位於 P 位及 A 位的轉運 RNA 分別轉到 E 位及 P 位。移動需要由 EF-G-GTP 小循環提供能量

轉移到 E 位的 tRNA 已處於鈍化狀態，隨之離開核糖體

新形成的肽鍵與 tRNA 所形成的複合體位於 P 位

進入新循環

圖 13 - 7　鈍化的轉運 RNA 的釋放。由於核糖體的轉位作用，在 P 位中被轉移了氨基酸的轉運 RNA 成了鈍化狀態，而移到核糖體的 E 位，隨之被釋放到核糖體之外。此時 A 位及 E 位均成了空位，因而可以進入下一個肽鍵合成的循環。

表 13 - 2　終止因子及其功能

因子名稱	功　　能
RF1（原核）	識別 UAA 及 UAG 密碼，幫助核糖體檢測出相應的終止密碼
RF2（原核）	識別 UAA 及 UGA 密碼
RF3（原核）	促進終止過程的發生
eRF1（真核）	識別所有的終止密碼，幫助核糖體檢測所有的終止密碼
eRF3（真核）	促進終止過程的發生

列終止過程，因而稱為終止因子（termination factors），或釋放因子（release factors, RF）。在大腸桿菌中已經發現有三種終止因子，分別是 RF1、RF2 及 RF3，每一種因子均由一條多肽鏈所形成，它們的功用各有不同。在真核細胞中也發現有數種終止因子，稱為 eRF1 及 eRF3 等（表 13 - 2）。

終止因子除了可以識別終止密碼，幫助核糖體檢測出相應的終止密碼外，還具有以下幾種功能：

一、在核糖體 P 位中的多肽基-tRNA 被肽鍵轉移酶水解，將其中的多肽鏈及 tRNA 彼此分開。此時終止因子可將其中的多肽鏈釋放出來。

二、將除去多肽鏈而變成游離的轉運 RNA 從核糖體中釋放出來。

三、兩個核糖體亞基、信使 RNA 及終止因子彼此分離（圖 13 - 8）。

在許多蛋白質分子中，無論是原核生物還是真核生物，第一個氨基酸常常不是甲醯甲硫氨酸（原核）或甲硫氨酸（真核），因此有理由認為在多肽鏈的合成完成之後，甲醯甲硫氨酸或甲硫氨酸被切除。

生物細胞的轉譯是一系列相當複雜的過程，其中需要許多蛋白質因子、信使 RNA 及核糖體的相互作用，其中 GTP 的能量供應是推動轉譯過程十分重要的能源。一旦轉譯的起始被啟動，多肽鏈的延長便應運而生，但每一個氨基酸肽鍵的生成都需要兩個 GTP 分子的參與，因此是一種極度的耗能反應。轉譯終止時，信使 RNA 中的終止密碼是終止反應的基本條件，但終止因子是促成終止的主要物質。此外，終止因子對於多肽及游離 tRNA 的釋放、大小亞基及信使 RNA 的分離等，發揮著重要的作用。

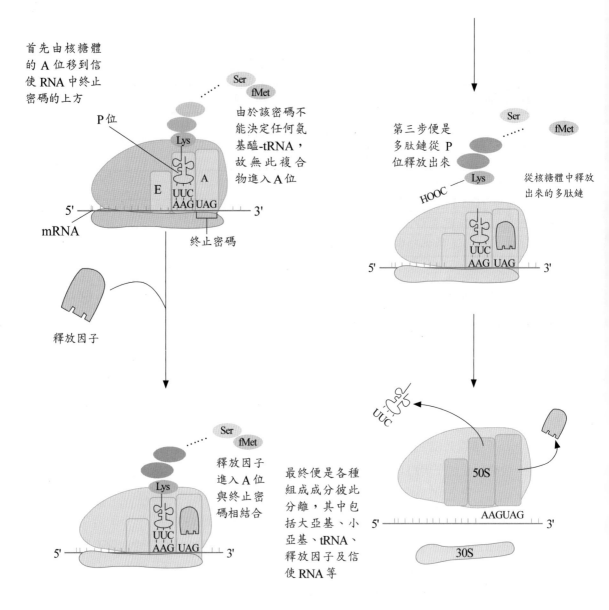

首先由核糖體的 A 位移到信使 RNA 中終止密碼的上方

P 位

Ser
fMet

由於該密碼不能決定任何氨基醯-tRNA，故無此複合物進入 A 位

Lys

E   A

UUC
AAG UAG

5'   3'

mRNA

終止密碼

釋放因子

第三步便是多肽鏈從 P 位釋放出來

Ser
fMet

從核糖體中釋放出來的多肽鏈

Lys

HOOC

UUC
AAG UAG

5'   3'

Ser
fMet

釋放因子進入 A 位與終止密碼相結合

Lys

UUC
AAG UAG

5'   3'

最終便是各種組成成分彼此分離，其中包括大亞基、小亞基、tRNA、釋放因子及信使 RNA 等

UUC

50S

AAGUAG

5'   3'

30S

圖 13-8　轉譯終止及多肽鏈的釋放。經過一系列的肽鍵合成之後，核糖體的 A 位遇到終止密碼，此時釋放因子進入 A 位，封鎖了核糖體的移位作用。此時在 P 位的多肽-tRNA 中的多肽鏈被水解而被釋放出來。隨之核糖體的各部分及釋放因子與信使 RNA 分離，並完成終止過程。

第六節　蛋白質的分選

　　在生物體中，蛋白質是體現生命的重要物質，是性狀生成的主要生物分子。因此，蛋白質在生物體中無所不在、無時不在。在原核及真核細胞中，有些蛋白質可以被分泌到細胞之外，如免疫球蛋白分子可以被 B 細胞分泌到血液循環中；抗胰酶蛋白可以被肝細胞釋放到血液中；彈性蛋白酶可被中性球細胞釋放到細胞之外等等，這些蛋白質分子均可經由分泌的途徑被分泌到細胞之外。在真核細胞中，有些蛋白質並不經由分泌的途徑到達目的地，而是在蛋白質合成的過程中被置放於不同的地方，如細胞核的蛋白質、線粒體的蛋白質、葉綠體的蛋白質及溶酶體的蛋白質等。這就是所謂的蛋白質分選問題。

　　研究說明，蛋白質的分選是在遺傳控制的條件下進行的，其中前體蛋白質本身所具有訊號序列（signal sequences）或前導序列（leading sequence），發揮著導航到正確地點或細胞器的重要作用。雖然原核細胞也有蛋白質分選的問題，如某些蛋白質可被細胞分泌到培養液（環境）中，有些蛋白質卻被分選到細胞膜中。由於真核細胞的複雜性，其蛋白質的分選更受人們的重視。

　　蛋白質的分泌常具有某些特定的方式及途徑。研究資料顯示，蛋白質的分泌主要沿著兩條途徑：一是內質網（endoplasmic reticulum）途徑；二是高爾基體（Golgi apparatus）途徑。Gunther Blobel、B. Dobberstein 及其作者們，在 1975 年發現分泌的蛋白質及由高爾基體所分選的其他蛋白質，在其氨基末端含有多餘的氨基酸。他們的研究結果導致了「信號假說」（signal hypothesis）的產生，以及由高爾基體所分選的蛋白質經由其疏水的氨基末端（即信號序列）結合於內質網或細胞膜上，其氨基末端最終被移除並降解。由於這項研究導致 Blobel 於 1999 年獲得了諾貝爾生理學或醫學獎。

　　分選於內質網的蛋白質信號序列含有 15-30 個氨基酸。當信號序列被轉譯且被暴露於核糖體的表面時，一種由 RNA 即蛋白質所組成的細胞質信號識別顆粒（signal recognition particle, SRP），即可與信號序列相結合。此時蛋白的轉譯過程暫時被停止，但 SRP-多肽-核糖體-信使 RNA 複合體到達內質網並與之結合時，蛋白質的轉譯過程便又繼續進行。細胞質信號識別顆粒與內質網膜的停靠蛋白質（docking protein）相結合，導致核糖體與內質網的穩定結合。此時，整個複合體將其中的細胞質信號識別顆粒釋放出來，因而轉譯便可繼續進行。合成中的多肽鏈經由內質網膜伸展，向內直往細胞空隙（cisternal space）。

　　一旦信號序列完全進入內質網的細胞空隙之後，這部分的肽鏈即被一種稱為信號肽酶（signal peptidase）蛋白酶所水解。當多肽鏈的其餘部分完全進入細胞空隙時，即受到進一

步的化學修飾，如特異性的碳水化合物等形成糖蛋白（glycoproteins）。此後糖蛋白可被轉運到高爾基體，由此而進一步得到分選。如果蛋白質將被分泌出去，那麼此時的蛋白質將與貯存小泡（storage vesicles）相結合，然後一起移動到細胞的表面。小泡與細胞膜相互融合之後，再將所組裝的蛋白質釋放到細胞的外面，完成整個分選過程。

　　糖蛋白的分泌過程需要貯存小泡作為轉運及釋放的工具，但非糖蛋白的分選又是如何進行的呢？如植物的光合作用中，連結光系統 II 及光系統 I 的質體藍素（plastocynine）便不含有糖的組成成分。這個蛋白質被合成之後，可被類似於細胞質的信號識別顆粒分選到葉綠體表面。研究說明，當其信號序列的第一節段進入葉綠體外膜時，可被信號肽酶所水解。當後續的蛋白質完全進入葉綠體時，類似於高爾基體中的貯存小泡與之結合，並送達內體膜。此時貯存小泡與內囊體膜相互融合。當帶有另一節段信號序列的質體藍素穿過內囊體膜的同時，又被一種肽酶所水解，剩下的成熟質體藍素便進入內囊體中，在那產生連接兩個光系統的電子傳遞之作用。

思考題

1. 絕大部分的生物性狀都是經由蛋白質的生成形成的，人們最早認識這個問題的實驗結果是什麼？這些結果是如何得到的？
2. 密碼子與反密碼子各指的是什麼？反密碼子是如何發現的？
3. 如何將半胱氨酸經化學修飾等方法轉變為丙氨酸？
4. 目前幾乎所有轉運 RNA 都有了三維空間結構，有的是經由晶體完成的，有的是水溶液結構，但它們都具有相似的三葉草結構。試從進化的角度說明，為什麼所有的轉運 RNA 都具有相似的結構？
5. 氨基醯-tRNA 的形成條件是什麼？是什麼樣的機制保證正確的氨基酸與正確的轉運 RNA 相結合？
6. 密碼子與反密碼子的相互識別是如何發現的？
7. 請簡述氨基醯-tRNA 形成的四個關鍵步驟。
8. 試問一個氨基醯-tRNA 的形成需要什麼能量、多少能量？
9. 在氨基醯-tRNA 的合成過程中，ATP 的兩個高能磷酸鍵首先被水解，形成氨基醯-tRNA 複合物。為什麼筆者認為 AMP 的核糖經由其 3'-羥基與氨基酸的羧基相結合，在化學上較兩個酸性基團相結合的想法合理？
10. 在轉譯的啟動過程中，哪些蛋白質（酶）及其他生物大分子是必需的？
11. 核糖體小亞基是如何與信使 RNA 相結合的？

12. 研究說明，IF1、IF2、IF3、GTP 及鎂離子在核糖體小亞基與信使 RNA 的結合過程中，發揮重要的作用。請問它們是如何發揮作用的？

13. 核糖體小亞基首先與信使 RNA 的 RBS 相結合，請問是什麼機制使得兩者首先在此結合？

14. 有什麼實驗證據說明 RBS 對於核糖體小亞基與信使 RNA 之間的結合，產生重要的作用？

15. 是什麼樣的機制保證第一個遺傳密碼 AUG 所合成的是甲醯甲硫氨酸，而不是普通的甲硫氨酸？

16. 起始因子（IF1、IF2 及 IF3）是如何活化核糖體小亞基的？

17. 有何證據說明在信使 RNA 與核糖體小亞基結合之後，進一步的反應是甲醯甲硫氨醯-tRNA 在第一個密碼子 AUG 處結合，而不是核糖體的大亞基？

18. 通常在真核細胞的信使 RNA 中，5' 的蓋帽結構常距離第一個 AUG 有一定的距離，請問真核細胞是如何正確定位第一個密碼子的？

19. 真核細胞信使 RNA 中，3'-末端的多聚腺苷酸序列對於轉譯的起始也有一定的貢獻，請問是如何發揮作用的？

20. 請問多肽鏈的延長反應中，三個主要的步驟是什麼？各有什麼特點？

21. 核糖體大亞基中的 A、P、E 位各有什麼用途？肽鍵是在哪一個位置上產生的？

22. 請詳述肽鍵形成過程中的第一個小循環，並說明在其中所發揮的重要作用，以及能量的利用過程。

23. 請詳述肽鍵形成過程中的第二個小循環，並說明在其中所發揮的重要作用，以及能量的利用過程。

24. 請詳述肽鍵是如何產生的？

25. 有何證據證明肽鍵轉移酶是 RNA 所形成的？

26. 轉譯過程中的轉位作用是耗能反應，請問其中的能量來源為何？

27. 請問從氨基酸的活化到每一個肽鍵的形成，需要什麼樣的能量？多少能量？

28. 請詳述轉譯終止中，各因子及其功能。

29. 轉譯終止的三個步驟是什麼？各有什麼特點？

30. 請詳述一個糖蛋白被分選的詳細過程。

31. 請詳述一個非糖蛋白被分選的詳細過程。

32. 為什麼說在真核細胞中，蛋白質的分選比原核細胞更受到人們的重視？蛋白質的分選與功能有何關係？

本章摘要

　　基因突變是生物進化的物質基礎，也是基本動力。正如筆者在第二章中所提，突變是基因作為遺傳物質的必需條件之一。生物性狀的改變決定於蛋白質（酶）的變化，而蛋白質的一切變化決定於基因的變化。然而，包括遺傳重組及遺傳物質交換等在內的變化，不足以產生新的遺傳性狀。唯有基因突變才能產生新的性狀，因此才能充當生物進化的主要源泉。生理方面的適應性變化未必就是基因突變所致，但突變的基因如果不被及時修改，且不會嚴重影響個體的生存及生育之能力，這種突變就極可能會遺傳下去。雖然染色體的結構及數量變異也是進化的基礎，但更多的是個別基因的突變，甚至是基因內個別核苷酸的變化。基因突變包括插入突變、缺失突變、轉換突變、顛換突變等等。導致突變的原因很多，包括環境的汙染、藥物的使用、化妝品的利用、食物保存劑或添加劑的食用、放射性物質、自然環境等，在本章均有翔實的記載。引起基因突變的常見因子，還有各種轉位子、病毒的感染、關鍵抑制基因的功能喪失、免疫缺失及發炎等各種因素。測定生物基因的突變有多種方式，包括生理學方法、微生物學方法及遺傳學方法，其中遺傳學方法是最有效、最準確、最細緻，也是最迅速的鑑定方法。

前言

　　相傳居里夫人因一次流產之後，曾對居里說：「我們接觸的放射性物質太多了，影響了胎兒的生存。」不過這只是根據某些傳記所記載的一則傳說，畢竟不能算是科學結論。真正的科學根據是 HJ Muller 於 1927 年，所報導的果蠅在 X-光線影響下的誘發變異，甚至某些飼養在 X-光機實驗室中的果蠅，雖然沒有經過有效直接的照射，也會發生比養在沒有 X-光照射到的實驗室中的果蠅，具有較高的突變率。這便是人類第一例認識到遺傳物質，可以在某種條件下誘導出突變的科學實驗，此後 X-光線及其他的放射線常用於物種的誘變實驗，尤其以微生物及植物的實驗為多見，有時處理植物種子還用到鈷^{60}（$^{60}Cobalt$）同位素。

　　除了人工誘導突變外，可能最常見的莫過於自發突變了，因為這是時刻都可能在

進行的突變。無論是動、植物或實驗性生物，都以自發突變者為多。如由於突變所產生的少數品種中，自發突變占了大部分，大多數都是可以模擬人類遺傳疾病的珍貴材料。又如在中國長江流域得到廣泛種植的「矮桿一號」水稻品種，也是自發突變的產物。對於植物遺傳育種家而言，不僅要善於設計植物的育種程序，更要隨時注意植物性狀的改變。如矮桿一號就是在水稻田中，發現的一棵特別矮的植株，發現者將其特別分離。在長江流域雨量充沛的地區，許多高桿品種常因水澤及大風而倒伏，造成大規模減產，但矮桿一號長在這種自然環境中挺立而得到好的收成，因而成為長江流域的主要品種之一。

某些治病用的化學藥品、美容用的化妝品、麻醉神經系統用的毒品、植物防病、治病的農藥，甚至在現代生活中無所不在、無時不在的食品保存劑，都可能是基因的誘變劑。這類化合物所誘導的突變，大部分都是所謂的點突變，只涉及單一個或數個鹼基對的突變。如果突變不發生在結構基因（structural genes）的區域，這種突變可能不會涉及到遺傳性狀的改變。但是如果突變發生在調節序列，遺傳性狀也可能因為基因表達程度（水平）的改變而改變。因此，點突變是遺傳學家們最感興趣的基因突變。一般而言，如果突變所涉及的區域越小，但對遺傳性狀影響很大的突變，正是遺傳學家們極力尋求的一種突變，特別是那些只涉及到一個氨基酸變化的突變，如紅血蛋白 β 鏈基因的 Glu 6 Val 突變，可導致鐮刀型細胞貧血症。因此可以說某個基因的突變，可以改變某個蛋白質的功能。

長期的遺傳學研究證明，基因突變是物種中遺傳性狀變異的主要來源，也是物種進化的主要源泉及動力。當然導致遺傳性狀的變異，也應當包括轉位子（transposable elements或 transposons）所誘發的突變。轉位子的發現可追溯到 1930 年 Rhoades 的玉米雜交工作。當時他利用甜玉米的雜交實驗中，發現一種可以誘導其他基因發生突變的基因，使紫色籽粒轉變微黑色狀紫色籽粒，並命名為 Dt（來自 dot，點狀之意）。後來在 1950 年 Barbara Mclintock 用完全相同的材料、相同的雜交方式，得到了與 Rhoades 相同的結果，但她認為玉米中存在著移動性物質，後來人們將這種物質稱為轉位子。轉位子在各物種中均存在，如玉米中占基因組的 50%、人體基因組中占 15%，可見是一群十分重要的基因組的組成物質，也是誘導基因突變的重要因子。不過轉座子所誘發的遺傳突變，也是經由基因的突變而達成，因此基因突變是物種多樣性、進化、適應性的原始動力。

第一節　生理變異及基因突變

生理變異指的是因為環境而造成某些個體生理上的變化，如同一個品種的植物種植在一片肥沃和貧瘠相間的不均勻土地上，所產生的高低不齊長勢一樣：在肥沃的區塊中

植物生長旺盛，在貧瘠的區塊中植物因為養分受到某種限制而生長遲緩。但不等於說生長在肥沃區塊的植物及貧瘠區塊的植物在第二代中，由於環境而改變仍然呈現出與親代生長上完全相同的表現型，這種變異便屬於生理變異。然而生理性狀的改變是不能遺傳下去的，因為其中沒有涉及到遺傳物質的變異。基因突變則不然，可以從上一代傳遞到下一代，因為其中涉及到了遺傳物質的變異。

關於生理變異及基因突變在遺傳學研究中，亦是一個極其古老的問題。西波拉底（Hippocrates，公元前 460-370）曾提出過著名的《泛生學》（pangenesis）理論，他相信任何性狀（包括生理性狀）均可遺傳。達爾文基本上也相信這套理論。然而將這個理論發展到高峰者是拉馬克，還發展出所謂的拉馬克主義。到了 20 世紀初期，遺傳學上仍然存在著兩種不同的思潮。某些遺傳學家們相信，有時由於生物為了適應環境的變遷，而出現的隨機性突變所造成生物體某些適應性性狀的改變，也可以貨真價實地遺傳下去。但另一部分認為，不是所有的適應性變異均可能遺傳給下一代。適應性理論（adaptation theory）主要是根據拉馬克主義（Lamarckism）的基本原理，其中心思想是獲得性遺傳（inheritance of acquired characteristics）。但細菌遺傳研究中的某些觀察結果是終止這場爭論的原因之一，也有人直稱為「終結拉馬克主義的橋頭堡」。

我們知道野生型的大腸桿菌對烈性噬菌體 T1 的感染呈現敏感性狀，即噬菌體的感染最終使得宿主細胞的死亡。如果野生型的大腸桿菌培養物來源於單一細胞，則所有培養物中的細胞應當具有相同的基因型。如果將這種細胞轉到含有過量噬菌體 T1 的平面上生長，多數細胞將會被噬菌體經溶菌的途徑（Lytic pathway）而殺滅。然而，總會看到極少數的細胞生存了下來形成菌落，因為這些細胞呈現出抗噬菌體的特點。這種抗性的性狀是可以遺傳的，這只要涉及到細菌細胞表面的變化，從而防止了噬菌體與細胞的表面相結合，因而噬菌體不得其門而入。但是支持適應性理論的遺傳學家們辯解說，這種抗性性狀是因為環境中存在著 T1 噬菌體，細菌為了適應這種環境而產生有目的、有方向性的變異，即有何種原因便有何種結果的「因果關係」之突變。支持突變理論的另一個陣營的遺傳學家們認為，這其中發生了隨機突變。在一個足夠大的細胞群體中，總有某些細胞產生突變，因而產生了抗 T1 的性狀，這些突變的細胞不需要預先與該噬菌體有接觸的歷史。所以，當 T1 被加到細菌的培養物中時，抗 T1 的細菌因為它們曾經產生過突變，故顯現出抗性性狀。它們突變的時間越早，出現抗性性狀的細菌群體越大。如果讓出現過突變的菌落進行繼代培養，則每一個細菌細胞都應當具有抗性。相反地，如果只是生理型突變，則抗性只能在加入噬菌體 T1 之後才會發生（圖 14 - 1）。

Salvador Luria 及 Max Delbruck（1943）利用上述的野生型細菌進行實驗，證明了隨機突變機制符合科學實驗的種種現象及結果，因而可能是正確的理論解釋，而適應性機制

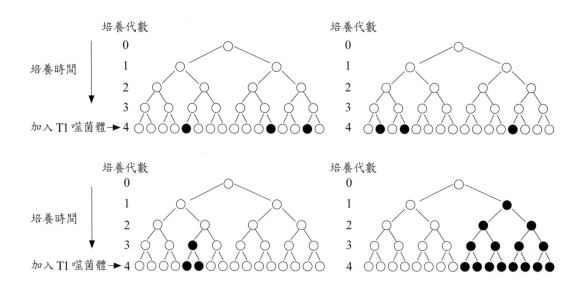

圖 14 - 1　微生物（大腸桿菌）抗 T1 噬菌體突變實驗示意圖。上圖左右兩圖說明，如果大腸桿菌在加入 T1 噬菌體之後才出現抗 T1 噬菌體的性狀，表明這種抗性性狀是因為 T1 噬菌體的加入而產生的，因此屬於獲得性遺傳，也就是所謂的泛生學的理論範疇。下圖左右兩圖的實驗結果，說明大腸桿菌出現抗T1噬菌體的性狀與加入 T1 噬菌體無關，突變的時間越早（下面的右圖），所產生的抗性細胞越多，反之越少（下面的左圖）。如果突變與加入 T1 噬菌體無關，則突變後的細胞應當在所有的繼代培養中，均出現相同的抗 T1 噬菌體的抗性性狀。這個實驗出現下圖的結果，說明大腸桿菌的突變時機與加入 T1 噬菌體無關。

並不發生於控制性實驗中。他們所設計的實驗被稱之為漸變驗證（fluctuation test），其根據就是兩種不同機制將產生完全不同群體而設計的。

　　有了正確的實驗理論及動機之後，讓我們觀察一組實驗結果。假如一個分裂中的群體來自單一細胞，經過四次細胞分裂時應可得 16 個細胞。如果適應性理論是正確的，那麼在第四次分裂所產生的群體中，經過誘導應當產生抗性。最重要的是，產生抗性的個體之比例在相同的培養物中應當相同，因為如果沒有 T1 的存在，則適應性不會產生。但是如果突變理論是正確的，那麼第四次分裂時產生抗 T1 性狀的細胞數量，要視突變的早晚而定，因為突變理論不需要「環境的改變」。突變越早，所產生的細胞數越多。如果突變發生在第三次分裂，那麼到第四次分裂時所產生的 16 個細胞中，應有 2 個抗性細胞；如果突變發生在第一次分裂，那麼第四次分裂所產生的 16 個細胞中，應有 8 個抗性細胞（圖 14 - 1）。突變理論的主要根據，在於突變的發生不需要噬菌體 T1 的存在。

　　Luria 及 Delbruck 大規模研究在 T1 存在情況下，大腸桿菌的抗性突變。所有的培養結果都說明，同一來源的細胞發生突變的菌落數目各不相同，說明了發生突變的時間點並不與 T1 的加入時機有任何的相關，也充分說明突變的隨機性而不是適應性。當時還有

人公開宣稱細菌是拉馬克主義最後的一座橋頭堡，但 Luria 及 Delbruck 的工作卻連最後的一座橋頭堡都被摧毀了。

第二節 基因突變的類型

突變指的是 DNA 分子中鹼基序列被改變的過程。但傳統上突變也可以包括染色結構的改變及遺傳性狀的改變，因此傳統的突變定義應當是由於基因序列的改變，從而改變了遺傳性狀的過程（圖 14-2）。可見遺傳學上曾經將遺傳性狀的改變與否，視為重要的內容之一，但現代遺傳學注重的是 DNA 分子的序列是否改變，作為突變的主要根據。無論其性狀改變與否，只要 DNA 的鹼基序列發生變化即可視為突變。因而傳統上基因突變指的是功能（或稱遺傳性狀）的變異，而現代的基因突變指的是基因中核苷酸序列的改變。

發生基因突變的生物體稱為突變體（mutant）；相對地，凡是發生過基因突變的細胞，則可稱為突變細胞（mutant cell）。由突變細胞（單細胞）培養所形成的細胞株系，稱為突變細胞系或簡稱細胞系。如果突變發生在體細胞，這種突變往往只影響到

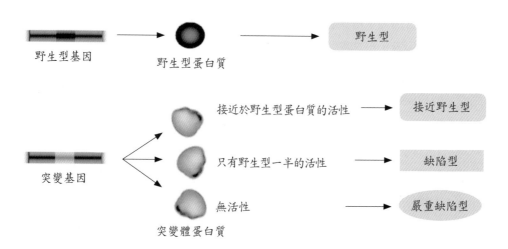

圖 14-2 野生型基因世代不變之遺傳，以及突變基因所導致的性狀改變示意圖。一個野生型的基因或突變基因，經由精卵而傳遞給下一代，假定是一個編碼蛋白質的基因，在下一代中將保持蛋白質的結構不變，因而其功能也不會改變（上圖）。如果該基因發生了突變，其影響面的大小不僅視蛋白質的重要性及補償性而定，還要看突變是否嚴重影響到蛋白質的結構與功能。如果突變的位點不在活性中心或不影響其整體結構，則蛋白質的功能將接近於正常（圖第二行）；如果突變造成蛋白質功能的缺失，則會產生缺陷型突變，造成或輕或重的病理現象（圖第三行）；如果突變造成蛋白質完全喪失了功能，則產生嚴重缺陷型突變，嚴重者危及個體的生存。

個體，與性細胞無關，那麼這種突變不會遺傳下去，此時也可稱為體細胞突變（somatic mutation）。相對地，如果突變發生在性細胞，那麼這種突變的基因就可能由於被分配到某個配子中，而傳遞到下一代。很顯然由於突變的配子所產生的個體中，無論其體細胞還是性細胞都含有突變基因。因此，這種突變被稱為種系突變（germ-line mutation）。在動物的培養中，形成的第一代種系突變體還需要進行雜交或相同突變的互交，才能產生純種（true breading）。

在表示某突變所發生的頻率時，常用突變率（mutation rate）代表，這表示突變在時間作為參數的條件下，出現的可能性或概率。表示突變率有幾種常用的方式：(1)每一代中每一對核苷酸所出現突變的可能性，以突變的數目／每對核苷酸／每一代表示；(2)每一代中每一個基因所出現突變的數目，以突變數目／每一個基因／每一代表示。

與突變率（mutation rate）用法稍微不同的另一個名詞是突變頻度（mutation frequency），指的是某種突變在某種群體中所出現的數目。最常見的表示方法是每十萬的群體中，所出現的突變數目，也有人用每百萬個配子有多少配子發生突變等方式表示。突變頻度最常用的是醫學公共衛生的調查研究，尤其是在表示某遺傳疾病的發生率時，最為常用。

染色體的結構變異，包括缺失、重複、倒位及異位等，不屬於本章所設定的基因突變之內容（如讀者需要了解染色體的種種結構變異及其遺傳效應，包括染色體結構變異與遺傳疾病的關係等，可參閱拙著《遺傳機制研究》第十七章，本書不再贅述），因此本章重點在於單點突變（或稱點突變）。根據遺傳變異的慣例及突變的定義，點突變只涉及到一個或幾個鹼基對的變化。這可分為兩種主要的類型：(1)鹼基對的代換（base-pair substitution）突變；(2)鹼基對的插入（insertion）或缺失（deletion）突變。

鹼基對的代換突變涉及到 DNA 分子中鹼基的變化，通常是一個鹼基被另一個鹼基所代換而產生的突變。如果將鹼基的變化分為嘌呤和嘧啶兩種類型，則代換突變也可分成兩種類型。一種是轉換突變（transition mutation），即一種突變可從一種嘌呤變成另一種嘌呤，或從一種嘧啶變成另一種嘧啶的突變（圖 14 - 3）。這種又可以產生四種具體的突變類型，即從 AT 對變成 GC 對，從 GT 對變成 AT 對；從 TA 對變成 CG 對，以及 CG 對變為 TA 對。第二種代換突變是顛換突變（transversion mutation），這是指從嘌呤—嘧啶的鹼基對變為嘧啶—嘌呤的鹼基對（圖 14 - 4）。共有八種顛換突變，即 AT→TA；TA→AT；AT→CG；TA→GC；GC→CG；GC→TA；CG→AT 及 CG→GC（表 14 - 1）。

表 14 - 1　轉換突變與顛換突變的類型

突變	突變類型
轉換突變	AT→GC；GC→AT；TA→CG；CG→TA
顛換突變	AT→TA；TA→AT；AT→CG；TA→GC；GC→CG；GC→TA；CG→AT；CG→GC

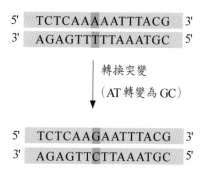

圖 14 - 3　基因的轉換突變。轉換突變是指基因突變之後，不會改變嘌呤或嘧啶的屬性，即可以從腺嘌呤變為鳥嘌呤，也可以從胞嘧啶變為胸腺嘧啶或反之。圖中表示從腺嘌呤-胸腺嘧啶的鹼基對，變為鳥嘌呤-胞嘧啶鹼基對的突變。

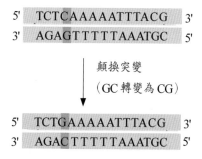

圖 14 - 4　基因顛換突變示意圖。顛換突變是指基因突變之後，改變了嘌呤或嘧啶的屬性，即可以從腺嘌呤變為胞嘧啶或胸腺嘧啶，也可以從鳥嘌呤變為胞嘧啶或胸腺嘧啶等。圖中表示從胞嘧啶-鳥嘌呤的鹼基對，變為鳥嘌呤-胞嘧啶鹼基對的突變。

　　鹼基代換突變如果發生於蛋白編碼的核苷酸序列之內，則可經由蛋白質氨基酸的序列改變，以及核苷酸序列改變等方法進行偵測。鹼基對的代換突變之後，又可根據遺傳密碼是否改變，或雖然改變是否會發生氨基酸的改變等，分為(1)蛋白質的氨基酸序列沒有改變；(2)蛋白質的序列發生不影響其功能的改變；(3)蛋白質的功能發生明顯的改變等。因此，可根據氨基酸序列改變以後，是否對整個蛋白質的功能造成重大影響，推論出所改變的某個或某些特定氨基酸在蛋白質的功能中，所發揮的作用。

　　於是，根據基因突變之後所產生的效果，可產生以下的多種突變類型，有些導致了氨基酸的改變（如錯義突變及無義突變等）。每一種突變所產生的效果各不相同，其遺傳變化所造成的密碼子重組或單一鹼基的改變等過程也各異，現分述之。

錯義突變（missense mutation）

　　錯義突變指的是基因發生突變，造成 DNA 上鹼基序列的改變，進而形成不同的遺傳密碼（三聯體密碼），因而造成蛋白質氨基酸序列的改變。這種突變往往只造成蛋白質分子中，某一氨基酸的改變（圖 14 - 5）。因此，在表現型上可能發生重大的變化，但也可能不發生改變，如人類血紅蛋白 β 基因的第六個密碼子發生突變之後，使得原來的谷氨酸轉變成纈氨酸，進而導致了鐮型細胞貧血症。但也有相當多個別氨基酸的改變，不會改變整個蛋白質的功能，尤其所改變的氨基酸不位於活性中心（active centre）時往往如此。

無義突變（nonsense mutation）

　　無義突變指的是基因發生突變，造成 DNA 鹼基序列的改變，使得原來的有義密碼（sense codon）變成無義密碼（nonsense codon）。在遺傳密碼一章中，我們已經了解到無義密碼共有三種，它們分別是 UAG、UAA 及 UGA，因為這三種密碼子不能決定轉運RNA，因此在蛋白質轉譯時成為終止密碼。例如：某一基因中的某一密碼子是 AAA，本來決定賴氨酸，但 A 發生突變後變成 TAA，則成了 UAA 的終止密碼（圖 14 - 6）。

　　終止密碼的產生對蛋白質功能的影響視所產生的部位而定，如果發生突變的部位越靠近所編碼蛋白質的氨基末端（N-terminus），該突變對蛋白質功能的影響越大，反之越少。但是，如果該蛋白質的活性中心正好位於羧基末端（C-terminus），無義突變也會造成毀滅性的影響。一般而言，在所有點突變中，無義突變與框架漂移突變（見下述）一樣是對蛋白質功能，乃至於生物的生存影響最大的一類突變。

中性突變（neutral mutation）

指雖然基因發生了突變，也導致 DNA 核苷酸序列的改變，從而使信使 RNA 遺傳密碼發生了改變。但由此而產生的蛋白質，雖然其氨基酸發生序列的改變，但卻不影響蛋白質的功能或偵測不到蛋白質功能的改變。如此看來，中性突變應屬於錯義突變中的一種亞型：產生了新的密碼，也產生了新的蛋白質序列。但由於蛋白質的功能不受影響，因此不發生表現型上的任何改變。

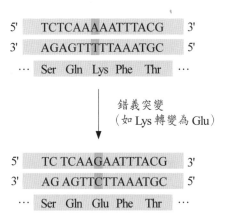

圖 14-5　錯義突變示意圖。編碼賴氨酸（Lysine）的密碼子AAA經過突變之後，形成穀氨酸（Glutamic acid）的密碼子 GAA，從而改變這個蛋白質的氨基酸一級序列。由於從一個氨基酸（即賴氨酸）變為另一個氨基酸（穀氨酸），故而稱之為錯義突變。

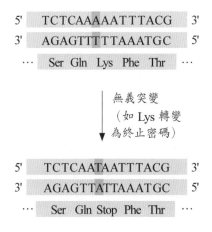

圖 14-6　無義突變示意圖。可以編碼為任何氨基酸的密碼稱為有義密碼（sense codon），而不能決定任何氨基酸的三聯體密碼稱為無義密碼。所以，任何從有義密碼突變之後轉為無義密碼者均稱為無義突變。圖中表示賴氨酸的密碼子（AAA），經由突變後轉為無義密碼TAA。

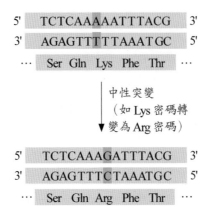

圖 14-7 中性突變示意圖。根據氨基酸溶液的 pH 值，可將氨基酸分為鹼性氨基酸、酸性氨基酸、中性氨基酸等等。有時某些同類氨基酸的代換僅輕微影響，甚至不影響蛋白質的功能，如天冬氨酸（aspartic acid）與穀氨酸（glutamic acid）等。圖中表示賴氨酸的密碼子（AAA）經由突變轉為精氨酸（arginin）的密碼子（AGA）。但兩者均屬於鹼性氨基酸，故改變後一般不會嚴重影響蛋白質的功能。

中性突變大多數發生在不影響蛋白質功能的區段，或者雖發生在決定蛋白質功能的區段，但由於氨基酸的化學性質相近而不影響蛋白質的功能。如中性突變中最常見的是，賴氨酸變為精氨酸的突變。假定一個基因中的密碼子序列為 AAA，如果發生突變成為 AGA，則可從原來的賴氨酸轉變成精氨酸。由於兩者均為鹼性氨基酸，都具有亞氨基，因此在功能上可以部分互換，造成蛋白質功能的不變代換（圖 14-7）。

無表型突變（silent mutation）

無表型突變也稱默化突變。嚴格說來，無表型突變也屬於錯義突變的一種亞型，指的是基因中的核苷酸序列發生了突變，造成信使 RNA 分子中的密碼子也發生了改變，但蛋白質轉譯時並不發生氨基酸序列的改變，因此所產生的蛋白質實際上仍然是野生型，所以表現型不發生任何改變（圖 14-8）。這種突變大多數發生在遺傳密碼中的第三個核苷酸。讀者也許還記得 1961 年，Crick 經由突變研究提出過三聯體密碼（triplet codon）的概念，以及 1964 年提出過搖擺假說（wobble hypothesis），說明了三聯體密碼中的第三個核苷酸具有可變的性質。後來在 1966 年研究完成的遺傳密碼中，完全證實了搖擺假說的正確性。無表型突變大多是發生在這個所謂的搖擺核苷酸上面。

假定一個基因中有一密碼子 AAA，發生突變的位點是這個密碼子最後一個核苷酸，成為 AAG。基因發生突變以後所產生的信使 RNA 的密碼，也相對發生突變，但由於兩種密碼所決定的氨基酸都是賴氨酸，故即使發生了核苷酸序列的改變，也沒有改變氨基酸的序列，其表現型因而也沒有發生任何的改變。

```
5'   TCTCAAAAATTTACG   3'
3'   AGAGTTTTTAAATGC   5'
···  Ser  Gln  Lys  Phe  Thr  ···
```

默化突變
（如 Lys 密碼AAA 轉
變為 Lys 密碼AAG）

```
5'   TCTCAAAAGTTTACG   3'
3'   AGAGTTTTCAAATGC   5'
···  Ser  Gln  Lys  Phe  Thr  ···
```

圖 14 - 8　無表型突變（默化突變）示意圖。除了甲硫氨酸（methionin）及色氨酸（tryptophan）等具有單一密碼外，其餘的氨基酸都具有 2-6 個密碼子。凡是經由突變改變了遺傳密碼，而不改變密碼所決定的氨基酸之突變，均稱為無表型突變或默化突變。圖中表示賴氨酸的密碼子（AAA）突變後，產生另一個賴氨酸的密碼子（AAG）。

框架漂移突變（frameshift mutation）

如果在編碼蛋白質序列的基因中增加或刪除某個核苷酸，整個信使 RNA 密碼的判讀從突變部位以後，將發生一系列的錯亂，整個密碼的框架發生漂移，因此在突變以後的氨基酸序列，可能會變成完全不同的多肽鏈。前面我們曾經指出，無義突變與框架漂移突變所產生的效果很相似，同樣會造成蛋白質功能的完全喪失。框架漂移突變的第二個特點是容易發生終止密碼，導致較短的蛋白質，影響或毀滅了蛋白質的原有功用。第三是由於發生了框架漂移突變，使得原有的終止密碼變成有義密碼（sense codon），因而產生較原來更長的蛋白質，同樣也影響了蛋白質的功能（圖 14 - 9）。無論發生哪一種狀況，框架漂移突變可能是產生無功能或喪失原來蛋白質功能最為明顯的突變，表現出缺失突變的特徵。

現以實例說明發生框架漂移突變之後，蛋白質序列的改變以及其他類型的變化。如果一個位點的三聯體密碼為 5'-*AAA-TTT-AGC*-3'，在第一個核苷酸處發生插入突變之後，變成 5'-*GAA-ATT-TAG-C*-3'，則原來的氨基酸序列 *Lys-Phe-Thr* 將變為 *Glu-Ile-Tyr*。可見框架漂移突變可以改變氨基酸的序列。又如假定原來的基因序列為 5'-*AAA-CAA-AGA-TTT-ACT-AAA*-3'，可編碼的氨基酸序列為 *Lys-Gln-Arg-Phe-Thr-Lys*，但如果在第二個位置上插入一個核苷酸 A，則可變成 5'-*AAA-ACA-AAG-ATT-TAC-TAA-A*-3'，轉譯後的氨基酸的序列變為 *Lys-Thr-Ile-Tyr-Stop*，可見不僅後續的氨基酸序列完全改變，也出現了終止密碼使蛋白質的合成變短。

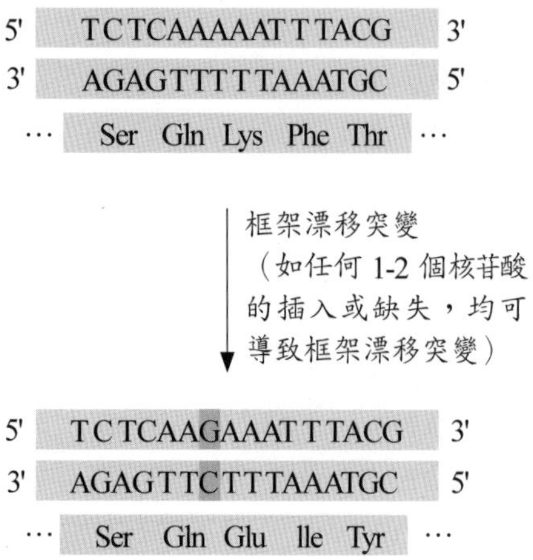

5' TCTCAAAAATTTACG 3'
3' AGAGTTTTTAAATGC 5'
… Ser Gln Lys Phe Thr …

框架漂移突變
（如任何 1-2 個核苷酸
的插入或缺失，均可
導致框架漂移突變）

5' TCTCAAGAAATTTACG 3'
3' AGAGTTCTTTAAATGC 5'
… Ser Gln Glu Ile Tyr …

圖 14-9 框架漂移突變示意圖。遺傳密碼框指的是在一個編碼蛋白質的閱讀框中，原本相對固定的三聯體密碼因為鹼基的插入或缺失，而導致發生突變位點之後一系列三聯體密碼的改變。圖中表示在賴氨酸的密碼子（AAA）之前插入了 G，導致後續的三聯體遺傳密碼全盤改變。

回復突變（reverse mutation）

　　回復突變也稱為逆向突變或反向突變，指在原來突變的位點上再次發生突變，使得第一次從野生型變為突變體的基因，轉變為野生型（wild-type）或部分野生型（partial wild-type）。如果將第一次使野生型變為突變體的突變，稱為正向突變（forward mutation）；那麼第二次使突變體轉變為野生型或部分野生型的突變，則可稱之為回復突變。由於回復突變包括了完全回復與部分回復，所以回復突變所發生的突變位點，不一定在原來所發生突變的核苷酸上（圖 14-10）。例如，一個無義突變的回復當然發生於信使 RNA 中的無義密碼子上，使得無義密碼子轉變為有義密碼。因此，如果這種突變完全恢復了蛋白質的野生型序列，因而恢復了蛋白質功能，那麼這種突變就是真實的回復突變。如果回復突變只恢復了部分的氨基酸序列，那麼這種突變便是部分回復，因而只能部分回復了蛋白質的功能。

　　理論上前面所述的幾種突變都可以發生回復突變，如錯義突變可以在原來突變的核苷酸處發生回復突變；無義突變也可以相反的突變方式回復基因的功能；但框架漂移突變中如果是缺失所造成，則可經插入的方式而回復；如果是由於插入而產生，則可經由缺失而回復等。有時生物體以回復突變等方式克服物種毀滅所給予的進化壓力，使物種回復到原始狀態。

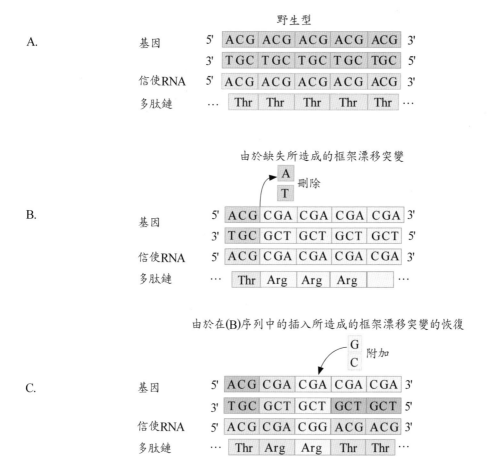

圖 14 - 10　回復突變示意圖。任何一種回復突變均包含兩次突變，如果第一次突變由於鹼基的插入而導致框架漂移突變，那麼在第二次突變中，多數是因為缺失了一個鹼基所致。圖中表示一個野生型基因中有一段連續編碼蘇氨酸的密碼子（ACG）（A圖），因為第四號腺嘌呤的缺失而導致框架漂移突變，形成一段連續編碼精氨酸的密碼子（CGA）（B圖）。如果這段突變基因在第八號鹼基之後插入鳥嘌呤（G），則在此之後又恢復了原來野生型序列。

抑制突變（suppresser mutation）

　　一般而言，如果一個基因發生突變之後形成了無義突變（見圖 14 - 6），那麼在蛋白質的轉譯時，不能決定任何的氨基醯-tRNA，因此核糖體中的 A 位被釋放因子所占據（圖 14 - 11），造成轉譯的終止。這就是在「無義突變」中所談到蛋白質功能的改變。此時突變位點越接近於氨基末端，該突變蛋白越不具備正常的功能。但這種突變的效應，有時是可以被抑制的。

　　如果一個突變的發生，解除或完全消除某一突變所產生的效應，這種突變則可稱為

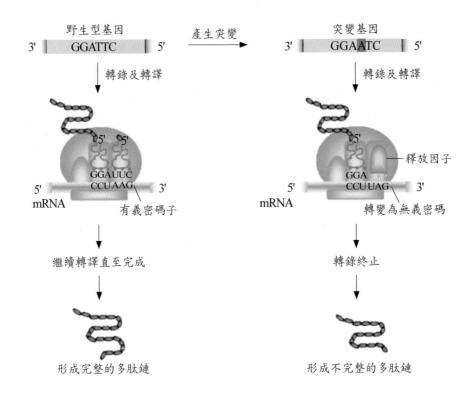

圖 14 - 11　無義突變造成轉譯終止示意圖。圖中表示編碼賴氨酸的密碼（AAG）突變後，產生琥珀型無義密碼（TAG），使得轉譯時無任何正常的氨基醯-tRNA 所用而被迫終止。

抑制突變。抑制突變最常發生的部位與原來的突變部位不同，因此即使抑制突變可以掩蓋或補償原來突變的效應，但畢竟不能將原來的突變回復到突變前的效果。

　　抑制突變可以發生在原來突變的同一個基因序列，也可以發生於同一個基因的不同位點，因而稱為基因內的抑制突變（intragenic suppressor mutation）。但如果抑制突變發生於不同的基因，則可稱為基因間抑制突變（intergenic suppressor mutation）。無論是基因內或是基因間的抑制突變，都可以將原來的突變所鈍化的蛋白質功能，恢復為有功能的或部分有功能的蛋白質，但兩者的機制卻完全不同。

　　基因內抑制突變主要經由改變曾經發生過突變密碼子的核苷酸，或者改變另一個密碼子的核苷酸，而達到抑制原來突變所帶來的效應。假定一個基因的序列為 *5'-TCT-CAA-AAA-TTT-AAG-3'*，可轉譯為 *Ser-Gln-Lys-Phe-Lys* 的肽鏈。如果在第一個密碼子中插入一個核苷酸，則可能導致框架漂移突變，基因序列成為 *5'-TAC-TCA-AAA-ATT-TAA-G-3'*，由此而可以轉譯為 *Tyr-Ser-Lys-Ile-Stop*。如果在第二個密碼子處發生缺失一個核苷酸的突變，則可成為 *5'-TAC-TAA-AAA-TTT-AAG-3'*，可轉譯為 *Tyr-Tyr-Lys-Phe-Lys*。由此可見，在突變以後的氨基酸序列完全回復了原來的順序。但由於突變位點仍然存在，突變的氨基酸

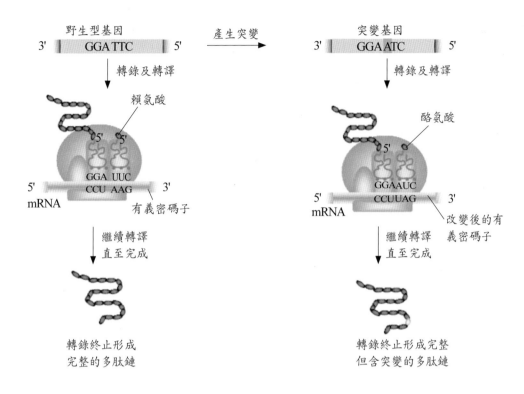

圖 14 - 12 抑制性回復突變示意圖。一個野生型基因的賴氨酸密碼（AAG）（左圖），經由突變之後轉為終止密碼（TAG）。一般情況下會發生圖 14 - 11 的情形，但攜帶酪氨酸的轉運 RNA（反密碼子為 AUC）可以識別這個突變的密碼子，使得蛋白質的轉譯可以繼續進行，但抑制位點的氨基酸可能因此而有所改變。

（Tyr-Tyr）代替了野生型的氨基（*Ser-G*ln），所以只有部分回復蛋白質的功能（圖 14 - 12）。

　　基因間的抑制突變指的是第一次突變發生在基因 A，而第二次突變發生在基因 B。如果這種突變方式出現了抑制第一次突變所帶來的效應，那麼基因 B 屬於抑制基因（suppressor gene）。許多抑制基因可以改變信使 RNA 的密碼閱讀方式。每一個抑制基因只能抑制一種類型的突變，如無義突變、錯義突變或者框架漂移突變等。因此，抑制基因只能抑制少部分的點突變。相對地，只要氨基酸的代替突變（第二次發生於另一個基因的突變）與第一次發生的蛋白質功能成為互補關係，那麼一個特定的抑制基因所發生的突變，可以抑制所有特異性的基因突變所造成的效果。

　　抑制基因通常是轉運 RNA 基因，因此轉運 RNA 便成了其中的抑制物。我們知道如果一個基因某個位點發生突變，從 AAG 轉變成無義密碼子 UAG，但如果此時轉運 RNA 基因（反密碼子為 UUC）也發生突變，形成反密碼子為 AUG 的轉運 RNA，則突變後的轉運 RNA（攜帶酪氨酸，即酪氨醯-tRNA，記為 *Tyr-tRNA or tRNA^{Tyr}*）可識別信使 RNA 中

的 UAG 終止密碼，造成突變後的終止密碼形成正確轉譯。在某種意義下，轉運 RNA 基因的突變抑制了某信使 RNA 基因發生無義突變所帶來的效果（這種效果通常類似於基因缺失所造成的影響）。雖然在改變密碼處也改變了個別的氨基酸，但畢竟後續的轉譯使蛋白質的氨基酸序列趨於正常。因此，這種方式的抑制突變至少可以部分恢復蛋白質的生物化學功能。

理論上，生物體共有三種無義突變密碼的抑制物，每一種抑制物可以抑制一種突變所造成的終止密碼，包括 UAG、UAA 及 UGA。如果某個酪氨酸轉運 RNA 基因從其反密碼 3'-*AUG*-5' 突變為反密碼 3'-*AUC*-5'，那麼突變的抑制物轉運 RNA（仍然攜帶酪氨酸）可以識別無義密碼 5'-*UAG*-3'。因此，該終止密碼在這種突變體中不再視為終止信號，而是編碼酪氨酸的密碼子。

然而，讀者會覺得發生這種突變（即酪氨酸轉運 RNA 基因的突變）雖可以克服無義突變所帶來的嚴重後果，但正常的酪氨酸密碼會變得沒有轉運 RNA 能夠識別，這便成了識別密碼子上進退維谷的大問題。但可喜的是，研究證明發生這種抑制物突變的生物體，其基因組中至少有兩個轉運 RNA 基因，而只有其中之一發生突變，另一個保持野生型狀態。

另一個問題是，如果突變的酪氨酸轉運 RNA 可以識別無義密碼，那麼到了應當終止轉譯時的正常終止密碼時，豈不是大大地延長蛋白質的轉譯，造成另一種類型的突變？但事實證明這類的突變基因轉譯產物，不會比野生型蛋白質大，主要原因在於：(1)突變的酪氨酸轉運 RNA 的含量很低，因而能將終止密碼突變轉成正常蛋白質序列者，也不會比野生型的產物多；(2)如果突變的酪氨酸不能迅速進入核糖體，轉譯也可能會終止。因此，在實際測定的突變體蛋白質分子量不會比野生型蛋白質大，從而保持了部分恢復蛋白質功能的作用。

第三節　自發突變

一般而言，凡是有目的地進行基因突變的創造，包括創造的過程等，均可稱之為人工誘變（mutagenesis），不需人工誘變的突變稱為自發突變（spontaneous mutation）。因此，突變可分為自發突變及誘發突變（induced mutation）兩種。顧名思義，自發突變指不經任何人工誘導，只憑在自然環境中所發生的突變，因此這類突變每時每刻都可能在進行著。誘發突變指的是人工將生物體暴露於物理條件（如放射線等）或化學物質（如誘變劑，mutagen）中，使 DNA 與物理因素或化學物質相互作用而導致的突變。從特定時間、特定群體分析基因的突變率可知，誘變的突變率比自發突變高。但從突變所產生的

數量看，自發突變所產生的數量遠比誘發所產生的突變多更多。

　　各種研究材料中所獲得的突變體證明，自發突變可以產生所有類型的點突變。自發突變可發生於 DNA 複製期（S），也可發生於細胞分裂期（M），或其他的間期（G1 及 G2）等。自發突變可以因為自然因子、不明原因或於 DNA 聚合酶所產生的錯誤等，也可以因為轉位性遺傳因子的移動所引起的基因突變等。總之，自發突變時刻都在進行著，雖然其頻率較低，但因其受到誘發的時間不限，其突變體的總數比任何人工誘變多。

　　據估計，人類的自發突變率大約在每一代每個基因發生 10^{-4} 到 4×10^{-6} 期間。一般對於真核生物而言，自發突變率大約每一代每個基因在 10^{-4} 到 10^{-6} 期間，但細菌及噬菌體的突變率為每一代每個基因大約在 10^{-5} 到 10^{-7}。低等生物的突變率遠低於真核生物，但由於真核生物的生活週期長，一般難以偵測到基因的突變。另外，上述的突變率只是根據真核、原核細胞 DNA 聚合酶的突變率而估計的。實際上，生物具有相當嚴密的修復系統，故實際發生的頻率遠低於估計值。

　　自發突變除了轉位子所誘發的突變需要專門論述外，其他包括 DNA 的複製錯誤（DNA replication errors）、脫嘌呤作用（depurination）及脫氨基作用（deamination）等過程，這些變化可導致所有類型的基因突變，是生物基因突變的主要來源。

DNA 複製錯誤

　　如果在 DNA 複製過程中，出現鹼基對的錯配（mismatch）現象，則極容易出現鹼基對的代換突變（Bass-pair substation mutation）。從化學上講，每一種鹼基都可能存在著互變異構體（tautomers）。當鹼基改變其構象狀態時，即是說鹼基進行了互變異構移位（tautomeric shift）。因此，在 DNA 分子中，每種鹼基都具有酮基（keto），而酮基正是正常的鹼基之間配對，所經常出現的一種化學形式，例如正常的 G-C 對或 A-T 對（圖 14 - 13）。但如果鹼基出現烯醇式（enol），那麼非正常配對便成了可能。此時，正常的 T 可以經由三個氫鏈與烯醇式 G 配對；正常的 C 可經由兩個氫鏈與亞氨基 A 相互配對；正常的 A 可經由兩個氫鏈與亞氨基的 C 相互配對；正常的 G 可經由三個氫鏈與烯醇式 T 配對。

　　雖然烯醇式的 G、亞氨基的 A（圖 14 - 14）、亞氨基的 C 及烯醇式的 T（圖 14 - 15）在細胞內極為少見，但一旦出現錯配現象（圖 14 - 14），極可能造成 DNA 複製過程中鹼基的代換現象。如果這種現象沒能及時被修復，則在下一輪的 DNA 複製時，不再可能是烯醇式或亞氨基式，因此將以正常的鹼基進行配對，造成鹼基代換的突變現象。

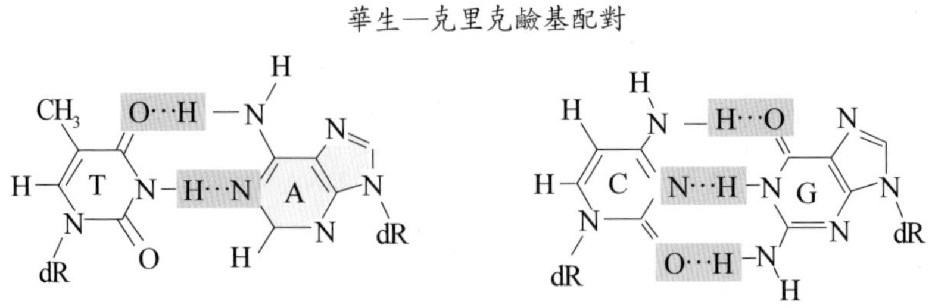

華生—克里克鹼基配對

圖 14-13　正常的 B 型 DNA 中鹼基配對（華生—克里克配對）示意圖。在胸腺嘧啶
（T）與腺嘌呤（A）的配對中，胸腺嘧啶第 4 號碳原子上所連接的 O 原子，以及腺嘌
呤第 6 號碳原子上所連接的 N 原子，經由氨基上的氫原子形成第一個氫鍵；由胸腺嘧
啶第 3 號碳原子所連接的氫原子與腺嘌呤的第 1 號 N 原子，形成第二個氫鍵。在胞嘧
啶（C）與鳥嘌呤（G）的配對中，鳥嘌呤第 6 號碳原子上所連接的 O 原子與胞嘧啶第
4 號碳原子所連接的 N 原子，經由氫原子形成第一個氫鍵；鳥嘌呤第 1 號碳原子上的
氫原子與胞嘧啶第 3 號碳原子，形成第二個氫鍵；鳥嘌呤第 2 號碳原子連接的 N 原子
上的氫原子，與胞嘧啶第 2 號碳原子上的 O 原子，形成第三個氫鍵。

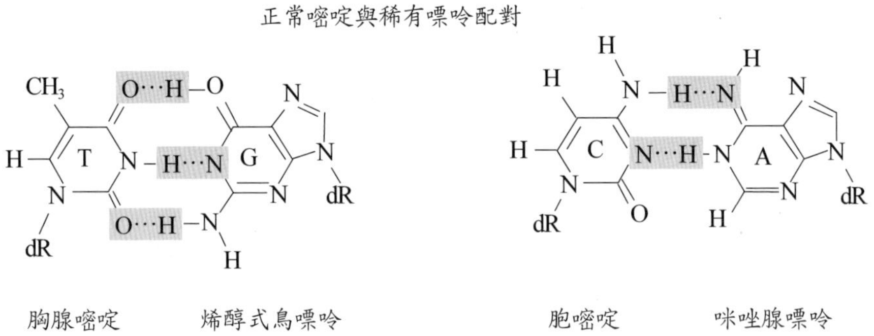

正常嘧啶與稀有嘌呤配對

圖 14-14　正常嘧啶與稀有嘌呤配對示意圖。左圖：當正常的鳥嘌呤第 6 號碳原子上
的氧原子形成烯醇式化時，則可以與正常的胸腺嘧啶第 4 號碳原子經由氫原子，而形
成第一個氫鍵；由烯醇式鳥嘌呤的第 1 號碳原子上所連接的 N 原子與正常的胸腺嘧啶
第 3 號碳原子上的 N 原子，經由氫原子形成第二個氫鍵；由烯醇式鳥嘌呤的第 2 號碳
原子上所連接的 N 原子與正常的胸腺嘧啶第 2 號碳原子上的烯醇式 O 原子，經由氫原
子形成第三個氫鍵。右圖：當腺嘌呤第 6 號碳原子上的 N 原子形成烯醇式，而構成咪
唑腺嘌呤時，可以與正常的胞嘧啶配對。其中咪唑腺嘌呤的烯醇式 N，可與胞嘧啶第
4 號碳原子上所連接的 N 原子配對；咪唑腺嘌呤的第 1 號 N 原子也可以與胞嘧啶的第
3 號 N 原子形成氫鍵。

稀有嘧啶與嘌呤配對

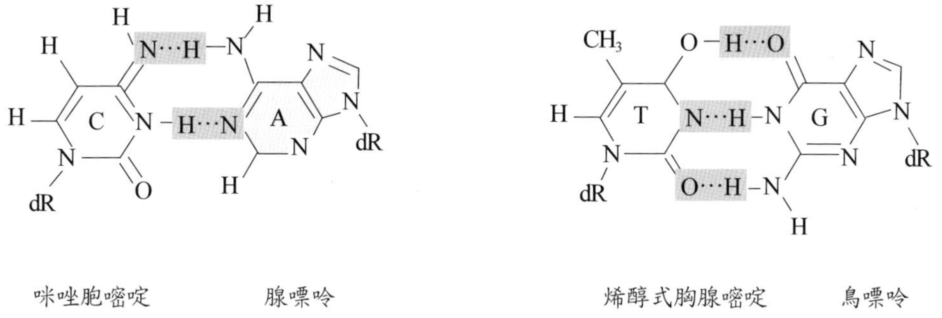

咪唑胞嘧啶　　　　腺嘌呤　　　　　　烯醇式胸腺嘧啶　　　鳥嘌呤

圖 14 - 15　稀有嘧啶與正常嘌呤配對示意圖。左圖：當正常的胞嘧啶第 4 號碳原子上的 N 原子，形成烯醇式化而形成咪唑胞嘧啶時，則可以與正常的腺嘌呤配對，其中咪唑胞嘧啶的第 4 號碳原子上的烯醇式 N 原子，可與腺嘌呤第 6 號碳原子上的 N 原子形成氫鍵；咪唑胞嘧啶的第 3 號 N 原子也可與腺嘌呤的第 1 號 N 形成第二個氫鍵。右圖：當胸腺嘧啶第 2 號碳原子上的 O 原子形成烯醇式，而構成烯醇式胸腺嘧啶時，可以與正常的鳥嘌呤配對，其中烯醇式胸腺嘧啶的烯醇式 O 原子與鳥嘌呤第 2 號碳原子上的 N 形成一個氫鍵；烯醇式胸腺嘧啶的第 3 號 N 原子可與正常鳥嘌呤的第 1 號 N 形成另一個氫鍵；烯醇式胸腺嘧啶第 4 號碳原子上的 O 原子，可與正常鳥嘌呤第 6 號碳原子上的 O 形成第三個氫鍵。

在 DNA 複製的過程中，自發突變也可能會出現單一核苷酸的缺失或插入突變。以上所述，單一核苷酸的缺失或插入突變最容易造成框架漂移突變。缺失機制往往是因為模板上形成小型的迴環結構，因此在 DNA 複製時極可能少複製一個鹼基，造成新合成的 DNA 鏈缺少一個鹼基。插入突變的機制與缺失相反，主要是由於複製鏈產生小迴環結構，複製時多了一個核苷酸，造成單一核苷酸的插入突變。

鹼基的化學變化

在自發突變中，由於 DNA 特定鹼基的脫嘌呤作用（depurination）及脫氨基作用（deamination）是導致基因突變的兩種常見化學變化。發生這些化學變化容易導致 DNA 分子的傷害。在脫嘌呤作用中，無論是腺嘌呤還是鳥嘌呤，都有可能最終被從 DNA 分子中清除出去，尤其是鹼基與脫氧核糖之間的化學鏈斷裂之後，即容易造成無嘌呤位點。根據大量的研究估計，一個哺乳類動物細胞平均在每一個細胞的世代中，可能會丟失數千嘌呤。如果這種損傷不能及時地得到修復，將在 DNA 的複製過程中不會有適合的鹼基，被用於相應的互補鹼基位置上，因而 DNA 聚合酶將被終止工作，並從 DNA 分子中解離出來。

脫氨基作用是鹼基中的氨基被移除的化學反應（或作用），如胞嘧啶的脫氨基可以產生尿嘧啶，造成 DNA 分子中不該出現的一種鹼基。這種化學變化將被 DNA 修復系統所清除，從而修正脫氨基所帶來的可能突變，降低了胞嘧啶脫氨基所造成的突變結果。然而如果胞嘧啶的脫氨基作用不能及時被修正，那麼在下一次 DNA 複製時將在互補鏈相應的位置上結合腺嘌呤，這便產生 GC 對轉變為 TA 對的顛換突變。

無論在原核細胞還是真核細胞的基因組 DNA 中，均存在著少量的 5-甲基胞嘧啶，是正常的胞嘧啶經由甲基化所形成的衍生物。5-甲基胞嘧啶的脫氨基作用，可產生胸腺嘧啶。因為胸腺嘧啶是 DNA 中的正常組成鹼基，將沒有任何修復機制可以糾正這種變化，因而 5-甲基胞嘧啶的脫氨基作用，可產生 CG 到 TA 的轉換突變。因為在細胞體系中其他類型的突變，容易被 DNA 的修復機制所糾正，而僅 5-甲基胞嘧啶的脫氨基作用所產生的突變，無法被修復，因此在基因組中 5-甲基胞嘧啶的位置常成為突變的熱點位置（hot position）。

思考題

1. 基因突變對我們的生活有哪些正反兩面的作用？為什麼人們對植物基因的突變，具有如此長時間的濃厚興趣？

2. 你認為矮桿水稻是何種突變？為什麼矮桿水稻一經發現，就再也沒有發生過分離？

3. 為什麼說基因突變是物種進化的主要源泉？

4. 利用回收式衛星對植物種子進行誘變有哪些有利的因素，有哪些不足之處？

5. 生理變異具有何種特點？

6. 基因突變具有何種特點？

7. 為什麼說微生物基因突變是拉馬克主義，最後一座橋頭堡的徹底毀滅？

8. 傳統的基因突變概念及現代的基因突變概念，有何異同？

9. 體細胞突變與性細胞突變有何異同？

10. 試比較轉換突變與顛換突變的異同。

11. 根據現代關於基因突變的概念，基因突變可分為哪些類型，每一種類型有何特點？

12. 在一個密碼子中，錯義突變最容易發生變化的是哪一個核苷酸？

13. 無義突變的最大特點是什麼？如何造成密碼子的無義化？

14. 中性突變與無表型突變有何異同？

15.試敘述框架漂移突變的基本原理。

16.回復突變及抑制突變有何異同？

17.抑制基因指的是什麼？請舉例說明其突變及抑制的原理。

18.既然自發突變率遠比誘發率低，但為什麼說，目前人們所得的動、植物突變體大多數都是自發突變的結果？

19.自發突變有哪些主要的方式，各種方式有哪些主要的特徵？

20.請解釋脫氨基作用、水化作用及烷化作用所引起基因突變的基本原理。

21.在放射線的誘發突變中，有哪些主要的誘變方式，各種方式有何特點？

22.在化學誘變中，鹼基的類似物是如何導致基因突變的？

23.鹼基的修飾劑可導致基因的突變，有哪些主要的突變途徑？

24.既然插入性誘變劑大多數都是 DNA 的染料，那麼，為什麼我們現在進行基因克隆時，仍然利用這些染劑染色，以便準確分離出特定的 DNA 條帶？

25.環境中存在著越來越多的誘變因子，我們應如何面對？

第十五章　基因的誘發突變

本章摘要

　　在現代科學實驗中，尤其是二次世界大戰後的三十年內，為了解決世界糧食的問題，在一系列原生種質（或直接利用農作物）的改良等研究中，人們常利用某些特殊的方法對種質進行處理，以期獲得某些較好抗逆性、高產或高品質的農作物產品等。誘發突變除了可以利用化學藥物進行物種染色體數目的加倍（如在遠緣雜交育種或單倍體育種中，常用的秋水仙素等）外，還可以通過藥物誘發使現存的基因突變成為新基因，作為品種選育的基礎，也可以利用同位素的放射性作用、某些鹼基代換物的作用，以及病毒等進行有目的、有方向性的誘變作用。如果說前一章所談的自然突變是在不知不覺當中，所進行的遺傳物質之改變的話，那麼誘發突變則是人類有目的地改變種質的行為。誘發突變分為兩個部份：一是化學誘變，多數是使用能改變遺傳物質的化學藥品對遺傳物質的誘發改變，主要的誘變原理在於直接的侵入性改變；二是物理誘變，主要利用放射性物質誘導生物體內物質的離子化，從而改變遺傳物質的組成而達到誘變之目的。誘發突變在現代遺傳學實驗中發揮著十分重要的作用，從傳統的基因到性狀關係的研究、從基因到發育模式的研究、從基因的突變到人類遺傳疾病關係的研究、從基因到癌變的研究、從突變到動物模型（如遺傳性高血壓動物、遺傳性糖尿病動物、遺傳性癌變動物、遺傳性結締組織疾病動物等等）的創立、從基因的突變到基因表達控制的研究等，均與基因突變關係密切。

前言

　　雖然物理誘變早在 1920 年代便已有報導，並於 1940 年代授予諾貝爾獎，但由於物理誘變缺乏相對準確的預見性，因而在原理及應用方面不及藥物誘變的發展。另外，化學藥物的種類遠多於放射性物質，因而在研究選擇上顯出其優勢。在漫長的發展歷程中，在世界各地建立原子能研究所等單位，主要從事植物種質的改良研究，目的在於基礎理論研究之外的農業產量的提升。有些非放射性的物質也可以誘發突變，如自然存在的紫外線便是良好的物理誘變因子，常導致相鄰胸腺嘧啶、胞嘧啶，甚至較少出現的腺

嘌呤及鳥嘌呤二聚體的形成等。

然而，無論是藥物還是物理方法所誘發的突變，均有理論及實踐兩大方面的利用價值。在基因功能的研究方面，突變的研究是基因功能最直接了當的研究材料。從 1911 年 Morgan 發現果蠅的白眼基因突變體到現在，人們創造了數以萬計的突變體供基因的功能研究，也創造了一系列的研究理論與方法。現代的遺傳學研究少不了創造轉基因動、植物等，無非是為了更深入研究基因的作用。人們為了研究基因在整體中的作用，也創造了動、植物的基因刪除突變體（knockout plants and animals），這些正是早期基因突變研究的繼續及發展。

眾所周知，在生物發育研究方面果蠅的體節發育研究，在 1950 年代可謂是開路先鋒。在以後的三十年間，果蠅的發育研究從未間斷過，只是從原來的突變研究逐漸轉為分子研究。1990 年代初，果蠅的發育研究經過了長期的準備之後，發現了同源轉化基因，揭開了基因表達在發育研究中主導作用的研究序幕。這一系列的研究都與物理及化學的誘變息息相關，甚至找到並分離了每一個控制體節發育的基因突變體，為發育遺傳學的研究，從細胞分離、位置效應、細胞表型變化（分化）等到分子機制的研究貢獻良多。

在遺傳疾病原理的研究方面，動物基因的誘發突變也在其中發揮重要的作用。雖然許多疾病屬於多基因系統，但某些主基因的突變往往出現某些遺傳疾病的主要症狀，這為遺傳疾病原理的研究提供了不可或缺的研究素材。其中小鼠的基因誘變為各種遺傳性動物模型的建立及研究，也為人類遺傳疾病原理的研究創造了條件。有了這些動物模型的建立，包括免疫學研究、病理學研究、生化研究、生理學研究、藥理學研究、治療學研究，以及行為科學研究在內的現代整體科學的研究等成為可能。

關於基因的誘發突變在基因表達調控方面的研究說來話長，可以追溯到 1962 年當 Jacob 及 Monod 利用各種突變體證明乳糖操縱子各基因的調節方向之研究。這些突變體可由放射線誘導產生，也可以經由研究從自發突變中尋獲，其中包括 *lacZ*⁻、*lacA*⁻、*lacO*⁻、*Plac*⁻、*lacI*⁻ 等突變基因的研究。利用這些基因的突變體，可以獲得第一手的基因調節遺傳證據。在此之後，利用突變體證明基因表達的調節作用等研究便成了常規，其中包括色氨酸操縱子及遺傳信號表達控制的證明等。直至今日，利用突變體證明基因及基因表達控制等，一刻也沒有離開過遺傳學的研究範疇。

第一節　物理誘變

正如前面的敘述給讀者所能意會到的那樣，基因突變可以被物理因素（如放射線等）或化學誘變劑所誘導，這種由人工有意識地利用物理或化學等手段，對基因進行突

變的過程稱為誘發突變。這種利用物化方法誘導基因突變的方式，可在某種情況下滿足某些特殊的研究要求，尤其當自發突變率過低的情況下相當適用。由於誘發突變率高，可在較短的時間內，產生足以進行相當數量的基礎研究之突變體，因此常被遺傳學家們利用來進行某些專門的研究（表 15 - 1）。這些常用的動物突變體在日常的科學研究，尤其與臨床醫學相關的理論及藥物研究等具有相當高的利用價值，以至於許多藥物的開發、治療學研究等，不得不以這些動物為材料進行人體實驗前的先期性研究。一般在這些動物中取得滿意的結果之後，才能進行人體的初步實驗。

放射線誘變

植物種質的誘變一直受到人們的重視，尤其以農業為主的國家（如中國等），經常投入大量的人力、物力進行研究。雖然多年來培育出許多優良品種供大面積種植，更重要的是其中的理論及實用研究未曾中斷過。甚至中國還曾經利用回收式的衛星，進行誘變實驗，包括利用外太空自然存在的放射線，進行植物種子的誘導突變的實驗。由於放射線誘變的效果可以在誘變的當代觀察到，因而長期以來成為人們喜用的誘變方法之一。

表 15 - 1　小鼠基因突變的遺傳模式

基因符號	基因缺失	代表人類疾病模式
Btk^{xid}	Btk，Bruton 酪氨酸激酶缺陷	丙種球蛋白缺乏症
Dmd^{mdx}	假〔性〕肥大型肌營養不良蛋白質（缺陷）	假〔性〕肥大型肌營養不良
$Hfh11^{nu}$	$Hfh11$, HNF	T-細胞免疫缺陷
$Lepr^{db}$	$Lepr$，瘦蛋白（一種脂肪細胞分泌的非糖基化蛋白質）	糖尿病
$Lyst^{bg}$	溶酶體轉運缺陷	Chediak-Higashi 綜合徵，是一種導致毛髮及眼睛色素減少、白細胞溶酶體缺陷等的遺傳疾病
NOD	多基因遺傳	糖尿病
$Pdeb^{rdl}$	$Pdeb$，磷酸二酯酶、cGMP 受體及 β-多肽等缺陷	視網膜細胞退化
$Pr kdc^{scid}$	$Prkdc$，蛋白質激酶、DNA-激活的催化性肽等缺陷	嚴重的綜合性免疫缺陷
$Pr ph2^{Rd2}$	$Pr ph2$，外周蛋白缺陷	視網膜細胞退化

　　在放射線的誘變中，X-光線及紫外線都可以導致基因的突變。最早報導 X 光可以誘導基因突變的是 HJ Muller（1927），他利用 X-射線對果蠅的處裡獲得了基因突變。於是在 1946 年，他因為「經由 X-射線而獲得基因突變」的發現，而獲得諾貝爾生理或醫學獎。作為一種離子化射線，X-射線可以穿透生物體的組織，與生物分子進行碰撞、將電子從其軌道上打掉，因而創造了離子化的基因突變。離子可將共價鍵打斷，包括 DNA 的糖—磷酸所組成的主鏈。事實上，離子化的放射線也是人類大規模染色體變異的主要原因（參閱拙作《遺傳機制研究》中關於染色體的結構及數量變異）。

　　高劑量的離子化放射線甚至可以殺死細胞，因此常用來治療某種癌症。由於放射線治療也導致大量正常細胞的死亡，因而往往產生嚴重的副作用。如果將離子化的放射線控制在一定的水平，則可以產生某些點突變，因此在這種水平上，往往可以推知點突變與放射線劑量之間的線性關係。重要的是，在許多包括人類在內的生物體中，離子化放射線劑量的效應是累積性的。換言之，如果一種特定的放射線劑量可以導致一定數量的點突變，那麼相同突變的數量也可以在相同生物體、相同劑量放射線中獲得，無論這種放射線在多長的時間內使用。這是一個可怕的結論，因為這意味著長期暴露在極低量的離子化放射線條件下，也可能會導致相當數量的基因突變。

　　紫外線不具備足夠，可以誘導細胞離子化的能量。但是紫外線可以誘發突變，是因為 DNA 分子中嘌呤及嘧啶可以強烈地吸收紫外線，尤其是波長為 254nm 到 260nm 的短波範圍。在這種波長的範圍內，紫外線誘導點突變往往要經由導致 DNA 分子中的光化學變化。一般紫外線所導致的突變有三種常見的點突變：

導致相鄰胸腺嘧啶二聚體的產生

　　紫外線對 DNA 所產生的效應之一（也是主要的突變效應），是導致非正常的二聚體的產生，最常見的是相鄰的胸腺嘧啶形成二聚體（環丁胸腺嘧啶）。在正常的 DNA 結構中，鹼基與鹼基之間的距離應當是 34nm，但共價鍵的距離一般在 10-20nm 之間。環丁胸腺嘧啶是由於相鄰的兩個胸腺嘧啶經由共價鍵的形成，而造成兩個相鄰的胸腺嘧啶大大拉近了距離（20nm 以下）。如果這種二聚體不能及時得到修復，那麼下一輪的 DNA 複製時就可以將二聚體當成一個鹼基，進行複製造成鹼基的缺失突變。

相鄰胞嘧啶二聚體的產生

　　這種二聚體比胸腺嘧啶二聚體少見，也是同一條鏈上相鄰的兩個胞嘧啶，經由共價鍵的產生而形成。但這種突變的後果與胸腺嘧啶二聚體相似，如果得不到及時的修復，則在下一輪的 DNA 複製中，DNA 聚合酶只當成一個鹼基進行複製，導致缺失突變的產生。

異型二聚體的產生

兩個相鄰的胸腺嘧啶或胞嘧啶，產生二聚體屬於同型二聚體，但如果兩個不同的嘧啶經由紫外線的照射而形成二聚體，便成為異型二聚體，如 C-T 或 T-C 等均可產生二聚體。這種二聚體產生的頻率遠比胸腺嘧啶二聚體低，但其突變的效果與胸腺嘧啶二聚體相同，均可產生鹼基缺失突變。

筆者在第十四章曾經指出，在鹼基的缺失突變及插入突變中，如果缺失的鹼基或插入的鹼基不成三聯體密碼，則突變所帶來的必然是框架漂移突變，造成基因產物功能的喪失。如果涉及的基因十分重要，則突變的個體可能因為喪失重要的生物代謝功能或其他原因而死亡。

物理因素所誘導的突變中，經由 DNA 的斷裂而造成突變的產生占物理突變的多數。因此，用放射線的方法所誘發的突變中，有相當多的重複（duplication）、倒位（reversion）、易位（translocation）及缺失（deletion）等方式。在誘導突變後常常需要進行雜交選育或回交（如植物材料）等方式，使突變所造成的損害降到最低，同時又能使突變所帶來的抗逆性或高產等農業性狀，得到最佳的收獲。

第二節 化學誘變

凡是可以導致基因突變的化學藥劑，均可稱為誘變劑（mutagens）。誘變劑可分為自然存在的化合物及人工合成的化合物。根據誘變劑的誘變機制，還可將誘變劑分為不同的類型，包括鹼基的類似物（base analog）、鹼基修飾劑（base-modifying agents）及插入性誘變劑（intercalating agents）等。鹼基類似物及插入性誘變劑的誘變作用，依賴於 DNA 的複製過程，而鹼基修飾劑在細胞週期的任何時期，都可誘導基因的突變。

鹼基類似物

鹼基類似物指的是某種在結構上，與鹼基相似但又不完全相同的化合物。與正常鹼基相似的是，這些鹼基類似物存在著正常的和互變異構物兩種狀態。在每種狀態下，鹼基類似物可以與 DNA 分子中正常的鹼基相互配對。因為鹼基類似物與正常的鹼基在結構上，有相當程度的相似性，因而可以替代 DNA 分子中正常的鹼基，插入 DNA 分子中。

筆者在介紹真核細胞 DNA 複製時，曾介紹過利用 5-溴尿嘧啶（5BU）插入 DNA 分子的實驗，從而替代正常 DNA 分子中的胸腺嘧啶。但由於 5-溴尿嘧啶與吉姆沙染劑的親和性不如胸腺嘧啶，故可以在一條複製後的染色體中，區分該兩條染色單體。利用這種

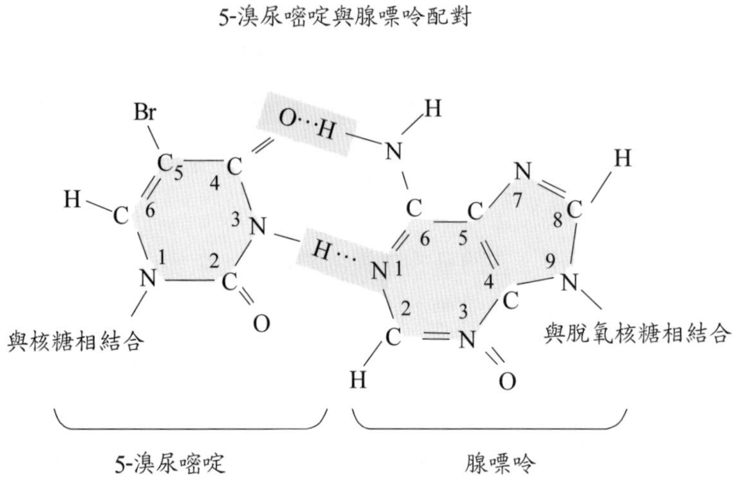

5-溴尿嘧啶與腺嘌呤配對

圖 15-1　5-溴尿嘧啶與腺嘌呤配對示意圖。在生物化學的研究中，業已證明尿嘧啶可以與腺嘌呤配對；在 RNA 的轉錄研究中，也已證明腺嘌呤的轉錄鹼基正是尿嘧啶，可見兩者之間高的親和性。圖中表示尿嘧啶 5 號碳原子上連接溴原子（Br），而成 5-溴尿嘧啶，這個衍生物的 4 號碳原子上的 O 原子及 3 號 N 原子，可以與腺嘌呤 6 號碳原子的 N 原子及 1 號 N 原子，經由氫原子而形成兩個氫鍵。

方法不僅可以證明真核細胞的 DNA 複製，也採用半保守複製機制，還可以讓半保守複製機制在普通的光學顯微鏡下，直接觀察到新、舊染色單體的不同染色效果。

　　5-溴尿嘧啶在 5 號碳原子上有一溴原子（Br），如果 3 號氮原子形成亞氨基（正常狀態）時，其 4 號及 2 號碳原子與氧原子分別形成酮基，因而 4 號碳的酮基與 3 號亞氨基，可以與腺嘌呤配對（圖 15-1），形成兩個氫鍵。但如果其亞氨基的氫原子轉為質子化，4 號碳原子上的氧原子轉為烯醇式，則可與鳥嘌呤形成三個氫鍵（圖 15-2）。因此，在正常情況下，5-溴尿嘧啶替代胸腺嘧啶與腺嘧啶配對，但在烯醇式時可與鳥嘌呤配對，代替胞嘧啶（圖 15-3）。

　　如果 5-溴尿嘧啶替代胸腺嘧啶進入 DNA 分子，不被 DNA 修復系統所發現，則在下一輪的 DNA 複製時只要形成烯醇式，則很可能以鳥嘌呤代替原來的胸腺嘧啶的位置；如果進入 DNA 分子時替代了胞嘧啶，那麼在下一輪 DNA 複製時，將以腺嘌呤代替鳥嘌呤。所以，5-溴尿嘧啶所誘發的突變可從 TA 變成 CG，也可從 CG 變為 TA 的轉換突變（圖 15-4）。

　　然而，不是所有的鹼基類似物都可能成為誘變劑。如頗為廣泛用於治療愛滋病（AIDS）的一種藥物，便是胸腺嘧啶的類似物。這是一種稱為疊氧胸苷（azidothymidine, AZT）的化合物，類似於胸腺嘧啶。疊氧胸苷充其量只能作為胸腺嘧啶的替代物，而不能

5-溴尿嘧啶與鳥嘌呤配對

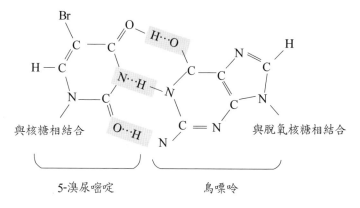

圖 15 - 2　5-溴尿嘧啶與鳥嘌呤配對示意圖。圖中表示在 5-溴尿嘧啶中，由於 Br 原子的強力作用，使得尿嘧啶中的 2 號碳、3 號 N 及 4 號碳向後傾斜，分別與鳥嘌呤 2 號碳原子、1 號 N 原子及 6 號碳原子上的 N 原子，各自形成氫鍵。使得本來不能在鳥嘌呤與尿嘧啶之間形成正常配對（即華生—克里克鹼基配對）的兩個鹼基，形成配對的關係。

5-溴尿嘧啶的誘變作用
TA 到 CG 的轉換突變

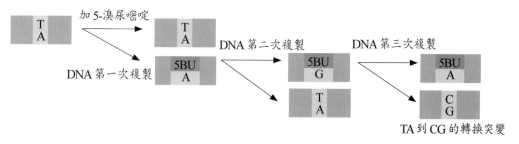

圖 15 - 3　5-溴尿嘧啶所誘發的 T→C 轉換突變。首先，5-溴尿嘧啶在含有 T-C 對的 DNA 分子複製時，代替胸腺嘧啶與腺嘌呤配對，成為 5-溴尿嘧啶-A 的鹼基對。因為 5-溴尿嘧啶可與鳥嘌呤配對，因而在這個 DNA 進入第二次複製時，5-溴尿嘧啶可成為 5-溴尿嘧啶-G 的鹼基對。DNA 進行第三次複製時，G 可與 C 進行正常的配對，使原始的 T-A 對變為 C-G 對。

誘發基因的突變。也許因為疊氧胸苷具有一定的安全性，故成為美國聯邦藥檢局批准的少數能用於治療愛滋病的藥物。

鹼基修飾劑

鹼基修飾劑指的是可以導致鹼基中，某些基團的移除、代替、附加等反應的化合物，從而使鹼基變為另一種物質。最常見的鹼基修飾劑所誘發的反應，包括鹼基的脫氨作用、羥化作用（hydroxylation）及烷化作用（alkylation）等。這些物質雖可改變鹼基，但不是所有的化學修飾都最終可以誘發基因的突變。

首先，我們談亞硝酸（nitric acid, HNO_2）對鹼基的脫氨基作用。研究說明，亞硝酸可以對鳥嘌呤、胞嘧啶及腺嘌呤等，苯環或噗啉環以外的氨基進行直接的修飾作用，使之轉變為酮基。如亞硝酸作用於鳥嘌呤可以轉化為黃嘌呤（圖 15 - 5）；作用於胞嘧啶可以轉化為尿嘧啶（圖 15 - 6）；作用於腺嘌呤可以轉化為次黃嘌呤（圖 15 - 7）。黃嘌呤仍然可以與胞嘧啶相互配對，但胞嘧啶被轉化為尿嘧啶時，則產生 CG→TA 的轉換突變；腺嘌呤被轉化為次黃嘌呤則由於可與胞嘧啶配對，而成為 AT→GC 的轉換突變。

我們再看一看鹼基修飾是如何經由鹼基的羥化作用（也稱水化作用），導致基因突變的。氫氧化氨（也稱羥氨）可與胞嘧啶第 4 號碳原子上的氨基相互作用，形成氨原子的水化作用（即氫氧根的附加）。胞嘧啶的水化作用使胞嘧啶轉化為羥氨胞嘧啶，也使得該氮原子從氫鍵的提供者成為氫鍵的接受者，因而可以與腺嘌呤配對，使該位點發生 CG→TA 的轉換突變（圖 15 - 8）。

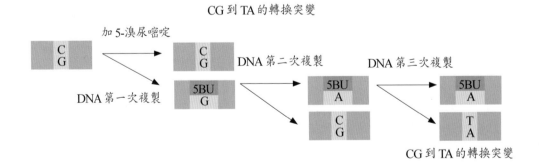

圖 15 - 4　5-溴尿嘧啶所誘發的 C-G 對，變為 T-A 對的轉換突變。首先，5-溴尿嘧啶在含有 C-G 對的 DNA 分子複製時，代替胞嘧啶與鳥嘌呤配對成為 5-溴尿嘧啶-G 的鹼基對。因為 5-溴尿嘧啶可與腺嘌呤配對，因而在這個 DNA 進入第二次複製時，5-溴尿嘧啶可成為 5-溴尿嘧啶-A 的鹼基對。DNA 進行第三次複製時，A 可與 T 進行正常的配對，使原始的 C-G 對變為 T-A 對。

黃嘌呤與胞嘧啶配對

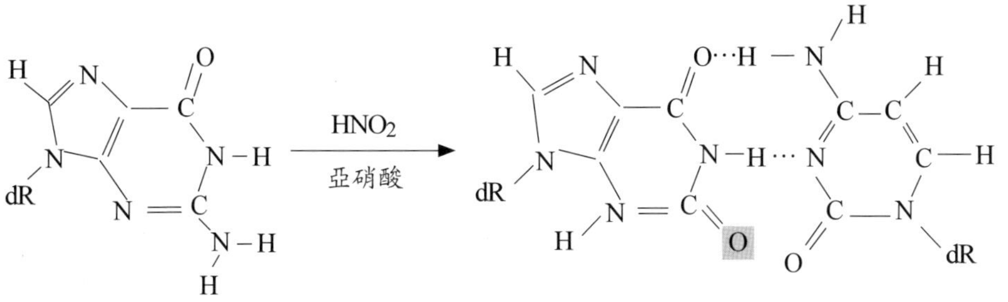

鳥嘌呤　　　　　　　　　　　黃嘌呤　　　　胞嘧啶

亞硝酸經脫氨作用，使鳥嘌呤轉為黃嘌呤

圖 15-5　亞硝酸經由脫氨作用使鳥嘌呤轉變為黃嘌呤的變化。因為黃嘌呤只能與胞嘧啶配對，故這種轉換不會使基因發生突變。

尿嘧啶與腺嘌呤配對

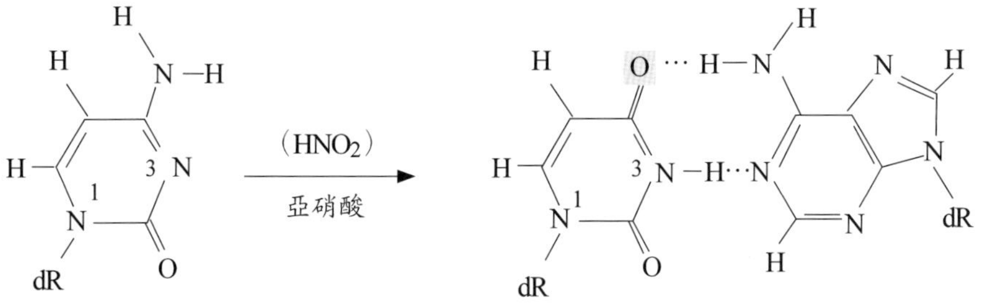

胞嘧啶　　　　　　　　　　　尿嘧啶　　　　腺嘌呤

CG ⟶ TA

亞硝酸經脫氨作用，使胞嘧啶轉為尿嘧啶

圖 15-6　亞硝酸經由脫氨作用，使胞嘧啶轉變為尿嘧啶的變化。因為在正常情況下，尿嘧啶在 DNA 複製時與腺嘌呤配對，故這種轉換可發生 C-G 對變為 T-A 對的轉換突變。

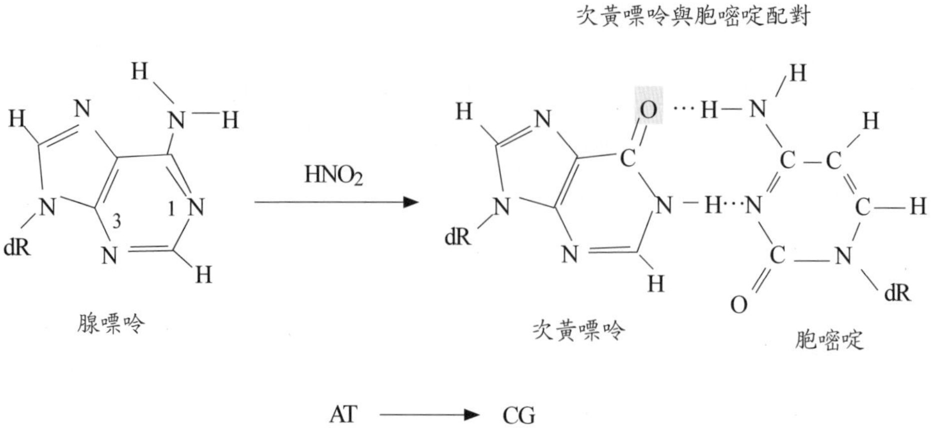

次黃嘌呤與胞嘧啶配對

AT ⟶ CG

亞硝酸經脫氨作用，使腺嘌呤轉為次黃嘌呤

圖 15 - 7　亞硝酸經由脫氨作用，使腺嘌呤轉變為次黃嘌呤的變化。因為在 DNA 複製時，次黃嘌呤可與胞嘧啶產生配對，故在第二次 DNA 複製時，錯誤地進入該位點的胞嘧啶而與鳥嘌呤配對。因而，亞硝酸的這種作用使得原來為 A-T 的鹼基對，轉變為 C-G 對。

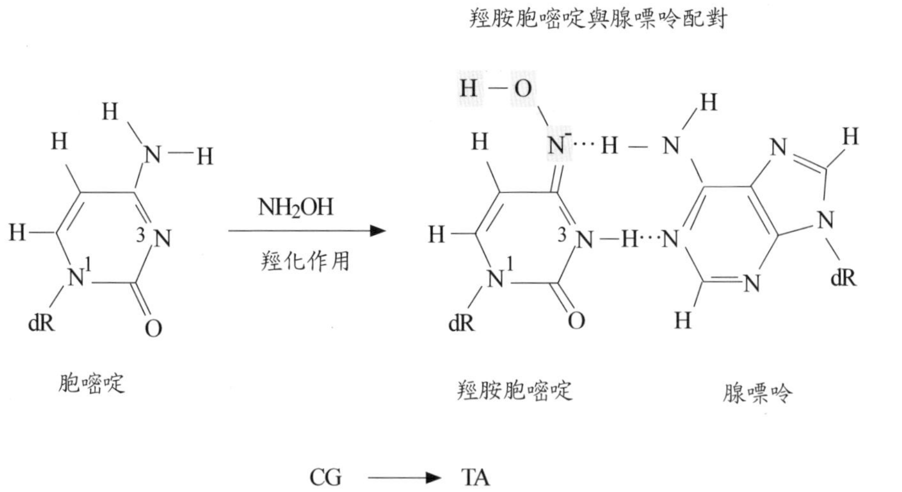

羥胺胞嘧啶與腺嘌呤配對

CG ⟶ TA

氫氧化氨經羥化作用，使胞嘧啶轉為羥胺胞嘧啶

圖 15 - 8　氫氧化氨經由羥化作用，將胞嘧啶轉變為羥胺胞嘧啶的變化。因為在 DNA 複製時，羥胺胞嘧啶可與腺嘌呤產生配對，故在第二次 DNA 複製時，錯誤地進入該位點的腺嘌呤，便可與胸腺嘧啶進行（正常）配對。因而，氫氧化氨的羥化作用，使得原來為 C-G 的鹼基對轉變為 T-A 對。

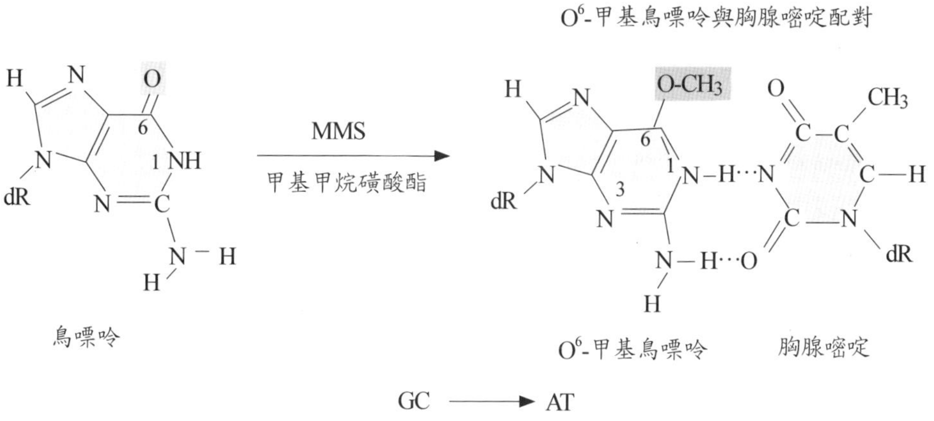

O⁶-甲基鳥嘌呤與胸腺嘧啶配對

鳥嘌呤

MMS
甲基甲烷磺酸酯

O⁶-甲基鳥嘌呤　　胸腺嘧啶

GC ⟶ AT

甲基甲烷磺酸酯經烷化作用，將鳥嘌呤轉為 O⁶-甲基鳥嘌呤

圖 15 - 9　甲基甲烷磺酸酯經由烷化作用，將鳥嘌呤轉變為 O^6-甲基鳥嘌呤示意圖。由於甲基甲烷磺酸酯的烷化作用，將甲基附加於鳥嘌呤 6 號碳原子上所連接的氧原子，成為 O^6-甲基鳥嘌呤。因為在 DNA 複製時，O^6-甲基鳥嘌呤可與胸腺嘧啶相互配對，故在第二次 DNA 複製時，錯誤地進入該位點的胸腺嘧啶，便可與腺嘌呤進行（正常）配對。因而，甲基甲烷磺酸酯的烷化作用，使得原來為 G-C 的鹼基對轉變為 A-T 對。

　　最後我們觀察一下，如何經由烷化作用而導致基因突變的過程。一種鹼基修飾劑為甲基甲烷磺酸酯（methylmethane sulfonate, MMS）可作用於某些鹼基的酮基，如鳥嘌呤中 6 號碳原子上的氧原子，經由烷化作用而形成甲基化，從而轉變為 O⁶-甲基鳥嘌呤。由於這一甲基化而失去與胞嘧啶配對的機會，轉而與胸腺嘧啶相互配對，因而最終出現 GC→AT 的轉換突變（圖 15 - 9）。烷化作用可以是甲基化（$-CH_3$），也可以是乙基化（$-CH_2$-CH_3），甚至丙基化（$-CH_2$-CH_2-CH_3）等等。但如果修飾的基因團太大，則會影響進入 DNA 分子的可能性，反而不會誘發基因的突變。

插入性突變劑

　　一般用於 DNA 染料的化合物，均可以插入 DNA 分子中，插入的位置大部分都在鹼基與鹼基之間，使得本來鹼基與鹼基之間特定的空間中，增添了一個外來的鹼基或化合物。這種插入可使本來是螺旋化的 DNA 分子變成鬆弛狀態。如果被插入的那一條鏈在 DNA 複製時作為模版，則複製之後的新鏈可能會因此增加了一個鹼基，因而造成插入性突變。

　　研究說明，原黃素（proflavin，也稱為二氨基吖啶）、氮蒽（acridine，也稱吖啶）

及溴化乙啶（ethidium bromide，也稱菲啶溴紅）等 DNA 染料，均可插入 DNA 分子的鹼基之間。更為嚴重的是，這種插入往往是大規模的插入，如果在 DNA 複製之前不能清除插入的化合物，則可能會出現多處突變。

從突變機制看，如果插入性誘變劑插入 DNA 模板鏈的鹼基之間，那麼新合成的 DNA 鏈中，就可能多出一個鹼基。雖然在此後的複製過程中，插入的誘變劑可能會被除去，但多出一個鹼基的鏈再一次作為複製的模板鏈時，將產生更多的突變鏈。如果插入性誘變劑是在新鏈合成時插入新鏈，那麼新鏈在下一輪複製前的細胞週期（$G_2 \rightarrow M \rightarrow G_1$）中，如不能除去插入的誘變劑，則可能會出現插入性突變。正如前面所述，如果插入的鹼基或缺失的鹼基，不是以三聯體的方式增加或刪除，則容易出現框架漂移突變。

除了上述的種種突變之外，由於生物技術的迅速發展，遺傳學家們已經不能滿足那些隨機突變所帶來檢測上的種種問題，於是發展了 DNA 的定點誘變技術（將在下一章詳述）。隨著經濟的發展，環境中也越來越多存在著各種基因誘變劑，是威脅人類生活的嚴重問題。有人甚至認為，人類各種癌症的發病率正逐年上升，這除了鑑定技術逐年進步而發現更多的初期癌症外；更重要的，可能與環境的汙染有著密切的關係，不得不引起世人的關注。

思考題

1. 在植物的誘變育種中，最常考慮要改良的農業性狀是什麼？
2. 物理誘變的研究創立於化學誘變之前，為何後來的理論及實用研究，反而不如化學誘變？
3. 基因誘變的動物模型，對於藥物、藥理學及遺傳學的研究，有何重要的應用？
4. 基因的誘發突變在果蠅的發育研究中，曾經發揮過哪些重要的作用？
5. 為什麼說誘發突變是遺傳學研究中不可或缺的重要環節？
6. 在自然界及現代社會生活中，有哪些物理因素可誘發基因突變？為什麼？
7. 為什麼說小鼠基因突變的遺傳模式之建立，對於人類遺傳疾病的治療研究是不可或缺的研究材料？
8. 有哪些重要的動物遺傳模式，已經投入了日常的遺傳學研究？
9. 環丁胸腺嘧啶的形成，如何能夠造成基因的突變？
10. 為什麼著色性乾皮病的患者，怕見到陽光？
11. 請說明為什麼 5-溴尿嘧啶可與腺嘌呤配對？
12. 請說明為什麼 5-溴尿嘧啶可與鳥嘌呤配對？

13. 請說明 5-溴尿嘧啶的誘變原理。

14. 請從原理分析說明亞硝酸對鳥嘌呤的脫氨作用，為何不會產生基因突變？

15. 請從原理分析說明，為什麼亞硝酸對胞嘧啶及胸腺嘧啶的脫氨作用，可以產生基因突變？

16. 氫氧化氨的羥化作用，是如何使基因產生突變的？

17. 為什麼甲基甲烷磺酸酯對鳥嘌呤的烷化作用，可使基因產生突變？

第十六章 基因的定點突變及體外的擴增

本章摘要

　　無論是自發突變（spontaneous mutation）還是經由物理或化學等因素所誘導的基因突變（Induced mutation），均以隨機突變（Random mutation）為大多數。因此自從 1927 年 Muller 發現 X 射線可以誘導果蠅基因突變以來的六十年間，基本上無人能夠隨心所欲地得到其所想得的基因突變。即使利用微生物為材料，也只能在千百萬的隨機突變體中，選擇出我們所要得到的突變體，但這個過程必須擁有行之有效的突變體選擇方法。如 Beadle 和 Tatum（1941）採用 X 射線處理紅色麵包霉（酵母菌）之後，再利用各種培養基（如基本培養基、完全培養基，以及在基本培養基上添加氨基酸，而製成各種選擇性培養基等）選擇出精氨酸代謝缺失突變體一樣，但可惜能進行這樣實驗的生物有限，這類基因也為數不多，因而有目的地進行誘導突變的實驗大大受到限制。現代基因技術的發展，可以在預先設定目標的情況下，改變某個特定的遺傳密碼，從而達到改變蛋白質氨基酸、核糖體 RNA 及轉運 RNA 的序列。定點突變技術主要包括：(1)利用編碼蛋白質、核糖體 RNA、轉運 RNA 或 snRNA 的基因為模板，進行 DNA 的誘變；(2)利用含有突變核苷酸序列的寡聚核苷酸為引物，在體外進行 DNA 的複製可得到突變體 DNA；(3)突變的 DNA 經由 DNA 序列分析確認之後，即可進行基因的表達，從而獲得突變體蛋白質、核糖體 RNA 或轉運 RNA；(4)如有必要進行突變產物的特殊研究時（如突變蛋白質的結構分析等），可進行突變產物的純化等。這便是現代 DNA 的定點誘變（site-directed mutagenesis）的基本內容。本章將以筆者曾經進行過的基因定點突變為例，詳細介紹含尿嘧啶單鏈 DNA 模板的定點突變、雙鏈 DNA 模板的定點突變，以及 PCR 的定點突變之理論與實踐。

前言

　　在漫長的科學試驗過程中，人們一直想經由各種基因的誘變方法，創造出具有新性狀，尤其是優良農業性狀（agronomic character，也稱農藝性狀）的品種或品系，用於大規模的農業生產及理論研究。最早發現物理方法可以誘導基因突變的是 Muller，他在

1927 年發現的 X 射線可以誘導果蠅基因突變的實驗。之後人們嘗試更多其他的生物，尤其是 1941 年 Beadle 及 Tatum 利用 X 射線，獲得大量的紅色麵包霉突變體，經由特殊的培養基選擇之後，獲得了一系列的突變體。他們由此發現了一個基因控制一個酶的產生，基因的突變可以導致酶活性的缺失等，並因而提出了「一個基因一個酶」的假說。

自從二次世界大戰之後，人們渴望迅速恢復生產力，改善人們的生活，因而大量利用物理誘變的方法於植物種質的誘變。在許多的研究單位中，有中國農業科學院原子能研究所長期以來致力於動、植物的誘變研究，獲得許多突變體。但物理方法的誘變具有一個共同的特點：即所誘變的基因及變異類型是不可預測的，同時必須經過長期的雜交或回交育種等選育過程，才能獲得穩定的誘變品種。更多的情況是，雖然投入了大規模的研究，有時還需數代人的共同努力，也未必能得到所希望得到的品種。但這項研究截至今天，在世界範圍內仍然保持一定規模的物理誘變實驗，如中國的回收式衛星實驗，也曾承載過多種植物材料到太空中進行誘變，希望藉此而獲得更為優良的品種。雖然許多具有創造性的實驗，經歷多年之後可能會功虧一簣，但科學實驗就是這樣：嘗試→失敗→再嘗試→再失敗，一直到有一天可能在偶然中，得到夢寐以求的品種。

與此同時，世界範圍內的化學誘變也在進行著。隨著研究的深入，越來越多的化學藥物投入誘變應用。但化學誘變與物理誘變一樣，無法預測誘變的後果。有些突變體必須經由特殊的選育程序，才能選出我們所期望的品種或品系，但最常見的是隨機突變。這是物理及化學誘變條件下所不可避免的結果，因此人們必須投入大量的人力、物力於品種的篩選上，況且常常得不到所期待的種系。

基因技術的發展，解決了基因誘變研究中的隨機性及盲目性，使我們有的放矢地進行單密碼或少數密碼的改造研究。目前定點突變有三種基本方式：一是含尿嘧啶的單鏈 DNA 模板的誘變；二是雙鏈 DNA 模板誘變；三是利用多聚鏈反應（polymerase chain reactions, PCR）。檢查定點突變最有效、也是最直接的方法是 DNA 的序列分析，因此將作為本章鑑定基因突變的主要方法加以介紹，此外，筆者還將介紹其他基因突變的鑑定方法。

第一節　含尿嘧啶單鏈 DNA 模板的誘變

這種 DNA 的誘變程序包括：(1)先將基因克隆到可以產生單鏈 DNA 的載體上，如噬菌體 M13 等；(2)在 RNA 酶（RNase）缺失的細胞中製備含尿嘧啶的單鏈 DNA，作為基因誘變的模板分子；(3)利用含有突變位點的寡聚核苷酸作為引物分子，進行體外 DNA 的複製，製造突變 DNA 分子；(4)將含有尿嘧啶突變位點的 DNA 分子，經由轉導作用轉入正

常的細胞株內；(5)進行 DNA 的序列分析，以便確證 DNA 已經發生突變；更重要的是，要證明除了目標位點發生突變外，沒有任何其他突變位點的存在。

M13 的基本性質

　　M13 是一種噬菌體，但基本上屬於較為溫和的噬菌體。雖然如此，利用 M13 進行轉導作用（transduction）所發生的頻率極低，可見這個噬菌體的遺傳物質極少插入大腸桿菌的染色體組。經過改造的、適合於遺傳工程操作的 M13 基因組，大約為 7.5kb（圖 16 - 1），含有 f1 的基因序列，因而可以產生單鏈 DNA 分子（圖 16 - 2）。M13 在形成噬菌體顆粒時是單鏈 DNA，但一旦侵染進大腸桿菌的細胞內時，便可以自身的 DNA 為模板形成雙鏈 DNA，此時稱為複製型 M13（replicative form of M13）。複製型 M13 在細胞內較穩定，雖然不會迅速使細胞形成溶菌狀態，但也會讓細胞因為感染而生長緩慢，因而可形成清晰的噬菌斑（plaques）。

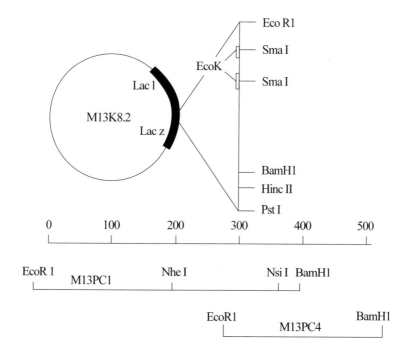

圖 16 - 1　克隆有甜豌豆質體藍素（plastocyanin）基因的 M13 結構示意圖。放大部分（右圖）為多重克隆位點，可以選用克隆不同片段的 DNA。下圖為甜豌豆質體藍素基因的兩個不同片段，克隆後分別形成 M13PC1 及 M13PC4 兩種結構，雖然兩個結構都只含有一部分基因，但可以利用內切酶將兩者組裝起來，形成完整的甜豌豆質體藍素基因。取自拙作「Design and expression of novel plastocyanins and the role of Tyr-83 of plastocyanin in electron transfer」（劍橋大學博士研究第一年的年度研究報告，1991 年 4 月）。

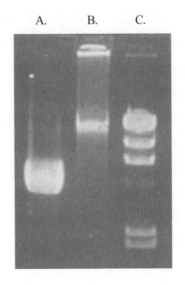

圖 16-2　含有質體藍素（plastocyanin）基因的 M13 DNA。C 為 DNA 標準片段（在早期的研究中，標準片段都是經過內切酶消化入噬菌體而自備的）；B 為含有質體藍素基因的 M13 雙鏈 DNA；A 為含有質體藍素基因的 M13 單鏈 DNA。取自拙作「Design and expression of novel plastocyanins and the role of Tyr-83 of plastocyanin in electron transfer」（劍橋大學博士研究第一年的年度研究報告，1991 年 4 月）。

　　M13 在細胞內經過一段時間的生長，也會形成其自身的外殼蛋白。M13 的外殼蛋白可促使複製型 M13 形成單鏈 DNA 狀態。此時，外殼蛋白與單鏈 DNA 形成病毒顆粒。M13的外型頗似T-偶數噬菌體，頭部為 20 面體，中間有鞘部，由收縮（contraction protein）蛋白所組成，因而可以收縮。感染細菌時，M13 利用這一功能將 DNA 射入細胞內。噬菌體的尾部含有纖維蛋白（fiber protein），是噬菌體附著在細菌表面的重要輔助性結構。噬菌體顆粒在細胞內形成之後，即可離開原來的細胞繼續感染其他未曾感染的細胞；因此，在培養物的上清液中含有噬菌體顆粒，其中含單鏈 DNA。

M13 噬菌體的分離

　　利用消毒的巴斯德移液管，將含有目標基因的噬菌斑移到含有 1 mL LB 培養液的微量離心管（eppendorf tubes）中，然後移到 60℃ 下 5 分鐘將細菌殺死。噬菌體顆粒可在高速震盪的條件下，從瓊脂糖凝膠中釋放出來。經由高速離心（如 13,000 轉 / 分）的方式，可將凝膠與病毒顆粒（圖 16-3）彼此分開。含有噬菌體顆粒的上清液轉到一個新管中，置放於 4℃ 下保存。一般情況下，噬菌體顆粒在 4℃ 下可保存一個月，仍具有較佳的侵染能力。

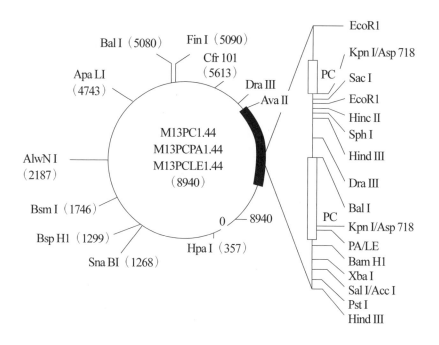

圖 16-3　具有完整質體藍素基因的 M13 結構示意圖。M13PC1 及 M13PC4 兩種結構各含有一部分基因，利用內切酶將兩者組裝起來，而形成完整的甜豌豆質體藍素基因。這個結構可用於轉化大腸桿菌（註：在美國的出版物中，習慣性將噬菌體轉化細菌稱為轉導，無論轉導是否真的發生）。取自拙作「Design and expression of novel plastocyanins and the role of Tyr-83 of plastocyanin in electron transfer」（劍橋大學博士研究第一年的年度研究報告，1991 年 4 月）。

含尿嘧啶單鏈 DNA 的製備

　　首先在 LB 培養液（內含 1% 蛋白腖、0.5% 氯化鈉及 0.5% 真菌提取物）中，培養大腸桿菌品系 CJ236（*dut⁻ ung⁻ F′*）過夜，然後轉移 5 mL 的培養液到 100 mL 的培養液（1.6% 蛋白腖、1% 真菌提取物及 0.5% 氯化鈉）中，內含 0.25 Mg/mL 的尿嘧啶。加上噬菌體的提取物，在 37℃ 下培養 6-18 個小時，即可純化噬菌體 DNA。經由離心的方法將噬菌體與細胞分開之後，上清液移到乾淨的管中，並加入蛋白質的沉澱劑〔如，聚乙二醇（polyethylene glycol, PEG）〕將噬菌體沉澱。此時的噬菌體仍然是噬菌體的顆粒，外含蛋白質、內含單鏈 DNA。因此，利用苯／氯仿等物質除去蛋白質，再經乙醇沉澱即可純化出含有尿嘧啶的單鏈 DNA（圖 16-4）。

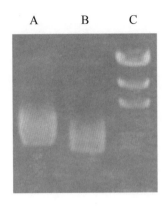

圖 16 - 4　含質體藍素基因的 M13 單鏈 DNA。C 為 DNA 的標準片段；A 為含質體藍素基因的 M13 正常單鏈 DNA；B 為含質體藍素基因的 M13，且含有尿嘧啶的單鏈 DNA。取自拙作「Design and expression of novel plastocyanins and the role of Tyr-83 of plastocyanin in electron transfer」（劍橋大學博士研究第一年的年度研究報告，1991 年 4 月）。

DNA 的體外複製

　　DNA 體外複製的引物，含有突變的核苷酸序列；在進行 DNA 複製前，應首先進行磷酸化。一般採用 T4 多聚核苷酸激酶對引物進行磷酸化。反應條件一般在 37°C 下進行 45 分鐘，然後轉入 65°C 下作用 10 分鐘，以便終止反應。最終磷酸化的寡聚核苷酸用 TE 緩衝液（73 mmol/L Tris-HCl, pH 8.0, 1mmol/L EDTA・Na$_2$）稀釋到 6 pmol／微升，並儲存於 −20°C 下待用。

　　磷酸化的引物與含有尿嘧啶的寡聚核苷酸混合之後，加入鏈合緩衝液（20 nmol/L Tris-HCl, pH 7.4, 2 mmol/L MgCl$_2$, 50 mmol/L NaCl）。混合物加熱到 70°C 之後，再以每分鐘下降 1°C 的速度，讓混合物的溫度下降到 30°C，然後進行 DNA 的體外複製。

　　體外的 DNA 複製反應，在脫氧核苷三磷酸為基本建構分子的條件下進行。因為 DNA 聚合酶需要 Mg^{2+} 作為活性劑，所以必須加入適量的 Mg^{2+} 離子，並在 T4 DNA 聚合酶的催化作用條件下進行聚合反應。為了讓 DNA 與引物較好地結合，反應物應先在冰上作用 5 分鐘，然後轉入 25°C 下作用 5 分鐘，最後轉入 37°C 反應 90 分鐘。作用完畢後，可用終止緩衝液（10 mmol/L Tris-HCl, pH 8.0, 10 mmol/L EDTA）終止反應。DNA 體外複製的產物可經由限制性內切酶消化之後，在瓊脂糖凝膠中分離加以檢測（圖 16 - 5）。如果不能馬上利用反應液，可以保存在 −20°C 下一個月。

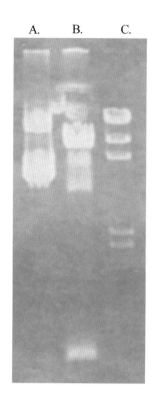

圖 16 - 5　DNA 體外複製後內切酶消化片段的瓊脂糖凝膠分離。圖中的 C 是標準 DNA 片段；A 為體外 DNA 複製後直接用凝膠分離的結果，下面的條帶為未發生 DNA 複製的含有尿嘧啶的單鏈 DNA，同一泳道上方的條帶為 DNA 複製後的 RNA/DNA 雜交雙鏈結構；B 為 DNA 體外複製後，再經內切酶消化後的凝膠分離之結果。與 A 泳道單鏈 DNA 相同位置的 DNA 條帶，應是含有尿嘧啶的單鏈 DNA，內切酶對其沒有作用。介於 A 泳道雙鏈及單鏈之間的 B 泳道之 DNA 條帶，應是 M13 的 RNA/DNA 雜交雙鏈 DNA，質體藍素基因已被酶切作用釋放出來（B 泳道最小的條帶）。B 泳道雙鏈 DNA 的上方有兩條帶，不似 DNA 條帶，應為 EtBr 的殘留物。取自拙作「Design and expression of novel plastocyanins and the role of Tyr-83 of plastocyanin in electron transfer」（劍橋大學博士研究第一年的年度研究報告，1991 年 4 月）。

突變 DNA 的鑑定

　　體外複製反應之後的產物，可以在瓊脂糖凝膠中分離（圖 16 - 5），反應產物為雙鏈 DNA，因此在凝膠電泳中可明顯區分出單鏈與雙鏈 DNA。因為反應物的雙鏈 DNA 中，一條含有尿嘧啶，另一條（體外合成）鏈為正常的 DNA，因此反應產物應為 DNA 與 RNA 的雜交分子。如果將此反應產物轉入正常含有核醣核酸酶（RNase）的細胞中，其中的 RNA 鏈將被水解，留下 DNA 鏈。此時單鏈的 DNA 可作為模板合成新的 DNA 鏈，形

成複製型 M13。

定點突變最佳的鑑定方法是 DNA 的序列分析（見第一章 DNA 序列分析的放射自顯影結果），這是不言而喻的，因為大多數所誘導的突變只包含某個密碼子的改變，除非特定的突變可以導致特定性狀的產生，否則 DNA 的核苷酸序列分析是必需的。經由 DNA 的序列分析不僅可以鑑定突變的位點，還可以檢驗基因的其他序列是否因為體外的 DNA 複製，而導致核苷酸序列的改變。如果基因比較大，在突變的前置克隆時，應將基因盡量切成片段克隆到 M13 載體中，經過突變之後再將突變的片段克隆回原來的基因，代替野生型的核苷酸序列即可得到特定突變位點的全序列基因。

利用含尿嘧啶單鏈 DNA 的誘變舉例

M13 K8.2 含有 f1 位點，可以與外殼蛋白一起形成病毒顆粒，但顆粒的頭部所含有的 DNA 為單鏈。作為一種分子載體 M13 K8.2 含有常用的限制性內切酶位點（圖 15 - 1）。質粒藍素的信使 RNA 經過反轉錄之後形成互補（cDNA），克隆到 M13 K8.2 中。由於轉錄後的分子克隆沒有得到完整的基因序列，特選出兩種不同的克隆，一個含有 5'-末端的序列，另一個含有 3'-末端的序列，兩個克隆在 *Nsi* I 限制位點處重疊，因此利用這兩個克隆可以組裝為完整的質體藍素基因。由於所要誘導突變的位點（Tyr83）在 PC4 中，故以 M13PC4 轉化大腸桿菌 CJ236 製備含尿嘧啶的單鏈 DNA。

為了研究酪氨酸 83 的羥基是否具有電子傳遞的功能，需將酪氨酸 83 的密碼突變為苯丙氨酸 83 的密碼，兩者之間只有一個羧基的區別。另外，為了研究苯環在電子傳遞鏈中的作用，需要將酪氨酸 83 的密碼突變為亮氨酸 83 的密碼，兩者之間的體積大小相當。因此，需要將決定酪氨酸 83 的遺傳密碼（TAC）分別改為苯丙氨酸 83 的遺傳密碼（TTC），以及亮氨酸 83 的遺傳密碼（CTC）（圖 16 - 6）。體外進行 DNA 的複製之後，再轉入正常的大腸桿菌中，以便除去 DNA/RNA 雜交分子中的 RNA，提高定點誘變的突變率。DNA 經過純化後進行 DNA 的序列分析，以確認突變的位點（見第一章）。

因為進行 DNA 的定點誘變時，只利用含有一小節質體藍素基因的 M13PC4 進行誘變，故利用 *Kpn*I/*Asp*718（兩者識別位點相同）從 M13PC1 中，將含有該基因的啟動子及大部分結構基因區水解下來之後轉入 M13PC4 中，組成含有突變位點的完整基因序列。

83

| 密碼序列 | Tyr- | Lys- | Phe- | Tyr- | Cys- | Ser- | Pro |

A. 野生型　　　5' TAC - AAA - TTC - TAC - TGC - TCA - CCT 3'

B. Phe-83　　　TAC - AAA - TTC - T[*]TC - TGC - TCA - CCT

C. Leu-83　　　TAC - AAA - TTC - C^{**}TC - TGC - TCA - CCT

圖 16 - 6　進行體外 DNA 複製突變所用的引物分子。A 為野生型基因序列片段，A 的上方為這個 DNA 片段所編碼的氨基酸序列；B 為含有改變的核苷酸序列的引物，用以誘導 Tyr83Phe 的突變；C 為含有改變的核苷酸序列的引物，用以誘導 Tyr83Leu 的突變。取自拙作「Design and expression of novel plastocyanins and the role of Tyr-83 of plastocyanin in electron transfer」（劍橋大學博士研究第一年的年度研究報告，1991 年 4 月）。

第二節　雙鏈 DNA 模板的定點突變

　　雙鏈 DNA 作為誘變的模板分子，其誘變效果最高可維持在 50% 的可能性，這與含尿嘧啶的單鏈 DNA 模板的定點誘變，可達 95-100% 的誘變率有一定的差距。但在條件不允許的情況下，雙鏈 DNA 也可以作為模板分子進行定點誘變。這兩種誘變原理有一定差別，也有些共同的地方。如含尿嘧啶的單鏈 DNA 模板的誘變，主要利用其具有 RNA 性質的特點，反應之後的鏈因為其建構分子為 ddNTP，因而成為 DNA 性質的鏈。因此，所合成的鏈實際上為 RNA/DNA 的雜交鏈。將這種雜交鏈經由轉化的過程，轉入含有正常 RNA 酶的細胞（如大腸桿菌品系 MV1190 或 TG1 等）。轉入這些細胞的 RNA/DNA 的雜交分子，很容易遭受到 RNA 酶的水解，只剩下新合成的、含有突變位點的 DNA 鏈。此時噬菌體即可利用該單鏈 DNA 分子進行複製，形成複製型噬菌體 DNA。理論上，可得到 100% 的誘變體。

　　但是以雙鏈 DNA 為模板進行定點誘變時，不會產生這種效果，因為 DNA 的複製是半保守機制，新合成的鏈與舊鏈等同存在，所以進行誘變反應之後的四條鏈中，含有兩條新鏈、兩條舊鏈，故最高誘變率為 50%。儘管誘變率較低，但因為不需要特殊的細胞製備含尿嘧啶的單鏈 DNA，避免了許多實驗過程，因而這種方法也常見到報導（圖 16 - 7）。

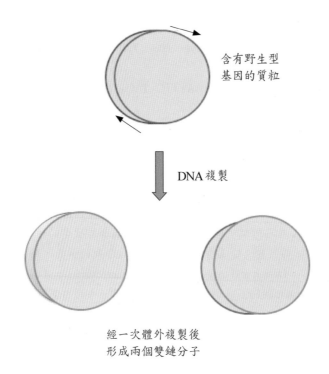

含有野生型
基因的質粒

DNA 複製

經一次體外複製後
形成兩個雙鏈分子

圖 16 - 7　雙鏈 DNA 為模板的體外複製示意圖。如果用兩個含有突變序列的引物與模板 DNA 進行反應，只能形成 50% 的突變分子。

　　在以雙鏈 DNA 為模板的定點誘變實驗時，首先將誘變的 DNA 片段克隆到質粒（plasmid）中，如 pUC18/19 等拷貝數較高的質粒等（圖 16 - 8）。純化的雙鏈 DNA 分子，應當稀釋到可以達到轉化效果的濃度，以保證在體外複製質粒時，每一個模板分子都參與 DNA 鏈的聚合反應，即可達到最佳的效果。模板分子與引物分子混合後，可以加熱到 75℃，然後在室溫的條件下，讓溫度以每分鐘 1℃ 的速度緩慢降到室溫。混合物轉入冰盒子中，讓模板分子與引物分子形成穩定的複合物。

　　在適當的緩衝液條件下，於 37℃ 經 DNA 聚合酶 I（DNA polymerase I）即可進行質粒分子的複製，一般需要讓反應進行 90 分鐘。引物在與模板分子形成複合體之前的磷酸化，是多數成功的誘變研究所具有的共同特點。這可能主要防止 DNA 聚合酶 I 的外切酶活性，提高誘變率。在反應之後，可以用終止緩衝液終止 DNA 的聚合反應。反應液可以馬上用於轉化大腸桿菌細胞，也可以儲存於 −20℃ 一個月。

　　因為雙鏈 DNA 分子作為模板進行定點誘變的最高誘變率在 50% 以下，因此質粒應經過純化、DNA 的序列分析等過程，確認突變位點之後才能進行基因的表達。如果誘變的只是基因中的一小部分，還必須將突變的 DNA 片段代替野生型序列，重新組成含有突變位點的基因全序列。可根據基因的性質選擇適當的表達體系，對突變基因進行表達研究。

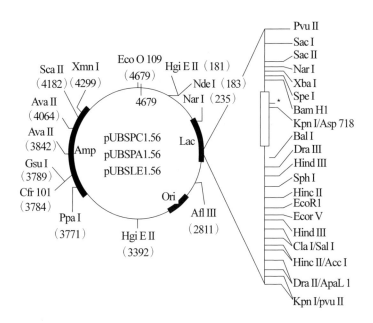

圖 16 - 8　甜豌豆質體藍素基因克隆到 pUBS 所形成的系列質粒。這種質粒可作為分子模板進行體外的 DNA 複製誘變，也是可以獲得大量質粒作為進一步的基因操作之使用的方法之一。但反應時應利用高度稀釋的質粒以防反應不完全，而造成更低突變率的效果。取自拙作「Design and expression of novel plastocyanins and the role of Tyr-83 of plastocyanin in electron transfer」（劍橋大學博士研究第一年的年度研究報告，1991 年 4 月）。

第三節　常用的 PCR 技術

在 1970 年代中期以後，人們為了擴增基因拷貝的數目，往往需要將基因克隆到質粒上，然後轉入大腸桿菌中生長。這可以在一夜之中，由一個拷貝增加到一百萬個拷貝，是遺傳操作中極為方便的研究方法之一，甚至在今天的科學研究中，仍然是擴增帶有目標基因的完整質粒分子中，最有效、也是最經濟的方法。雖然，多聚酶鏈反應在 1980 年代中後期出現到現在，在擴增帶有目標基因的整個質粒分子或噬菌體基因體時，仍然不能代替傳統的基因擴增方法。

然而，傳統的基因擴增方法雖然有其獨特的長處，但如果用其克隆一個新的基因或一個已知兩端序列的基因時，卻是一件十分費時的工作。簡單地說，首先要根據蛋白質的氨基末端之氨基酸序列，估計多種可能的核苷酸序列。如果氨基末端中出現多個色氨酸，那是研究者的福，但如果氨基末端中出現多個亮氨酸，那是研究者的不幸。根據所估計的核苷酸序列進行合成，形成多組寡聚核苷酸。其次是將寡聚核苷酸以催化的方式

加上 ^{32}P，使其帶有放射性同位素，以便追蹤研究。其三是提取細胞中所有的信使 RNA，並在體外轉成互補 DNA（complementary DNA, cDNA）。其四是將所有轉成的 cDNA 克隆到分子載體上，這是當時唯一能夠保存並有可能擴增基因拷貝數的方法。其五是將克隆到分子載體中的 cDNA，作為轉化物質轉化大腸桿菌，使之在瓊脂糖膠平面培養基上形成菌落。接下來是將菌落中較小分子的 DNA 部分，轉到硝酸纖維膜（nitrocellulose membrane）上。因硝酸纖維膜具有吸附 DNA 的特點，因此只需將硝酸纖維膜覆蓋到平面的培養基菌落上面，數小時或十幾小時便可。其六是將硝酸纖維膜洗淨之後，分別用攜帶有放射性同位素的不同寡聚核苷酸在適當的溫度下，與硝酸纖維膜上的 DNA 進行分子雜交。最後是將雜交後的硝酸纖維膜進行放射自顯影。如有陽性的菌落時，即可特別挑選出來進行研究。

以上所述的基因克隆的簡單過程，需要較長時間、多種實驗相結合的研究。有時這樣挑選出來的陽性菌落，不一定含有基因的全序列，因此需要同時進行多個菌落的研究，包括經常性進行限制性內切酶片段、瓊脂糖膠分離、DNA 印跡（Southern blot）等研究。在過去沒有自動化 DNA 序列分析、沒有專門的生技公司幫助進行 DNA 定序的年代，基因克隆的最大工作量在於定序上。而過去的 DNA 定序多數都採取將 DNA 切成小片段，克隆到分子載體上進行分析，或者利用 DNA 漫步法（DNA walking）逐步進行定序，是一種很有效，但很費時、費力、費錢的研究。

從 1970 年代到 1980 年代的二十餘年間，人們在某些極端的自然環境（如 60-70℃ 的溫泉或熱泉水中、零到 –20℃ 的冰天雪地中）條件下，發現了古細菌。如有些在溫泉中生長的古細菌，可以在 70℃ 的極端條件下進行基因組的複製。其 DNA 聚合酶（如 Taq DNA 聚合酶）被純化後，人們還發現該酶在 90-94℃ 下雖不能繼續複製，但當溫度降到 70-72℃ 時，仍恢復其 DNA 聚合反應的能力。該酶也可以在室溫或體溫的條件下，進行聚合反應，於是有人（Kary Mullis）設計了聚合酶鏈反應（Polymerase chain reaction, PCR）的過程。由於這項技術的革新，使得基因克隆及基因的增殖在數小時內，達到以往需要數年才能完成的工作。因此，他在 1993 年與另一位科學家共同獲得了諾貝爾化學獎。

多聚鏈反應的基本步驟

由於從古細菌中分離所得的 Taq DNA 聚合酶，具有抗高溫條件變性的能力，也可以在較高的溫度條件下進行 DNA 的聚合反應，因此可以在改變的溫度條件下，讓 Taq DNA 聚合酶進行 DNA 的複製。根據該酶的特點所設計的多聚酶鏈反應，包括模板 DNA 的變性條件、寡聚核苷酸與模板 DNA 相結合條件，以及 DNA 的聚合反應條件等。一般情況下，在進行這三個基本條件的前後，仍需增加變性條件及聚合反應條件。

變性週期

多聚酶鏈反應的第一步，是將反應物（模板 DNA、寡聚核苷酸引物、反應緩衝液及 Taq DNA 聚合酶等）的溫度調整到 94℃，維持 2 分鐘。這一步的主要作用，在於清除混合物中任何 DNA 或核苷酸水解酶的活性，保證 DNA 在整個 PCR 的過程中，不被 DNA 水解酶所破壞。因此，只需要作用一個週期便可達到目的。

多聚酶鏈反應週期

在完成了變性週期之後，即可進入多聚酶鏈反應週期，包括變性（94℃ 下 1-2 分鐘）、寡聚核苷酸與模板 DNA 分子的雜交作用（根據寡聚核苷酸的 GC 對組成，計算出其鏈合溫度，也稱退火溫度），以及聚合反應（Taq DNA 聚合酶所需的 DNA 聚合反應之溫度為 72℃）。

這是多聚酶鏈反應中的主要部分，是擴增 DNA 片段的主要手段，其反應步驟及其涵義包括：

1. 模板雙鏈 DNA 變性成為單鏈 DNA，這主要經由升溫到 94℃ 下作用 1.5-2 分鐘左右而達成。如果開始時只有一個雙鏈 DNA 分子，那麼變性之後可形成兩個單鏈 DNA 分子。同時將模板的雙鏈 DNA 進行熱變性，雙鏈分開，以利於引物分子在溫度逐漸下降時，與模板鏈相結合。

2. 將反應液冷卻到 37-65℃ 的範圍，讓引物分子與模板 DNA 形成鏈合反應（annealing reaction）。具體溫度的確定主要根據引物鏈合的溫度，最好不要相差 5℃ 以上。引物分子設計的一般原則，是從左到右的 5'→3' 鏈，以及從右到左的 5'→3' 鏈之末端，各設計一個引物，其方向及核苷酸序列與其模板鏈完全相同。因而，兩個引物的 3' 末端相互面對，模板 DNA 鏈與引物分子之間的鏈合反應，一般可在 1-2 分鐘內即能完成。

3. DNA 鏈的合成。這主要將反應液的溫度調到 72℃，此時 Taq DNA 聚合酶（純化自古細菌 *Thermus aquqticus*）開始進行聚合反應。反應時間可根據模板鏈的長短加以確定，一般設定在 1.5-2 分鐘左右。

4. 重複第一步，加熱到 94℃。此時在 72℃ 下的聚合酶反應所形成的雙鏈重新分開，形成單鏈狀態。如果按上述的假定條件計算，此時的反應液中應有四條單鏈 DNA 分子。

5. 再一次從加熱狀態降到鏈合反應的溫度。此時在反應液中的游離引物，再一次與模板鏈進行鏈合反應。

6. 反應的溫度再一次上升到 72℃，此時 Taq DNA 聚合酶又一次進行聚合反應。無

論開始時的模板分子有多少個核苷酸分子，經過這一次反應，可形成從一個引物到另一個引物長度 DNA 片段，通常稱為單位長度。多聚酶鏈反應的重複次數越多，其單位長度 DNA 片段越成為主要的成分。

7. 反應的溫度再一次上升到 94℃。經過變性後，DNA 的單鏈模板分子，可從四條變為八條。然後反應的溫度再一次下降到鏈合的範圍，使引物分子與模板分子相結合，最後在 72℃ 下進行聚合反應。每一次反應週期結束時，其模板分子的數目將成倍增加。如果將週期調整為 20 次，那麼開始時的兩條單鏈分子，可形成 2^{20} 的規模，即可達百萬分子之眾。可見 PCR 的確是一種可以迅速形成大量 DNA 片段的一種方法。

DNA 鏈合成週期

在上述的第二個週期完成之後，反應鏈中仍然可能存在著大量的引物分子。因此，在主要的第二週期結束之後，還應進行 5 分鐘左右的合成反應，以便充分利用其中的反應資源達到最大的擴增目的。因此，可以利用 PCR 技術進行基因的突變研究。一般而言，進行一個位點的突變常需要進行兩個不同的反應，然後兩個片段按照鹼基的配對原則，形成一條含有突變點的完整 DNA 分子（圖 16 - 9）。

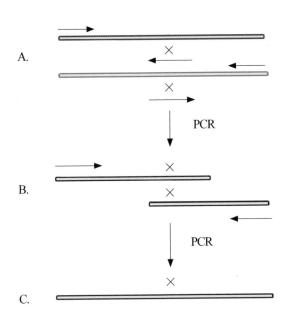

圖 16 - 9　利用 PCR 進行基因定點誘變示意圖。如果突變位於基因的中間，則需要進行兩段式的基因突變，如 (A) 中的 PCR 反應，其中 X 便是突變的位點。兩個片段形成後，(B) 可讓其進行鏈合作用，在進行第二次 PCR 可形成含有突變位點的完整 DNA 分子 (C)。PCR 片段可以克隆到 AT 載體上，進行 DNA 的序列分析及基因操作。

PCR 技術的優缺點

正如上述所指出的那樣，利用 PCR 技術可以在很短的幾個小時內，完成二十個週期的反應，將一個分子的 DNA 擴增到百萬之眾。與重組分子載體相比，兩者之間的擴增效率都很好，但各有其優缺點。利用分子載體在大腸桿菌中只需十餘小時，亦可從一個細胞達到百萬之眾。若以一個細胞含有一百個重組載體分子計算，也可達到一億分子。所以，兩者均可達到迅速擴增的目的，然而兩者之間也有相當大的差異。

PCR 對基因的擴增迅速且目標明確

一般基因克隆時，必須將目標基因首先克隆到分子載體中，但如果一個細胞中有一萬個基因同時表達，這種克隆的結果只有萬分之一是目標基因。這種「鳥槍散彈法」所得的克隆分子，還需要經過一系列的選擇過程，才能得到所需要的目標基因，有時選擇出目標基因需要經過數月甚至年餘才能得到。但利用 PCR 的方法，可以在數小時內便可得到目標基因的擴增群體，經由 PCR 克隆過程便可在數天內得到目標基因。

PCR 對基因的擴增不需要分子載體

PCR 可以直接擴增 DNA 分子，也可以直接從 mRNA 中經由 RT-PCR 擴增為 cDNA，這種技術尤其適合於基因表達的研究。但傳統的基因克隆技術必須利用分子載體，才能擴增基因片段，然後利用大腸桿菌的生長才能達到進行限制性內切酶分析的含量。這需要數天甚至幾個星期才能達到，而 PCR 技術在數小時內便可以達成。

PCR 技術必須根據已知的 DNA 序列

進行 PCR 反應時，必須具備兩個引物分子準確地與目標 DNA 分子相結合，缺一不可。因此，PCR 技術只能擴增已知的基因序列，而不能得到未知的基因。傳統的基因克隆技術雖然費時，但卻可以得到一個未知序列的基因。

PCR 技術所擴增的基因長度有限

一般利用傳統的基因克隆技術，沒有基因長度的限制。克隆 cDNA 時可利用一般的質粒分子；克隆一般基因組基因時，可用 λ 噬菌體；克隆大片段的基因組 DNA 時，可以利用 λ 人工染色體（artificial chromosome）進行組裝。因此傳統的克隆技術，可以克隆到 500-150kb 的片段，但 PCR 技術卻不能達到 20kb。這是因為 Taq DNA 聚合酶本身的限制性所決定的。一般而言，PCR 的最佳長度應是 3kb 以下。

Taq DNA 聚合酶缺乏校正活性

從 *Thermus aquqticus* 純化所得的 Taq DNA 聚合酶缺少校正活性（proofreading activity），因而利用該酶所擴增的 DNA 片段，常含有相當數量的突變序列。這是 PCR 的

一個重大缺陷，尤其是當突變的 PCR 片段被克隆到 PCR 載體上進行研究時，可能會出現重大的研究錯誤。但近年來，尤其是 2003 年以來商業上所出賣的 Taq DNA 聚合酶，均人工加上校正的活性，使得 PCR 的結果更趨於自然產物。另外，Vent DNA 聚合酶具有校正活性，也可以利用該酶代替傳統的 Taq DNA 聚合酶，以減少聚合反應所產生的錯誤。

常用的 PCR 技術

PCR 技術自從 1980 年代後期發展到現在的二十餘年間，已經從單純的基因擴增技術發展到各種檢測技術，包括：(1)等位基因特異性 PCR；(2) Alu 重複序列 PCR；(3)展現細胞分化 PCR；(4)內源性反轉錄病毒序列 PCR；(5)高溫起始 PCR；(6) 反向 PCR；(7)鳥巢式引物 PCR；(8)定量 PCR（也稱實時 PCR）；(9)反轉錄 PCR 等等。現代各種 PCR 技術有其本身優點及應用範圍，如果利用得好，可以在現代科學研究中發揮重要的作用。

等位基因特異性 PCR

等位基因特異性 PCR（Allele specific PCR）顧名思義，即是利用該技術檢測等位基因中，是否發生了核苷酸序列的變異。將引物 3' 末端最前沿的核苷酸，設計在最容易發生核苷酸突變的位點上。這便產生了兩種不同的設計方法：一是引物分子專門偵測野生型基因序列，因而任何已經發生突變的等位基因，均不會產生 PCR 反應。另一種引物的設計正好相反，專門偵測最容易發生某種核苷酸變異的等位基因，即只有那些已經發生突變的等位基因，才能產生 PCR 的擴增反應（圖 16 - 10）。這種 PCR 技術在遺傳基因突變、基因漂移及雜合基因的偵查等方面，有重要的應用，如人類線粒體的核糖體基因，常含有基因間的分割序列（interspacer sequence, ITS）。這些序列的突變是造成線粒體在長時間進化的過程中發生趨異的重要原因，可以利用等位基因特異性 PCR 技術對 ITS 基因進行研究，以期解開人類進化的過程（圖 16 - 10）。

Alu 重複序列 PCR

Alu 重複序列（Alu repetitive elements）是一種較短的序列，存在於動物的基因組中，一般只有 282bp 的長度。研究說明，Alu 重複序列是由於反轉錄轉位作用所導致的結果，因此該重複序列其實就是 RNA 反轉錄所形成的轉位子（ttansposable elements）。這種重複序列在人類基因組中所出現的次數可達 30 萬次，其類別可根據限制性內切酶的限制位點加以分類。

Alu 重複序列不僅存在於基因外的重複區域，也出現於基因的內含子。如組織型纖溶酶原活化物（tissue plasminogen activator）基因位於人類第八染色體上，其第八及第九外含子之間存在 Alu 重複序列，稱為 Alu-TPA25（圖 16 - 11）。因為 Alu 插入內含子，與編碼組織型纖溶酶原活化物的序列無關，也不干擾基因的表達，因此與遺傳缺陷沒有關係。

但該基因內共有 28 個 Alu 的重複序列。據估計，Alu 重複序列在一百萬年前便已插入了該基因。對於任何一個 Alu 的插入位點而言，均可形成二態性現象（如＋/＋、＋/－及－/－等）。由於這個原因，Alu 的重複序列可用於群體遺傳學（population genetics）方面的研究。

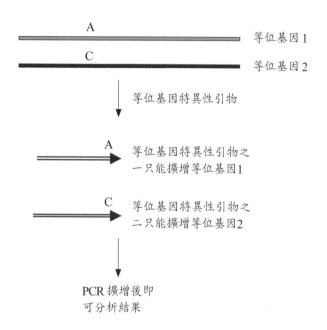

圖 16-10　等位基因特異性 PCR 示意圖。這種 PCR 技術的關鍵在於引物的設計，可根據常見的基因突變位點，調整引物 3' 末端的第一個核苷酸。等位基因特異性 PCR 可廣泛用於群體遺傳學的分析，尤其是對於某種基因型頻率的調查，發揮十分重要的作用。

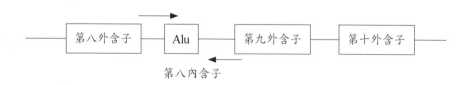

圖 16-11　組織型纖溶酶原活化物基因內部的 Alu 重複結構 PCR 擴增示意圖。因為 Alu 結構具有一定的保守性，故該技術可用於相當廣泛的基因檢測。

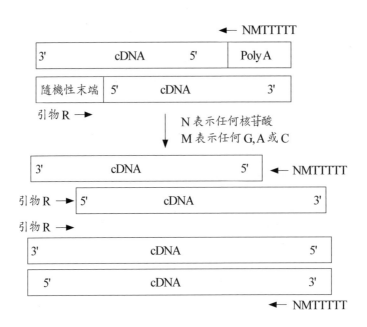

圖 16‑12　展現細胞分化 PCR 示意圖。首先，與信使 RNA 3' 末端相結合的引物
（5'TTTTTMN3'）可以與任何成熟的信使 RNA 相結合。在 5' 末端可用隨機性引物，將
大多數信使 RNA 擴增出來。根據擴增的結果，可分析各基因的不同表達產物及不同
程度的表達產物。

展現細胞分化的 PCR

　　我們知道每一個組織、每一個組織的不同部位，甚至不同細胞都有可能產生不同的
信使 RNA，利用 PCR 的擴增技術可以將整套信使 RNA 轉為 cDNA，進行組織間、組織內
不同部位或不同細胞株的比較。由於這種技術可以展現整套細胞的信使 RNA，也可以展
現不同細胞信使 RNA 的差別，故又稱為展現細胞分化的 PCR（differential display PCR）。

　　任何真核細胞信使 RNA 的 3' 末端，均含有多聚腺苷酸的「尾部」，因此，應設計一
個多聚胸腺苷酸（一般為 12 個核苷酸）作為引物與 3' 末端的序列互補，這個引物在理論
上可以與所有信使 RNA 的 3' 末端相結合。然而，幾乎每一個不同信使 5' 末端的核苷酸
序列均可能不同，因而 5' 末端引物分子的人工設計，不可能與所有的信使 RNA 的序列互
補。所以，一般的做法是隨機選擇 10 個不同引物的混合物，配合寡聚胸腺苷酸進行擴增
反應（圖 16‑12）。

　　這項技術可用於檢測精神分裂症、憂鬱症或老年痴呆症等疾病的基因產物，與正常
標本相比，即可推論出某些基因產物是否與該病的發生有密切的關係。如患有精神分裂
症病人與正常人腦細胞的 PCR 結果，可以顯現出某些信使 RNA 與症狀的特異關係。可見
該項技術可用於較大規模基因表達的研究，或稱為基因表達的全息研究。

內源性反轉錄病毒序列 PCR

在 Alu 重複序列 PCR 一節中，我們了解到 Alu 重複序列大約在一百萬年前便已插入組織型纖溶酶原活化物基因，但讀者也許已經了解到了 Alu 重複序列，便是反轉錄病毒的一部分。我們的基因組中含有大量的反轉錄病毒的重複序列，並對某些基因的功能產生重要的影響。如某些臍帶基因的啟動子，受到反轉錄病毒序列的調控及對穀氨醯胺轉運蛋白基因的控制等。另外，這些反轉錄病毒的某些產物還發現，與某些傳染性的介質交互作用等現象，如麻疹病毒（*Herpesviridae*）及弓漿蟲（*Toxoplasma*）等。研究還發現，某些反轉錄病毒的產物還可以與內源性的物質產生相互作用，造成信號或免疫反應方面的影響，如可溶性調節激素以及細胞分泌素等物質。因此，反轉錄病毒序列常造成糖尿病、多重硬化症以及自體免疫性關節炎等疾病。

內源性反轉錄病毒序列 PCR（Endogenous retroviral PCR）的引物設計，與展現細胞分化的 PCR 相似，因此也可以用於精神分裂症等複雜疾病的研究。如某一組 PCR 的結果顯示精神分裂症患者及其陽性對照的樣品中，可以偵測到一條特殊的信使 RNA 條帶，但陽性對照的樣品中，很清楚地顯示出這條帶是患者所特有的基因產物。可見，精神分裂症很可能與病毒的重複序列所造成的基因表達，有密切的關係。

這項技術可用以偵測癌細胞的生成過程，心臟疾病的發生發展、糖尿病的潛在危險、胚胎形成過程中某些特殊基因的表達及其功能；還可以用以分析基因表達的時機，以及其產物含量與疾病之間的潛在關係等。是應用在疾病偵測較為廣泛的一項技術。

高溫起始 PCR

無論是 Taq DNA 聚合酶，還是具有校正閱讀功能的 Vent DNA 聚合酶，均可在常溫以上進行 DNA 的聚合作用。但研究證明，溫度越低時引物分子與模板分子結合的精確性越低。換言之，模板 DNA 與引物分子結合時的溫度越低，越不需要精確的配對。因而在較低溫度的條件下，常出現非特異性的結合，導致非特異性的擴增作用。甚至也常出現引物與引物之間的結合，形成「寡聚引物分子」的擴增效應。這種選擇性的 PCR 結果，常產生較小分子量的 DNA 條帶，因而其模板 DNA 不能得到正確的擴增。

為了避免以上的效應，PCR 擴增的起始溫度可以適當地調整在較高溫度下進行，即在溫度較高時加入 DNA 聚合酶。在一個由多種模板 DNA 分子所組成的反應液中，引物分子最好對於目標模板分子而言有較高的特異性，以免引物分子與非特異性的模板分子相結合。另外，還需要假定引物分子與模板分子在相結合的區域，不發生突變的現象，否則在高溫起始時很可能不會發生反應。

在高溫起始 PCR（hot start PCR）中，第一步應在較高的溫度下，讓雙鏈 DNA 彼此分離，也在較高的溫度條件下（如 65℃ 以上），讓引物分子與模板分子相結合。在這種

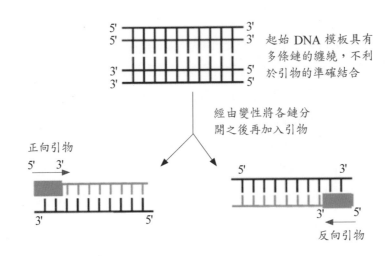

圖 16 - 13　高溫起始 PCR 操作示意圖

溫度條件下兩者的結合，應有較高的特異性，避免了非特異性的結合。當溫度條件調整到 72℃ 時，DNA 聚合酶便開始複製 DNA，這便是高溫起始 PCR 的第一個回合反應（圖 16 - 13）。PCR 的第二個回合開始，便可回歸正常的 PCR 變性、鏈合及聚合反應，經過二十五個週期的擴增，可得到千萬以上的拷貝數。

反向 PCR

　　已知目標 DNA 區域兩側的核苷酸序列，但目標 DNA 區域的核苷酸序列為未知，利用與已知核苷酸序列區域方向相反的 PCR，擴增未知的基因區域，稱為反向 PCR（inverse PCR）。如上所述，PCR 只能擴增已知的核苷酸序列，不能設計引物與未知核苷酸序列相結合，因此可以利用兩側已知核苷酸序列，對兩端的 DNA 之序列進行擴增。此時兩個引物的方向並不是相對的，而是相反的。

　　假定在一個已知序列的轉座子（transposon）、T-DNA，或一個只有部分序列的基因兩端，存在著我們感興趣的重要基因，但我們並不知道這個基因的序列。PCR 開始時，主要利用一對方向相反的引物進行聚合反應。又假定兩端的序列中，含有某限制性內切酶的位點（R），因此利用 R 消化 PCR 的產物之後，再加進 T4 DNA 連接酶，將 PCR 的產物形成環狀分子。第三個假定條件是在已知序列的部分，有一個限制性內切酶的位點（R*），因此利用 R* 將環狀 DNA 切開，即可進行正常的 PCR，對我們所感興趣的 DNA 序列進行擴增（圖 16 - 14）。

　　人類 T 細胞及小鼠骨髓克隆的反向 PCR 結果，可以顯示其細胞的起源。人類 T 細胞系（M2、M4 及 M7）與其骨髓幹細胞（M1）具有相似的結果，而小鼠的骨髓克隆（M3 及 M5）與其幹細胞（M0）有高度的相似性。這說明雖然細胞已分化成為特異性功能的細

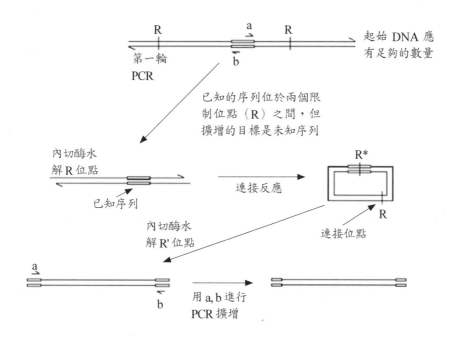

圖 16 - 14　反向 PCR 示意圖。這種 PCR 的起始 DNA 數量，雖不能滿足基因操作的需求，但仍需一定的數量。經第一輪的反向擴增後，可以利用某些內切酶的位點（R）連接成環狀 DNA，然後利用另一內切酶位點（R*），使其成線性分子之後，再進行 PCR 的擴增。

胞，但某些指標性的基因表達方式，仍與其幹細胞具有相當高度的相似性。

鳥巢式引物 PCR

鳥巢式引物 PCR（nested primer PCR）需要進行兩次 PCR 的反應，因而應可配對成兩對引物分子，逐段地縮短反應物的長度，使不可能一次性進行長片段擴增反應實驗成為可能。因而鳥巢式引物 PCR 的目的，在於進行正常 PCR 所不能擴增的短序列反應。所以鳥巢式 PCR 分為兩步：首先是利用一對引物與模板 DNA 相結合，兩者的距離較遠。進行第一次聚合鏈反應之後所得的產物，經由膠上或直接的 PCR 純化之後，再利用兩者距離較近的引物進行第二次 PCR，即可擴增較短 DNA 片段的區域（圖 16 - 15）。

定量 PCR

定量 PCR（quantitative PCR），也稱實時 PCR（real-time PCR）主要用於定量測定，尤其是在同時分析多個待測樣本的基因表達時，定量 PCR 有其明顯的優點。如在醫學分析中，常需要同時分析多個患者樣品中，某個、某些或某組基因的表達，而基因表達的強弱可以用兩種指標表示：一是產生信使 RNA 的量。一般而言，信使 RNA 的拷貝數越高，產生其相應的蛋白質分子數目越多；二是直接測定蛋白質的含量，但後者必須在一

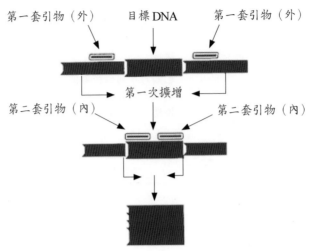

圖 16 - 15　鳥巢式引物 PCR 示意圖。鳥巢式引物 PCR，包括兩次 PCR 及兩套 PCR 引物的應用。第一次 PCR 所用的引物（即外引物），包含了目標 DNA 區域，但由於在一般 PCR 的長度範圍內，故比較容易獲得成功的擴增。有了第一次 PCR 的基礎，模板 DNA 的數量大於原始 DNA 的數量，故容易利用第二套引物（即內引物）進行第二次 PCR 的擴增。這對於擴增較小區域目標 DNA 的實驗，比較容易獲得成功。

定的條件下才能測定，如特異性抗體等。尤其是如果目標蛋白恰好是某種酶時，可以經由酶的活性加以定量。因為多數基因的最終產物不是信使 RNA，因而如能夠直接測定某特定基因的最終產物含量（包括酶在內的蛋白質等），當然是更為直接的方法，但是如果第二個條件不能滿足，則可以利用擴增特異性基因中間產物（信使 RNA）的方法，間接地表示基因表達的量。

定量 PCR 需要將引物分子標記上某些螢光染料，以便在 PCR 的過程中可以偵測到被擴增分子含量上的變化，可達到分析標準的敏感性。又因為 PCR 可以在數小時內便可完成偵測的過程，可以較快地獲得特定的結果。定量 PCR 具有廣泛的應用前景，純粹科學研究的利用可達 44%，而藥理分析及大學醫學院的應用也已達到 39%。另外，各政府機構的衛生部門（8%）、私人研究機構（5%）、合同研究機構（2%）等，也在利用定量 PCR 進行各種分析研究。

在模板分子的利用方面，純粹利用基因組 DNA 為模板分子的定量 PCR 可達 17%，是一種較為方便的擴增研究；利用信使 RNA 或 cDNA 作為模板分子的定量 PCR 占 49%，而雜合地利用基因組 DNA、cDNA 及信使 RNA 作為模板分子的定量 PCR，則可占 34%。雖然目前純粹利用信使 RNA 作為擴增模板者仍不十分普遍，但由於信使 RNA 的直接擴

增符合定量 PCR 的發展方向，因而可以預計將成為未來定量研究中的主要發展目標。

反轉錄 PCR

反轉錄 PCR（reverse-transcription PCR），顧名思義是將信使 RNA 轉化為 cDNA，並加以擴增的聚合酶鏈反應。因此，反轉錄 DNA 的起始模板分子是信使 RNA，擴增的結果是 cDNA。反轉錄 PCR 的基本研究流程，包括：(1)純化細胞質中的信使 RNA；(2)利用反轉錄酶將信使 RNA 轉化成 cDNA；(3)有時還要合成第二條鏈的 DNA，但這一步也可以省略，因為只要有一條 cDNA 鏈，即可經由聚合酶鏈反應加以擴增；(4)利用已轉化的 cDNA 模板分子，擴增 cDNA 的拷貝數。

RT-PCR 在某種意義上而言，可以代替傳統上的基因克隆，且比基因克隆更快速、更準確地獲得目標基因；RT-PCR 也可用於等位基因的偵測。尤其是當等位基因呈現等顯性時，很容易獲得等位基因的產物。如果等位基因是因為基因缺失（如核苷酸節段的缺失等）所造成的，那麼兩個等位基因的產物便較直觀地經由瓊脂糖凝膠電泳而偵測到，是一種較為方便的研究方法。

第四節　利用 PCR 技術進行基因的定點突變

突變體的研究向來是遺傳學研究中的支柱。創造突變體就是為了更深入研究遺傳問題。雖然筆者在相關的章節中曾經指出，可以利用誘變劑（mutagens）對實驗動物進行基因的誘變，然而這種誘變方法是置整個動物體於極其危險的境地，因為整個基因組就是誘變劑的作用目標。因此，每一次採用誘變劑的結果，將導致許多不必要的突變，即使在目標基因內也會發生許多不希望發生突變的位點。這勢必要進行一系列長期的選育過程，才能真正得到所期望得到的單一位點突變體。其次許多突變難以預估，因為誘變劑的作用是隨機的。雖然這個問題可以採用本章所介紹的含尿嘧啶的單鏈 DNA，或質粒雙鏈 DNA 為模板的定點突變加以解決，但 PCR 似乎也可以完成定點突變的研究（圖 16-9）。

如果突變的位點位於基因的兩端，則定點突變的 PCR 於普通的 PCR 沒有實質操作上的差異，所不同的只是在兩端引物的核苷酸序列上做文章。在基因的兩端引進適當的限制性內切酶的位點，以便於進行一系列的基因操作等基因突變方法，可能占定點突變的大多數，如本實驗室多年來所完成的基因突變，大多屬於這種類型的突變。但如果突變的目標在基因的中間或近端，而不能直接利用傳統的 PCR 進行擴增時，PCR 的程序需要重新調整。此時含有突變位點的引物之一與雙鏈中的其中一條配對（如 5'→3' 鏈），另一

含有突變位點的引物與另一條鏈配對（如 3'→5' 鏈），兩個引物的方向相反，因而擴增反應只能完成一次反應。為了讓 PCR 增加基因的拷貝數，在基因的兩端各設計一個引物，並加入 PCR 的反應物中。反應結束之後可產生兩節產物，各含有突變的位點。此時可將上述的引物分子與反應緩衝液，以及 Taq DNA 聚合酶除去，進行第二階段的反應。

第一次的 PCR 反應物混合之後，可利用高溫將雙鏈 DNA 變性，讓其在 50℃ 以上的條件下進行鏈合反應。鏈合後可能會產生幾種結合方式：(1)兩個節段各有一條單鏈在突變區相互配對，此時當溫度增加到 72℃ 時，便可進行 DNA 的聚合作用，形成含有突變位點的全序 DNA；(2)反應物之一的兩條鏈自己重合，此時即使溫度上升到 72℃ 時，也沒有聚合反應的產生；(3)反應物之二的兩條鏈自己重合，其結果與(2)相同。但如果在第二次的反應物中加進基因兩端的引物分子，則含有突變位點的全序列 DNA 拷貝數，會在每一個週期中以指數的速度增加，因此最終的反應物中，以含有突變位點的全序列基因為主要的反應結果。

定點突變的結果除了可以進行蛋白質工程研究外，還可以用於實驗動物小鼠的研究。對於人類的基因而言，我們固然無法將突變的基因引回到我們自己的基因組中，但我們可以利用動物作為實驗模型進行研究，因為人類與小鼠的基因大約 90% 是相似的。所以，創造一個動物模型可以模擬人類的疾病現象，是極為有用的研究材料。

在日常的研究工作中，如果我們獲得了人類的基因，則極容易克隆到小鼠的相應基因，可以利用 PCR 等方法對基因進行突變或部分刪除後，轉移到適當的分子載體上。重組基因可以在小鼠交配之後，以注射等方式送進胚胎的位置。一旦基因進入胚胎細胞後，很可能會插入基因組內，形成雜合型的基因剔除小鼠（Knockout mice）。雜合型的基因剔除小鼠可經由相互交配等方式獲得「純種」，是基礎研究中十分珍貴的材料。

思考題

1. 你所讀到的或所聽聞的生物基因突變，最早的例子是什麼？這些例子有什麼特點？

2. 植物的誘變實驗中，有哪些品種投入較大規模的種植，獲得過什麼樣的經濟效益？

3. 空氣汙染給人類帶來什麼樣的威脅？目前在世界範圍內的空氣汙染物中，哪些最容易引起基因的突變？

4. 含尿嘧啶的單鏈 DNA 為模板所進行的基因定點突變程序，主要由哪些步驟所組成？各步驟有何特點？

5. M13 在感染及噬菌體的形成方面，有何特點？我們如何利用這些特點，進行單鏈 DNA 的純化？

6. M13 的體外複製主要由哪些步驟所組成？各步驟具有什麼特點？

7. 如何進行 DNA 突變的鑑定？其中最佳的鑑定方法是什麼？

8. 為什麼可以利用大腸桿菌品系 CJ236 製備含有尿嘧啶的單鏈 DNA 分子？

9. 為什麼在體外利用含尿嘧啶的單鏈 DNA 為模板進行 DNA 複製之後，其反應產物用以轉化大腸桿菌的 TG1 或 MV1190，而不是 CJ236？

10. 以雙鏈 DNA 作為模板進行定點突變時，能否首先複製成含尿嘧啶的雙鏈 DNA 分子？

11. PCR 技術與傳統的基因克隆技術兩者之間，有何優缺點？

12. 為什麼利用 PCR 技術難以達到擴增 20kb 以上的 DNA 片段？

13. PCR 反應由哪些基本步驟所組成？各步驟有何特點？

14. 請舉例說明等位基因 PCR 的應用前景。

15. 請舉例說明 Alu 重複序列 PCR 的應用前景。

16. 請舉例說明展現細胞分化 PCR 的應用前景。

17. 請舉例說明內源性反轉錄病毒序列 PCR 的應用前景。

18. 請舉例說明高溫起始 PCR 的應用前景。

19. 請舉例說明反向 PCR 的應用前景。

20. 請舉例說明鳥巢式引物 PCR 的應用前景。

21. 請舉例說明定量 PCR 的應用前景。

22. 請舉例說明反轉錄 PCR 的應用前景。

23. 如何利用 PCR 進行基因的定點突變？

24. 配合 PCR 技術，如何創造出基因剔除小鼠？

第十七章　DNA 的修復

本章摘要

　　由於 DNA 聚合酶在催化 DNA 修復時，本身存在精確性的缺陷，而自然界存在著各種誘變因素（如紫外線等），環境中由於工業化過程所排放的誘變劑，以及食品中存在著防腐劑等，容易導致基因突變的物化因素，造成 DNA 突變的常態現象。在正常的情況下，DNA 的突變率必須能夠在最大程度上被降到最低點，以防止出現基因突變所造成的種種病理後果，生物體能將突變率降低的機制是 DNA 的修復機制。研究證明，損傷的 DNA 修復機制包括錯配修復（mismatch repair）、紫外線誘導的嘧啶二聚體的修復（repair of UV-induced pyrimidine dimers）、烷基化損害的修復（repair of alkylation damage）、切除修復（excision repair）、甲基定向修復（methyl-directed mismatch repair）、跨損傷 DNA 合成及 SOS 反應修復（translesion DNA synthesis and SOS repair）等，本章將詳細研究這些修復的分子機制。由於修復機制的缺陷而導致許多疾病，本章將研究其中的著色性乾皮病（xeroderma pigmentosum）、共濟失調性毛細血管擴張症（ataxia-telangiectasia）、範康尼貧血症（Fanconi anemia）、蝴蝶狀紅斑綜合症（bloom syndrome）、Cockayne 綜合徵（Cockayne syndrome）、遺傳性非息肉性結腸直腸癌（hereditary nonpolyposis colon cancer）等疾病的分子機制。

前言

　　正如筆者多次所指出的那樣，遺傳學是研究生物遺傳及變異的學科。事實上，遺傳學家們將生物的誘發變異或尋找自發變異，當成十分重要的研究內涵。從摩爾根 1911 年的果蠅白眼突變，到 Muller 1928 年的 X 光線的誘發突變、從 1930 年代 Rhoades 的 Dt 基因的發現，到 McClintock 1950 年代的「轉座子」、從 1930 年代的轉化、轉導及轉染等一系列的成就，到 1960 年代的乳糖操縱子、從 1941 年的酵母菌突變研究，到 1990 年代基因的定點突變、從 1950 年代控制果蠅體節發育基因的誘變，到 1990 年代同源轉化基因的證明等，無不與基因的突變有關。因此，筆者花了整整三章的篇幅，介紹自發突變（第十四章）、誘發突變（第十五章）及定點突變（第十六章）等內容，這正是遺傳學從其

成為一個獨立的生物學分支開始，所注重的中心內容。

　　無論是自發突變（spontaneous mutation）還是誘發突變（induced mutation），對於 DNA 分子而言都是一種損害，尤其當誘變劑的劑量達到一定的水平時，突變所造成的損害因此隨著劑量的增加而擴大。如果突變不能即時的得到修復，一般會出現兩種現象：(1)突變的細胞逐漸轉化為癌細胞，最常見的如皮膚癌等；(2)如果突變波及到性細胞，則極易經由精卵的結合遺傳給下一代，造成先天性的遺傳問題。可見生物體中的 DNA 損害修復機制，對於生物體的生存及遺傳發揮極其重要的作用。

　　由於 DNA 修復機制的存在，使得我們所觀察到的實際突變，比理論上應當發生的突變低許多倍，因此可將 DNA 的突變分為 DNA 的原始突變（率）及實際突變（率），後者指的是我們所能觀察到的突變（率）。這樣我們可以將 DNA 的突變，表示為實際突變（率）＝原始突變（率）－ DNA 修復（率）。

　　研究證明，原核細胞及真核細胞都存在數種依賴於酶的 DNA 修復機制，可在一定的程度上將損害的 DNA 修復為正常的分子，維持生物機體的正常運轉。如果 DNA 的損害累積到不可容忍的程度，機體將失去平衡，造成錯誤遺傳物質的過度累積，最終導致機體的死亡。可見，DNA 的修復機制正是為了提供機體的平衡，而「設計」出來的「防治」機制。有人估計：人類中 P^{53} 基因發生突變所導致的癌變，占所有癌症的 50%。這個估計未免有點誇張，但至少可說明雖然與基因的損害修復過程無直接的關係，但它可以讓細胞週期停留在一定的階段（如 G1 期），以便於細胞有充分的機會修復其損害的基因，保證了損害的 DNA，不能經由複製而形成新的、無法修復的突變細胞。

　　DNA 損害的修復機制，包括錯配修復、紫外線誘導的嘧啶二聚體的修復、烷基化損害的修復、切除修復、甲基定向修復及跨損傷 DNA 合成、SOS 反應修復等機制。這些機制將 DNA 的損害降低到最低限度，保證了機體的平衡。如果 DNA 損害的修復機制不正常，將出現相應的疾病，有些甚至導致惡性腫瘤。雖然每一種 DNA 修復缺陷所導致的疾病發生率不高，但各種修復缺陷的疾病之和也不可忽視。可以這樣表述突變與修復的關係：突變是遺傳學研究中的「變異」部分，許多研究結論、規律的發現及證明、基因與性狀之間的所屬關係及相關關係等，正是經由突變的研究而完成的。修復是遺傳學研究的「遺傳」部分，是保證物種從上一代到下一代不變的重要機制。

　　造成 DNA 損害除了自發突變和誘發突變之外，還有大量存在於我們基因組中的轉位子，也是導致突變的元凶。研究指出，人類的基因組中約有 15% 的 DNA 序列屬於轉位子，玉米中約有 50%，而其他的生物也或多或少大量存在著轉位子。如前面筆者曾提過，有關 Alu 重復序列插入人體纖溶蛋白活化酶基因的證明，其中的 Alu 重複單位也可能是經由轉位作用，而插入這個基因第八內含子的。由於轉位子的重要性，本章將研究轉

位子的轉位作用及突變機制。

第一節　直接逆向修復機制

　　直接逆向修復主要指 DNA 的修復過程，正好與其 DNA 突變的過程相反的修復機制。如果將突變形容成正反應，那麼這種修復機制即是該過程的逆反應。直接的逆向修復機制可分為：錯配修復（mismatch repair）、紫外線誘導的嘧啶二聚體修復（repair of UV-induced pyrimidine dimers）及烷基化損害的修復（repair of alkylation damage）等。 由於錯配修復往往經由 DNA 聚合酶的校正活性（proofreading activity）所完成，故錯配修復又稱為DNA 聚合酶校正的錯配修復。

錯配修復

　　根據突變研究說明，細菌基因的鹼基對代換突變的頻率，一般每一世代為 10^{-7} 到 10^{-11}的可能性（即千萬到百億分之一），但 DNA 聚合酶在 DNA 新鏈合成的過程中，產生錯誤鹼基的頻率大約每一代為 10^{-5}（十萬分之一）。其中，相差百倍到百萬倍的頻率，均歸功於 DNA 聚合酶中 3'→5' 的核苷酸外切酶之校正活性，這不僅存在於原核細胞，也存在於真核細胞的 DNA 聚合酶體系中。換言之，當一個不正確的核苷酸被插入新合成的 DNA 鏈中之後，非正確部位會產生不正常的鹼基配對，產生不正常的雙鏈結構，這種鹼基的錯配現象，極容易被 DNA 聚合酶偵測到，最常見的是最終被 DNA 糖苷酶（DNA glycosylase）所水解（圖 17 - 1），於是 DNA 的聚合反應被暫時停止。此時聚合酶利用其 3'→5' 的外切酶活性，將錯誤的部位以合成時的 5'→3' 反向切除新合成的核苷酸部位，再利用其聚合反應的活性，補上正確的核苷酸，然後繼續進行聚合反應。

　　由於 DNA 聚合酶的這種修復活性，使得 DNA 的實際表觀突變率降低了一百到百萬倍，可見這一校正活性的重要性。大腸桿菌中存在著一種增變基因（mutator）的突變。帶有增變基因突變的品系，其突變率比正常品系高得多，且不限於某一種基因的突變。研究顯示，這種增變基因所導致的突變，影響了許多蛋白質的功能，可見其突變是廣泛的，沒有選擇性的。

　　我們知道 DNA 聚合酶 III 是基因組複製時的主要聚合酶。一種大腸桿菌的品系曾發生 *mut* D 的增變基因，使得 DNA 聚合酶 III 中 3'→5' 的校正活性產生缺失突變。 因而，由DNA 聚合酶 III 所產生的 DNA 新鏈含有大量的突變位點，導致許多蛋白質的功能缺失，可見 DNA 聚合酶校正活性的重要性。

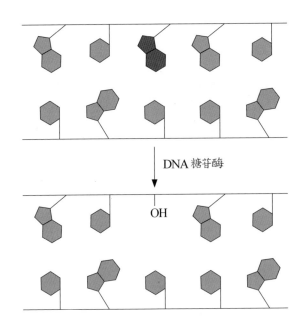

圖 17-1　DNA 糖苷酶水解錯誤鹼基過程示意圖。當一個鹼基在 DNA 複製，錯誤地進入某個位點時，由於不是華生-克里克鹼基的正常配對所造成 DNA 結構的異常。這種異常是細胞內識別非正常 DNA 結構的基礎。於是經過一系列的識別、結合等過程之後，最終被 DNA 糖苷酶所切除，造成空位。

紫外線誘導的嘧啶二聚體的修復

　　DNA 分子中，同一條鏈相鄰的兩個胸腺嘧啶（T）在紫外線的作用下，可形成二聚體（T＝T），最常見的波長為 320-370 nm。二聚體形成（如 T＝T 或 C＝C 等）之後，如果不能即時得到修復，則在下一次的 DNA 複製過程中，其複製系統可能將二聚體視為一個核苷酸，而導致其中一個核苷酸的缺失。如果該缺失發生於某基因的閱讀框（reading frame），則產生框架漂移突變（frame shift mutation），導致基因功能的缺失。

　　嘧啶二聚體的修復，主要是經由光激發（photoreactivation）過程所完成的光化學反應，將二聚體由相反的過程形成其原來的單位狀態。在光子（photon）的作用下，由 *phr* 基因所編碼的光裂解酶（photolyase）被激活產生光反應，將二聚體彼此分開（圖 17-3）。如果 *phr* 基因發生缺失（突變），則光反應的修復過程無法進行，於是造成二聚體累積，產生大量的突變。

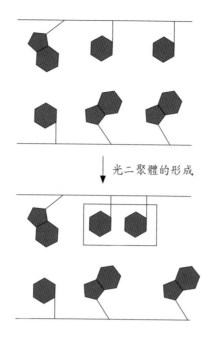

圖 17 - 2　胸腺嘧啶光二聚體形成示意圖。DNA 鏈上相鄰的兩個胸腺嘧啶，在紫外線的作用下形成環丁鍵，將兩個鹼基從原本相距 34nm 的距離拉近到 10-20nm，造成了 DNA 複製時，DNA 聚合酶錯誤地當成一個鹼基進行複製，而造成鹼基的缺失突變。

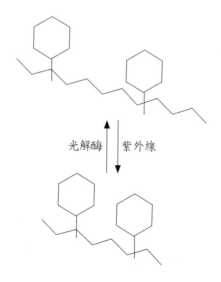

圖 17-3　胸腺嘧啶二聚體的形成及分解過程示意圖。相鄰的兩個胸腺嘧啶由於紫外線的作用而形成二聚體（下圖），但也可以在光解酶的作用下，將二聚體分解成兩個鹼基（上圖）。這是一種類似於可逆反應的過程，如果紫外線的作用是正反應，那麼光解酶的作用應屬於形成二聚體的反應過程。

　　許多皮膚色素較淺的白人中，尤其是從事航海業相關的水手中，發生皮膚癌的頻率較高，因此皮膚癌也稱為水手病。長期以來，人們以為水手病與紫外線所造成的胸腺嘧啶二聚體無法被及時修復有關。但研究證實，大腸桿菌及簡單的真核細胞中的確存在著光裂解酶，但人類中並不存在這種催化酶。可見皮膚色素較淺的白人中，較容易產生皮膚癌的分子機制與二聚體的修復關係之分子機制，還有待進一步的探討。

烷基化損害的修復

　　烷基化指的是烷基取代劑（alkylation agents），將烷基（如甲基或乙基等）轉移到鹼基的某一位點上（如鳥嘌呤 C^6 上的氧原子等）所產生的化學反應。如果轉移的是乙基，則稱為乙基化作用。如誘變劑甲基甲烷磺酸酯（methylmethane sulfonate, MMS）可將甲基（$-CH_3$）轉移到鳥嘌呤的 C^6 氧原子上，形成 O^6-甲基鳥嘌呤（圖 17-4）等等。

　　在大腸桿菌中，這種烷基化的損害可被 O^6-甲基鳥嘌呤甲基轉移酶（O^6-methylguanine methyltransferase）所修復。該酶在大腸桿菌是由 *ada* 基因所編碼的，可識別 DNA 分子中 O^6-甲基鳥嘌呤，並除去其中的甲基，造成直接修復的效果（圖 17-5）。胸腺嘧啶的烷基化，也可經由相似的修復酶進行直接的修復。如果相應的基因發生突變，造成甲基轉移酶活性的缺失，較容易產生自發突變，如鳥嘌呤變為腺嘌呤等。如大腸桿菌中曾發生 *ada* 基因的突變，造成其他基因較高的突變率，可見甲基轉移酶也是降低基因突變的重要機制之一。

第二節　鹼基切除的修復機制

　　如果 DNA 損害的修復過程涉及到鹼基（或核苷酸）的移除，然後插入正確的鹼基或核苷酸的過程，則可稱為鹼基切除修復。在鹼基切除修復中，DNA 糖（醣）基化酶（DNA glycosylase）可以識別損害的鹼基，並經由切除鹼基與脫氧核醣之間所形成的化學鍵，而將損害的鹼基除去。其他的酶可以幫助切除無鹼基的糖─磷酸之間的主幹，將糖分子釋放出來，形成 DNA 鏈上的空隙。DNA 鏈上的空隙，由 DNA 聚合酶及 DNA 連接酶修復成突變前的狀態，其修補過程當然主要以相反的 DNA 鏈為模板而完成的。鹼基（或核苷酸）切除的修復機制，根據其分子機制可細分為切除修復機制（excision repair）、甲基定向修復機制（repair by methyl-directed mismatch）、跨損傷 DNA 合成及 SOS 反應等機制。這些機制在一定的程度上保證了最低的基因突變率，使遺傳性狀能夠相對穩定代代相傳。

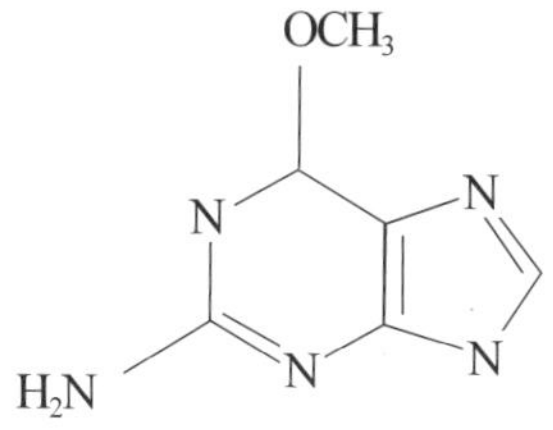

圖 17-4 O^6-甲基鳥嘌呤結構示意圖

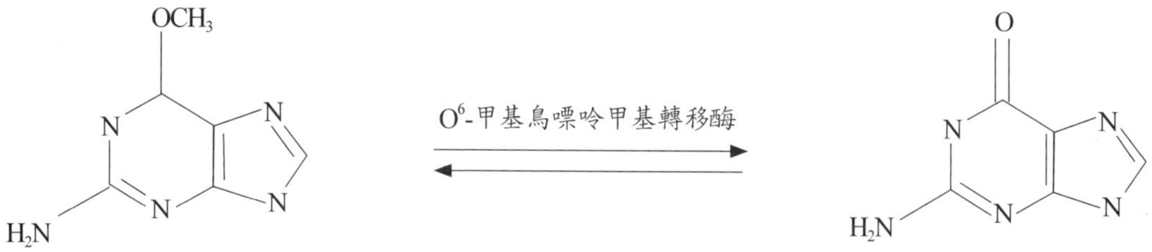

圖 17-5 O^6-甲基鳥嘌呤在 O^6-甲基鳥嘌呤甲基轉移酶的作用下除去甲基,恢復鳥嘌呤的結構。

切除修復機制

切除修復機制的發現,主要歸功於大腸桿菌紫外線敏感型突變體的發現。1964 年有兩組研究人員（R. P. Boyce 和 P. Howard-Flanders；R. Setlow 和 W. Carrier）分別用紫外線照射大腸桿菌,從中分離出紫外線敏感型突變體（UV-sensitive mutations）。兩組都報導說這種突變體,在黑暗中具有較高的基因誘發突變率,因此稱之為 *uvrA* 突變體,其中的 UV 指的是紫外線,r 指的是修復（repair）。突變體（*uvrA⁻*）只能在照光的情形下,修復胸腺嘧啶二聚體,這說明突變體具有正常的光反應修復系統（photoreactivation repair system）。但野生型的品系（如 *uvrA⁺*）,則可以在黑暗的條件下修復胸腺嘧啶二聚體。因為突變體的正常光反應修復系統不能在黑暗中啟動,他們認為大腸桿菌中應當存在著與光反應無關的修復系統。最早這個系統被稱為暗修復或切除修復系統,現在一般稱之為核苷酸切除修復（nucleotide excision repair, NER）系統。

大腸桿菌中的 NER 系統,不僅可以修復胸腺嘧啶所形成的二聚體,也可以修復由於突變而造成 DNA 螺旋結構的嚴重變形。有四種蛋白質（UvrA、UvrB、UvrC 及 UvrD）與修復的過程有關。這些蛋白質分別由基因 *UvrA*、*UvrB*、*UvrC* 及 *UvrD* 所編碼。首先,由蛋白質 UvrA 及 UvrB 形成複合物（通常由兩個分子的 UvrA 與一個分子的 UvrB 所組成）

識別胸腺嘧啶的二聚體，並由 UvrB 與二聚體相結合。UvrB 與二聚體相結合之後，產生一定的構象變化，並將 UvrA 釋放出來。此時 UvrB 與 UvrC 在二聚體的兩端相結合，並利用其外切酶的活性切開 DNA 鏈。所切開的位置一般在二聚體的 5' 端 7 個核苷酸處，由 UvrC 的外切酶活性作用於受損的 DNA，而另一個位置在二聚體切開後，兩個蛋白質均由於構象上的變異而離開了 DNA。此時，UvrD 及 DNA 聚合酶會在切開的 DNA 鏈處相結合，其中 UvrD 是一種解旋酶，可將切開的 DNA 鏈解開，再由 DNA 聚合酶以未受損的 DNA 鏈為模板合成新的 DNA 節段。DNA 缺口最終由 DNA 連接酶在修補段及舊鏈之間形成共價鍵，完成整個修復的過程（圖 17 - 6）。

切除修復系統存在於許多生物體中，包括大腸桿菌、真菌及哺乳動物等。但研究也發現，真菌及哺乳類動物均由 12 個基因編碼其修復蛋白，較大腸桿菌的 NER 系統複雜得多。但兩者之間的修復原理相似，都是先識別受損的 DNA 位點，然後經由外切酶的活性切開受損的 DNA 鏈的兩端，再由解旋酶將 DNA 片段除去，最終由 DNA 聚合酶根據未受損鏈的模板合成新的節段，並由連接酶讓最後的缺口癒合。

甲基定向的錯配修復機制

儘管 DNA 聚合酶具有校正的活性，可以將突變率降低到相當低的程度，但仍然有一小部分的錯誤鹼基被校正系統所遺漏。如果錯誤的鹼基未被及時修復，則在下一輪的 DNA 複製中被固定下來，形成無法修復的突變。研究顯示，這部分的漏網之魚可由甲基定向的錯配修復機制可修復。

DNA 複製之後，所遺漏下來的許多錯配鹼基對必須能夠修復。以上所談的直接逆向修復機制中的三種方式，均無法修復 DNA 複製之後所遺留下來的錯配機制，切除修復機制只能修復二聚體或其他較大之傷害，因而較小的 DNA 傷害則可由甲基定向的錯配修復加以完成。這個修復系統分為三個步驟：(1)識別錯配的鹼基；(2)切除不正確的鹼基；(3)進行鹼基的修復合成。

在大腸桿菌中的研究發現，共有三個基因（*mutS*、*mutL* 及 *mutH*）的產物與錯配修復的啟動階段有關。首先，*mutS* 所編碼的蛋白質 MutS 與錯配位置的鹼基相結合。第二步是修復系統必須能夠確定哪一條鏈應當修復，以及區分哪一個是母鏈上的鹼基，哪一個是新鏈中的鹼基。在大腸桿菌中，區分兩個鏈中的鹼基與錯誤鹼基，主要經由特定序列（如 GATC）上腺苷酸的甲基化與否作為基本標誌。這是一種回文結構的序列，雙鏈具有平衡軸的現象，即從 5' 到 3' 端總是相同的，即形成 $\begin{array}{l}5'\text{-}GATC\text{-}3'\\3'\text{-}CTAG\text{-}5'\end{array}$ 的雙鏈回文結構。在 DNA 複製之後一段時間，兩條鏈的腺苷酸都會甲基化，但如果在新鏈複製後不久，母鏈中的

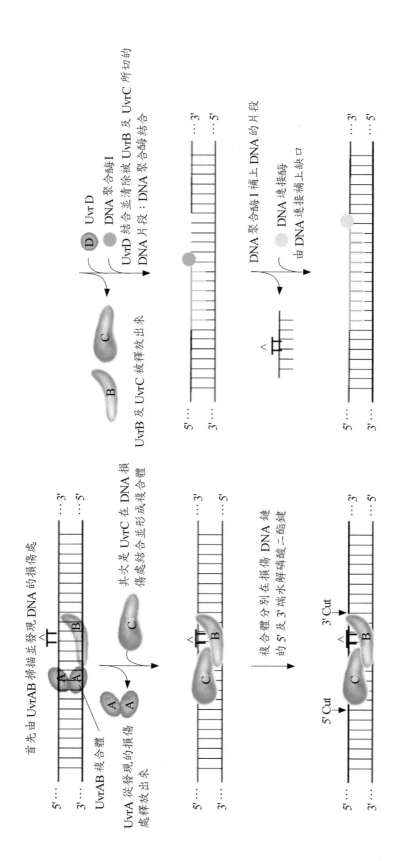

圖 17-6　核苷酸切除修復系統圖解。UvrAB 是由兩個 UvrA 及一個 UvrB 所組成的複合體，可以偵測出 DNA 分子中胸腺嘧啶的二聚體，並與之相結合。兩個 UvrA 分子離開 DNA 分子片段，並分別在結合的兩端切除二聚體所在的 DNA 鏈。切除完成後，UvrB、UvrC 及所切除的 DNA 片段，被從雙鏈 DNA 中釋放出來，並由 DNA 聚合酶 I 補上 DNA 分子的缺口，最後由 DNA 連接酶將新合成的 DNA 片段與原有的 DNA 鏈形成磷酸二酯鍵。

腺苷酸具有甲基化，而新鏈中則不會那麼快形成甲基化（圖 17-7）。

在理清了新舊兩條 DNA 鏈中甲基化的區別之後，我們再看一看這個系統的分子機制。MutS 蛋白可以辨識錯誤的鹼基配對，並在錯配的鹼基對處與之結合。而 *mutL* 及 *mutH* 所編碼的蛋白質（MutL 及 MutH）與 $\frac{5'\text{-GATC-}3'}{3'\text{-CTAG-}5'}$ 節段的 DNA 結合而形成複合物，其中 MutL 及 MutH 有區別地與某一 DNA 鏈相合，通常與未甲基化的 DNA 鏈形成複合體。由於 MutS 與 MutL 及 MutH 具有相互作用的特點，它們之間的相互作用將 DNA 摺疊而形成回文結構。由於錯配位點與 GATC 兩個位點，由 MutS 與 MutL 及 MutH 的交互作用而聯繫在一起。此時，MutH 將甲基化的 DNA 鏈在其 3' 核苷酸處切斷，然後錯配核苷酸被核酸外切酶的活性除去，所留下的空隙由 DNA 聚合酶 III 及連接酶所修補。

錯配修復機制也存在於真核細胞當中，但關於如何區分新舊 DNA 鏈的問題，還沒有完全解決。因此其詳細的分子機制，不像大腸桿菌中那樣清楚。但基因克隆的研究說明，人類可能有四個基因與錯配修復有關，分別是 *hMSH2*、*hMSH1*、*hPMS1* 及 *hPMS2* 等，其中 *hMSH2* 與大腸桿菌的 *mutL* 同源；其他的三個基因與大腸桿菌的 *mutL* 同源。基因鑑定說明這四個基因均屬於增變基因（mutator），這是因為任何一個基因功能的缺失，均容易增加基因組中突變基因的含量。某些醫學遺傳學的研究證明，任何一個基因的功能缺失型突變，均容易產生大腸直腸癌。這在一定程度上，類似於 p53 蛋白缺失突變所誘發的癌變分子機制，兩者的功能突變均導致大腸直腸癌。

跨損傷 DNA 的合成及 SOS 反應

某些 DNA 的損傷容易妨礙複製時，DNA 聚合酶及整個複製複合體的通過。這種傷害若得不到修復時是一種致死突變，造成無可挽回的後果。但生物體中存在著一種跨損傷 DNA 的複製機制，可讓 DNA 的複製通過損害的部位而繼續進行。大腸桿菌中的研究說明，這種 DNA 的合成方式必須有一種特殊的 DNA 聚合酶的參與。這種酶一般只在 DNA 損傷的反應條件下，才會合成。

在大腸桿菌中，某些 DNA 的損傷可以激活一種稱為 SOS 反應的複合體系統。SOS 是一種對於 DNA 的損傷，做出快速且急迫的條件反應。其結果是這種迅速的急迫反應，使得細胞生存了下來，否則將會形成致死突變。但是對於這種大型的 DNA 損傷突變而言，SOS 並不是一種完善的修復體系，常會保留新突變的產生。因此，如果大量修復之後保留了多處突變於基因組中，最終仍會造成生物個體的損害。

研究顯示，大腸桿菌中控制 SOS 系統有兩個主要的基因：*lexA* 及 *recA*。這兩個基因的突變，可使 SOS 的反應永久性的開啟。SOS 反應的分子基礎已經有相當程度的了解，

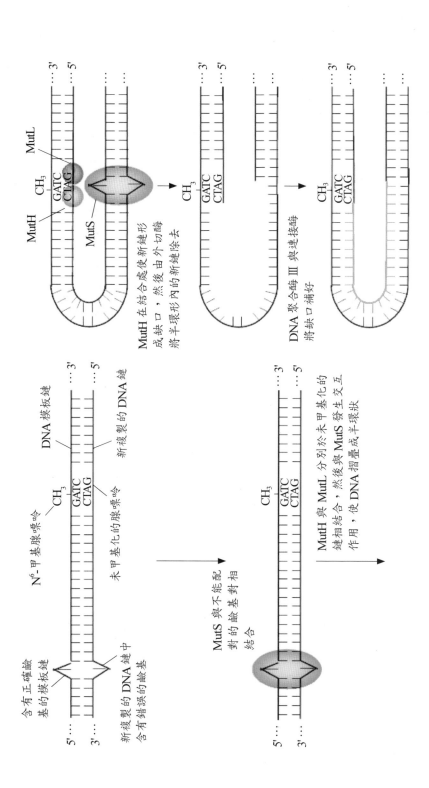

圖 17-7　甲基定向的錯配修復機制圖解。這種修復機制的關鍵，在於新舊鏈之間甲基化的不同。在一般情況下，舊鏈的甲基化程度較高，新複製鏈甲基化程度較低，甚至未甲基化時便使發生修復作用。因此在尚未甲基化的 DNA 鏈前，可視為未甲基化的新鏈，此時 MutS 與未甲基化的腺基結合。由於 MutS 與 MutH 及 MutL 相互作用，而形成迴環結構。又由於 MutS、MutH 及 MutL 均具有 DNA 外切酶的活性，因而在所結合的 DNA 位點上進行水解並清除。所留下的空隙最終被 DNA 聚合酶 III 及連接酶所修復。

整個系統涉及到許多其他的基因產物。這些基因產物與 SOS 的修復系統有關，均控制在 *LexA* 所編碼的蛋白質 LexA 之下。因此，SOS 的控制機制相當嚴密，大致可以描述如下（圖 17 - 8）：

1. 在沒有任何誘導條件，即沒有任何 DNA 損害的情況下，基因編碼形成 LexA。這是一個阻遏物，抑制了 17 個基因的轉錄。

2. 所有被 LexA 控制的 17 個基因產物，均與 DNA 損害修復有關，可以修復多種形式的 DNA 傷害。在正常情況下，這 17 個基因不能表達。

3. 當出現 DNA 傷害時，並且這種傷害的面較大，足以啟動 *recA* 基因產生 RecA 蛋白質。RecA 蛋白質可能與 LexA 相結合，而促使後者分解。當分解的 LexA 離開操縱基因（operator，只是一段 DNA 序列稱為基因，是因為最早 Monad 及 Jacob 於 1962 年研究乳糖操縱子時已經使用）之後，其下游的 17 個基因便可正常表達。但也有一個說法是，RecA 代替了 LexA 在 DNA 中的位置。當 LexA 離開了 DNA 之後，很容易分解而造成下游修復基因的表達。

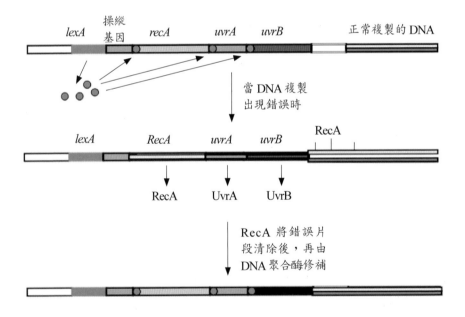

圖 17 - 8　大腸桿菌中 SOS 反應，對損傷 DNA 分子的修復過程示意圖。在正常的情況下，*lexA* 基因的產物 LexA 可以借助與修復蛋白（如 RecA、UvrA 及 UvrB 等）編碼序列（*rexA*、*uvrA* 及 *uvrB*）的操縱基因相結合，而封閉了這些基因的表達（上圖）。當 DNA 複製出現錯誤時，*rexA* 基因由於受到激發而開始表達，清除所有與操縱基因結合的 LexA，並與錯誤序列的 DNA 相結合（中圖）。LexA 具有外切酶的活性，可將受損的 DNA 片段切除，最後由 DNA 聚合酶及連接酶修復（下圖）。

4. 當下游的 17 個基因被轉錄，進而轉譯為相關的蛋白質產物之後，DNA 損傷始得修復。當 DNA 的修復完成之後，RecA 便停止產生，此時的一消一長，使得 LexA 開始重新產生，下游的基因便重新處於關閉狀態（圖 17 - 8）。

值得一提的是，在 SOS 反應期間的基因產物中，有一種蛋白質是 DNA 聚合酶，這對於跨損傷的區域上繼續進行 DNA 合成產生重要的作用。這種 DNA 聚合酶可以在損傷的區域上，繼續進行 DNA 的複製。然而，這個酶雖然也需要正常 DNA 鏈作為模板，但在合成新鏈時精確性不如其他的 DNA 聚合酶，因此常出現所合成之鹼基序列，不完全配合舊鏈的核苷酸序列。因而可以說，SOS 反應的本身就是一種突變系統，因為該系統的激發容易導致 DNA 的突變。但生物體寧可選擇這種突變方式，也不願意讓個體死亡於 DNA 複製不能進行的關鍵環節上。換言之，這是生物不得已而選擇的生存方式。

第三節　人類 DNA 修復缺陷症

在〈代謝酶的遺傳缺失〉一章中，筆者已列舉了 75 種人類常見的遺傳缺陷，可見人類與其他任何生物一樣，容易產生基因的缺失突變。研究說明，人類大約有 3,000 種不同的遺傳疾病，因而越來越多的疾病發現與基因的突變有關。遺傳疾病影響到各個方面，包括各種代謝、免疫調節、神經調節及某些官能症等。研究說明，人類的 DNA 修復系統出現缺陷時，也會導致嚴重的問題。

現已查明，某些人類的遺傳疾病是由於 DNA 複製或修復等缺陷所造成的，如著色性乾皮病（xeroderma pigmentosum, XP）是由於一個修復基因發生突變而造成的疾病。這種病對光極度敏感，因此凡是照光較多的皮膚，很容易產生深度的色素沉澱，也極容易導致惡性皮膚癌。著色性乾皮病的病人，對於紫外線、γ 射線或化學物所導致的 DNA 傷害等，均無法修復，因而惡性病變的結果是患者無法繼續生存。

著色性乾皮病

這是一種常染色體的遺傳疾病，基因位於 9 號染色體（9q34.1），其基因產物主要用於 DNA 損害的修復，由於基因的突變造成 DNA 修復的障礙，不斷累積的突變是造成 XP 的主要原因。患者對於太陽光極度敏感，皮膚形成紫黑色沉澱，常產生皮膚癌。大多數患者屬於基底黑皮膚癌。該基因為隱性遺傳模式。

共濟失調性毛細血管擴張症

這是一種常染色體的遺傳疾病，基因位於 11 號染色體（11q22.3）。該基因產物主

要用於 DNA 複製時，產生錯誤的修復。共濟失調性毛細血管擴張症（ataxia-telangiectasia, AT）的患者，具有肌肉協調性缺陷，且有呼吸感染傾向，20-30 歲時有多個部位出現進行性脊髓型肌萎縮（progressive spinal muscular atroy），對離子輻射有高度的敏感性，具有癌變的傾向性，並具有高頻率的染色體斷裂，導致易位及倒位等染色體的結構變異。

範康尼貧血症

屬於常染色體遺傳疾病，基因位於 16 號染色體（16q24.3）。該基因的產物具有多方面的活性，主要用於 DNA 複製時產生錯誤的修復。參與由紫外線所產生的嘧啶二聚體，以及未能及時從 DNA 除去的化學加合物（chemical adducts）的修復過程等。患有範康尼貧血症（Fanconi anemia, FA）的患者也有其他多方面的缺陷，如修復性的核酸外切酶活性的缺陷、DNA 連接酶活性缺陷及 DNA 修復酶轉運的缺陷等。

此外，患者具有多方面的臨床症狀，包括再生障礙性貧血（aplastic anemia）、皮膚色澤的改變、心臟缺陷、腎臟先天性缺陷、四肢缺陷。對於患者而言，白血病可能是致命的問題。此外，男性患者中先天性不正常極為普遍，還常發現自發性染色體斷裂等。

蝴蝶狀紅斑綜合症

屬於常染色體的遺傳疾病，基因位於 15 號染色體（15q26.1）。其基因的產物主要協助 DNA 複製中 DNA 鏈的延長（elongation of DNA chains），與大腸桿菌解旋酶 Q（helicase Q）具有基因序列上的同源性。患有蝴蝶狀紅斑綜合症（bloom syndrome, BS）的患者，具有諸多的臨床症狀，包括產前、產後的生長缺陷、太陽光敏感皮膚病、具有癌化的素質（predisposition to malignancies）、染色體結構不穩定，並常見在 20-30 歲時患有糖尿病。

Cockayne 綜合徵

屬於常染色體的遺傳疾病，只知道基因位於 5 號染體色，但具體位置不詳。其基因產物的分子機制也不詳，但可能與轉錄相關的修復過程有關。患有 Cockayne 綜合徵（Cockayne syndrome, CS）的患者，具有多方面的臨床症狀，包括矮化、早老症（precociously senile appearance）、視覺萎縮（aptic atrophy）、聾症、對陽光敏感、智力發育遲緩、四肢長短不成比例、膝攣縮產生螺旋腿。患者由於各方面的問題，往往容易早夭。

遺傳性非息肉性結腸直腸癌

屬於常染色體的遺傳疾病，基因位於 2 號染色體（2p22-2p21）。該基因產物與錯配修復有關，因此基因突變可造成錯配修復的缺失。尤其當兩個等位基因都呈純合隱性時，

呈現出嚴重的缺陷。在人類基因組中共有四個功能上相似的基因（*hMSH2*、*hMLH1*、*hPMS1* 及 *hPMS2*），它們的產物與錯配修復有關，其中任何一個增變基因的突變，均可產生遺傳性非息肉性結腸直腸癌（hereditary nonpolyposis colon cancer, HNPCC）。該症狀顧名思義即是導致結腸直腸癌，因為是遺傳性，故對於外科手術的治療效果並不理想。這種遺傳疾病的發病年齡從 12-30 歲不等，但一般比遺傳原因不明的其他類型的大腸直腸癌的發病早 20-30 歲。

思考題

1. 何謂自發突變？何謂誘發突變？

2. 基因突變一般產生什麼現象？

3. 如果突變性狀遺傳給下一代，必須經由何種途徑？

4. 小黑麥的育成說明了什麼？

5. 直接逆向修復機制包含了什麼具體的內容？

6. 錯配修復是如何達成的？

7. 紫外線可以誘導哪些突變，主要的突變類型是什麼？

8. 紫外線誘導的嘧啶二聚體的修復機制是什麼？

9. 為什麼說嘧啶二聚體的形成，容易導致框架漂移突變？

10. 人類並不存在光裂解酶，您覺得皮膚癌的形成與嘧啶二聚體的形成，有密切的關係嗎？

11. 如何修復由於烷基化所導致的 DNA 損害？

12. 鹼基切除的修復機制包括哪些？

13. 請敘述切除修復的基本原理。

14. 何謂光反應激發的修復系統？何謂核苷酸的切除修復（NER）？

15. 哪些蛋白質參與了核苷酸切除修復？各種蛋白質產生什麼作用？

16. 請描述甲基定向的錯配修復機制。

17. 有哪些基因產物參與了甲基定向的錯配修復過程？各蛋白質在其中發揮了什麼作用？

18. 細胞是如何區別新舊兩條 DNA 分子鏈的？

19. 增變基因（mutator）及 p32 基因的突變所導致的大腸直腸癌有何區別？

20. 跨損傷 DNA 的合成原理是什麼？既然跨損傷 DNA 的合成也可能導致突變，為什麼這種 DNA 的修復過程仍被細胞所使用？

21. SOS 反應是何意？其中的分子機制是什麼？

22. 著色性乾皮病的病理機制是什麼？

23. 請敘述共濟失調性毛細血管擴張症的病理原因。

24. 範康尼貧血症的由來是什麼？其病理原因是怎麼造成的？

25. 為什麼患有蝴蝶狀紅斑綜合症的患者，也常有生長缺陷、太陽光敏感皮膚病、糖尿病、癌化等的病理傾向？

26. 試敘述 Cockayne 綜合徵的可能病理原因。

27. 遺傳性非息肉性結腸直腸癌與 DNA 的修復有關，為什麼？

第十八章　轉座子

本章摘要

　　本章已是在基因突變這個主題下的第五個回合，是自發突變（第 14 章）、誘發突變（第 15 章）、定點突變、擴增突變（第 16 章）及突變基因修復（第 17 章）等內容的繼續。前述關於基因突變可視為非 DNA 或非 DNA 成分對 DNA 所產生的核苷酸序列的改變，而本章是關於 DNA 對 DNA 所產生的突變。自從 1930 年在玉米中發現點狀基因（dotted genes, Dt）迄今，幾乎所有具有細胞的生物，均含有可以導致基因突變的「基因」，但不是所有的這類基因都是「點狀」的。事實上，導致點狀的現象只是這類基因導致基因突變中的滄海一粟。由於這類基因的移動性及誘變性，現將所有這類基因稱之為「移動基因」或「轉座子」（也稱轉位子）。研究說明，根據轉座子的性質可將其分為原核生物及真核生物兩大類，其中原核細胞轉座子又可分為插入序列、轉座子及 F 因子中的插入序列。真核細胞的轉座子可分為高等植物（如玉米等）、昆蟲（如果蠅等）及哺乳類動物（如人類等）。此外，本章還將研究由於轉座子（transposon）的移動，所導致的各種突變現象。由於轉座子是生物基因組的重要組成部分，如轉座子序列中的長散布因子（LINE）就占據人類基因組的 20%；短散布因子中的 Alu 就占據人類基因組的 3%。轉座子也是植物基因組的重要組成，可占玉米基因組的 50%。 轉座子的轉位作用可以導致各種基因突變。因此，本章將詳細研究轉位子的自主轉位作用、非自主轉位作用、複製轉位作用、保守轉錄作用及反轉錄轉位作用等各種轉位的分子機制。

前言

　　本章是基因突變主題下的「內源性突變」。筆者之所以用「內源性突變」一詞（相信這是世界上首次用此詞），完全是因為產生突變的物質（即本章所要論述的轉座子）本來就存在於生物體的遺傳物質之內。關於轉座子的發現可以追溯到 1930 年，當時 Rhoades 用甜玉米進行雜交實驗的過程中，發現了一種可以誘導其他基因突變的基因，使紫色的籽粒變為點狀紫色的籽粒，並命名為 Dt（即形成點狀之意）基因。Rhoades 認為籽粒上的紫色點數與 Dt 基因的劑量有關，一個劑量的 Dt 基因可產生 7.2 點／粒，兩個

劑量產生 22.2 點／粒，三個劑量可產生 121.9 點／粒等等。讀者需要注意的是，這裡所說的劑量只是基因拷貝的相對數字，與實際的基因拷貝數不能等同而論。Rhoades 的工作之後，Barbara McClintock 用與 Rhoades 完全相同的玉米品種、相同的雜交，得到了與 Rhoades 完全相同的結果。但她認為玉米中存在著移動性基因，並於 1950 年代正式提出「移動基因」的概念。這種移動性基因後來被稱為轉位基因（也稱為「轉位子」或「轉座子」）。

正如任何事物的發展需要一定的時空條件一樣，科學的發展也不例外。自從 Barbara McClintock 提出移動基因的概念以後，當時幾乎無人對這種說法產生共鳴。正如孟德爾的理論經過三十餘年的沉默，Barbara McClintock 的說法也經過了二十七個春秋之後的 1978-1980 年，才於大腸桿菌中發現了轉座子導致基因突變的現象。由於 1980 年代已經具備了基因操作的所有條件，大腸桿菌中的這一發現，不僅證明了移動基因的存在，在許多生物中都證明了轉座子的誘變效果。

正如在本章摘要中所提到的，轉座子序列中的長散布因子（LINE）占據人類基因組的 20%；短散布因子中的 Alu 占人類基因組的 3%。轉座子在玉米中，可占玉米基因組的 50%。這是一組驚人的數字，因為這意味著基因組中高頻率的突變，可能是由於轉座子所導致的結果，是遺傳學不得不面對的研究課題。

第一節　原核細胞轉座子的一般特性

自發突變是最常見，也是最多的突變形式，這包括許多原因不明的突變，如細胞週期產生的突變等。研究證明，許多自發突變包括了轉位子所導致的突變。基因序列分析證明，轉位子不但存在於高等真核生物（如人類、小鼠、玉米等），也存在於原核生物中。根據轉位因子的轉移方式，大致可將它們分為兩大類：一是轉位子的本身可以編碼某些蛋白質，直接將 DNA 因子從基因組的一個地方，轉移到另一地方。這種類型的轉座子可存在於原核生物，也存在於真核生物。第二種轉位子在開始轉位時，首先複製其自身，形成新的因子之後再插入基因組的另一地方。屬於這種類型的轉位子與反轉錄病毒（retroviruses）有一定的關係，他們首先利用細胞內的轉錄系統，將 DNA 轉錄為 RNA，然後利用其身所編碼的反轉錄酶（reverse transcriptase），將 RNA 轉錄或轉化為 DNA，然後插入基因組的另一地方。這種類型的轉位子只發現於真核細胞中。

我們說「從一個地方轉移到另一個地方」，指的是可以從染色體的一個地方，轉移到同一染色體的另一個地方，也可以指從一條染色體轉移到另一條染色體。在原核生物中一般只有一個環狀染色體，因而一般指的是前面一種情況，但也不排除從質粒

（plasmids）轉移到染色體或反之的情形。無論是真核還是原核生物，轉位因子插入染色體新位置時，不需要雙方具有同源序列，因此，轉位作用不同於一般所說的同源重組（homologous recombination），而是一種非同源重組（nonhomologous recombination）的過程。

　　轉位作用在遺傳學上的研究，特別是造成基因變異、基因表達控制，以及基因功能改變等方面均發揮重要的作用，因而長期以來，尤其是 1980 年以來受到人們的極大關注。例如轉座因子插入某基因時，可導致基因的突變；插入啟動子區域時，可增加或降低基因的表達，甚至完全封閉了某基因的表達。因此，轉座因子可產生各種染色體的變異。既然轉座因子在人類的基因組中占有 15%、在玉米中占有 50%，因此也有人推想轉座子在生物進化中的重要作用。

　　但是，作為可以導致重大基因突變的轉座子而言，還必須堅守兩大方向。一是所導致的基因突變不應當涉及生物體本身生死存亡的大事，否則生物體會因此而死亡。二是所發生的頻率不會過高，雖然在整個生物進化的歷史長河中，可以肯定其作用，但因其容易導致重大的遺傳改變，甚至導致個體的死亡，故不能經常發生，也不會經常發生。

第二節　原核生物的插入序列

　　原核生物的轉座子主要包括兩類，一是插入序列（insertion sequence, IS），另一種是轉座子（transposons, Tn）。兩者之間重大的區別在於，插入序列在組成方面比較簡單，轉座子除了其他序列外，還含有插入序列的 DNA 序列。另外，轉座子的其他 DNA 序列，包括某些抗菌素的基因等，因此可以根據其所攜帶的基因，以及其兩端的核苷酸序列加以分類。

　　插入序列也常寫成 IS 因子，是原核生物中最簡單的轉位因子，這種因子的本身只含有可以轉移及插入兩種主要功能所需要的序列，或稱基因。從基因組的角度看，IS 因子應屬於正常基因組的一部分，也發現存在於質粒等較小的 DNA 實體中（圖 18 - 1）。

　　自從 1962-1964 年間發現乳糖操縱子及其作用機制後，人們在一段時間內加強了這個操縱子中三個結構基因表達的研究，也對乳糖的代謝進行了一定的探討。但與 Jacob 及 Monad 的控制模式所不同的是，某些基因表達的控制模式並非經由阻遏蛋白系統，而是在某基因中發現了大約 800 bp 的插入片段，有效地封閉了乳糖操縱子三個結構基因的表現，使得突變的菌株不再能夠利用乳糖作為碳源。

　　因為乳糖操縱子中首先發現這種轉座因子，是一種簡單的插入序列，故又稱為 *IS1*，是從大腸桿菌基因組其他的地方，轉移到乳糖操縱子而來的。此後，在大腸桿菌中也發現了其他種類的 IS 因子，包括 *IS2* 及 *IS10R* 等。每一種因子在大腸桿菌的基因組中，大

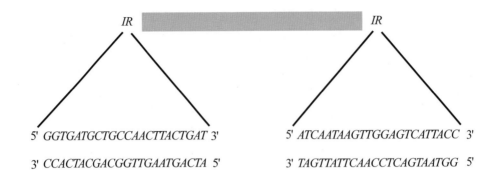

圖 18-1 原核細胞的轉座因子之插入序列。圖中的 IR 表示反向重複序列（inverted repeat），插入序列中具有兩個反向重複的序列。在兩個 IR 之間為轉位酶基因（transposase gene），在整個轉位過程中產生不可或缺的作用（在兩個 IR 之間以長方框表示者）。圖下方的核苷酸序列為 IR 的序列。因為正好是反向重複，猶如回文結構一般，故稱為反向重複序列。

約有三十多個拷貝，每一種的長度各異。IS 因子的長度可以從 768-5,000 鹼基對不等，如 *IS*1 含有 768 鹼基對，大約有 4-19 個拷貝。

第三節　插入序列的結構

所有 IS 因子都具有近乎完美的反向重複（inverted repeats）的末端序列，這種重複序列大多由 9-41 個鹼基對所組成。換言之，當一種序列位於 IS 的 5'-末端時，這種序列也以相反方向排列，並位於同一序列的 3'-末端。如 *IS*1 的 5'-末端含有 23 bp 的序列（$\begin{array}{l}5'GGTGATGCTGCCAACTTACTGAT3'\\3'CCACTACGACGGTTGAATGACTA5'\end{array}$），其 3'-末端也發現有相同的序列（$\begin{array}{l}5'ATCAATAAGTTGGAGTCATTACC3'\\3'TAGTTATTCAACCTCAGTAATGG5'\end{array}$），但以相反的方向排列。有時兩端的序列雖有高度的同源性，但也不見得完全相同。

正如前面所述，IS 因子插入基因組不需要「同源序列」這種重組的條件，因此其插入的位點常是隨機的。因為 IS 插入基因組的盲目性，常導致某些嚴重的基因突變之後果，其中包括下列某些突變現象。

一、基因的作用被解除。IS 因子常因為插入某基因的編碼區域，而造成基因擾亂性突變，甚至有時沒有基因產物的產生，如上述的乳糖操縱子中的 *lacA* 基因某個位點上被插入片段的「侵入」，造成 *lacA* 基因的轉譯完全被終止，因此 *lacA* 基因下游的兩個基因

的表達也被默化。

　　二、改變了基因表達的控制機制。 如果 IS 因子插入基因的啟動子區域，啟動子的功能會因此而改變，有些甚至完全被關閉，造成基因功能消失，輕者影響了基因的表達。

　　三、造成染色體大片段的缺失。 IS 因子插入染色體是隨機的，相鄰的兩個 IS 因子移動時，可能將中間的基因也一同從染色體上移下來。如果此時 IS 不能及時插入染色體的某一部位，整個 IS-基因-IS 片段將因此而被水解，因而使得其所帶走的基因從基因組中永遠遺失。

　　四、造成基因的易位現象。正如第三點中所指出的，如果 IS-基因-IS 片段轉移到染色體的另一部位，對於這個基因而言將是一種單向的易位現象。

　　五、造成基因的重複現象。 如果 IS 因子與染色體之間發生交換，也容易造成染色體片段的重複。其重複的原理在於 IS 插入後，造成 IS 兩端的缺口。這個缺口經由 DNA 聚合酶修補後，兩端即成重複序列。

　　總之，IS 因子所造成的突變現象是多方面的，因其數量很多，其所造成的遺傳變異自從發現的那一天開始，一直受到人們的重視。

第四節　插入序列的轉位作用機制

　　IS 因子的轉位現象，需要一種由 IS 因子本身所編碼的轉位酶（transposase）的作用。IS 因子之所以能夠從一個位點轉移到另一個位點，其關鍵在於轉位酶可以識別啟動轉位的序列。轉位的頻率因 IS 因子的不同而不同，大概的頻率為每代有 10^{-5} 到 10^{-7} 的範圍。每一種轉位因子的轉位機制大同小異，茲以 IS1 轉位因子為例說明之。

　　首先 IS1 兩端的序列為 $\begin{array}{l}5'\text{-}ACAGTTCAG\text{-}\\3'\text{-}TGTCAAGTC\text{-}\end{array}$ 及 $\begin{array}{l}\text{-}CTGAACTGT\text{-}3'\\\text{-}GACTTGACA\text{-}5'\end{array}$，中間攜帶有轉位酶基因。轉位酶基因的產物幫助整個 IS 序列，從染色體某位點游離出來，轉移到另一個位點上。此時水解酶活性將染色體的 DNA 切開，IS 因子因而可以插入切開的區域。因為 IS 插入所留下來的空隙，由 DNA 聚合酶所修復，最終再由 DNA 連接酶將缺口連接為磷酸二酯鍵（圖 18 - 2）。

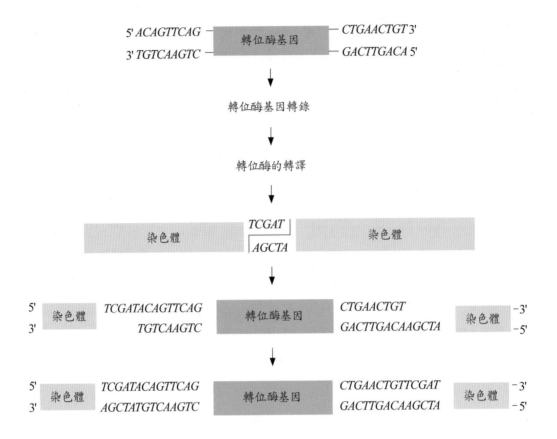

圖18-2　IS 插入因子的轉位作用原理圖解。一個插入因子（圖中的第一行）的兩端，均含有相同或相似的序列，但排列的方向相反。IS 序列的中間為轉位酶基因。在轉位作用前，該基因需先進行表達（本圖第二、三行）。轉位酶屬於內切酶，可以在含有 5'-TCGAT-3' 序列的染色體上（本圖第四行）切開，造成染色體的缺口。此時插入序列 3'-AGCTA-5' 進入被切開的染色體位點（圖中的第六行），然後由 DNA 聚合酶補上缺口，並有連接酶在新舊鏈之間形成磷酸二酯鍵（最後一行）。

第五節　原核生物轉座子在基因組內的轉位現象

　　與插入序列相似的是，轉座子（transposons, Tn）含有可以將轉座子插入某染色體位點所需的基因，並可將該序列從染色體上移動下來。但轉座子在結構上比插入序列複雜許多，主要是轉座子含有其他相關的基因。這些附加的基因，有時成了鑑定轉座子的指標性序列之一。有一種轉座子的兩端各含有一個插入序列（IS），有些轉座子的兩端則各含有一個反向重複序列（IR）。

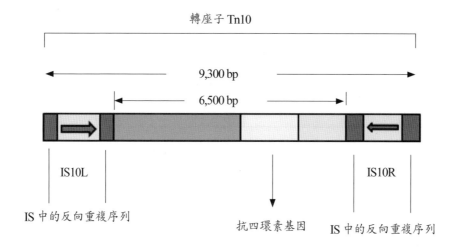

圖 18 - 3　轉座子 Tn10 的結構示意圖。Tn10 的兩端各含有一個 IS10 序列，分別為
IS10L 及 IS10R，每一個 IS10 結構的兩端，各含有反向重複序列。兩個 IS10 序列的中
央，含有一個抗四環素基因（TC_R）。整段 Tn10 的長度為 9,300bp，而兩個 IS 序列相
距為 6,500bp。

原核細胞當中含有兩種類型的轉座子，稱為複合型轉座子（composite transposons）及
非複合型轉座子（noncomposite transpoons）。茲以 Tn10 為例，說明這種類型的轉座子（圖
18 - 3）。這個轉座子的中央部分含有某些基因，如抗性基因等。兩端各含有一個 IS 因
子。因此，複合型轉座子可以大到數千個鹼基對。在 Tn10 中，其核苷酸的序列說明兩端
的因子屬於相同的 IS，因而位於左邊者稱為 ISL，右邊者為 ISR。 不同轉座子的 IS 排序
不盡相同，有些是同一方向的 IS，有些則是相反方向的 IS。因為 IS 序列的本身具有末端
反向重複，因此複合型轉座子也同樣具有末端的重複結構。

　　複合型轉座子的轉位功能，主要因為它含有 IS 因子之故。因為 IS 含有轉位酶基因，
所產生的轉位酶，識別轉座子兩端 IS 因子中反向的重複序列，使得轉位成為可能。正如
上面所提到的，既然 IS 的轉位作用較少發生，那麼含有 IS 的複合型轉座子也極少發生轉
位。研究說明，複合型轉座子的轉位頻率大約為每代一千萬個細胞中，僅有一個細胞發
生轉位作用。

　　與複合型轉座子相似的是，非複合型轉座子含有某些的抗藥基因，但其兩端並不含
有 IS 序列。因此，非複合型轉位作用並不靠 IS 序列幫助完成，其中研究較多的是 Tn3 序
列。轉位作用所需要的酶，是由非複合型的轉座子中央部分的序列所編碼的。有兩個酶
在非複合型轉座子的轉位作用中產生重要的作用，其中轉位酶（transposase）催化轉座子
插入染色體的新位點，而解離酶（resolvase）與轉位作用中特殊的重組過程有關。與上述

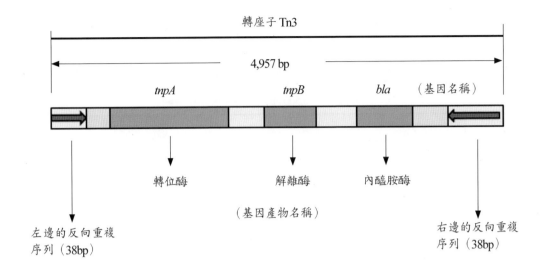

圖 18 - 4　轉座子 Tn3 的結構示意圖。Tn3 的兩端各含有一個反向重複序列，分別由 38 個核苷酸所組成。內部含有三個基因，分別為轉位酶基因（*tnpA*）、解離酶基因（*tnpB*）及 β-內醯胺酶基因（*bla*），全長為 4,957bp。

所談及的插入序列相似，非複合型轉座子也經由相似的分子機制，導致插入位點的重複現象。IS 所導致的重複有 5 個鹼基對，複合型轉座子 Tn10 有 9 bp，而非複合型轉座子 Tn3 也產生 5 bp 的重複序列（圖 18 - 4）。

第六節　原核生物轉座子在基因組間的轉位現象

轉座子不僅可以從基因的一個地方，轉到同一基因組的另一地方，也可以從一個基因組轉移到另一個基因組。這種常被稱為共整合（conintegration）的模式，正說明轉座子從一個基因組轉移到另一個基因組的過程，其中包括了從質粒到細菌染色體或反之的過程。其實，共整合模式也不排除在同一染色體中，兩個不同位點之間的轉位現象。

轉座子轉位作用的共整合模式，包括轉位子的複製、交換及分離等過程。轉座子的轉位條件、轉位的啟動、轉位的進行及轉位的結束等過程，可以歸納如下（圖 18 - 5）。

首先，兩個基因組或一個基因組與一個質粒在同一細胞的基本條件，必須能夠得到滿足。假定它們之間一個含有轉座子，因此稱為供體 DNA（donor DNA）。另一個不含有轉座子，可稱為受體 DNA（recipient DNA）。當然，發生整合轉位作用時，兩者還必須有足夠近的距離，尤其是轉座子（在一個基因組中）的距離不應過遠。

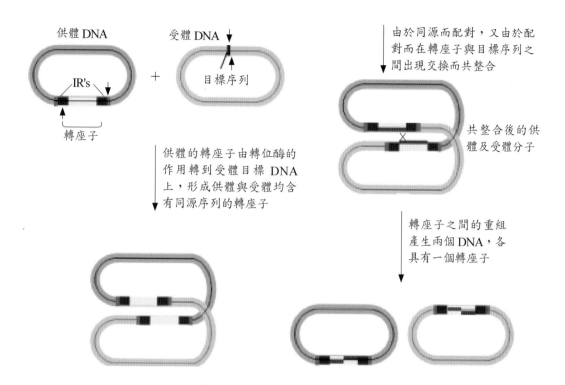

圖 18 - 5　共整合（conintegration）模式轉位作用示意圖。共整合模式開始時，由供體
DNA 中所含的轉座子中央的轉位酶基因率先表達，識別受體 DNA 中的特殊部位，並
將之水解使之成為線性 DNA 分子。供體 DNA 的轉座子一端，也由於內切酶的作用成
為線狀結構。兩者的結合過程不需同源序列作為優先條件，但由於轉座子插入受體
DNA 之後，與供體 DNA 形成一個整合分子，並各帶有一個轉座子的序列。由於雙方
均具有轉座子，形同具有同源序列而可以發生交換。供體及受體 DNA 彼此分離後，
各含有一個完整的轉座子。

　　第二步便是轉座子產生轉位酶（transpoase），導致轉座子及受體 DNA 形成缺口
（nick）。此時轉座子可以從供體 DNA 中游離出來，而受體 DNA 也變成線性 DNA。關
於轉座子 DNA 是否從供體 DNA 中完全游離出來的這個問題，筆者曾提出過另一個可能
性，即在供體 DNA 的轉座子兩端，各在一條鏈上形成缺口，猶如內切酶作用於雙鏈 DNA
形成黏性末端一樣，所不同的是此時的黏性末端長達 780 bp。其中的解旋酶可能產生相
當重要的作用。其相對應的受體 DNA，是以平端的方式被切開的。

　　第三步便是轉座子 DNA 將兩個基因組連接起來，但這種連接作用往往是以單鏈轉座
子 DNA 連接雙鏈的受體 DNA，因此在連接點上的轉座子 DNA 是單鏈狀態的。

　　第四步是轉座子 DNA 的複製形成雙鏈 DNA，此時兩個基因融合而成較大分子的雙
鏈 DNA 具有兩個轉座子。第五步是相同序列的轉座子由於結構上的鄰近性，而發生 DNA

的交換，最終使兩個基因組彼此分開，每一個基因組含有一個轉座子。由於轉位作用的結果，使得轉座子得以加倍，但必須經由複製過程而產生，因此整合型轉位作用也稱為複製轉位現象。

　　另一種轉位作用的分子機制，不涉及到 DNA 的複製，因此轉座子的數量不因轉位而增加，故也稱為保守轉位（conservative transposition）、非複製轉位（nonreplicative transposition）或切除-黏貼轉位（cut and paste transposition）。換言之，這種轉位作用的結果，是轉座子從原來的位點上消失，而插入另一個新的位點上。整合型轉位的代表是 Tn3，而保守轉位的代表是 Tn10。

　　轉位遺傳作用最明顯的是會導致基因的突變。由於轉座子的序列很長，足夠毀滅一個基因的作用，所以當轉座子插入結構基因的編碼區域時，該基因的功能往往完全消失。當然這還要看插入的位點而定，如果只是插入基因的 3' 末端，基因的功能可能不會消失；如果插入編碼區域的上游及中游，則極容易導致基因功能的消失。第二個可能就是改變了基因表達的控制條件，尤其當轉座子插入啟動子的關鍵序列區域時，整個啟動子的功能可能會改變，甚至失去啟動子的作用。但如果轉座子插入啟動子的上游區域時，極可能出現的情況只是改變了基因表達的調控，造成細胞功能的改變。轉座子的轉位作用，也可以預期會導致插入或缺失等變化，也會造成基因組中重複性轉座子等遺傳現象。

第七節　F 因子中的插入因子

　　在微生物遺傳變異中，我們經常遇見有關接合作用中的細胞，可進行遺傳物質的轉移，其中可以歸功於致育因子（fertility factor，也稱稔性因子）的作用，在早期的文獻中，常直稱為 F 因子（也有一說是取自 fertility 的第一個字母）。F 因子是一種基因組以外的遺傳物質，可以自我複製，也可以插入細菌的染色體中。

　　研究說明，F 因子含有兩個拷貝的插入因子，IS3、IS2 及一個拷貝的插入序列因子，稱為 γ^{δ}（gamma delta）。在大腸桿菌的染色體中，也存在著這種插入序列。這除了可以推斷為 F 因子，經由某種過程將插入序列插入大腸桿菌的基因組中外，別無更好的解釋。但插入序列從 F 因子中轉位到染色體的過程，可能並非遵循以上所描述的整合插入或保守插入機制。多數研究者認為，可能經由重組等方式插入細菌的基因中。

第八節　真核細胞的轉座子的發現

　　真核細胞與原核細胞一樣存在著轉座子。事實上，真核細胞轉座子的研究及發現，比原核細胞早約三十年。但由於真核細胞分子遺傳學研究，在早期存在著一定的難度，在鑑定轉座子方面被原核細胞的研究後來居上，尤其是轉座子序列結構、轉座子轉位機制等方面的研究，以及轉位後的基因突變效果的研究，均優於真核生物。但近二十年的研究成果，真核細胞的資訊遠超過了原核細胞，使這方面的研究頗有你追我趕的良性循環之局面。

　　真核細胞轉座子的研究，最早可追溯到 1930 年的 Marcus Rhoades 對於甜玉米的研究。當墨西哥甜玉米 *A1* 位點的等位基因 *a* 達到純合時，則不會產生花青素（anthocyanin），因此將粒的糊粉層（aleurone layer）是無色的。但如果在另一條染色體上，存在著顯性突變的等位基因 *Dt*（取自於可以產生點狀顏色之意），將出現不同程度的表現型。當基因型為 *a/a Dt/-* 時，籽粒將形成紫色的斑點，猶如等位基因突變為顯性的野生型基因 *A1* 那樣。其次是 Rhoades 的實驗，進一步揭示了 *Dt* 等位基因的數目與三倍體糊粉層組織中顏色斑點的數目是相關的：一個劑量的 *Dt* 可以導致每顆籽粒產生 7.2 個斑點；二個劑量的 *Dt* 可以產生 22.2 個斑點；三個劑量的 *Dt* 可以產生 121.9 個斑點。

　　根據上述的結果，Rhoades 認為表現為顯性的基因，應當是一種增變基因（mutator gene），可以提高其他基因的自發突變率。 在某種意義上說，Rhoades 的結論沒有錯，*Dt* 的確可以導致其他基因的突變，也可以增加其他基因的自發突變率，因此，*Dt* 系統作為增變基因經典例子使用了許多年。現代遺傳學研究證明，Rhoades 的 *Dt* 增變基因也是一種轉位因子，即現在常稱為轉座子。

　　繼 Rhoades 之後十餘年，即 1940-1950 年代，Barbara McClintock 用相同的研究材料、相同的實驗設計，進行了與 Rhoades 相同的實驗，得到了相同的結果，但她認為 *Dt* 是一種控制因子（controlling element），可以修飾或降低其他基因的活性。1950 年代，McClintock 發現這種控制因子具有移動性，即可從一條染色體移動到另一條染色體上，因而稱之為「移動因子」（mobile elements），即現代通稱的轉座子。由於她發現了移動性的遺傳因子，1983 年她榮獲諾貝爾生理暨醫學獎。

　　現代遺傳學實驗對轉位因子的研究不遺餘力，但大部分的研究集中在真菌、果蠅、玉米及人體等材料上。一般而言，轉位因子的結構和功能與原核細胞相似。功能性細胞轉位子含有某些基因，可以編碼某些酶用於轉位作用，並可以插入染色體的其他位點。因此，轉位因子可以影響到任何基因的功能。

　　轉座子的轉位現象，可導致某些遺傳變異，根據其插入基因的重要性及基因的位點等，可以產生不同的效應，如可以激發某些已被封閉不能表達的基因，導致細胞的增生及瘋狂分裂。轉位作用也可以導致基因功能的喪失，通常經由阻遏基因的表達而造成。轉位作用也可以導致染色體中比較的結構變異，包括重複、缺失、倒位、易位及染色體的斷裂等。因而，轉位作用的效應有時只關係到基因的表達，有時卻導致生物體的死亡。

第九節　高等植物轉座子的一般性質

　　如上所述，轉座子是在玉米中首先被發現的，也有較深入的研究。迄今為止，遺傳學家們已經鑑定出了好幾種轉座子的家族。根據轉座子的轉位作用，可分為自主性因子（autonomous elements）及非自主性因子（nonautonomous elements）。前者含有轉位所需要的基因，因而具有完全的轉位能力；後者不具備轉位的基因，故本身不具備自主轉位作用，因此在轉位時需要自主性轉位因子的作用（為非自主因子提供轉位所需要的基因功能）。因此，在一般情況下非自主性轉座子，依賴於自主性轉座子而完成其轉位作用。

　　進一步的研究證明，非自主性因子可能是從同一家族中的自主性因子衍生而來的。在衍生的過程中（或轉位的過程中）失去了轉位所需要的某個別基因，因此形成了同一家族中的兩大類轉座子。當自主性轉位因子插入宿主基因中時，所導致的突變體等位基因是不穩定的，因為轉位因子隨時都有可能再一次轉移到新的位點。轉座子從已經插入的某基因位點上，再次轉出去的轉位作用頻率，往往比一般點突變的自發回復突變率高，因此由自主性因子所導致突變的等位基因，常稱為易變等位基因（mutable allele）。

　　與自主性轉座子所導致的突變不同的是，非自主性轉座子插入某些基因所導致的等位基因突變往往比較穩定，因為非自主性轉座子不能自己進行轉位作用。但是，如果能夠使非自主性轉座子進行轉位作用的自主性轉座子，存在於基因組、附近的染色體、同一染色體或同一染色體的鄰近區域時，非自主性轉座子也可能進行轉位作用，因為這意味著自主性轉座子可以方便為非自主性轉座子提供轉位酶，使得非自主性轉座子可以進行正常的轉位作用。

　　對於籽粒花青素的合成，玉米中有好幾個基因與該色素的合成相關，使得籽粒產生紫色。但這些基因中任何一個發生突變，都有可能導致籽粒不產生顏色。McClintock 研究過這種顏色變化的籽粒，與普通我們所接觸到有色或無色的變化不同的是，有些突變可以使得白色籽粒產生紫色斑點。經過數代的植株（自交系）研究，他發現這種表現形式是由於一種不穩定的突變所導致的結果。經過細心的細胞遺傳學研究，她認為點狀色素的表現型並非由於常規的突變（如點突變等）所導致的，而是由於一種控制因子所導

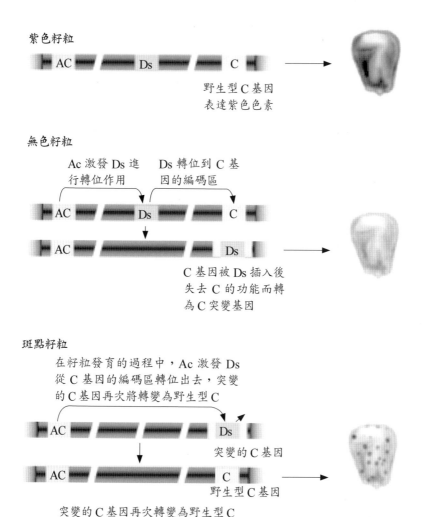

紫色籽粒

野生型 C 基因
表達紫色色素

無色籽粒

Ac 激發 Ds 進
行轉位作用　　Ds 轉位到 C 基
因的編碼區

C 基因被 Ds 插入後
失去 C 的功能而轉
為 C 突變基因

斑點籽粒

在籽粒發育的過程中，Ac 激發 Ds
從 C 基因的編碼區轉位出去，突變
的 C 基因再次將轉變為野生型 C

突變的 C 基因

野生型 C 基因

突變的 C 基因再次轉變為野生型 C

圖 18 - 6　玉米中轉座子的轉位作用示意圖。野生型基因 C（取自可以產生顏色之意）可以使籽粒產生顏色（上圖之右），此時激發 Ds 轉位的基因 Ac（取自激發作用 Activation 之意）不產生任何的激發作用（上圖）。當 Ac 激發 Ds 時，Ds 轉位到 C 基因的編碼區，導致 C 基因失去功能而產生無色籽粒（中圖之右）。Ds 的轉位作用有時是可逆的，插入 C 基因的 Ds 可在適當的條件下離開 C 基因，但 C 基因不能因此而完全恢復其野生型基因的功能，因此產生點狀的籽粒（下圖之右）。

致的結果。這種控制因子就是我們現在所知道的轉座子（圖 18 - 6）。

那麼 McClintock 是如何解釋這種現象？他認為如果玉米植株常有野生型基因 C 時，籽粒將是紫色的；但如果基因發生突變轉為等位基因時，紫色素的合成途徑則受阻，籽粒變為無色。在籽粒發育過程中這種突變（即 C→c）容易發生回復突變，導致紫色斑點的形成。在發育過程中回復突變發生得越早，紫色斑點越大。因此，McClintock 認為使

野生型基因突變為隱性等位基因，*C* 是因為移動控制因子所造成的（用現代的語言便是轉座子），稱為 *Ds*（取自 disasociation，即插入野生型基因 *C* 而變成隱性等位基因 *C* 時，所導致 *C* 的解離現象）。現在我們知道這種插入基因序列的現象，是由非自主性轉座子的轉位現象所導致的結果。

既然 *Ds* 是一種非自主性轉座子，它必然需要另一種因子的幫助，才能發生轉位作用。McClintock 發現一種移動性控制因子，稱為 *Ac*（來自於激發劑 activator 之意）者對於 *Ds* 的轉位作用是必須的。*Ac* 也可以使得 *Ds* 從插入的位點移動出來，轉移到其他的地方，因此使得原來遭到 *Ds* 插入而造成突變的基因（如紫色素合成有關的基因），恢復了基因的功能。又因為這種突變常發生於色素合成的過程中，所以我們所見到的恢復突變之結果，是紫色的斑點。但如果這種植株繼續繁殖下一代，則所有的籽粒應成為紫色的野生型性狀。

因為 McClintock 的結論是劃時代的，猶如孟德爾的實驗結論一樣被遺忘了數十年，於 1983 年的大腸桿菌轉座子研究中被重新定位。但如果與早 McClintock 十餘年的 Rhoades 的致變基因之結論相比，Rhoades 的結論一點也不比 McClintock 遜色，兩人對於造成色素基因突變現象的結論是相同的，但 Rhoades 卻缺少了回復突變的想像，但畢竟兩者的結論相差二十年的時光。

第十節　玉米中的 Ac-Ds 轉位機制

Ac-Ds 控制因子（現在一般稱為轉位因子或轉座子）自從 1980 年代初期，人們在大腸桿菌中發現轉座子之後，已有較深入的研究並說明自主性 *Ac* 因子有 4,563 鹼基對，兩端具有較短的反向重複序列，內含可以編碼形成轉位酶的基因。一旦插入基因組，插入位點的兩端約 8 bp 的重複序列便可形成。*Ds* 因子無論是其長度或是序列，均與 *Ac* 不具有任何的同源性，但兩端卻含有與相同的反向重複序列。讀者需注意的是，雖然 *Ds* 與 *Ac* 轉座子的中間序列上，不具有同源性，但也不能排除 *Ds* 是由於 *Ac* 缺失，所造成的缺失型轉座子。由於 *Ds* 不含有轉位酶基因，因此在轉位作用方面必須在 *Ac* 的幫助下，才能進行轉位作用。

Ac 因子的轉位作用只發生於染色體的複製期間，是一種保守型轉位作用（即切割-剪貼機制）。如果 *Ac* 轉座子發生轉位作用，則根據是否出現複製或非複製染色體位點等情況，會產生兩種可能的轉位結果。一是如果 *Ac* 轉位到已經發生於複製的染色體上，那麼供體的染色單體則失去 *Ac* 轉座子；而另一條染色體則具有兩個拷貝的 *Ac* 轉座子。但如果轉位作用發生於已經複製的染色體節段，插入未曾複製的染色體節段，其結果是供

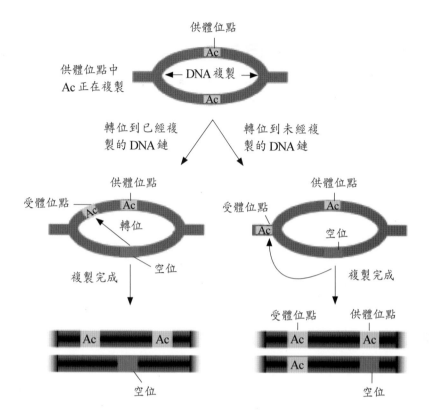

圖 18-7 Ac 轉位機制示意圖。Ac 的轉位作用可以因為轉位發生於 DNA 複製的不同時機,而產生不同的效果,因此這種轉位作用與 DNA 的複製前後的時間點有關(上圖)。如果轉位發生於已經複製的 DNA 上(左下圖),那麼轉位後供體 DNA 失去了轉座子,而受體 DNA 得到了另一個轉座子。如果轉位發生於尚未複製的 DNA 節段上,那麼複製之後的供體 DNA 之轉座子如同換了一個地方,而受體 DNA 得到了另一個轉座子(右下圖)。

體的染色單體具有一個拷貝的 Ac 轉座子,而受體的染色單體具有兩個拷貝的 Ac 轉座子(圖 18-7)。

　　如上所述,植物轉座子轉位作用的分子機制與細菌的插入序列(IS)或轉座子相當類似。轉座子插入新的目標位點的過程,受十分精細的分子機制所控制,常產生兩端的重複序列。不同的轉座子或插入序列,可產生某些精確性的重複序列及長度。許多植物的轉座子可根據其功能,分為自主性因子及非自主性因子,前者的轉位作用可以自發進行,而後者的轉位作用主要靠自主性的幫助,或稱為激發作用。轉位作用可以發生於染色體之間,也可以發生於染色體之內。即使是保守性轉位作用(即非複製型轉位),也可能形成重複拷貝的結果。

第十一節　真菌中的 Ty 因子

　　真菌中的 Ty 因子與其他的轉座子一樣，具有兩端的重複序列，稱為長末端重複（long terminal repeats, LTR）或 deltas（δ）。Ty 因子的總長達 5.9 kb 的長度，除了兩端的長末端重複序列外，中間的序列可以編碼形成某些多肽鏈。我們稱兩端的重複序列為長末端重複，主要是與其他的轉座子相較而言，其實 Ty 的兩端重複序列各只有 100 個鹼基對的長度。每一個 delta 含有一個啟動子，其序列可被轉位酶等所識別。研究說明，Ty 因子可以編碼一條單鏈的、含 5,700 核苷酸的信使 RNA。由於重複序列本身就含有啟動子的性質，所以除了兩端的重複序列外，中間的 DNA 序列全部用於轉錄為信使 RNA 分子。信使 RNA 的轉錄本含有兩個可讀框（open reading frame, ORF），分為 TyA 及 TyB，編碼形成兩個用於轉位作用的不同蛋白質。這種因子在基因組中拷貝的數目，可因品系的不同而不同，平均大約有 35 個拷貝。真菌的 Ty 轉位因子結構，可如圖 18 - 8 所示。

　　真菌中 Ty 因子的序列，頗似反轉錄病毒（retroviruses）的結構。反轉錄病毒是一種 RNA 病毒，其基因組是一條單鏈 RNA 分子，但病毒的複製必須經由雙鏈 DNA 的中間產物。換言之，當反轉錄病毒感染細胞時，其 RNA 基因組可由反轉錄酶（reverse transcriptase）進行複製，而轉化為雙鏈 DNA。雙鏈 DNA 可以插入宿主的染色體，並隨著宿主染色體的複製而複製。當時機成熟時（如受到某種轉錄因子的激發等），反轉錄病毒的 DNA 可以轉錄形成 RNA，並利用其 RNA 所形成的病毒蛋白質組裝，而形成新的病

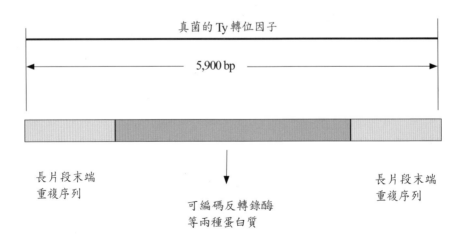

圖 18 - 8　真菌轉座子結構示意圖。兩端為長片段的重複序列，但重複的方向相同而不是相反。中間的片段可以編碼兩個蛋白質，其中一個是轉位作用所必須的反轉錄酶。Ty 的全長為 5,900bp。

毒顆粒。如導致肝炎、肝硬化甚至肝癌的肝炎病毒（B 型或 C 型），以及導致人類免疫缺失（愛滋病）的人類免疫缺失病毒（HIV），均屬反轉錄病毒。

由於 Ty 因子的結構頗似反轉錄病毒，故其轉位作用的分子機制可能與反轉錄病毒相似，即插入染色體的 Ty 因子首先形成 RNA 拷貝，然後經由反轉錄過程形成新的 Ty 因子。Ty 因子在自編的轉位酶等的作用下，轉移到基因組的新位點，造成該因子拷貝數的增加。

Ty 因子轉位作用的分子機制雖然只是一種假說，但也有一些實驗證據所證明。如利用 DNA 的操作技術可以修飾 Ty 因子，因此 Ty 因子的轉位過程可以在某種觀測的條件下進行鑑測。Ty 因子本來不含有內含子（intron），但如果將某內含子組裝於 Ty 的可讀框內，重組的 Ty 因子在轉移到新的位點之後，發現並不含有內含子（即內含子已經在轉位的過程中被除去）。因此這項實驗證明 Ty 因子的轉位作用，經過了 RNA 形成的過程。第二個證據證明 Ty 因子的反轉錄性質是，這個因子可以形成反轉錄酶。因此，真菌的 Ty 因子現在一般稱之為反轉錄轉座子（retrotransposons），其轉位作用因此又被稱為反轉錄轉位作用（retro-transposition）。

第十二節　果蠅的轉座子

研究證明，果蠅的基因組也含有大量的移動性因子（mobile elements），占整個基因組的 15%，可與人類基因組中的移動因子相媲美。現已從果蠅的基因組中鑑定出幾種不同類型的轉座子，在轉位作用的分子機制方面各有其特點。

P 因子是果蠅轉座子家族中，研究得比較詳細的因子之一。這種因子因為其內含的基因不同，而其長度也不一樣，可從 500 鹼基對到 2,900 鹼基對不等，每一種 P 因子的兩端，都含有反向重複序列。一般而言，較短的 P 因子為非自主性因子，而較長的可以編碼形成轉位作用所需的轉位酶等蛋白質，因而屬於自主性因子。與其他生物非自主性因子的轉位作用相同的是，果蠅的非自主性因子也需要自主性因子所編碼的轉位酶。同樣，所有 P 因子插入新的位點時，都會產生兩端的重複序列。

由於 P 因子可以在一定的條件下插入果蠅的基因組中，我們可以利用這一性質，將基因組裝在 P 因子中，讓其轉入果蠅胚胎的生殖細胞系（germ line），形成基因改造的生物。也許 Rubin 及 Spradling 正是利用 P 因子進行果蠅轉化的先驅者，他們利用野生型的 rosy$^+$（ry^+）導入隱性等位基因的純合突變體內。首先他們將野生型的 rosy$^+$ 基因引入 P 因子的中間部位，然後一起轉移到質粒載體中。經過組裝的質粒，用微注射法（microinjection）注射到 rosy$^+$ 所產生生殖細胞系的胚胎區域內。可編碼形成轉位酶的 P 因

子，此時在轉位酶的作用下可從質粒轉移到基因組中。轉移時已經克隆到 P 因子的 rosy⁺（*ry*⁺）基因被一起轉入基因組。當果蠅從這些含有 rosy⁺（*ry*⁺）基因的胚胎細胞中發育為成蟲時，果蠅即可表現出正常的眼睛顏色。理論上，任何基因均可經由這種方式，進行轉移。

真核細胞的轉位遺傳因子基本上是轉座子。轉座子的轉移方式有兩種： 一是將原來的拷貝留在原位，形成新的拷貝之後，再轉移到基因組的另一位置上；另一種是從原位切除下來，轉移到另一個地方。如果剪接過程不精確，將會產生缺失等遺傳突變。但如果剪接過程不精確且又經過了重組過程，則會產生其他的重新排列，如倒位及重複等。從轉座子的轉位作用分子機制看，則有從 DNA 到 DNA 的轉位作用，有些則經由 RNA 的中間產物而轉移，如真菌的 Ty 因子等，而後者的轉位作用與反轉錄病毒的轉位相似。

第十三節　人類的反轉錄轉座子

在染色質結構問題的討論中，筆者曾提到常染色質與異染色質的區別，其中異染色質含有比常染色質更多重複序列的 DNA。在中等重複序列中有兩種重複序列，一是長片段散布重複序列（long interspersed sequences, LINEs），另一種是短片段散布重複序列（short interspersed sequences, SINEs）。LINE 的長度約 5,000 鹼基對，最長可達 35,000 鹼基對，但基本上以單一序列的散布為其特點。SINE 的長度大約為 100-400 鹼基對，散布於1,000-2,000 鹼基對的單一序列中。從 LINE 及 SINE 的序列看，它們也許有著相似的起源。

的確，研究說明 LINE 及 SINE 都是起源於反轉錄轉座子。全長 LINE 是自主性因子，可以編碼進行反轉錄轉位作用的某些酶類。而 SINE 是由於 LINE 中間序列缺失所造成的因子，屬於非自主性轉座子。SINE 的轉位作用需要 LINE 所編碼的酶。因此，可以說 SINE 是依賴 LINE 才能進行轉位作用的轉座子。

人類基因組大約有 20% 是由 LINE 所組成，其中 1/4 的 LINE 是研究得最多的 L1 序列。L1 因子最大的長度為 6,500 鹼基對，在基因組中的所有拷貝數只有 3,500，其餘的由於中間缺失而形成不同長度的因子。研究證明，全長的 L1 因子含有一個大的可讀框。可讀框的序列與反轉錄酶屬於同源序列。有人做過這樣的一個實驗，當用 L1 中的推測為反轉錄酶的序列，代替真菌 Ty 因子中的反轉錄基因時，Ty 因子仍然能夠進行轉位作用，從而證明兩者的同源性。其次是，如果在 L1 的反轉錄酶基因中進行點突變實驗，L1 即失去轉位作用。這充分說明 L1 的轉位，依賴於其中的反轉錄酶活性。

可見，全長的 L1 因子頗似玉米中的 *Ac* 因子，屬於自主性轉座子。但部分缺失的 L1

及其他的 LINE，不含有長序列的末端重複序列（LTR），因此它們在序列上與反轉錄轉
座子的關係並不密切。可見當轉位作用經由 RNA 中間分子才能實現時，一般應當在反轉
錄酶的幫助下才能完成。既然在大腸桿菌中具有編碼轉位酶的轉座子，可以幫助不能編
碼轉位酶的轉座子完成轉位作用，那麼人類中具有可以編碼反轉錄酶的全長序列 L1，是
否也可以幫助由於缺失而不能自主轉位的其他 LINE 因子，完成其轉位作用？答案是可能
的，因為 SINE 就是這樣進行轉位作用的轉座子。

L1 因子的轉位作用與其他轉座子一樣，可以導致基因的突變。在 1991 年，同時報導
了兩例在血緣上完全無關的兒童血友病，是因為 L1 因子插入第八因子的基因所致。分子
機制的研究證明，其雙親均不含有此等插入，因此在第八因子基因中的 L1 應是新轉位的
序列。這兩例的研究結果說明在人類基因組中，L1 因子可以進行轉位作用。如果新轉位
的位點恰好在某個基因中，那麼極容易導致被插入基因功能喪失，就像血友病的例子一
樣，導致某種疾病，這種過程也稱為插入型誘變（insertional mutagenesis）。

SINE 是一種短序列的反轉錄轉座子，因為它不能合成轉位作用時需要的酶類，因此
屬於非自主性因子，但 SINE 可以依賴於 LINE 的作用，而完成其轉位作用。在人類的基
因組中，最豐富的 SINE 是 *Alu* 家族的轉座子。*Alu* 的全長只有 300 鹼基對，在整個基因
組中含有 30-50 萬個拷貝，占整個基因組的 3% 左右。因為這種重複序列含有限制酶 *Alu* I
的位點，故以 *Alu* 稱之。

Alu 因子的轉位作用揭示，來自於一位年輕男性患有神經纖維瘤病人的研究。纖維瘤
是一個常染色體顯性突變可導致的遺傳疾病。患者身上可顯見神經纖維瘤，嚴重者全身
長滿各種大小不一的纖維瘤，輕者只有六塊以上的色素沉澱。纖維瘤可以長於表皮，也
可長於內臟及血管等處。DNA 的分析證明，*Alu* 序列存在於患者的神經纖維瘤基因中，
因而患者的 RNA 轉錄本比正常基因的轉錄本長。*Alu* 的插入位點影響了轉錄本內含子的
加工過程，導致一個外含子（exon）的完全丟失，結果所編碼的蛋白質少了 800 個氨基
酸，因而失去了蛋白質的功能。研究也顯示，這位患者的雙親神經纖維瘤基因中，都不
含 *Alu* 序列。*Alu* 序列是人類基因組中研究得比較清楚的序列之一，不同的 *Alu* 成員之
間，有序列上的差異，反映了生物進化過程中的歧異性，如神經纖維瘤基因中的 *Alu* 序
列，可能來源於其父生殖細胞系（germ line）中的反轉錄型轉位作用。

思考題

1. 為什麼轉座子的轉位現象所導致的突變，歸類於自發突變？
2. 轉座子有何特點？有多少種類型？每種類型的轉位作用是什麼？

3. 原核生物的插入序列與轉座子有何區別？各有何特點？

4. 原核生物的插入序列有何結構特點？

5. 插入序列的轉位作用，可導致什麼遺傳後果？

6. 插入序列的轉位作用，主要依賴什麼基因的產物？是如何完成其轉位過程的？

7. 敘述原核生物轉座子的轉位作用。

8. 複合型及非複合型轉座子有何異同？

9. 原核生物轉座子是如何完成基因組內的轉位作用？

10.原核生物轉座子是如何完成基因組間的轉位作用？

11.何謂複製轉位作用及保守轉位作用？兩者之間有何異同？

12.原核生物中轉座子轉位作用所導致的遺傳現象與 IS 轉位有何異同？

13.致育因子有何結構特點？與插入序列有何區別？

14.真核細胞的轉座子是如何發現的？

15.Rhoades 自玉米中的研究，對於轉座子的認識有何貢獻？

16.您是否認為 Rhoades 給與 *Dt* 基因命名為增變基因與轉座子剛好擦肩而過？

17.為什麼 McClintock 在 1940 年代，將 Rhoades 的 *Dt* 改稱為控制因子？為什麼她在 1950 年代又稱其為移動因子？

18.何謂自主性轉座子？何謂非自主性轉座子？

19.McClintock 對植物轉座子的研究有何貢獻？

20.*Ac-Ds* 系統說明什麼？兩者之間是什麼關係？

21.真菌中的 Ty 因子是如何轉位的？

22.有何實驗結果證明，真菌中的 Ty 因子屬於反轉錄病毒？

23.Ty 因子轉位作用的分子機制是什麼？

24.如何區分果蠅中，自主性及非自主性轉座子？

25.果蠅轉座子有哪些轉位方式，各有何特點？

26.LINE 及 SINE 在轉位作用方面有何異同？

27.L1 有何特點？對 L1 的研究說明了什麼？

28.L1 因子與血友病有何相關？是如何發現的？

29.插入型誘變在人類遺傳學研究中，有何重要的意義？

30.SINE 是如何完成其轉位作用的？

31.*Alu* 與神經纖維瘤有何相關？是如何發現的？

32.根據什麼結果判斷說，一位年輕男性的神經纖維瘤病是由於其父的生殖細胞系曾經發生過反轉錄型的轉位作用？

索引

四畫

五畫

七畫

八畫

九畫

十畫

十一畫

十三畫

十四畫

國家圖書館出版品預行編目資料

遺傳學：分子探索＝Research into molecular
genetics／何世屏著. －－初版.－－臺北
市：五南，2009.09
　　面；　公分
含索引
ISBN 978-957-11-5694-1（平裝）

1.分子遺傳學

363.8　　　　　　　　　　98011822

5P15

遺傳學：分子探索

作　　　者／何世屏（49.3）

發 行 人／楊榮川

總 編 輯／龐君豪

主　　編／王俐文

責任編輯／許杏釧　陳俐君

封面設計／斐類設計工作室

出 版 者／五南圖書出版股份有限公司

地　　址／106臺北市大安區和平東路二段339號4樓

電　　話／(02)2705-5066　　傳　真／(02)2706-6100

網　　址／http://www.wunan.com.tw

電子郵件／wunan＠wunan.com.tw

劃撥帳號／01068953

戶　　名／五南圖書出版股份有限公司

臺中市駐區辦公室/臺中市中區中山路6號

電　　話／(04)2223-0891　　傳　真／(04)2223-3549

高雄市駐區辦公室/高雄市新興區中山一路290號

電　　話／(07)2358-702　　傳　真／(07)2350-236

法律顧問／元貞聯合法律事務所　張澤平律師

出版日期／2009年9月初版一刷

定　　價／新臺幣520元